工程造价全过程管理系列丛书

工程计量与变更签证

第2版

主　编　肖玉锋
副主编　赵文丽　刘利丹
参　编　杨连喜　张秋月　杨晓方　张　一

中国电力出版社
CHINA ELECTRIC POWER PRESS

内 容 提 要

工程造价控制贯穿于项目的全过程，施工阶段的造价控制尤为重要，加强施工阶段施工技术与管理人员的经济理念和意识，会从整体上促进工程的实施和管理，因此，是非常有意义的。

本书主要内容包括工程计价方式、工程量计量与计价、工程款项的支付、工程变更与现场签证、工程索赔等，书中对施工过程中涉及的价款事宜作了针对性的讲解和示范性举例说明，使读者在实际应用时能够有效借鉴相关计算及控制方法，减少经济损失，节约成本，提高相应利润。

本书主要供工程造价咨询人员、项目造价人员、建设单位管理及监督人员、施工技术人员等阅读和使用。

图书在版编目（CIP）数据

工程计量与变更签证/肖玉锋主编．—2版．—北京：中国电力出版社，2024.1
（工程造价全过程管理系列丛书）
ISBN 978-7-5198-8114-6

Ⅰ．①工…　Ⅱ．①肖…　Ⅲ．①建筑工程－计量 ②建筑工程－工程变更　Ⅳ．①TU723.3

中国国家版本馆CIP数据核字（2023）第173680号

出版发行：中国电力出版社
地　　址：北京市东城区北京站西街19号（邮政编码100005）
网　　址：http://www.cepp.sgcc.com.cn
责任编辑：王晓蕾（010-63412610）
责任校对：黄　蓓　郝军燕
装帧设计：张俊霞
责任印制：杨晓东

印　　刷：三河市航远印刷有限公司
版　　次：2016年1月第一版　2024年1月第二版
印　　次：2024年1月北京第一次印刷
开　　本：787毫米×1092毫米　16开本
印　　张：20.25
字　　数：474千字
定　　价：68.00元

《工程计量与变更签证（第2版）》
编 委 会

前　　言

本丛书第一版的编写遵循了造价行业客观规律，重视造价各个阶段的核心工作内容和要点，从环节的监督与控制视角，以问题为导向，本着从根本上消除造价缺陷与隐患，帮助造价人员高效顺利完成工程项目造工作的理念，针对工程项目的每一个阶段需要根据不同情况来做造价的分析和研究，以及如何精准地计算、编制以及控制工程造价做了分类和非常详细的讲解和说明。

本丛书自2015年第一次正式出版后，随着其在各大相关媒体或平台的销售，渐渐被广大造价专业人士所认可和喜爱，知名网站如京东和当当图书网站更是长期将此书列为其建筑畅销书，这也从从侧面放映了本书内容的专业性和应用价值。

自出版以来，由于本丛书需求读者甚多，出版社已经进行了多次重印。

时隔8年，时代和行业新技术以及相关规则和制度都有了不少更新和发展，至此，我们收集和汇总了行业最新的相关资料和行业造价人员的建设性建议，以及一些热心读者的友情意见，从整体上调整了本书的相关内容，更换了第一版中不合理的知识点，修改了因当初编写匆忙遗留的误谬之处，对本丛书做了第二版修订。

兼听则明，非常感谢行业专家对本丛书的大力支持，使得本丛书的内容有更好的针对性和实践性；特别感谢广大热心读者朋友的真诚意见和建议，使得我们能够更加全面地认识到第一版丛书中的不足之处，得以在第二版修订时进行更正，进而在第一版的基础之上提升了书的质量。

编　者

[illegible]

[illegible]

[illegible]

[illegible]

第一版前言

工程造价控制管理是一项系统工程，需要进行全过程、全方位的管理和控制，即在投资决策阶段、设计阶段、建设项目发包阶段、建设实施阶段和竣工结算阶段，把工程预期开支或实际开支的费用控制在批准的限额内，以保证项目管理目标的实现。造价控制是工程项目管理的重要组成部分，且是一个动态的控制过程。只有有效控制了工程造价，协调好质量、进度和安全等关系，才能取得较好的投资效益和社会效益。

为了有效控制工程建设各个环节的工程造价，做到有的放矢，应对不同的阶段采取不同的控制手段和方法，使工程造价更趋真实、合理，并有效防止概算超估算、预算超概算、结算超预算现象的发生。具体来说，对应各个阶段的造价工作主要包括工程估算、设计概算、施工图预算、承包合同价、竣工结算价、竣工决算等。

其中，投资估算阶段，投资估算应由建设单位提出，事实上，由于建设单位通常不是投资估算和造价专业人员，对工艺流程及方案缺乏认真的研究，而且工程尚在模型阶段，易造成计价漏项，如果再没有动态的方案比优，那么估算数据是难以准确的；设计阶段，工程项目的设计费虽然是总投资的1%，但是对工程造价的实际影响却占了80%之多，往往是业主或是设计单位，未真正做到标准设计和限额设计，存在重进度和设计费用指标，而轻工程成本控制指标的问题；在招投标阶段，编制标价时，常常存在没有对施工图准确解读，造成施工图预算造价失真的情况，由此为以后工程索赔埋下了伏笔；施工实施阶段，对工程项目的投资影响相对较小，但却是建筑产品的形成阶段，是投资支出最多的阶段，也是矛盾和问题的多发阶段，合作单位常常是重一次性合同价管理，而轻项目全过程造价管理跟踪，从而引发造价争议；工程结算时则主要涉及漏项、无价材料的询价等问题。

由此可知，造价全过程管理是一项不确定性很强的工作。由于造价贯穿于工程管理的始终，任何环节出了问题都会给工程造价留下隐患，影响工程项目功能和使用价值，甚至会酿成严重的造价事故，只有遵循客观规律，重视各个环节的造价监督与控制，从根本上消除造价缺陷与隐患，才能确保整个工程项目顺利高效地进行。

对于造价相关人员来讲，每一个阶段都需要根据不同情况来做分析、研究，以精准地计算、编制以及控制工程造价。实际工作中，无论是建设单位还是施工单位，抑或是造价咨询单位的造价人，除了按照必要规范和文件进行编制以外，也应该参考经验性的指导资料来辅助工作，而参考书籍是很好的途径。从图书市场上研究和分析，能把造价工作拆分做细的造价资料还是比较少的，从差异中求发展，如果将建设工程造价内容按阶段划分，分别去讲述和研究，应该对造价管理有针对性的作用，也会提升实际工程建设的经济效益。

本丛书正是根据此需求来编写的，对于建设单位、施工单位、设计单位及咨询单位从事工程造价工作的人员认真细致地做好相关工作具有很重要的参考价值。

本书在编写过程中得到了众多业内人士的大力支持和帮助，在此表示衷心的感谢。由于时间紧迫，加之水平有限，编写过程中还存在不足之处，望请广大读者朋友批评指正。

编者

目　录

第一章 工程计价方式

第一节 工程定额计价

一、建设工程定额的分类

建设工程定额是工程建设中各类定额的总称。为对建设工程定额有一个全面的了解，可以按照不同的原则和方法对其进行科学的分类。

1. 按生产要素内容分类

（1）人工定额。又称劳动定额，是指在正常的施工技术和组织条件下，完成单位合格产品所必需的人工消耗量标准。

（2）材料消耗定额。是指在合理和节约使用材料的条件下，生产单位合格产品所必须消耗的一定规格的材料、成品、半成品和水、电等资源的数量标准。

（3）施工机械台班使用定额。又称施工机械台班消耗定额，是指施工机械在正常施工条件下完成单位合格产品所必需的工作时间。它反映了合理、均衡地组织劳动和使用机械时该机械在单位时间内的生产效率。

2. 按编制程序和用途分类

（1）施工定额。是以同一性质的施工过程——工序作为研究对象，表示生产产品数量与时间消耗综合关系的定额。施工定额是施工企业（建筑安装企业）组织生产和加强管理在企业内部使用的一种定额，属于企业定额的性质。施工定额是建设工程定额中分项最细、定额子目最多的一种定额，也是建设工程定额中的基础性定额。施工定额由人工定额、材料消耗定额和施工机械台班使用定额所组成。施工定额是施工企业进行施工组织、成本管理、经济核算和投标报价的重要依据。施工定额直接应用于施工项目的管理，用来编制施工作业计划、签发施工任务单、签发限额领料单，以及结算计件工资或计量奖励工资等。施工定额和施工生产结合紧密，施工定额的定额水平反映施工企业生产与组织的技术水平和管理水平。施工定额也是编制预算定额的基础。

（2）预算定额。预算定额是以建筑物或构筑物各个分部分项工程为对象编制的定额。预算定额是以施工定额为基础综合扩大编制的，同时也是编制概算定额的基础。其中，人工、材料和机械台班的消耗水平根据施工定额综合取定，定额项目的综合程度大于施工定额。预算定额是编制施工图预算的主要依据，是编制单位估价表、确定工程造价、控制建设工程投资的基础和依据。与施工定额不同，预算定额是社会性的，而施工定额则是企业性的。

（3）概算定额。是以扩大的分部分项工程为对象编制的。概算定额是编制扩大初步设计概算、确定建设项目投资额的依据。概算定额一般是在预算定额的基础上综合扩大而成的，每一综合分项概算定额都包含了数项预算定额。

（4）概算指标。是概算定额的扩大与合并，它是以整个建筑物和构筑物为对象，以更为扩大的计量单位来编制的。概算指标的设定和初步设计的深度相适应，一般是在概算定额和预算定额的基础上编制的，是设计单位编制设计概算或建设单位编制年度投资计划的依据，也可作为编制估算指标的基础。

（5）投资估算指标。通常是以独立的单项工程或完整的工程项目为对象编制确定的生产要素消耗的数量标准或项目费用标准，是根据已建工程或现有工程的价格数据和资料，经分析、归纳和整理编制而成的。投资估算指标是在项目建议书和可行性研究阶段编制投资估算、计算投资需要量时使用的一种指标，是合理确定建设工程项目投资的基础。

3. 按编制部门和适用范围分类

（1）国家定额。是指由国家建设行政主管部门组织，依据有关国家标准和规范，综合全国工程建设的技术与管理状况等编制和发布，在全国范围内使用的定额。

（2）行业定额。是指由建设行政主管部门组织，依据有关行业标准和规范，考虑行业工程建设特点等情况所编制和发布的，在本行业范围内使用的定额。

（3）地区定额。是指由地区建设行政主管部门组织，考虑地区工程建设特点和情况制定发布的，在本地区内使用的定额。

（4）企业定额。是指由施工企业自行组织，主要根据企业的自身情况，包括人员素质、机械装备程度、技术和管理水平等编制，在本企业内部使用的定额。

4. 按投资的费用性质分类

按照投资的费用性质，可将建设工程定额分为建筑工程定额、设备安装工程定额、建筑安装工程费用定额、工器具定额以及工程建设其他费用定额等。

（1）建筑工程定额。是建筑工程的施工定额、预算定额、概算定额和概算指标的统称。建筑工程一般理解为房屋和构筑物工程。建筑工程定额在整个建设工程定额中占有突出的地位。

（2）设备安装工程定额。是设备安装工程的施工定额、预算定额、概算定额和概算指标的统称。设备安装工程一般是指对需要安装的设备进行定位、组合、校正、调试等工作的工程。在通用定额中有时把建筑工程定额和安装工程定额合二为一，称为建筑安装工程定额。建筑安装工程定额属于人、料、机费用定额，仅包括施工过程中人工、材料、机械台班消耗的数量标准。

（3）建筑安装工程费用定额。建筑安装工程费用定额一般包括措施费定额、企业管理费定额。

（4）工器具定额。工器具定额是为新建或扩建项目投产运转首次配置的工具、器具数量标准。工具和器具是指按照有关规定不够固定资产标准而起劳动手段作用的工具、器具和生产用家具。

（5）工程建设其他费用定额。工程建设其他费用定额是独立于建筑安装工程定额、设备和工器具购置之外的其他费用开支的标准。工程建设其他费用定额是按各项独立费用分别编制的，以便合理控制这些费用的开支。

二、人工定额的编制

人工定额反映生产工人在正常施工条件下的劳动效率，表明每个工人在单位时间内为生产合格产品所必须消耗的劳动时间，或者在一定的劳动时间中所生产的合格产品数量。

1. 人工定额编制的要素

编制人工定额主要包括拟定正常的施工条件以及拟定定额时间两项工作，但拟定定额时间的前提是对工人工作时间按其消耗性质进行分类研究。

(1) 工人工作时间消耗的分类。工人在工作班内消耗的工作时间，按其消耗的性质，基本可以分为两大类：必须消耗的时间和损失时间。

工人工作时间的分类如图 1-1 所示。

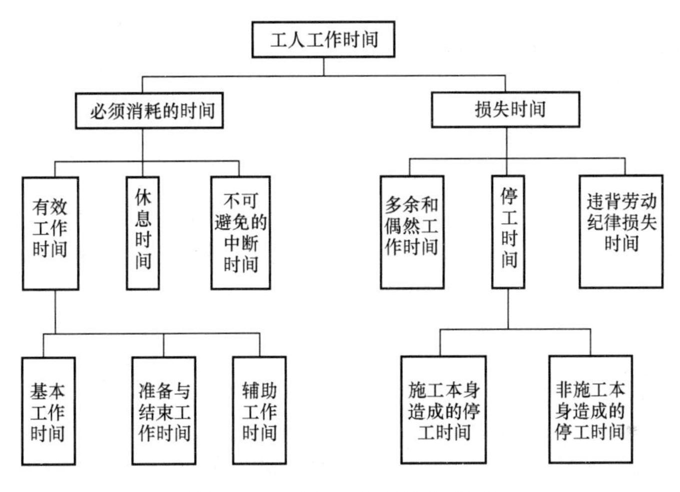

图 1-1 工人工作时间的分类

1）必须消耗的时间。必须消耗的时间是工人在正常施工条件下，为完成一定产品（工作任务）所消耗的时间。它是制定定额的主要依据。包括有效工作时间、休息时间和不可避免的中断时间。

①有效工作时间。是从生产效果来看与产品生产直接有关的时间消耗。包括基本工作时间、辅助工作时间、准备与结束工作时间。

基本工作时间。是工人完成一定产品的施工工艺过程所消耗的时间。基本工作时间所包括的内容依工作性质各不相同，基本工作时间的长短和工作量大小成正比例。

辅助工作时间。是指为保证基本工作能顺利完成所消耗的时间。在辅助工作时间里，不能使产品的形状大小、性质或位置发生变化。辅助工作时间的结束，往往就是基本工作时间的开始。辅助工作一般是手工操作，但如果在机手并动的情况下，辅助工作是在机械运转过程中进行的，为避免重复则不应再计辅助工作时间的消耗。

准备与结束工作时间。是执行任务前或任务完成后所消耗的工作时间，如工作地点、劳动工具和劳动对象的准备工作时间，工作结束后的整理工作时间等。准备和结束工作时间的长短与所担负的工作量大小无关，但往往和工作内容有关。准备与结束工作时间可以分为班内的准备与结束工作时间和任务的准备与结束工作时间。

②不可避免的中断时间。是指由于施工工艺特点引起的工作中断所必需的时间。与施工过程、工艺特点有关的工作中断时间，应包括在定额时间内，但应尽量缩短此项时间消耗。与工艺特点无关的工作中断所占用时间，是由于劳动组织不合理引起的，属于损失时间，不能计入定额时间。

③休息时间。是工人在工作过程中为恢复体力所必需的短暂休息和生理需要的时间消耗。这种时间是为了保证工人精力充沛地进行工作，所以在定额时间中必须进行计算。休息时间的长短和劳动条件有关，劳动越繁重紧张、劳动条件越差（如高温），则休息时间越长。

2）损失时间。损失时间与产品生产无关，而与施工组织和技术上的缺陷有关，与工人在施工过程中的个人过失或某些偶然因素有关的时间消耗。包括多余和偶然工作时间、停工时间、违背劳动纪律损失时间。

多余工作是指工人进行了任务以外而又不能增加产品数量的工作。多余工作的工时损失，一般都是由于工程技术人员和工人的差错而引起的，因此，不应计入定额时间。偶然工作也是工人在任务外进行的工作，但能够获得一定产品，如抹灰工不得不补上偶然遗留的墙洞等。由于偶然工作能获得一定产品，拟定定额时要适当考虑它的影响。

停工时间是工作班内停止工作造成的工时损失。停工时间按其性质可分为施工本身造成的停工时间和非施工本身造成的停工时间两种。施工本身造成的停工时间，是由于施工组织不善、材料供应不及时、工作面准备工作做得不好、工作地点组织不良等情况引起的停工时间。非施工本身造成的停工时间，是由于水源、电源中断引起的停工时间。前一种情况在拟定定额时不应该计算，后一种情况定额中则应给予合理的考虑。

违背劳动纪律损失时间，是指工人在工作班开始和午休后的迟到、午饭前和工作班结束前的早退、擅自离开工作岗位、工作时间内聊天或办私事等造成的工时损失。此项工时损失不允许存在。因此，在定额中是不能考虑的。

（2）拟定施工的正常条件。就是要规定执行定额时应该具备的条件，正常条件若不能满足，则可能达不到定额中的劳动消耗量标准，因此，正确拟定施工的正常条件有利于定额的实施。拟定施工的正常条件包括：拟定施工作业的内容；拟定施工作业的方法；拟定施工作业地点的组织；拟定施工作业人员的组织等。

（3）拟定施工作业的定额时间。施工作业的定额时间，是在拟定基本工作时间、辅助工作时间、准备与结束时间、不可避免的中断时间以及休息时间的基础上编制的。

上述各项时间是以时间研究为基础，通过时间测定方法，得出相应的观测数据，经加工整理计算后得到的。

2. 人工定额的形式

（1）按表现形式的不同。人工定额按表现形式的不同，可分为时间定额和产量定额两种形式。

1）时间定额。是指某种专业、某种技术等级工人班组或个人，在合理的劳动组织和合理使用材料的条件下，完成单位合格产品所必需的工作时间。包括准备与结束时间、基本工作时间、辅助工作时间、不可避免的中断时间及工人必需的休息时间。时间定额以工日为单位，每一工日按8小时计算。其计算方法如下：

$$单位产品时间定额(工日)=\frac{1}{每工产量}$$

$$或单位产品时间定额(工日)=\frac{小组成员工日数总和}{机械台班产量}$$

2）产量定额。是指在合理的劳动组织和合理使用材料的条件下，某种专业、某种技术等级的工人班组或个人在单位工日中所应完成的合格产品的数量。其计算方法如下：

$$每工产量=\frac{1}{单位产品时间定额(工日)}$$

产量定额的计量单位有：米（m）、平方米（m^2）、立方米（m^3）、吨（t）、块、根、件、扇等。

时间定额与产量定额互为倒数，即

$$时间定额\times产量定额=1$$

$$时间定额=\frac{1}{产量定额}$$

$$产量定额=\frac{1}{时间定额}$$

（2）按定额的标定对象不同。按定额的标定对象不同，人工定额又分为单项工序定额和综合定额两种，综合定额表示完成同一产品中的各单项（工序或工种）定额的综合。按工序综合的用“综合”表示，按工种综合的一般用“合计”表示。其计算方法如下：

$$综合时间定额=\sum各单项(工序)时间定额$$

$$综合产量定额=\frac{1}{综合时间定额(工日)}$$

时间定额和产量定额都表示同一人工定额项目，它们是同一人工定额项目的两种不同的表现形式。时间定额以工日为单位，综合计算方便，时间概念明确；产量定额则以产品数量为单位表示，具体、形象，劳动者的奋斗目标一目了然，便于分配任务。人工定额用复式表同时列出时间定额和产量定额，以便于各部门、企业根据各自的生产条件和要求选择使用。

复式表示法有如下形式：

$$\frac{时间定额}{每工产量}或\frac{人工时间定额}{机械台班产量}$$

3. 人工定额的制定方法

人工定额是根据国家的经济政策、劳动制度和有关技术文件及资料制定的。制定人工定额常用的方法有以下四种。

（1）技术测定法。是根据生产技术和施工组织条件，对施工过程中各工序采用测时法、写实记录法、工作日写实法，测出各工序的工时消耗等资料，再对所获得的资料进行科学的分析，制定出人工定额的方法。

（2）统计分析法。是把过去施工生产中的同类工程或同类产品的工时消耗的统计资料，与当前生产技术和施工组织条件的变化因素结合起来，进行统计分析的方法。这种方法简单易行，适用于施工条件正常、产品稳定、工序重复量大和统计工作制度健全的施工过程。但是，过去的记录只是实耗工时，不反映生产组织和技术的状况。所以，在这种条件下求出的定额水平，只是已达到的劳动生产率水平，而不是平均水平。实际工作中，必须分析研究各种变化因素，使定额能真实地反映施工生产平均水平。

（3）比较类推法。对于同类型产品规格多、工序重复、工作量小的施工过程，常用比较类推法。采用此法制定定额是以同类型工序和同类型产品的实耗工时为标准，类推出相似项目定额水平的方法。此法必须掌握类似的程度和各种影响因素的异同程度。

（4）经验估计法。根据定额专业人员、经验丰富的工人和施工技术人员的实际工作经验，参考有关定额资料，对施工管理组织和现场技术条件进行调查、讨论和分析制定定额的方法，叫作经验估计法。经验估计法通常作为一次性定额使用。

三、材料消耗定额的编制

材料消耗定额指标的组成，按其使用性质、用途和用量大小划分为以下四类。

（1）主要材料，指直接构成工程实体的材料。

（2）辅助材料，指直接构成工程实体，但比重较小的材料。

（3）周转性材料（又称工具性材料），指施工中多次使用但并不构成工程实体的材料，如模板、脚手架等。

（4）零星材料，指用量小、价值不大、不便计算的次要材料，可用估算法计算。

1. 材料消耗定额的编制

编制材料消耗定额，主要包括确定直接使用在工程上的材料净用量和在施工现场内运输及操作过程中的不可避免的废料和损耗。

（1）材料净用量的确定。材料净用量的确定，一般有以下几种方法。

1）理论计算法。是根据设计、施工及验收规范和材料规格等，从理论上计算材料的净用量。如砖墙的用砖数和砌筑砂浆的用量可用下列理论计算公式计算各自的净用量。

标准砖砌体中，标准砖、砂浆用量计算公式：

$$A=\frac{1}{\text{墙厚}\times(\text{砖长}+\text{灰缝})\times(\text{砖厚}+\text{灰缝})}\times K$$

其中，K 为墙厚的砖数×2（墙厚的砖数是 0.5 砖墙、1 砖墙、1.5 砖墙、……）。

墙厚的砖数是指用标准砖的长度来标明墙厚。例如，半砖墙指 120mm 厚墙、3/4 砖墙指 180mm 厚墙，1 砖墙指 240mm 厚墙，等等。

【例 1-1】 计算 1m^3 370mm 厚标准砖墙的标准砖和砂浆的总消耗量（标准砖和砂浆的损耗率均为 1%）。

【解】 标准砖净用量$=\dfrac{1.5\times2}{0.365\times0.25\times0.063}=521.9$(块)

标准砖总消耗量$=521.9\times(1+1\%)=527.12$(块)

砂浆净用量$=1-0.001\,462\,8\times521.9=1-0.763=0.237(\text{m}^3)$

砂浆总耗量$=0.237\times(1+1\%)=0.239(\text{m}^3)$

因此每 1m、370mm 厚标准砖墙的标准砖总消耗量为 527.12 块，砂浆总耗量为 0.239m^3。

2）测定法。是指根据试验情况和现场测定的资料数据确定材料的净用量。

3）图纸计算法。是指根据选定的图纸，计算各种材料的体积、面积、延长米或重量。

4）经验法。是指根据历史上同类项目的经验进行估算。

（2）材料损耗量的确定。材料的损耗一般以损耗率表示。材料损耗率可以通过观察法或统计法计算确定。材料损耗率计算的公式如下：

$$损耗率=\frac{损耗量}{净用量}\times 100\%$$

$$总消耗量=净用量+损耗量=净用量\times(1+损耗率)$$

2. 周转性材料消耗定额的编制

周转性材料是指在施工过程中多次使用、周转的工具性材料，如钢筋混凝土工程用的模板，搭设脚手架用的杆子、跳板，挖土方工程用的挡土板等。

周转性材料消耗一般与下列四个因素有关。

（1）第一次制造时的材料消耗（一次使用量）。

（2）每周转使用一次材料的损耗（第二次使用时需要补充）。

（3）周转使用次数。

（4）周转材料的最终回收及其回收折价。

定额中周转材料消耗量指标的表示，应当用一次使用量和摊销量两个指标表示。一次使用量是指周转材料在不重复使用时的一次使用量，供施工企业组织施工用；摊销量是指周转材料退出使用，应分摊到每一计量单位的结构构件的周转材料消耗量，供施工企业成本核算或投标报价使用。

捣制混凝土结构木模板用量的计算公式如下：

$$一次使用量=净用量\times(1+操作损耗率)$$

$$周转使用量=\frac{一次使用量\times[1+(周数次数-1)\times 补损率]}{周转次数}$$

$$回收量=\frac{一次使用量\times(1-补损率)}{周转次数}$$

$$摊销量=周转使用量-回收量\times 回收折价率$$

又例如，预制混凝土构件的模板用量的计算公式如下：

$$一次使用量=净用量\times(1+操作损耗率)$$

$$摊销量=\frac{一次使用量}{周转次数}$$

四、施工机械台班使用定额的编制

1. 施工机械台班使用定额的形式

（1）机械时间定额。是指在合理劳动组织与合理使用机械条件下，完成单位合格产品所必需的工作时间，包括有效工作时间（正常负荷下的工作时间和降低负荷下的工作时间）、不可避免的中断时间、不可避免的无负荷工作时间。施工机械时间定额以“台班”表示，即一台机械工作一个作业班时间。一个作业班时间为8小时。

$$单位产品机械时间定额(台班)=\frac{1}{台班产量}$$

由于机械必须由工人小组配合，所以完成单位合格产品的时间定额，同时列出人工时间定额，即

$$单位产品人工时间定额(工日)=\frac{小组成员总人数}{台班产量}$$

【例 1-2】 斗容量 $1m^3$ 正铲挖土机，挖四类土，装车，深度在 2m 内，小组成员 2 人，机械台班产量为 4.76（定额单位 $100m^3$），则

$$挖100m^3的人工时间定额为\frac{2}{4.76}=0.42(工日)$$

$$挖100m^3的机械时间定额为\frac{1}{4.76}=0.21(台班)$$

（2）机械产量定额。是指在合理劳动组织与合理使用机械条件下，机械在每个台班时间内，应完成合格产品的数量，即

$$机械台班产量定额=\frac{1}{机械时间定额(台班)}$$

机械产量定额和机械时间定额互为倒数关系。

（3）定额表示方法。机械台班使用定额的复式表示法的形式如下：

$$\frac{人工时间定额}{机械台班产量}$$

2. 机械台班使用定额的编制

（1）机械工作时间消耗的分类。机械工作时间的消耗，按其性质可作如下分类，如图 1-2所示。机械工作时间也分为必须消耗的时间和损失时间两大类。

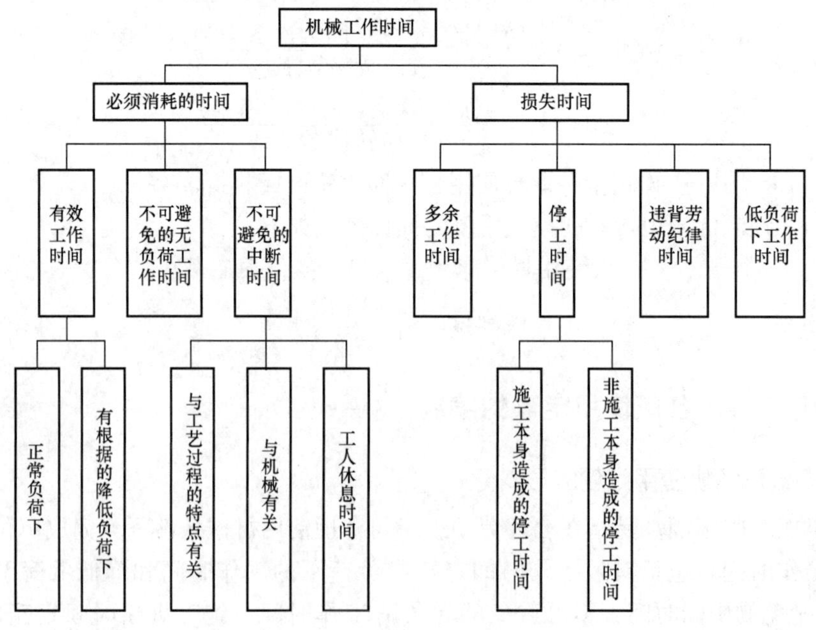

图 1-2　机械工作时间分类

1）必须消耗的工作时间包括有效工作、不可避免的无负荷工作和不可避免的中断三项时间消耗。而在有效工作的时间消耗中又包括正常负荷下、有根据的降低负荷下的工时消耗。

正常负荷下的工作时间，是指机械在与机械说明书规定的计算负荷相符的情况下进行工作的时间。

有根据地降低负荷下的工作时间，是指在个别情况下由于技术上的原因，机械在低于其计算负荷下工作的时间。例如，汽车运输重量轻而体积大的货物时，不能充分利用汽车的载重吨位因而不得不降低其计算负荷。

不可避免的无负荷工作时间，是指由施工过程的特点和机械结构的特点造成的机械无负荷工作时间。例如，筑路机在工作区末端调头等，都属于此项工作时间的消耗。

不可避免的中断工作时间，是与工艺过程的特点、机械的使用和保养、工人休息有关的中断时间。

与工艺过程的特点有关的不可避免中断工作时间，有循环的和定期的两种。循环的不可避免中断，是在机械工作的每一个循环中重复一次，如汽车装货和卸货时的停车；定期的不可避免中断，是经过一定时期重复一次，如把灰浆泵由一个工作地点转移到另一工作地点时的工作中断。

与机械有关的不可避免中断工作时间，是由于工人进行准备与结束工作或辅助工作时，机械停止工作而引起的中断工作时间。它是与机械的使用与保养有关的不可避免中断时间。

工人休息时间前面已经作了说明。需要注意的是，应尽量利用与工艺过程有关的和与机械有关的不可避免中断时间进行休息，以充分利用工作时间。

2）损失的工作时间，包括多余工作、停工、违背劳动纪律所消耗的工作时间和低负荷下的工作时间。

机械的多余工作时间，是机械进行任务内和工艺过程内未包括的工作而延续的时间，如工人没有及时供料而使机械空运转的时间。

机械的停工时间，按其性质也可分为施工本身造成和非施工本身造成的停工。前者是由于施工组织得不好而引起的停工现象，如由于未及时供给机械燃料而引起的停工。后者是由于气候条件所引起的停工现象，如暴雨时压路机的停工。上述停工中延续的时间，均为机械的停工时间。

违反劳动纪律引起的机械的时间损失，是指由于工人迟到早退或擅离岗位等原因引起的机械停工时间。

低负荷下的工作时间，是由于工人或技术人员的过错所造成的施工机械在降低负荷的情况下工作的时间。例如，工人装车的砂石数量不足引起的汽车在降低负荷的情况下工作所延续的时间。此项工作时间不能作为计算时间定额的基础。

（2）机械台班使用定额的编制内容。

1）拟定机械工作的正常施工条件，包括工作地点的合理组织、施工机械作业方法的拟定、配合机械作业的施工小组的组织以及机械工作班制度等。

2）确定机械净工作生产率，即机械纯工作一小时的正常生产率。

3）确定机械的利用系数。机械的正常利用系数是指机械在施工作业班内对作业时间的利用率。其计算公式如下：

$$机械利用系数=\frac{工作班净工作时间}{机械工作班时间}$$

4）计算机械台班定额。施工机械台班产量定额的计算如下：

施工机械台班产量定额＝机械净工作生产率×工作班延续时间×机械利用系数

$$施工机械时间定额=\frac{1}{施工机械台班产量定额}$$

5）拟定工人小组的定额时间。工人小组的定额时间是指配合施工机械作业工人小组的工作时间总和。其计算公式如下：

工人小组定额时间＝施工机械时间定额×工人小组的人数

五、施工定额和企业定额的编制

1. 施工定额的编制

施工定额是建筑安装工人或工人小组在合理的劳动组织和正常的施工条件下，为完成单位合格产品所需消耗的人工、材料、机械的数量标准。

（1）施工定额的作用。施工定额是施工企业管理工作的基础，也是建设工程定额体系的基础。施工定额在企业管理工作中的基础作用主要表现在以下几个方面。

1）施工定额是企业计划管理的依据。表现为施工定额是企业编制施工组织设计的依据，也是企业编制施工工作计划的依据。

2）施工定额是组织和指挥施工生产的有效工具。企业通过下达施工任务书和限额领料单来实现组织管理和指挥施工生产。

3）施工定额是计算工人劳动报酬的依据。工人的劳动报酬是根据工人劳动的数量和质量来计量的，而施工定额为此提供了一个衡量标准，它是计算工人计件工资的基础，也是计算奖励工资的基础。

4）施工定额有利于推广先进技术。施工定额水平中包含着某些已成熟的先进的施工技术和经验，工人要达到和超过定额，就必须掌握和运用这些先进技术，如果工人想大幅度超过定额，就必须创造性地劳动。

5）施工定额是编制施工预算，加强企业成本管理和经济核算的基础。

（2）施工定额的编制原则和方法。

1）施工定额的编制原则。施工定额水平必须遵循平均先进水平的原则。所谓平均先进水平，是指在正常的生产条件下，多数施工班组或生产者经过努力可以达到，少数班组或劳动者可以接近，个别班组或劳动者可以超过的水平。通常这种水平低于先进水平，略高于平均水平。平均先进水平是一种鼓励先进、勉励中间、鞭策后进的定额水平。贯彻“平均先进”的原则，才能促进企业的科学管理和不断提高劳动生产率，进而达到提高企业经济效益的目的。

定额的结构形式必须遵循简明适用的原则。所谓简明适用，是指定额结构合理，定额步距大小适当，文字通俗易懂，计算方法简便，易为群众掌握运用，具有多方面的适应性，能在较大的范围内满足不同情况、不同用途的需要。

2）编制施工定额前的准备工作。编制施工定额是一项非常复杂的工作，事先必须做好充分准备和全面规划。编制前的准备工作一般包括以下几个方面的内容。

①明确编制任务和指导思想。

②系统整理和研究日常积累的定额基本资料。

③拟定定额编制方案，确定定额水平、定额步距、表达方式等。

3）施工定额的编制方法。施工定额包括劳动定额、材料消耗定额和施工机械台班使用定额，具体编制方法见前面相应定额编制公式。

2. 企业定额的编制

企业定额是施工企业根据本企业的技术水平和管理水平编制，完成单位合格产品所必需的人工、材料和施工机械台班消耗量，以及其他生产经营要素消耗的数量标准。企业定额反映企业的施工生产与生产消费之间的数量关系，是施工企业生产力水平的体现。企业的技术和管理水平不同，企业定额的定额水平也就不同。因此，企业定额是施工企业进行施工管理和投标报价的基础和依据，也是企业核心竞争力的具体表现。

(1）企业定额的作用。随着我国社会主义市场经济体制的不断完善，工程造价管理制度改革的不断深入，企业定额将日益成为施工企业进行管理的重要工具。

1）企业定额是施工企业计算和确定工程施工成本的依据，是施工企业进行成本管理、经济核算的基础。企业定额是根据本企业的人员技能、施工机械装备程度、现场管理和企业管理水平制定的，按企业定额计算得到的工程费用是企业进行施工生产所需的成本。在施工过程中，对实际施工成本的控制和管理，就应以企业定额作为控制的计划目标数开展相应的工作。

2）企业定额是施工企业进行工程投标、编制工程投标价格的基础和主要依据。企业定额的定额水平反映出企业施工生产的技术水平和管理水平。在确定投标价格时，首先是依据企业定额计算出施工企业拟完成投标工程需发生的计划成本。在掌握工程成本的基础上，再根据所处的环境和条件，确定在该工程上拟获得的利润、预计的风险和其他应考虑的因素，从而确定投标价格。因此，企业定额是施工企业编制投标报价的基础。

3）企业定额是施工企业编制施工组织设计的依据。企业定额可以应用于工程的施工管理，用于签发施工任务单、签发限额领料单以及结算计件工资或计量奖励工资等。企业定额直接反映本企业的施工生产力水平。运用企业定额可以更合理地组织施工生产，有效确定和控制施工中人力、物力消耗，节约成本开支。

(2）企业定额的编制原则。施工企业在编制企业定额时应依据本企业的技术能力和管理水平，以基础定额为参照和指导，测定计算完成分项工程或工序所必需的人工、材料和机械台班的消耗量，准确反映本企业的施工生产力水平。

目前，为适应国家推行的工程量清单计价办法，企业定额可采用基础定额的形式，按统一的工程量计算规则、统一划分的项目、统一的计量单位进行编制。

在确定人工、材料和机械台班消耗量以后，需按选定的市场价格，包括人工价格、材料价格和机械台班价格等编制分项工程单价和分项工程的综合单价。

(3）企业定额的编制方法。编制企业定额最关键的工作是确定人工、材料和机械台班的消耗量，以及计算分项工程单价或综合单价。具体测定和计算方法同前述施工定额及预算定额的编制。

人工消耗量的确定，首先是根据企业环境，拟定正常的施工作业条件，分别计算测定基本用工和其他用工的工日数，进而拟定施工作业的定额时间。

确定材料消耗量，是通过企业历史数据的统计分析、理论计算、实验试验、实地考察等方法计算确定材料包括周转材料的净用量和损耗量，从而拟定材料消耗的定额指标。

机械台班消耗量的确定，同样需要按照企业的环境，拟定机械工作的正常施工条件，确定机械净工作效率和利用系数，据此拟定施工机械作业的定额台班和与机械作业相关的工人小组的定额时间。

人工价格也即劳动力价格，一般情况下就按地区劳务市场价格计算确定。人工单价最常见的是日工资单价，通常是根据工种和技术等级的不同分别计算人工单价，有时可以简单地按专业工种将人工粗略划分为结构、精装修和机电三大类，然后按每个专业需要的不同等级人工的比例综合计算人工单价。

材料价格按市场价格计算确定，其应是供货方将材料运至施工现场堆放地或工地仓库后的出库价格。

施工机械使用价格最常用的是台班价格。应通过市场询价，根据企业和项目的具体情况计算确定。

企业定额编制经验方法有以下三种。

1）现场观察测定法。是专业测定定额的常用方法。它以研究工时消耗为对象，以观察测时为手段。通过密集抽样和粗放抽样等技术进行直接的时间研究，确定人工消耗和机械台班定额水平。这种方法的特点是能够把现场工时消耗情况和施工组织技术条件联系起来加以观察、测时、计量和分析，以获得该施工过程的技术组织条件和工时消耗的有技术根据的基础资料。它不仅能为制定定额提供基础数据，而且能为改善施工组织管理、改善工艺过程和操作方法、消除不合理的工时损失和进一步挖掘生产潜力提供依据。这种方法技术简便、应用面广、资料全面，适用影响工程造价的主要项目及新技术、新工艺、新施工方法的劳动力消耗和机械台班水平的测定。人工幅度差考虑多少，是低于现行预算定额水平还是做不同的取值，由企业在实践中探索确定。

2）经验统计法。是运用抽样统计的方法，从以往类似工程施工竣工结算资料和典型设计图纸资料及成本核算资料中抽取若干个项目的资料，进行分析、测算及定量的方法。运用这种方法，首先要建立一系列数学模型，对以往不同类型的样本工程项目成本降低情况进行统计、分析，然后得出同类型工程成本的平均值或是平均先进值。由于典型工程的经验数据权重不断增加，使其统计数据资料越来越完善、真实、可靠。这种方法只要正确确定基础类型，然后对号入座即可。此方法的特点是积累过程长、统计分析细致，使用时简单易行、方便快捷。缺点是模型中考虑的因素有限，而工程实际情况则要复杂得多，对各种变化情况的需要不能一一适应，准确性也不够，因此这种方法适用于设计方案较规范的民用住宅建筑工程的常用项目的人、材、机消耗及管理费测定。

3）定额换算法。是目前建筑企业建立企业定额最便捷的方法，它是按照工程预算的计算程序计算出造价，分析出成本，然后根据具体工程项目的施工图纸、现场条件和企业劳务、设备及材料储备状况，结合实际情况对定额水平进行调增或调减，从而确定工程实际成本。在各施工单位企业定额尚未建立的今天，采用这种定额换算的方法建立企业定额，不失为一捷径。这种方法在假设条件下，把变化的条件罗列出来进行适当的增减，既简单易行又相对准确，是补充企业一般工程项目人、材、机和管理费标准的较好方法之一。这种方法制定的定额水平要在实践中得到检验和完善。一些软件公司也出品了企业定额生成器等软件工具，大大加速了建筑企业企业定额的积累与编辑工作。

六、预算定额与单位估价表的编制

1. 预算定额的编制

预算定额是在施工定额的基础上进行综合扩大编制而成的。预算定额中的人工、材料和施工机械台班的消耗水平根据施工定额综合取定，定额子目的综合程度大于施工定额，从而可以简化施工图预算的编制工作。预算定额是编制施工图预算的主要依据。

预算定额项目中人工、材料和施工机械台班消耗量指标，应根据编制预算定额的原则、依据，采用理论与实际相结合、图纸计算与施工现场测算相结合、编制定额人员与现场工作人员相结合等方法进行计算。

2. 人工消耗量指标的确定

预算定额中人工消耗量水平和技工、普工比例，以人工定额为基础，通过有关图纸规定，计算定额人工的工日数。

（1）人工消耗量指标的组成。预算定额中人工消耗量指标包括完成该分项工程必需的各种用工量。

1）基本用工。是指完成分项工程的主要用工量。例如，砌筑各种墙体工程的砌砖、调制砂浆以及运输砖和砂浆的用工量。

2）其他用工。是辅助基本用工消耗的工日。按其工作内容不同又分以下三类。

①超运距用工。是指超过人工定额规定的材料、半成品运距的用工。

②辅助用工。是指材料需在现场加工的用工，如筛砂子、淋石灰膏等增加的用工量。

③人工幅度差用工。是指人工定额中未包括的，而在一般正常施工情况下又不可避免的间歇时间和零星工时消耗，其内容如下：

各种专业工种之间的工序搭接及土建工程与安装工程的交叉、配合中不可避免的停歇时间；

施工机械在场内单位工程之间变换位置及在施工过程中移动临时水电线路引起的临时停水、停电所发生的不可避免的间歇时间；

施工过程中水电维修用工；

隐蔽工程验收等工程质量检查影响的操作时间；

现场内单位工程之间操作地点转移影响的操作时间；

施工过程中工种之间交叉作业造成的不可避免的剔凿、修复、清理等用工；

施工过程中不可避免的直接少量零星用工。

（2）人工消耗指标的计算。预算定额的各种用工量，应根据测算后综合取定的工程数量和人工定额进行计算。

1）综合取定工程量。预算定额是一项综合性定额，它是按组成分项工程内容的各工序综合而成的。编制分项定额时，要按工序划分的要求测算、综合取定工程量，如砌墙工程除了主体砌墙外，还需综合砌筑门窗洞口、附墙烟囱、垃圾道、预留抗震柱孔等含量。综合取定工程量是指按照一个地区历年实际设计房屋的情况，选用多份设计图纸，进行测算取定数量。

2）计算人工消耗量。按照综合取定的工程量或单位工程量和劳动定额中的时间定额，计算出各种用工的工日数量。

基本用工的计算：

$$基本用工数量 = \sum(工序工程量 \times 时间定额)$$

超运距用工的计算

$$超运距用工数量 = \sum(超运距材料数量 \times 时间定额)$$

其中，超运距=预算定额规定的运距－劳动定额规定的运距。

辅助用工的计算：

$$辅助用工数量 = \sum(加工材料数量 \times 时间定额)$$

人工幅度差用工的计算：

$$人工幅度差用工数量 = \sum(基本用工 + 超运距用工 + 辅助用工) \times 人工幅度差系数$$

（3）材料耗用量指标的确定。材料耗用量指标是在节约和合理使用材料的条件下，生产单位合格产品所必须消耗的一定品种规格的材料、燃料、半成品或配件数量标准。材料耗用量指标是以材料消耗定额为基础，按预算定额的定额项目，综合材料消耗定额的相关内容，经汇总后确定。

（4）机械台班消耗指标的确定。预算定额中的施工机械消耗指标，是以台班为单位进行计算的，每一台班为 8 小时工作制。预算定额的机械化水平，应以多数施工企业采用的和已推广的先进施工方法为标准。预算定额中的机械台班消耗量按合理的施工方法取定并考虑增加了机械幅度差。

1）机械幅度差。是指在施工定额中未曾包括的，而机械在合理的施工组织条件下所必需的停歇时间，在编制预算定额时应予以考虑。其内容包括：

施工机械转移工作面及配套机械互相影响损失的时间；

在正常的施工情况下，机械施工中不可避免的工序间歇；

检查工程质量影响机械操作的时间；

临时水、电线路在施工中移动位置所发生的机械停歇时间；

工程结尾时，因工作量不饱满所损失的时间。

由于垂直运输用的塔式起重机、卷扬机及砂浆、混凝土搅拌机是按小组配合，应以小组产量计算机械台班产量，不另增加机械幅度差。

2）机械台班消耗指标的计算。

小组产量计算法：按小组日产量大小来计算耗用机械台班多少。其计算公式如下：

$$分项定额机械台班使用量=\frac{分项定额计量单位值}{小组产量}$$

台班产量计算法：按台班产量大小来计算定额内机械消耗量大小。其计算公式如下：

$$定额台班用量=\frac{定额单位}{台班产量}\times机械幅度差系数$$

3. 单位估价表的编制

在拟定的预算定额的基础上，有时还需要根据所在地区的工资、物价水平计算确定相应的人工、材料和施工机械台班的价格，即相应的人工工资价格、材料预算价格和施工机械台班价格，计算拟定预算定额中每一分项工程的单位预算价格，这一过程称为单位估价表的编制。

通常，单位估价表是以一个城市或一个地区为范围进行编制，在该地区范围内适用。因此单位估价表的编制依据如下。

1）全国统一或地区通用的概算定额、预算定额或基础定额，以确定人工、材料、机械台班的消耗量。

2）本地区或市场上的资源实际价格或市场价格，以确定人工、材料、机械台班价格。

单位估价表的编制公式为

$$\begin{aligned}分部分项工程单价&=分部分项人工费+分部分项材料费+分部分项机械费\\&=\sum(人工定额消耗量\times人工价格)+\sum(材料定额消耗量\times\\&\quad材料价格)+\sum(机械台班定额消耗量\times机械台班价格)\end{aligned}$$

编制单位估价表时，在项目的划分、项目名称、项目编号、计量单位和工程量计算规则上应尽量与定额保持一致。

单位估价表是由分部分项工程单价构成的单价表，具体的表现形式可分为工料单价和综合单价等。

（1）工料单价单位估价表。工料单价是确定定额计量单位的分部分项工程的人工费、材料费和机械使用费的费用标准，即人、料、机费用单价，也称为定额基价。

分部分项工程的单价，是用定额规定的分部分项工程的人工、材料、施工机具的消耗量，分别乘以相应的人工价格、材料价格、机械台班价格，从而得到分部分项工程的人工费、材料费和机械费，并将三者汇总而成的。因此，单位估价表是以定额为基本依据，根据相应地区和市场的资源价格，既需要人工、材料和施工机具的消耗量，又需要人工、材料和施工机具价格，经汇总得到分部分项工程的单价。

由于生产要素价格，即人工价格、材料价格和机械台班价格是随地区的不同而不同，随市场的变化而变化。所以，单位估价表应是地区单位估价表，应按当地的资源价格来编制地区单位估价表。同时，单位估价表应是动态变化的，应随着市场价格的变化，及时不断地对单位估价表中的分部分项工程单价进行调整、修改和补充，使单位估价表能够正确反映市场的变化。

编制单位估价表，可以简化设计概算和施工图预算的编制。在编制概预算时，将各个分部分项工程的工程量分别乘以单位估价表中的相应单价后，即可计算得出分部分项工程的人、料、机费用，经累加汇总，就可得到整个工程的人、料、机费用。

（2）综合单价单位估价表。编制单位估价表时，在汇集分部分项工程人工、材料、机械台班使用费用，得到人、料、机费用单价以后，再按取定的企业管理费费用比率以及取定的利润率、规费和税率，计算出各项相应费用，汇总人、料、机费用、企业管理费、利润、规费和税金，就构成一定计量单位的分部分项工程的综合单价。综合单价分别乘以分部分项工程量，可得到分部分项工程的造价费用。

（3）企业单位估价表。作为施工企业，应依据本企业定额中的人工、材料、机械台班消耗量，按相应人工、材料、机械台班的市场价格，计算确定一定计量单位的分部分项工程的工料单价或综合单价，形成本企业的单位估价表。

七、概算定额与概算指标的编制

1. 概算定额的编制

概算定额也称作扩大结构定额。它规定了完成一定计量单位的扩大结构构件或扩大分项工程的人工、材料、机械台班消耗量的数量标准。

（1）概算定额的作用。概算定额是在初步设计阶段编制设计概算或技术设计阶段编制修正概算的依据，是确定建设工程项目投资额的依据。概算定额可用于进行设计方案的技术经济比较。概算定额也是编制概算指标的基础。

（2）编制概算定额的一般要求。

1）概算定额的编制深度要适应设计深度的要求。由于概算定额是在初步设计阶段使用的，受初步设计的设计深度所限制，因此定额项目划分应坚持简化、准确和适用的原则。

2）概算定额水平的确定应与基础定额、预算定额的水平基本一致。它必须反映在正常条件下，大多数企业的设计、生产、施工管理水平。

由于概算定额是在预算定额的基础上，适当地再一次扩大、综合和简化，因而在工程标准、施工方法和工程量取值等方面进行综合、测算时，概算定额与预算定额之间必将产生并允许留有一定的幅度差，以便根据概算定额编制的概算能够控制住施工图预算。

（3）概算定额的编制类别。概算定额在预算定额的基础上综合而成，每一项概算定额项目都包括了数项预算定额的定额项目。

1）直接利用综合预算定额。例如，砖基础、钢筋混凝土基础、楼梯、阳台、雨篷等。

2）在预算定额的基础上再合并其他次要项目。例如，墙身包括伸缩缝；地面包括平整场地、回填土、明沟、垫层、找平层、面层及踢脚。

3）改变计量单位。例如，屋架、天窗架等不再按立方米体积计算，而按屋面水平投影面积计算。

4）采用标准设计图纸的项目，可以根据预先编好的标准预算计算。例如，构筑物中的烟囱、水塔、水池等，以每座为单位。

5）工程量计算规则进一步简化。例如，砖基础、带形基础以轴线（或中心线）长度乘断面积计算；内外墙也均以轴线（或中心线）长乘以高，再扣除门窗洞口计算；屋架按屋面投影面积计算；烟囱、水塔按座计算；细小零星占造价比重很小的项目，不计算工程量，按占主要工程的百分比计算。

(4) 概算定额手册的内容。按专业特点和地区特点编制的概算定额手册，内容基本上是由文字说明、定额项目表和附录三个部分组成。下面对前两者进行详细阐述。

1）文字说明部分。文字说明部分有总说明和分部工程说明。在总说明中，主要阐述概算定额的编制依据、使用范围、包括的内容及作用、应遵守的规则及建筑面积计算规则等。分部工程说明主要阐述本分部工程包括的综合工作内容及分部分项工程的工程量计算规则等。

2）定额项目表。主要包括以下内容。

①定额项目的划分。概算定额项目一般按以下两种方法划分。一是按工程结构划分：一般是按土石方、基础、墙、梁板柱、门窗、楼地面、屋面、装饰、构筑物等工程结构划分。二是按工程部位（分部）划分：一般是按基础、墙体、梁柱、楼地面、屋盖、其他工程部位等划分，如基础工程中包括了砖、石、混凝土基础等项目。

②定额项目表。定额项目表是概算定额手册的主要内容，由若干分节定额组成。各节定额由工程内容、定额表及附注说明组成。定额表中列有定额编号，计量单位，概算价格，人工、材料、机械台班消耗量指标，综合了预算定额的若干项目与数量。以建筑工程概算定额为例说明，见表 1-1。

表 1-1　现浇钢筋混凝土柱概算定额表

工程内容：模板制作、安装、拆除，钢筋制作、安装，混凝土浇捣、抹灰、刷浆

计量单位：$10m^3$

概算定额编号				4-3		4-4	
项　目		单位	单价/元	矩形柱			
				周长 1.8m 以内		周长 1.8m 以外	
				数量	合价	数量	合价
基准价		元		13 428.76		12 947.26	
其中	人工费	元		2116.40		1728.76	
	材料费	元		10 272.03		10 361.83	
	机械费	元		1040.33		856.67	
合计工		工日	22.00	96.20	2116.40	78.58	1728.76
材料	中（粗）砂（天然）	t	35.81	9.494	339.98	8.817	315.74
	碎石 5～20mm	t	36.18	12.207	441.65	12.207	441.65
	石灰膏	m^3	98.89	0.221	20.75	0.155	14.55
	普通木成材	m^3	1000.00	0.302	302.00	0.187	187.00
	圆钢（钢筋）	t	3000.00	2.188	6564.00	2.407	7221.00
	组合钢模板	kg	4.00	64.416	257.66	39.848	159.39
	钢支撑（钢管）	kg	4.85	34.165	165.70	21.134	102.50
	零星卡具	kg	4.00	33.954	135.82	21.004	84.02
	铁钉	kg	5.96	3.091	18.42	1.912	11.40
	镀锌钢丝 22 号	kg	8.07	8.368	67.53	9.206	74.29

续表

概算定额编号				4-3		4-4	
项　目		单位	单价/元	矩形柱			
				周长 1.8m 以内		周长 1.8m 以外	
				数量	合价	数量	合价
材料	电焊条	kg	7.84	15.644	122.65	17.212	134.94
	803 涂料	kg	1.45	22.901	33.21	16.038	23.26
	水	m^3	0.99	12.700	12.57	12.300	12.21
	水泥 32.5 级	kg	0.25	664.459	166.11	517.117	129.28
	水泥 42.5 级	kg	0.30	4141.200	1242.36	4141.200	1242.36
	脚手架	元	—	—	196.00	—	90.60
	其他材料费	元	—	—	185.62	—	117.64
机械	垂直运输费	元	—	—	628.00	—	510.00
	其他机械费	元	—	—	412.33	—	346.67

2. 概算指标的编制

概算指标是以每 100m^2 建筑面积、每 1000m^3 建筑体积或每座构筑物为计量单位，规定人工、材料、机械及造价的定额指标。概算指标是概算定额的扩大与合并，它是以整个房屋或构筑物为对象，以更为扩大的计量单位来编制的，也包括劳动力、材料和机械台班定额三个基本部分。同时，还列出了各结构分部的工程量及单位工程（以体积计或以面积计）的造价。例如，每 1000m^3 房屋或构筑物、每 1000m 道或道路、每座小型独立构筑物所需要的劳动力、材料和机械台班的消耗数量等。

（1）概算指标的作用。概算指标的作用与概算定额类似，在设计深度不够的情况下，往往用概算指标来编制初步设计概算。

因为概算指标比概算定额进一步扩大与综合，所以依据概算指标来估算投资就更为简便，但精确度也随之降低。

（2）概算指标的编制方法。由于各种性质建设工程项目所需要的劳动力、材料和机械台班的数量不同，概算指标通常按工业建筑和民用建筑分别编制。工业建筑中又按各工业部门类别、企业大小、车间结构编制，民用建筑中又按用途性质、建筑层高、结构类别编制。

单位工程概算指标，一般选择常见的工业建筑的辅助车间（如机修车间、金工车间、装配车间、锅炉房、变电站、空压机房、成品仓库、危险品仓库等）和一般民用建筑项目（如工房、单身宿舍、办公楼、教学楼、浴室、门卫室等）为编制对象，根据设计图纸和现行的概算定额等，测算出每 100m^2 建筑面积或每 1000m^3 建筑体积所需的人工、主要材料、机械台班的消耗量指标和相应的费用指标等。

（3）概算指标的内容和形式。概算指标的组成内容一般分为文字说明、指标列表和附录等几部分。

1）文字说明。概算指标的文字说明，其内容通常包括概算指标的编制范围、编制依据、分册情况、指标包括的内容、指标未包括的内容、指标的使用范围、指标允许调整的范围及调整方法等。

2）列表形式。建筑工程的列表形式中，房屋建筑、构筑物一般以建筑面积 $100m^2$、建筑体积 $1000m^3$、“座”“个”等为计量单位，附以必要的示意图，给出建筑物的轮廓示意或单线平面图；列有自然条件、建筑物类型、结构形式、各部位中结构的主要特点、主要工程量；列出综合指标：人工、主要材料、机械台班的消耗量。建筑工程的列表形式中，设备以“t”或“台”为计量单位，也有以设备购置费或设备的百分比表示；列出指标编号、项目名称、规格、综合指标等。

八、工程定额计价中材料价差调整

（1）建筑材料价差产生的原因。定额子目基价（预算价）由人工、材料、机械等部分组成。在建设工程项目工程直接费中人工费占25％，材料费占70％左右，机械费占5％左右，可见材料价格取定的高低将会直接影响工程建设费用的高低。事实上，实际施工时使用的材料的价格，不是静止不动的。特别是在市场经济条件下，各种建筑材料将会随着国家政策调整因素、地区差异、时间差异、供求关系等的变化而处于经常的波动状态之中。产生材料价差的主要因素有以下几点。

1）国家政策因素。国家政策、法规的改变将会对市场产生巨大的影响。

2）地方部门文件因素。由于地方产业结构调整引起的部分材料价格的变化而产生的价差，即为“地方差”。

3）地区因素。预算定额估价表编制所在地的材料预算价格与同一时期执行该定额的不同地区的材料价格差异，即为“地差”。

4）供求因素。市场采购材料因产、供、销系统变化而引起的市场价格变化形成的价差，即为“势差”。

5）时间因素。定额估价表编制年度定额材料预算价格与项目实施年度执行材料价格的差异，即为“时差”。

建筑材料价格的变动，形成了不同的市场价。在工程实践中，施工企业正是从这个变动市场中直接获得建筑产品所需的原材料，其形成的产品是动态价格下的产物。

（2）建筑材料价差调整方法。在工程实践中，建设工程材料价差调整通常采用以下几种方法。

1）综合系数调差法。此法是直接采用当地工程造价管理部门测算的综合调差系数调整工程材料价差的一种方法，计算公式为

单位工程材料价差调整金额＝综合价差系数×预算定额直接费

综合系数调差法的优点是操作简便，快速易行。但这种方法过于依赖造价管理部门对综合系数的测量工作。实际中，常常会因项目选取的代表性，材料品种价格的真实性、准确性和短期价格波动的关系导致工程造价计算误差。

2）按实调整法（抽样调整法）。此法是工程项目所在地材料的实际采购价（甲、乙双方核定后）按相应材料定额预算价格和定额含量，抽料抽量进行调整计算价差的一种方法。按下列公式进行计算：

某种材料单价价差＝该种材料实际价格（或加权平均价格）－定额中的该种材料价格

其中，工程材料实际价格的确定，往往是按：

①当地造价管理部门定期发布的材料信息价格；

②建设单位指定或施工单位采购经建设单位认可，由材料供应部门提供的实际价格。

$$某种材料加权平均价 = \sum_{i=1}^{n}(X_i \times J_i)/\sum X_i$$

式中　X_i——材料不同渠道采购供应的数量；

J_i——材料不同渠道采购供应的价格。

某种材料价差调整额＝该种材料在工程中合计耗用量×材料单价价差

按实调差的优点是补差准确，计算合理，实事求是。由于建筑工程材料存在品种多、渠道广、规格全、数量大的特点，若全部采用抽量调差则费时费力，烦琐复杂。

3）价格指数调整法。它是按照当地造价管理部门公布的当期建筑材料价格或价差指数逐一调整工程材料价差的方法。这种方法属于抽量补差，计算量大且复杂，常需造价管理部门付出较多的人力和时间。具体做法是先测算当地各种建材的预算价格和市场价格，然后进行综合整理定期公布各种建材的价格指数和价差指数。其计算公式为

某种材料的价格指数＝该种材料当期预算价/该种材料定额中的取定价

某种材料的价差指数＝该种材料的价格指数－1

价格指数调整办法的优点是能及时反映建材价格的变化，准确性好，适应建筑工程动态管理。

4）按实调整与综合系数相结合。据统计，在材料费中三大材料价值占65%左右，而数目众多的地方材料及其他材料仅占材料费35%。而事实上，对子目中分布面广的材料全面抽量，也无必要。在有些地方，根据数理统计的A、B、C分类法原理，抓住主要矛盾，对A类材料重点控制，对B、C类材料作次要处理，即对三材或主材（A类材料）进行抽量调整，其他材料（B、C类材料）用辅材系数进行调整，从而克服了以上两种方法的缺点，有效地提高工程造价准确性，将预算编制人员从烦琐的工作中解放出来。

（3）主要材料价格的测算。建设工程材料市场价格的组成因素包括：材料原价、运杂费、材料场外运输损耗、采购保管费、包装品回收值，因此在调查工作中应做到适应市场，准确反映出市场价格构成的各种因素。其内容有以下几个方面。

1）材料原价资料。要深入本地规模较大，技术设备先进，有健全的质量保证体系的建材生产厂调查搜集。这些生产厂生产水平高，品种规格齐全，定价合理有信誉保障，这是调查搜集资料的重点；根据材料市场在不同区域、方位的分布情况，分别向经营不同类型材料专业厂家的代理商、经销商进行调查搜集；向主要大中型施工企业调查搜集月（季）度材料平均使用量或采购供应量及其价格资料；对部分特殊的材料，如果本地没有生产经销单位，可向外地生产经销单位进行调查搜集；在上述搜集调查资料过程中，还应摸清批量采购享受优惠幅度以及当时付款与延期付款的材料价格差异。

2）材料运杂费资料。交通运输部门有关规定和运输费用计算办法；运输市场费用及装卸费实际价格行情资料；同一种材料如果有几个货源地供应时，应调查清楚材料供应地点、供应量及供应比重，有无吊装设备以及人工装卸与机械吊装各占的比例；同一种材料

如果是通过多种方式运输时，应调查清楚各种运输方式中转衔接情况；调查材料运输起止点的道路情况，按合理流向确定最短运输距离，选择合理的运输方式，并结合材料的不同性能和特点，研究确定其运费（吨公里或台班）计算方法；调查清楚生产厂商送料到工地的材料品种以及各种材料（包括轻浮货物）在不同运输工具中的装载量。

3）材料场外运输损耗率资料。

4）有关材料包装费（租赁费）和包装品回收值的资料。

5）材料单位容量和换算资料。

6）测定材料采购及保管费率的资料。从市场实际看，由于不同类型的材料，其采购供应的方式不同，大部分材料的采购工作较简单，但较特殊的材料采购工作难度较大，因此，在实际调查搜集资料工作中应结合市场情况分别对待。

对已经调查搜集到的各类资料，要进行去粗取精、去伪存真、由表及里的分析、测算和加工整理，研究掌握市场材料价格的变动规律，剔除资料中不合理部分，采取类推比较法进行分项计算。在由市场决定价格的前提下，依据国家省市制定的有关政策规定，测算编制建设工程材料指导价格，其测算重点应是材料原价和材料运输费。

1）材料原价的测定。从目前材料市场实际情况看，某些同一品种不同规格的材料，其销售价格已趋于一致，如直径 6.5mm、10mm 圆钢。因此，在材料指导价格中，对这些材料按照一定的规格范围确定一个平均原价。但是，同一品种不同规格的材料，往往具有两个以上的货源渠道和不同的销售价格，对于这种情况就要测算其平均价格作为其指导价格的原价，其方法是根据同一品种一定规格范围内材料的总需用量（或采购量）和各货源渠道的供应量，采取加权平均方法测定其原价。

【例 1-3】 某市某建筑工地需要直径 6.5～10mm 圆钢共计 100t，从甲钢材市场采购进货 60t，每吨售价 2300 元，从乙钢材市场采购进货 40t，每吨售价 2400 元，求其平均原价，即为：2300 元/t×60%＋2400 元/t×40%＝2340 元/t。如果某种材料分别采取自行提货和生产厂商送料到施工工地两种不同方式时，因生产厂商送料到工地的材料售价中已含运输费和场外运输损耗，在计算材料指导价的原价时，首先应从这部分材料的售价中剔除运杂费，然后根据两种不同采购方式的材料量占总需要量的百分比进行加权测定。

2）材料运杂费的测定。由于建设工程材料使用量大，运杂费的计算是一个工作量大又比较复杂的问题。从目前市场情况看，为简化计算，应以材料的不同货源地或使用地，采取加权平均方法计算为宜。可用公式表示为

$$\text{材料运输费} = \frac{Q_1T_1 + Q_2T_2 + Q_3T_3 + \cdots + Q_NT_N}{Q_1 + Q_2 + Q_3 + \cdots + Q_N}$$

式中　Q_1，Q_2，Q_3，…，Q_N——各货源地的供应量或各不同使用地点的需用量；

T_1，T_2，T_3，…，T_N——不同运距的运费。

第二节　工程量清单计价

一、工程量清单编制的方法

招标工程量清单必须作为招标文件的组成部分，由招标人提供，并对其准确性和完整

性负责。招标工程量清单是工程量清单计价的基础，应作为编制招标控制价、投标报价、计算或调整工程量、索赔等的依据之一，一经中标签订合同，招标工程量清单即为合同的组成部分。招标工程量清单应由具有编制能力的招标人或受其委托、具有相应资质的工程造价咨询人进行编制。

招标工程量清单应以单位（项）工程为单位编制，应由分部分项工程量清单、措施项目清单、其他项目清单、规费和税金项目清单组成。招标工程量清单编制的依据有以下几个方面。

（1）《建设工程工程量清单计价规范》（GB 50500—2013）和相关工程的国家计量规范。

（2）国家或省级、行业建设主管部门颁发的计价定额和办法。

（3）建设工程设计文件及相关材料。

（4）与建设工程有关的标准、规范、技术资料。

（5）拟定的招标文件。

（6）施工现场情况、地勘水文资料、工程特点及常规施工方案。

（7）其他相关资料。

1. 分部分项工程项目工程量清单的编制

分部分项工程项目工程量清单应按建设工程工程量计量规范的规定，确定项目编码、项目名称、项目特征、计量单位，并按不同专业工程量计量规范给出的工程量计算规则，进行工程量的计算。对于计价而言，无论什么专业都应是一样的；而计量，随着专业的不同存在不一样的规定，将其作为附录处理，不方便操作和管理，也不利于专业计量规范的修订和增补，因此在“08 规范”的基础上，分离出计量的内容，新修编成 9 个计量规范，即：《房屋建筑与装饰工程工程量计算规范》（GB 50854—2013）、《仿古建筑工程工程量计算规范》（GB 50855—2013）、《通用安装工程工程量计算规范》（GB 50856—2013）、《市政工程工程量计算规范》（GB 50857—2013）、《园林绿化工程工程量计算规范》（GB 50858—2013）、《矿山工程工程量计算规范》（GB 50859—2013）、《构筑物工程工程量计算规范》（GB 50860—2013）、《城市轨道交通工程工程量计算规范》（GB 50861—2013）、《爆破工程工程量计算规范》（GB 50862—2013）。以上 9 个计量规范中工程量清单的编制规则是一致的，现统称为《计量规范》。

（1）项目编码的设置。项目编码是分部分项工程量清单项目名称的数字标识。分部分项工程量清单项目编码以五级编码设置，采用十二位阿拉伯数字表示。一至九位应按《计量规范》的规定设置，十至十二位应根据拟建工程的工程量清单项目名称和项目特征设置，同一招标工程的项目编码不得有重码。各级编码代表的含义如下。

1）第一级为工程分类顺序码（分二位）：房屋建筑与装饰工程为 01、仿古建筑工程为 02、通用安装工程为 03、市政工程为 04、园林绿化工程为 05、矿山工程为 06、构筑物工程为 07、城市轨道交通工程为 08、爆破工程为 09。

2）第二级为附录分类顺序码（分二位）。

3）第三级为分部工程顺序码（分二位）。

4）第四级为分项工程项目顺序码（分三位）。

5）第五级为工程量清单项目顺序码（分三位）。

项目编码结构如图1-3所示（以房屋建筑与装饰工程为例）。

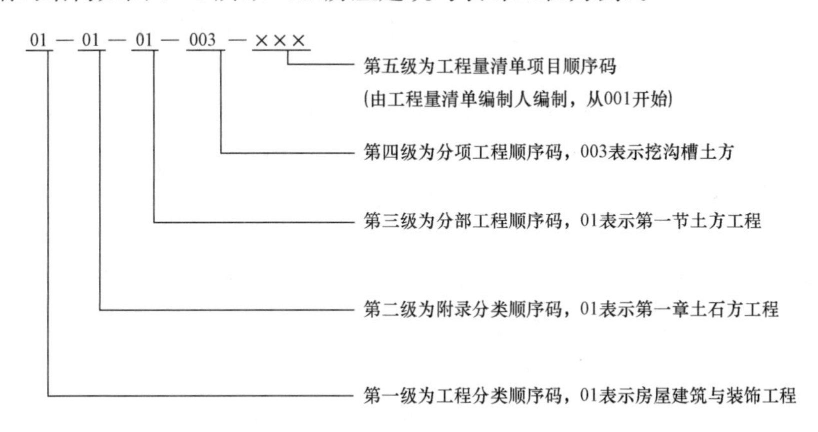

图1-3　工程量清单项目编码结构

【例1-4】 某工程属于房屋建筑与装饰工程，其中某标段的工程量清单中含有三个单位工程，每一单位工程中都有项目特征相同的实心砖墙砌体，在工程量清单编制中，试解释三个不同单位工程的实心砖墙砌体工程量。

【解】 工程量清单应以单位工程为编制对象，将第一个单位工程的实心砖墙的项目编码编成010401003001，第二个单位工程的实心砖墙的项目编码编成010401003002，第三个单位工程的实心砖墙的项目编码编成010401003003，并分别列出各单位工程实心砖墙的工程量。

（2）项目名称的确定。分部分项工程量清单的项目名称应根据《计量规范》的项目名称结合拟建工程的实际确定。《计量规范》中规定的“项目名称”为分项工程项目名称，一般以工程实体命名。编制工程量清单时，应以附录中的项目名称为基础，考虑该项目的规格、型号、材质等特征要求，并结合拟建工程的实际情况，对其进行适当的调整或细化，使其能够反映影响工程造价的主要因素。如《房屋建筑与装饰工程工程量计算规范》(GB 50854—2013) 中编号为“010502001”的项目名称为“矩形柱”，可根据拟建工程的实际情况写成“C30现浇混凝土矩形柱400×400”。

（3）项目特征的描述。项目特征是指构成分部分项工程量清单项目、措施项目自身价值的本质特征。分部分项工程量清单项目特征应按《计量规范》的项目特征，结合拟建工程项目的实际予以描述。分部分项工程量清单的项目特征是确定一个清单项目综合单价的重要依据，在编制的工程量清单中必须对其项目特征进行准确和全面的描述。工程量清单项目特征描述的重要意义如下。

1）项目特征是区分清单项目的依据。工程量清单项目特征是用来表述分部分项清单项目的实质内容，用于区分计价规范中同一清单条目下各个具体的清单项目。没有项目特征的准确描述，对于相同或相似的清单项目名称，就无从区分。

2）项目特征是确定综合单价的前提。由于工程量清单项目的特征决定了工程实体的实质内容，必然直接决定了工程实体的自身价值。因此，工程量清单项目特征描述的准确与否，直接关系到工程量清单项目综合单价的准确确定。

3）项目特征是履行合同义务的基础。实行工程量清单计价，工程量清单及其综合单价则构成施工合同的组成部分。因此，如果工程量清单项目特征的描述不清甚至漏项、错误，就会引起在施工过程中的更改，从而引起分歧、导致纠纷。

由此可见，清单项目特征的描述应根据现行计量规范附录中有关项目特征的要求，结合技术规范、标准图集、施工图纸，按照工程结构、使用材质及规格或安装位置等，予以详细而准确的表述和说明。一旦离开了清单项目特征的准确描述，清单项目也将没有生命力。

清单项目特征主要涉及项目的自身特征（材质、型号、规格、品牌）、项目的工艺特征以及对项目施工方法可能产生影响的特征。例如，锚杆（锚索）支护项目特征描述为：地层情况；锚杆（索）类型、部位；钻孔深度；钻孔直径；杆体材料品种、规格、数量；预应力；浆液种类、强度等级。这些特征对投标人的报价影响很大。特征描述不清，将导致投标人对招标人的需求理解不全面，达不到正确报价的目的。对清单项目特征不同的项目应分别列项，如基础工程，仅混凝土强度等级不同就足以影响投标人的报价，故应分开列项。

（4）计量单位的选择。分部分项工程量清单的计量单位应按《计量规范》的计量单位确定。当计量单位有两个或两个以上时，应根据所编工程量清单项目的特征要求，选择最适宜表述该项目特征并方便计量的单位。除各专业另有特殊规定外，均按以下基本单位计量。

1）以重量计算的项目——吨或千克（t 或 kg）。

2）以体积计算的项目——立方米（m^3）。

3）以面积计算的项目——平方米（m^2）。

4）以长度计算的项目——米（m）。

5）以自然计量单位计算的项目——个、套、块、组、台、……

6）没有具体数量的项目——宗、项、……

以“吨”为计量单位的应保留小数点后三位数字，第四位小数四舍五入；以“立方米”“平方米”“米”“千克”为计量单位的应保留小数点后二位数字，第三位小数四舍五入；以“项”“个”等为计量单位的应取整数。

（5）工程量的计算。分部分项工程量清单中所列工程量应按《计量规范》的工程量计算规则计算。工程量计算规则是指对清单项目工程量计算的规定。除另有说明外，所有清单项目的工程量以实体工程量为准，并以完成后的净值来计算。因此，在计算综合单价时应考虑施工中的各种损耗和需要增加的工程量，或在措施费清单中列入相应的措施费用。采用工程量清单计算规则，工程实体的工程量是唯一的。统一的清单工程量为各投标人提供了一个公平竞争的平台，也方便招标人对各投标人的报价进行对比。

（6）补充项目。编制工程量清单时如果出现《计量规范》附录中未包括的项目，编制人应做补充，并报省级或行业工程造价管理机构备案。补充项目的编码由对应计量规范的代码×（01～09）与B和三位阿拉伯数字组成，同一招标工程的项目不得重码。工程量清单中需附有补充项目的名称、项目特征、计量单位、工程量计算规则、工作内容。

【例1-5】 补充项目举例（见表1-2）。

表1-2　　隔墙（编码：011211）

项目编码	项目名称	项目特征	计量单位	工程量计算规则	工作内容
01 BO01	成品GRC隔墙	1. 隔墙材料品种、规格 2. 隔墙厚度 3. 嵌缝、塞口材料品种	m^2	按设计图示尺度以面积计算，扣除门窗洞口及单个≥0.3m^2的孔洞所占面积	1. 骨架及边框安装 2. 隔板安装 3. 嵌缝、塞口

2. 措施项目清单的编制

措施项目清单是指为完成工程项目施工，发生于该工程施工准备和施工过程中的技术、生活、安全、环境保护等方面的项目清单。鉴于已将“08规范”中“通用措施项目一览表”中的内容列入相关工程国家计量规范，因此《建设工程工程量清单计价规范》（GB 50500—2013）规定：措施项目清单必须根据相关工程现行国家计量规范的规定编制。规范中将措施项目分为能计量和不能计量的两类。对能计量的措施项目（单价措施项目），同分部分项工程量一样，编制措施项目清单时应列出项目编码、项目名称、项目特征、计量单位，并按现行计量规范规定，采用对应的工程量计算规则计算其工程量。对不能计量的措施项目（总价措施项目），措施项目清单中仅列出了项目编码、项目名称，但未列出项目特征、计量单位的项目，编制措施项目清单时，应按现行计量规范附录（措施项目）的规定执行。由于工程建设施工特点和承包人组织施工生产的施工装备水平、施工方案及其管理水平的差异，同一工程、不同承包人组织施工采用的施工措施有时并不完全一致，因此，《建设工程工程量清单计价规范》（GB 50500—2013）规定：措施项目清单应根据拟建工程的实际情况列项。

措施项目清单的编制应考虑多种因素，除了工程本身的因素外，还要考虑水文、气象、环境、安全和施工企业的实际情况。措施项目清单的设置，需要：

（1）参考拟建工程的常规施工组织设计，以确定环境保护、安全文明施工、临时设施、材料的二次搬运等项目。

（2）参考拟建工程的常规施工技术方案，以确定大型机械设备进出场及安拆、混凝土模板及支架、脚手架、施工排水、施工降水、垂直运输机械、组装平台等项目。

（3）参阅相关的施工规范与工程验收规范，以确定施工方案没有表述的但为实现施工规范与工程验收规范要求而必须发生的技术措施。

（4）确定设计文件中不足以写进施工方案，但要通过一定的技术措施才能实现的内容。

（5）确定招标文件中提出的某些需要通过一定的技术措施才能实现的要求。

3. 其他项目清单的编制

其他项目清单是指分部分项工程量清单、措施项目清单所包含的内容以外，因招标人的特殊要求而发生的与拟建工程有关的其他费用项目和相应数量的清单。工程建设标准的高低、工程的复杂程度、工程的工期长短、工程的组成内容、发包人对工程管理的要求等都直接影响其他项目清单的具体内容。因此，其他项目清单应根据拟建工程的具体情况，参照《建设工程工程量清单计价规范》（GB 50500—2013）提供的下列4项内容列项。

1）暂列金额。

2）暂估价：包括材料暂估单价、工程设备暂估价、专业工程暂估价。

3）计日工。

4）总承包服务费。

出现《建设工程工程量清单计价规范》（GB 50500—2013）未列的项目，可根据工程实际情况补充。

（1）暂列金额。是招标人暂定并包括在合同中的一笔款项。用于施工合同签订时尚未确定或者不可预见的所需材料、设备、服务的采购，施工中可能发生的工程变更、合同约定调整因素出现时的工程价款调整以及发生的索赔、现场签证确认等的费用。

（2）暂估价。是指招标人在工程量清单中提供的用于支付必然发生但暂时不能确定价格的材料价款、工程设备价款以及专业工程金额。暂估价是在招标阶段预见肯定要发生，但是由于标准尚不明确或者需要由专业承包人来完成，暂时无法确定具体价格时所采用的一种价格形式。

（3）计日工。是为了解决现场发生的零星工作的计价而设立的。计日工以完成零星工作所消耗的人工工时、材料数量、机械台班进行计量，并按照计日工表中填报的适用项目的单价进行计价支付。计日工适用的所谓零星工作一般是指合同约定之外的或者因变更而产生的、工程量清单中没有相应项目的额外工作，尤其是那些时间不允许事先商定价格的额外工作。

编制工程量清单时，计日工表中的人工应按工种，材料和机械应按规格、型号详细列项。其中，人工、材料、机械数量，应由招标人根据工程的复杂程度，工程设计质量的优劣及设计深度等因素，按照经验来估算一个比较贴近实际的数量，并作为暂定量写到计日工表中，纳入有效投标竞争，以期获得合理的计日工单价。

（4）总承包服务费。是为了解决招标人在法律、法规允许的条件下进行专业工程发包以及自行采购供应材料、设备时，要求总承包人对发包的专业工程提供协调和配合服务（如分包人使用总包人的脚手架、水电接驳等）；对供应的材料、设备提供收、发和保管服务以及对施工现场进行统一管理；对竣工资料进行统一汇总整理等发生并向总承包人支付的费用。招标人应当预计该项费用并按投标人的投标报价向投标人支付该项费用。

4. 规费项目清单的编制

规费是指按国家法律、法规规定，由省级政府和省级有关权力部门规定必须缴纳或计取的费用，应计入建筑安装工程造价的费用。规费项目清单应按照下列内容列项。

（1）社会保险费：包括养老保险费、失业保险费、医疗保险费、工伤保险费、生育保险费。

（2）住房公积金。

（3）工程排污费。

出现《建设工程工程量清单计价规范》（GB 50500—2013）未列的项目，应根据省级政府或省级有关部门的规定列项。

5. 税金项目清单的编制

税金是指国家税法规定的应计入建筑安装工程造价内的营业税、城市维护建设税及教育费附加等。税金项目清单应包括下列内容。

（1）营业税。

（2）城市维护建设税。

（3）教育费附加。

（4）地方教育附加。

出现《建设工程工程量清单计价规范》（GB 50500—2013）未列的项目，应根据税务部门的规定列项。

二、工程量清单计价方法

1. 工程量清单计价的基本过程

工程量清单计价过程可以分为两个阶段：工程量清单编制和工程量清单应用。工程量清单的编制程序如图 1-4 所示，工程量清单计价应用过程如图 1-5 所示。

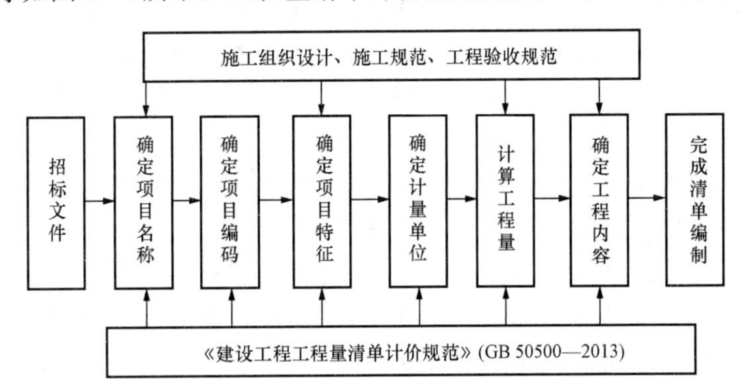

图 1-4 工程量清单的编制程序

2. 工程量清单计算方法

（1）工程造价的计算。工程量清单计价是按照工程造价的构成分别计算各类费用，再经过汇总而得。计算方法如下：

$$分部分项工程费 = \sum 分部分项工程量 \times 分部分项工程综合单价$$

$$措施项目费 = \sum 单价措施项目工程量 \times 单价措施项目综合单价 + \sum 总价措施项目费$$

$$单位工程造价 = 分部分项工程费 + 措施项目费 + 其他项目费 + 规费 + 税金$$

$$单项工程造价 = \sum 单位工程造价$$

$$建设项目总造价 = \sum 单项工程造价$$

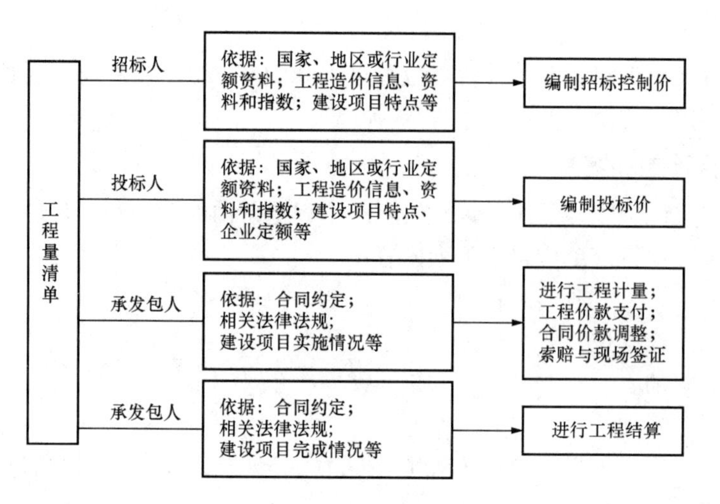

图 1-5　工程量清单计价应用过程

（2）分部分项工程费计算。利用综合单价法计算分部分项工程费需要解决两个核心问题，即确定各分部分项工程的工程量及其综合单价。

1）分部分项工程量的确定。招标文件中的工程量清单标明的工程量是招标人编制招标控制价和投标人投标报价的共同基础，它是工程量清单编制人按施工图图示尺寸和工程量清单计算规则计算得到的工程净量。但该工程量不能作为承包人在履行合同义务中应予完成的实际和准确的工程量，发、承包双方进行工程竣工结算时的工程量应按发、承包双方在合同中约定应予计量且实际完成的工程量确定，当然该工程量的计算也应严格遵照工程量清单计算规则，以实体工程量为准。

2）综合单价的编制。《建设工程工程量清单计价规范》中的工程量清单综合单价是指完成一个规定清单项目所需的人工费、材料和工程设备费、施工机具使用费和企业管理费、利润以及一定范围内的风险费用。该定义并不是真正意义上的全费用综合单价，而是一种狭义上的综合单价，规费和税金等不可竞争的费用并不包括在项目单价中。

综合单价的计算通常采用定额组价的方法，即以计价定额为基础进行组合计算。由于“计价规范”与“定额”中的工程量计算规则、计量单位、工程内容不尽相同，综合单价的计算不是简单地将其所含的各项费用进行汇总，而是要通过具体计算后综合而成。综合单价的计算可以概括为以下步骤。

①确定组合定额子目。清单项目一般以一个“综合实体”考虑，包括了较多的工程内容，计价时，可能出现一个清单项目对应多个定额子目的情况。因此，计算综合单价的第一步就是将清单项目的工程内容与定额项目的工程内容进行比较，结合清单项目的特征描述，确定拟组价清单项目应该由哪几个定额子目来组合。如“预制预应力 C20 混凝土空心板”项目，计量规范规定此项目包括制作、运输、吊装及接头灌浆，若定额分别列有制作、安装、吊装及接头灌浆，则应用这 4 个定额子目来组合综合单价；又如“M5 水泥砂浆砌砖基础”项目，按计量规范不仅包括主项“砖基础”子目，还包括附项“混凝土基础垫层”子目。

②计算定额子目工程量。由于一个清单项目可能对应几个定额子目，而清单工程量计

算的是主项工程量，与各定额子目的工程量可能并不一致；即便一个清单项目对应一个定额子目，也可能由于清单工程量计算规则与所采用的定额工程量计算规则之间的差异，而导致两者的计价单位和计算出来的工程量不一致。因此，清单工程量不能直接用于计价，在计价时必须考虑施工方案等各种影响因素，根据所采用的计价定额及相应的工程量计算规则重新计算各定额子目的施工工程量。定额子目工程量的具体计算方法，应严格按照与所采用的定额相对应的工程量计算规则计算。

③测算人、料、机消耗量。人、料、机的消耗量一般参照定额进行确定。在编制招标控制价时一般参照政府颁发的消耗量定额；编制投标报价时一般采用反映企业水平的企业定额，投标企业没有企业定额时可参照消耗量定额进行调整。

④确定人、料、机单价。人工单价、材料价格和施工机械台班单价，应根据工程项目的具体情况及市场资源的供求状况进行确定，采用市场价格作为参考，并考虑一定的调价系数。

⑤计算清单项目的人、料、机总费用。按确定的分项工程人工、材料和机械的消耗量及询价获得的人工单价、材料单价、施工机械台班单价，与相应的计价工程量相乘得到各定额子目的人、料、机总费用，将各定额子目的人、料、机总费用汇总后算出清单项目的人、料、机总费用。

$$\text{人、料、机总费用} = \sum \text{计价工程量} \times (\sum \text{人工消耗量} \times \text{人工单价} + \sum \text{材料消耗量} \times \text{材料单价} + \sum \text{台班消耗量} \times \text{台班单价})$$

⑥计算清单项目的管理费和利润。企业管理费及利润通常根据各地区规定的费率乘以规定的计价基础得出。通常情况下，计算公式如下：

$$\text{管理费} = \text{人、料、机总费用} \times \text{管理费费率}$$

$$\text{利润} = (\text{人、料、机总费用} + \text{管理费}) \times \text{利润率}$$

⑦计算清单项目的综合单价。将清单项目的人、料、机总费用、管理费及利润汇总得到该清单项目合价，将该清单项目合价除以清单项目的工程量即可得到该清单项目的综合单价。

$$\text{综合单价} = (\text{人、料、机总费用} + \text{管理费} + \text{利润}) / \text{清单工程量}$$

（3）措施项目费计算。措施项目费是指为完成工程项目施工，而用于发生在该工程施工准备和施工过程中的技术、生活、安全、环境保护等方面的非工程实体项目所支出的费用。措施项目清单计价应根据建设工程的施工组织设计，可以计算工程量的措施项目，应按分部分项工程量清单的方式采用综合单价计价；其余的不能算出工程量的措施项目，则采用总价项目的方式，以“项”为单位的方式计价，应包括除规费、税金外的全部费用。措施项目清单中的安全文明施工费应按照国家或省级、行业建设主管部门的规定计价，不得作为竞争性费用。

措施项目费的计算方法一般有以下几种。

1）综合单价法。这种方法与分部分项工程综合单价的计算方法一样，就是根据需要消耗的实物工程量与实物单价计算措施费，适用于可以计算工程量的措施项目，主要是指一些与工程实体有紧密联系的项目，如混凝土模板、脚手架、垂直运输等。与分部分项工程不同，并不要求每个措施项目的综合单价必须包含人工费、材料费、机具费、管理费和利润中的每一项。计算可参考以下公式。

$$措施项目费=\sum(单价措施项目工程量\times单价措施项目综合单价)$$

2）参数法计价。参数法计价是指按一定的基数乘系数的方法或自定义公式进行计算。这种方法简单明了，但最大的难点是公式的科学性、准确性难以把握。主要适用于施工过程中必须发生，但在投标时很难具体分项预测，又无法单独列出项目内容的措施项目。例如，夜间施工费、二次搬运费、冬雨期施工的计价均可以采用该方法，计算公式如下：

①安全文明施工费：

$$安全文明施工费=计算基数\times安全文明施工费费率(\%)$$

计算基数应为定额基价（定额分部分项工程费＋定额中可以计量的措施项目费）、定额人工费或（定额人工费＋定额机械费），其费率由工程造价管理机构根据各专业工程的特点综合确定。

②夜间施工增加费：

$$夜间施工增加费=计算基数\times夜间施工增加费费率(\%)$$

③二次搬运费：

$$二次搬运费=计算基数\times二次搬运费费率(\%)$$

④冬雨期施工增加费：

$$冬雨期施工增加费=计算基数\times冬雨期施工增加费费率(\%)$$

⑤已完工程及设备保护费：

$$已完工程及设备保护费=计算基数\times已完工程及设备保护费费率(\%)$$

措施项目的计费基数应为定额人工费或（定额人工费＋定额机械费），其费率由工程造价管理机构根据各专业工程特点和调查资料综合分析后确定。

3）分包法计价。是指在分包价格的基础上增加投标人的管理费及风险费进行计价的方法。这种方法适合可以分包的独立项目，如室内空气污染测试等。

有时招标人要求对措施项目费进行明细分析，这时采用参数法组价和分包法组价都是先计算该措施项目的总费用，这就需人为用系数或比例的办法分摊人工费、材料费、机械费、管理费及利润。

（4）其他项目费计算。其他项目费由暂列金额、暂估价、记日工、总承包服务费等内容构成。

暂列金额和暂估价由招标人按估算金额确定。招标人在工程量清单中提供的暂估价的材料、工程设备和专业工程，若属于依法必须招标的，由承包人和招标人共同通过招标确定材料、工程设备单价与专业工程分包价；若材料、工程设备不属于依法必须招标的，经发承包双方协商确认单价后计价；若专业工程不属于依法必须招标的，由发包人、总承包人与分包人按有关计价依据进行计价。

记日工和总承包服务费由承包人根据招标人提出的要求，按估算的费用确定。

（5）规费与税金的计算。规费是指政府和有关权力部门规定必须缴纳的费用。建筑安装工程税金是指国家税法规定的应计入建筑安装工程造价内的营业税、城市维护建设税、教育费附加及地方教育费附加。如国家税法发生变化或地方政府及税务部门依据职权对税种进行了调整，应对税金项目清单进行相应调整。规费和税金应按国家或省级、行业建设主管部门的规定计算，不得作为竞争性费用。每一项规费和税金的规定文件中，对其计算方法都有明确的说明，故可以按各项法规和规定的计算方式计取。具体计算时，一般按国家及有关部门规定的计算公式和费率标准进行计算。

(6) 风险费用的确定。风险是一种客观存在、可能会带来损失、不确定的状态。工程风险是指一项工程在设计、施工、设备调试以及移交运行等项目全寿命周期全过程可能发生的风险。这里的风险具体指工程建设施工阶段承发包双方在招投标活动和合同履约及施工中所面临的涉及工程计价方面的风险。建设工程发承包，必须在招标文件、合同上明确计价中的风险内容及其范围，不得采用无限风险、所有风险或类似语句规定计价中的风险内容及范围。

三、工程量清单计价难点

《计价规范》的执行过程，贯穿于工程计价的各个阶段之中。建设、施工企业在这个过程中应当认真研究、熟练掌握《计价规范》，了解市场价格信息，认真研究并运用好施工合同这个武器。只有这样才能够应用好《计价规范》，适应工程量清单计价这样一种新的计价模式。

目前，在工程量清单计价实践中的难点问题主要有以下四大项。

(1) 工程量清单计价的组价。

(2) 工程量清单的审核及发生错误时的处理。

(3) 不平衡报价条件下清单的处理。

(4) 工程量清单计价的清标。

本节将对这些问题进行深入探讨。

四、工程量清单计价综合单价的组价

(1)《计价规范》的工程内容、计量单位及工程量计算规则与计价定额一致。具体如下：

清单项目综合单价＝定额项目综合单价

【例 1-6】 某工程现浇混凝土框架柱工程量清单见表 1-3，综合单价计算见表 1-4。

表 1-3　　分部分项工程量清单

工程名称：略

序号	项目编码	项目名称	项目特征及工程内容	计量单位	工程量
1		E.2 现浇混凝土柱			
2	010502001001	现浇构件矩形柱	混凝土强度等级 C30	m^3	3.2
3	010516001001	现浇构件钢筋	ϕ10 以上圆钢	t	0.2
4	010416001002	现浇混凝土钢筋	ϕ10 以上螺纹钢	t	0.8

表 1-4 分部分项工程量清单项目综合单价计算表

工程名称：略

序号	项目编码	项目名称	计量单位	工程量	定额编号	综合单价（元）	其中（元）			
							人工费	材料费	机械费	综合费
1	010502001001	现浇混凝土矩形柱 C30	m	3.2	AD0065	246.39	53.38	161.89	4.89	26.23
2	010515001001	现浇混凝土钢筋 ϕ10 以内圆钢	t	0.2	AD0897	3315.84	378.88	2735.64	21.26	180.06
3	010515001002	现浇混凝土钢筋 ϕ10 以上螺纹钢	t	0.8	AD0899	3088.41	190.16	2722.17	62.42	113.66

（2）《计价规范》的计量单位及工程量计算规则与计价定额一致。具体如下：

$$清单项目综合单价 = \sum 定额项目综合单价$$

【例 1-7】 某工程天棚抹灰工程量清单见表 1-5，综合单价计算见表 1-6。

表 1-5 分部分项工程量清单

工程名称：略

序号	项目编码	项目名称	项目特征及工程内容	计量单位	工程量
	011301001001	天棚抹混合砂浆	（1）板底刷 108 胶水泥浆； （2）面抹混合砂浆（细砂）； （3）刮滑石粉混合胶水腻子两遍	m^2	10.8

表 1-6 分部分项工程量清单项目综合单价计算表

项目编码：011301001001　　计量单位：m^2

项目名称：顶棚抹混合砂浆　　清单项目综合单价：17.18 元/m^2

序号	定额编号	工程内容	单位	数量	综合单价（元）	其中（元）			
						人工费	材料费	机械费	综合费
1	BC0005	混合砂浆顶棚面	m^2	1	12.44	5.32	3.88	0.05	3.19
2	BE0289×2	满刮腻子二遍	m^2	1	4.72	1.75	1.84		1.13
3		清单项目综合单价			17.16	7.07	5.72	0.05	4.32

（3）《计价规范》的工程内容、计量单位及工程量计算规则与计价定额不一致。具体如下：

$$清单项目综合单价 = (\sum 该清单项目所包含的各定额项目工程量 \times 定额综合单价) / 该清单项目工程量$$

【例 1-8】 某工程屋面 SBS 卷材防水工程量清单见表 1-7，综合单价计算见表 1-8。

表 1-7　　分部分项工程量清单

工程名称：略

序号	项目编码	项目名称	项目特征及工程内容	计量单位	工程量
1		A.7 屋面及防水工程			
2	010702001001	屋面 SBS 卷材防水	（1）找平层：1∶2 水泥砂浆，厚 20mm （2）防水层：SBS 卷材防水 （3）保护层：1∶3 水泥砂浆找平，厚 20mm （4）找平层上撒石英砂，厚 20mm	m²	120

表 1-8　　分部分项工程量清单项目综合单价计算表

工程名称：某工程　　计量单位：m²

项目编码：010402001001　　工程量：120

项目名称：屋面 SBS 卷材防水　　清单项目综合单价：58.44 元/m²

序号	定额编号	工程内容	单位	数量	综合单价（元）		其中（元）							
							人工费		材料费		机械费		综合费	
					单价	合价	单价	合价	单价	合价	单价	合价	单价	合价
1	BA0004	1∶2 水泥砂浆找平，厚 20mm	m²	120	8.70	1044.00	3.16	379.20	4.70	564.00	0.05	6.00	0.79	94.80
2	AG0375	SBS 卷材防水	m²	130	27.38	3559.40	2.16	280.80	24.25	3152.50	—	—	0.97	126.1
3	BA0003	1∶3 水泥砂浆找平，厚 20mm	m²	120	8.57	1028.40	2.96	355.20	4.81	577.20	0.06	7.20	0.74	88.80
4	AG0432	撒石英砂保护层厚 20mm	m²	120	11.44	1372.52	0.17	20.40	11.26	1351.20	—	—	0.08	0.92
5	清单项目合价		m²	120	7004.32		1036		5645		13.2		311	
6	清单项目综合单价		m²	1	56.09		8.45		42.02		0.11		2.58	

注：SBS 卷材防水包括反边，实际工程量为 130m²。

【例 1-9】 某工程制作安装镶板门工程量清单见表 1-9，综合单价计算见表 1-10。

表 1-9　　分部分项工程量清单

序号	项目编码	项目名称	项目特征及工程内容	计量单位	工程量
1	010801001009	木质门	（1）规格为 1.8m×2m，框断面 45cm² （2）普通五金 （3）面刷三遍调和漆 （4）汽车运输 1km	樘	2

表 1-10　　分部分项工程量清单项目综合单价计算表

工程名称：某工程　　计量单位：樘

项目编码：010801001001　　工程量：2

项目名称：木质门　　清单项目综合单价：487.16 元/樘

序号	定额编号	工程内容	单位	数量	综合单价（元）		其中（元）							
							人工费		材料费		机械费		综合费	
					单价	合价	单价	合价	单价	合价	单价	合价	单价	合价
1	BD0001	木质门制作、安装	m²	7.2	116.26	837.07	17.07	122.90	68.15	490.68	19.95	143.64	11.09	79.85

续表

序号	定额编号	工程内容	单位	数量	综合单价（元）		其中（元）							
							人工费		材料费		机械费		综合费	
					单价	合价	单价	合价	单价	合价	单价	合价	单价	合价
2	BD0182	木质门运输 1km	m^2	7.2	2.37	17.13	0.86	6.19			0.96	6.91	0.56	4.03
3	BE0002	刷调和漆三遍	m^2	7.2	16.68	120.10	5.89	42.41	6.96	50.11			3.83	27.58
4	清单项目合价		樘	2	974.31		171.50		540.8		150.55		111.46	
5	清单项目综合单价		樘	1	135.31		23.82		75.11		20.91		15.48	

五、工程量清单的审查

（1）根据图纸说明和各种选用规范对工程量清单的内容进行审查。这是针对编制工程量清单的人员专业水平不高而要求的。如各专业对脚手架的要求各不相同，建筑工程有它的计算方法，而安装工程中，电气和给排水工程又不相同。又如在安装工程中，电气设备有许多调试工作（母线系统调试、低压供电系统调试等），在招标工程量清单中，经常会漏掉此费用，是施工单位从来没有做过该工作，还是做了就从来没有收该费用？另外，有时候，在清单上虽然有量，如电气配管钢管 *DN*32 共 70m，但钢管的敷设方式没有说明，或有两种方式明敷、暗敷，这时，你只好从图纸说明中找出其敷设方式或根据图纸分开两种方式的工程量，如明敷 20m、暗敷 50m。又如，给水排水工程中的化粪池，有时要根据图纸说明并查找标准图集才能套定额。

（2）根据技术要求和招标文件的具体要求，对工程需要增加的内容进行审查。认真研究招标文件是投标单位如何争取中标的第一要素。虽然招标文件基本相同，但每个项目都有自己的特殊要求，这些要求一定会在招标文件上反映出来，只是许多投标人认为都是一样的而没有仔细看。有的工程工程量清单上要求增加的内容与技术要求或招标文件上的要求不统一，通过审查和澄清可将此统一起来。

（3）对于固定总价的合同，要对项目附属工程、容易变更的内容进行审查。对于工程量清单加固定总价合同，特别要注意对该项目的附属工程进行细致审查。因为附属工程有大有小，不能只凭主观认识，要进行实地考察，对其可能发生的情况加以综合，得到一个具有竞争力的报价。对容易变更的内容进行具体分析，得到可行的报价。

六、使用清单计价法进行不平衡报价

不平衡报价主要分成两个方面的工作：一是“早收钱”，二是“多收钱”。“早收钱”是通过参照工期时间去合理调整单价后得以实现的，而“多收钱”是通过参照分项工程数量去合理调整单价后得以实现的。

在工程量清单投标报价中，很多施工单位认为招标方已提供工程量清单，只要报一下项目单价就可以了。有的施工单位由于时间紧，往往来不及仔细核对招标单位的工程量清单，将一个市场最低价报上去就算了。这样做放弃了获取高额利润的机会，甚至会吃大亏。

清单报价多采用固定单价合同形式，它的潜规则一般是最终结算工程量按实计算，单价包死。而实际上国内大量项目存在边施工边设计边修改的情况，招标时清单工程量与实际结算时会有较大差距，如果能快速、精确测算出实际工程量，就可以有机会获取一笔额外利润。具体方法就是运用不平衡报价，将实际结算工程量将要减少的项目单价压低，工程量将增加的项目单价抬高，而使投标总价基本保持不变。这样有竞争力的投标总价结算时可获得一块额外利润。

【例 1-10】 某工程不平衡报价分析见表 1-11。

表 1-11 不平衡报价分析表

项目内容	清单中工程量（m^3）	标准报价（元/m^3）	标准投标合价（元/m^3）	实际工程量（m^3）	调整后投标单价（元/m^3）	实际投标合价（元/m^3）	结算价	
							标准结算价（元/m^3）	实际结算价（元/m^3）
C20 钢筋混凝土	2500	450	1 125 000	3500	510	1 275 000	1 575 000	1 785 000
C30 钢筋混凝土	4000	500	2 000 000	6000	560	2 240 000	3 000 000	3 360 000
C40 钢筋混凝土	6000	650	3 900 000	5000	585	3 510 000	3 250 000	2 925 000
合计			7 025 000			7 025 000	7 825 000	8 070 000

在上述示例中，运用不平衡报价的实际结算价比按标准结算价提高了 3.1%。作为施工单位，施工过程中通过管理提高 1%的效益都是相当困难的。而若投标不核算工程量，工程结算时甚至有可能吃大亏，如报价偏高的项目工程量结算时变小，而单价报得低的项目反而工程量增加了。这个案例说明投标报价时精确计算工程量能创造高效益。施工单位其实应在投标前，就应与设计工程师建立良好的关系，听取设计工程师一些非常有价值的建议（如在投标时，建设单位将对工程设计、材料选用有哪些修改意图，将会增加或减少什么）。运用不平衡报价，可增加很多获利机会。

经验表明，所有单价合同的项目在完工后，施工单位实际结算收入与合同金额从来没有相等过，因此，施工单位运用不平衡报价在单价与工程数量的矛盾上做文章，寻找标书中存在的疏漏，在自己核算分析的基础上，投标时进行“人为”的合理协调，最终将挣回潜在的经济收入。

施工单位应该认真对待不平衡报价的分析和复核工作，绝不能冒险乱下赌注，而必须切实把握工程数量的实际变化趋势，测准效益。否则由于某种原因，实际情况没能像投标时预测的那样发生变化，则施工单位就达不到原预期的收益，这种失误的不平衡报价方式可能造成亏损。这充分证明不平衡报价是一把“双刃剑”。

在保证总标价维持不变和尽可能低的条件下，进行不平衡报价时，施工单位必须注意将其控制在合理适度的范围。通常两种情况下的调整幅度均在 30%以内，也可视具体情况再高一些。因为若不平衡报价的上下浮动过大，与正常的价格水平偏离太多，容易被建设单位发现并视为“不合理报价”，从而降低中标的机会甚至被判作废标。

招标人通常可能将投标书的单价并列于一份未用的清单内，制成“投标人综合单价对比表”，这样很方便比较投标者的单价及总价，通过对比也容易发现不平衡报价的身影。

【例 1-11】 投标人综合单价对比表见表 1-12。

表 1-12 投标人综合单价对比表

项目编码	项目名称	计量单位	综合单价					
			标底价	投标人 A 报价	投标人 B 报价	投标人 C 报价	投标人 D 报价	……

当发现标书中有某些工程分项的单价不合理的高或低，而此工程分项在数量上如有大增减时会导致最终工程价有大变动时，审标人员要考虑应否将该工程判给该投标者。若投标者的标价很低而审核人员仍然认为应该将该工程批给该投标者，他们必须在审核标书报告中列明原因。在审查投标单位报价时，应克服只看总造价不看分项单价的思想，因为实际上总价符合要求的，并不等于每分项报价符合要求；总报价最低的，并不等于每一分项报价最低。要克服只看单价不看相应工程数量的弊病，工程数量大的单价要重点研究，并应充分利用第一阶段收集到的工程价格数据，对其进行对比分析，区分哪些报价过高与过低。

建设单位可以对清单上各项目单价设立指导价，在此基础上计算出标底。因工程量清单报价一般采用综合单价法，各项目单价中已包括该项目除规费、税金外的所有费用，这些费用包括直接成本费、管理费、利润，所以指导价也应为综合单价，即标底和标函采用相同的计价方式。建设单位可以在招标文件中规定，指导价为投标单位对各项目报价的最高限价；也可以任投标单位自由报价，但规定在总报价低于标底时，各项目报价均不得高于指导价，从而将不平衡报价限制在合理的范围内。这里关键在于指导价的确定是否合理，能否做到同市场价格基本一致，杜绝暴利，同时又包括合理的成本、费用、利润，防止过分压价。这要求指导价的确定务必由有相应资质的造价咨询单位进行。在评标分析时，评标小组可以借助指导价分析报价差异的原因，甚至用以估计报价是否低于成本。另外，建设单位须把前期工作做足，深化设计，在设计图纸和招标文件上将各项目的工作内容和范围详细说明，将价格差距较大的各项贵重材料的品牌、规格、质量等级明确。对于某些确实无法事先详细说明的项目，可考虑先以暂定价统一口径计入，日后按实调整，从而堵死漏洞。

在施工过程中，施工单位总力图保证不平衡报价目标的实现或争取获得更大的额外利润，而建设单位则会力图减少不平衡报价给自己带来的不利影响，因此双方都会不约而同地利用工程变更来寻找对自己有利的机会，造成工程变更的管理更加困难与复杂。大家经常都会遇到这样的情况：当某一项目单价偏高时，建设单位往往会对这一项目内容作出更改甚至取消这一项目的施工；当某一项目单价偏低时，施工单位往往会以无法取得所需的材料或其他理由要求对这一项目内容作出更改，甚至退回这一项目的施工。长期以来这都是造价工程师与监理工程师深感棘手的难题。一般规定适用于合同单价比较合理的正常情况，如果施工单位投标时采用了不平衡报价且在签订承包合同时双方又未对明显不平衡的单价进行调整，则可参照如下方式处理。

（1）若项目合同单价较高且设计或清单错漏又不得不增加此工程量，则双方应重新计算增加部分的单价及总价。

（2）若项目合同单价较高建设单位故意要求取消此工程项目或减少工程量，则双方应按合理的市场单价扣减此项目单价及总价，或施工单位按合同的有关规定索赔。

（3）当在工程造价管理的过程中出现矛盾或不一致的现象时，合同双方均应避免滥用权力的现象发生，应以工程建设的大局为重，友好协商，避免采取过激或违背合同精神的行为。即变更工程的结算一方面要有合同依据，另一方面又要公平、合理，即客观地反映施工成本以及竞争、供求等因素对价格的影响，将总造价控制在合理的范围之内。

（4）若项目合同单价较低建设单位故意要求增加此工程量，则双方应协商对增加部分按合理的市场单价计算合同总价，除非工程合同中有明确的规定，施工单位有权认为此部分为新增加的工程内容拒绝施工或索赔。

（5）若项目合同单价较低施工单位故意以市场、材料、工艺等借口要求取消此工程项目或减少工程量，则建设单位有权按另行分包的单价或总价扣减此项目单价及总价。

第二章　工程量计算与计价

第一节　土石方工程

一、土石方工程工程量清单设置规则及说明

1. 土方工程

土方工程工程量清单项目设置、项目特征描述的内容、计量单位及工程量计算规则，应按表 2-1 的规定执行。

表 2-1　　**土方工程（编号：010101）**

项目编码	项目名称	项目特征	计量单位	工程量计算规则	工作内容
010101001	平整场地	1. 土壤类别 2. 弃土运距 3. 取土运距	m^2	按设计图示尺寸以建筑物首层建筑面积计算	1. 土方挖填 2. 场地找平 3. 运输
010101002	挖一般土方	1. 土壤类别 2. 挖土深度 3. 弃土运距	m^3	按设计图示尺寸以体积计算	1. 排地表水 2. 土方开挖 3. 围护（挡土板）及拆除 4. 基底钎探 5. 运输
010101003	挖沟槽土方			按设计图示尺寸以基础垫层底面积乘以挖土深度计算	
010101004	挖基坑土方				
010101005	冻土开挖	1. 冻土厚度 2. 弃土运距		按设计图示尺寸开挖面积乘厚度以体积计算	1. 爆破 2. 开挖 3. 清理 4. 运输
010101006	挖淤泥、流砂	1. 挖掘深度 2. 弃淤泥、流砂距离		按设计图示位置、界限以体积计算	1. 开挖 2. 运输

续表

项目编码	项目名称	项目特征	计量单位	工程量计算规则	工作内容
010101007	管沟土方	1. 土壤类别 2. 管外径 3. 挖沟深度 4. 回填要求	1. m 2. m^3	1. 以米为计量，按设计图示以管道中心线长度计算 2. 以立方米计量，按设计图示管底垫层面积乘以挖土深度计算；无管底垫层按管外径的水平投影面积乘以挖土深度计算。不扣除各类井的长度，井的土方并入	1. 排地表水 2. 土方开挖 3. 围护（挡土板）支撑 4. 运输 5. 回填

注：1. 挖土方平均厚度应按自然地面测量标高至设计地坪标高间的平均厚度确定。基础土方开挖深度应按基础垫层底表面标高至交付施工场地标高确定，无交付施工场地标高时，应按自然地面标高确定。

2. 建筑物场地厚度≤±300mm 的挖、填、运、找平，应按本表中平整场地项目编码列项。厚度>±300mm 的竖向布置挖土或山坡切土应按本表中挖，一般土方项目编码列项。

3. 沟槽、基坑、一般土方的划分为：底宽≤7m 且底长>3 倍底宽为沟槽；底长≤3 倍底宽且底面积≤150m^2 为基坑；超出上述范围则为一般土方。

4. 挖土方如需截桩头时，应按桩基工程相关项目列项。

5. 桩间挖土不扣除桩的体积，并在项目特征中加以描述。

6. 弃、取土运距可以不描述，但应注明由投标人根据施工现场实际情况自行考虑，决定报价。

7. 土壤的分类应按表 2-2 确定，如土壤类别不能准确划分时，招标人可注明为综合，由投标人根据地勘报告决定报价。

8. 土方体积应按挖掘前的天然密实体积计算，非天然密实土方应按表 2-3 折算。

9. 挖沟槽、基坑、一般土方因工作面和放坡增加的工程量（管沟工作面增加的工程量）是否并入各土方工程量中，应按各省、自治区、直辖市或行业建设主管部门的规定实施，如并入各土方工程量中，办理工程结算时，按经发包人认可的施工组织设计规定计算，编制工程量清单时，可按表 2-4～表 2-6 规定计算。

10. 挖方出现流砂、淤泥时，如设计未明确，在编制工程量清单时，其工程数量可为暂估量，结算时应根据实际情况由发包人与承包人双方现场签证确认工程量。

11. 管沟土方项目适用于管道（给排水、工业、电力、通信）、光（电）缆沟 [包括：人（手）孔、接口坑] 及连接井（检查井）等。

表 2-2　　土壤分类表

土壤分类	土壤名称	开挖方法
一、二类土	粉土、砂土（粉砂、细砂、中砂、粗砂、砾砂）、质黏土、弱中盐渍土、软土（淤泥填土、泥炭、泥炭质土）、软塑红黏土、冲填土	用锹、少许用镐、条锄开挖。机械能全部直接铲挖满载者
三类土	黏土、碎石土（圆砾、角砾）混合土、可塑红黏土、硬塑红黏土、强盐渍土、素填土、压实填土	主要用镐、条锄、少许用锹开挖。机械需部分刨松方能铲挖满载者或可直接铲挖但不能满载者
四类土	碎石土（卵石、碎石、漂石、块石）、坚硬红黏土、超盐渍土、杂填土	全部用镐、条锄挖掘、少许用撬棍挖掘。机械须普遍刨松方能铲挖满载者

注：本表土的名称及其含义按国家标准《岩土工程勘察规范》（GB 50021—2001）（2009 年版）定义。

表 2-3　　　　土方体积折算系数表

天然密实度体积	虚方体积	夯实后体积	松填体积
0.77	1.00	0.67	0.83
1.00	1.30	0.87	1.08
1.15	1.50	1.00	1.25
0.92	1.20	0.80	1.00

注：1. 虚方指未经碾压、堆积时间≤1年的土壤。

2. 本表按《全国统一建筑工程预算工程量计算规则》（GJDGZ—101—1995）整理。

3. 设计密实度超过规定的，填方体积按工程设计要求执行；无设计要求按各省、自治区、直辖市或行业建设行政主管部门规定的系数执行。

表 2-4　　　　放 坡 系 数 表

土类别	放坡起点（m）	人工挖土	机械挖土		
			在坑内作业	在坑上作业	顺沟槽在坑上作业
一、二类土	1.20	1∶0.5	1∶0.33	1∶0.75	1∶0.5
三类土	1.50	1∶0.33	1∶0.25	1∶0.67	1∶0.33
四类土	2.00	1∶0.25	1∶0.10	1∶0.33	1∶0.25

注：1. 沟槽、基坑中土类别不同时，分别按其放坡起点、放坡系数，依不同土类别厚度加权平均计算。

2. 计算放坡时，在交接处的重复工程量不予扣除，原槽、坑作基础垫层时，放坡自垫层上表面开始计算。

表 2-5　　　　基础施工所需工作面宽度计算表

基　础　材　料	每边各增加工作面宽度（mm）
砖基础	200
浆砌毛石、条石基础	150
混凝土基础垫层支模板	300
混凝土基础支模板	300
基础垂直面做防水层	1000（防水层面）

注：本表按《全国统一建筑工程预算工程量计算规则》（GJDGZ—101—1995）整理。

表 2-6　　　　管沟施工每侧所需工作面宽度计算表

管沟材料	管道结构宽（mm）			
	≤500	≤1000	≤2500	>2500
混凝土及钢筋混凝土管道（mm）	400	500	600	700
其他材质管道（mm）	300	400	500	600

注：1. 本表按《全国统一建筑工程预算工程量计算规则》（GJDGZ—101—1995）整理。

2. 管道结构宽：有管座的按基础外缘，无管座的按管道外径。

2. 石方工程

石方工程工程量清单项目设置、项目特征描述的内容、计量单位及工程量计算规则，应按表 2-7 的规定执行。

表 2-7 石方工程（编号：010102）

项目编码	项目名称	项目特征	计量单位	工程量计算规则	工作内容
010102001	挖一般石方	1. 岩石类别 2. 开凿深度 3. 弃碴运距	m^3	按设计图示尺寸以体积计算	1. 排地表水 2. 凿石 3. 运输
010102002	挖沟槽石方			按设计图示尺寸沟槽底面积乘以挖石深度以体积计算	
010102003	挖基坑石方			按设计图示尺寸基坑底面积乘以挖石深度以体积计算	
010102004	挖管沟石方	1. 岩石类别 2. 管外径 3. 挖沟深度	1. m 2. m^3	1. 以米计量，按设计图示以管道中心线长度计算 2. 以立方米计量，按设计图示截面积乘以长度计算	1. 排地表水 2. 凿石 3. 回填 4. 运输

注：1. 挖石应按自然地面测量标高至设计地坪标高的平均厚度确定。基础石方开挖深度应按基础垫层底表面标高至交付施工现场地标高确定，无交付施工场地标高时，应按自然地面标高确定。

2. 厚度>±300mm 的竖向布置挖石或山坡凿石应按本表中挖一般石方项目编码列项。

3. 沟槽、基坑、一般石方的划分为：底宽≤7m 且底长>3 倍底宽为沟槽；底长≤3 倍底宽且底面积≤150m^2 为基坑；超出上述范围则为一般石方。

4. 弃碴运距可以不描述，但应注明由投标人根据施工现场实际情况自行考虑，决定报价。

5. 岩石的分类应按表 2-8 确定。

6. 石方体积应按挖掘前的天然密实体积计算。非天然密实石方应按表 2-9 折算。

7. 管沟石方项目适用于管道（给排水、工业、电力、通信）、光（电）缆沟［包括：人（手）孔、接口坑］及连接井（检查井）等。

表 2-8 岩石分类表

坚硬程度		定性鉴定	代表性岩石
硬质岩	坚硬岩	锤击声清脆，又回弹，震手，难击碎，浸水后，大多无吸水反应	未风化—微风化； 花岗岩、正长岩、玄武岩等
	较坚硬岩	锤击声清脆，有轻微回弹，稍震手，较难击碎，浸水后有吸水反应	中等风化的坚硬岩； 未风化—微风化； 大理石、板岩、白云岩等
软质岩	较软岩	锤击声不清脆，无回弹，易击碎，浸水后，指甲可刻出印痕	强风化坚硬岩； 中等风化的较坚硬岩； 未风化—微风化； 泥灰岩、粉砂岩及砂质岩
	软岩	锤击声哑，无回弹，有凹痕，易击碎，浸水后，手可掰开	强风化的坚硬岩； 中等风化—强化风化较坚硬岩； 中等风化的较软岩； 未风化的泥岩、绿泥石片岩等
	极软岩	锤击声哑，无回弹，有较深凹痕，手可捏碎，浸水后，手可捏成团	全风化的各种岩石； 强风化的软岩； 各种半成岩

注：本表依据国家标准《工程岩体分级标准》（GB 50218—2014）和《岩土工程勘察规范》（GB 50021—2001）（2009 年版）整理。

表 2-9　　石方体积折算系数表

石方类别	天然密实度体积	虚方体积	松填体积	码方
石方	1.0	1.54	1.31	
块石	1.0	1.75	1.43	1.67
砂夹石	1.0	1.07	0.94	

注：本表按建设部颁发《爆破工程消耗量定额》（GYD—102—2008）整理。

3. 回填

回填工程量清单项目设置、项目特征描述的内容、计量单位及工程量计算规则，应按表 2-10 的规定执行。

表 2-10　　回填（编号：010103）

项目编码	项目名称	项目特征	计量单位	工程量计算规则	工作内容
010103001	回填方	1. 密实度要求 2. 填方材料品种 3. 填方粒径要求 4. 填方来源、运距	m^3	按设计图示尺寸以体积计算： 1. 场地回填：回填面积乘平均回填厚度 2. 室内回填：主墙间面积乘回填厚度，不扣除间隔墙 3. 基础回填：按挖方清单项目工程量减去自然地坪以下埋设的基础体积（包括基础垫层及其他构筑物）	1. 运输 2. 回填 3. 压实
010103002	余方弃置	1. 废弃料品种 2. 运距		按挖方清单项目工程量减利用回填方体积（正数）计算	余方点装料运输至弃置点

注：1. 填方密实度要求，在无特殊要求情况下，项目特征可描述为满足设计和规范的要求。
2. 填方材料品种可以不描述，但应注明由投标人根据设计要求验方后方可填入，并符合相关工程的质量规范要求。
3. 填方粒径要求，在无特殊要求情况下，项目特征可以不描述。
4. 如需买土回填应在项目特征填方来源中描述，并注明买土方数量。

二、土石方工程定额工程量套用规范

1. 定额说明

（1）定额项目内容。土石方工程包括单独土石方、人工土石方、机械土石方、平整、清理及回填等内容，共 159 个子目。

（2）定额调整。

1）单独土石方定额项目，适用于自然地坪与设计室外地坪之间，且挖方或填方工程量大于 5000m^3 的土石方工程（也适用于市政、安装、修缮工程中的单独土石方工程）。土石方工程其他定额项目，适用于设计室外地坪以下的土石方（基础土石方）工程，以及自然地坪与设计室外地坪之间小于 5000m³ 的土石方工程。单独土石方定额项目不能满足需要时，可以借用其他土石方定额项目，但应乘以系数 0.9。单独土石方工程的挖、填、运（含借用基础土石方）等项目，应单独编制预、结算，单独取费。

2）土石方工程中的土壤及岩石按普通土、坚土、松石、坚石分类，与规范的分类不同。例如，《山东省建筑工程消耗量定额》的《土壤及岩石（普氏）分类表》，其对应关系是普通土（Ⅰ、Ⅱ类土）、坚土（Ⅲ类土和Ⅳ类土）、松石（Ⅴ类土和Ⅵ类土）、坚石（Ⅶ类土～ⅩⅥ类土）。

3）人工土方定额是按干土（天然含水率）编制的。干湿土的划分，以地质勘测资料的地下常水位为界，以上为干土，以下为湿土。采取降水措施后，地下常水位以下的挖土，套用挖干土，相应定额人工乘以系数 1.10。

4）挡土板下挖槽坑土时，相应定额人工乘以系数 1.43。

5）桩间挖土，是指桩顶设计标高以下的挖土及设计标高以上 0.5m 范围内的挖土。挖土时不扣除桩体体积，相应定额项目人工、机械乘以系数 1.3。

6）人工修整基底与边坡，是指岩石爆破后人工对底面和边坡（厚度在 0.30m 以内）的清检和修整，并清出石渣。人工凿石开挖石方，不适用本项目。人工装车定额适用于已经开挖出的土石方的装车。

7）机械土方定额项目是按土壤天然含水率编制的。开挖地下常水位以下的土方时，定额人工、机械乘以系数 1.15（采取降水措施后的挖土不再乘该系数）。

8）机械挖土方，应满足设计砌筑基础的要求，其挖土总量的 95%，执行机械土方相应定额；其余按人工挖土。人工挖土套用相应定额时乘以系数 2。如果建设单位单独发包机械挖土方，挖方企业只能计算挖方总量的 95%，其余部分由总包单位结算。

9）人力车、汽车的重车上坡降效因素，已综合在相应的运输定额中，不另行计算。挖掘机在垫板上作业时，相应定额的人工、机械乘以系数 1.25。挖掘机下的垫板、汽车运输道路上需要铺设的材料，发生时，其人工和材料均按实另行计算。

2. 土（石）方工程工程定额规则

（1）土石方工程一般规定。

1）土石方的开挖、运输，均按开挖前的天然密实体积，以立方米计算。土方回填，按回填后的竣工体积，以立方米计算。不同状态的土方体积，按表 2-3 换算。

2）自然地坪与设计室外地坪之间的土石方，依据设计土方平衡竖向布置图，以立方米计算。

（2）基础土石方、沟槽、地坑的划分。

1）沟槽：槽底宽度（设计图示的基础或垫层的宽度，下同）3m 以内，且槽长大于 3 倍槽宽的为沟槽，如宽 1m，长 4m 为槽。

2）地坑：底面积 20m² 以内，且底长边小于 3 倍短边的为地坑，如宽 2m，长 6m 为坑。

3）土石方：不属沟槽、地坑或场地平整的为土石方，如宽 3m、长 8m 为土方。

（3）基础土石方开挖深度计算规定。基础土石方开挖深度，自设计室外地坪计算至基础底面，有垫层时计算至垫层底面（如遇爆破岩石，其深度应包括岩石的允许超挖深度），如图 2-1 所示。当施工现场标高达不到设计要求时，应按交付施工时的场地标高计算。

（4）基础工作面计算规定。

1）基础施工所需的工作面，按表 2-5 计算。

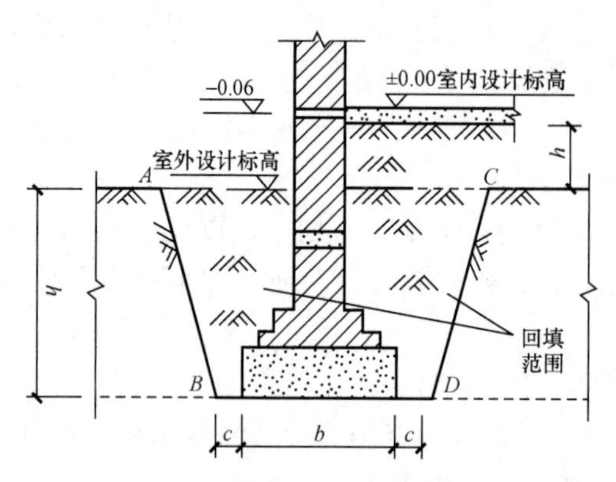

图 2-1　基础土石方开挖深度（h）

2）基础土方开挖需要放坡时，单边的工作面宽度是指该部分基础底坪外边线至放坡后同标高的土方边坡之间的水平宽度，如图 2-2 所示。

3）基础由几种不同的材料组成时，其工作面宽度是指按各自要求的工作面宽度的最大值。如图 2-3 所示，混凝土基础要求工作面大于防潮层和垫层的工作面，应先满足混凝土垫层宽度要求，再满足混凝土基础工作面要求；如果垫层工作面宽度超出了上部基础要求工作面外边线，则以垫层顶面其工作面的外边线开始放坡。

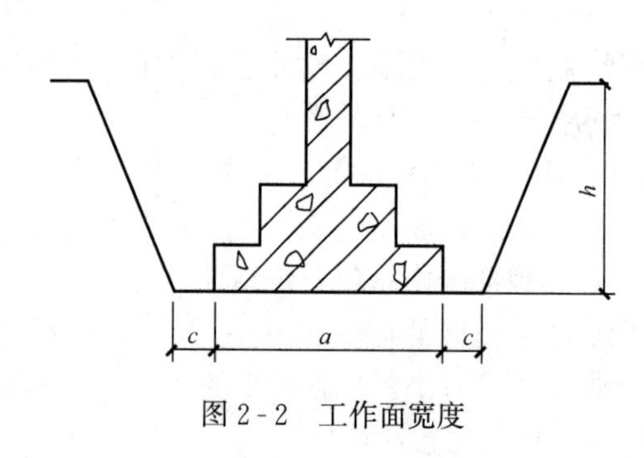

图 2-2　工作面宽度

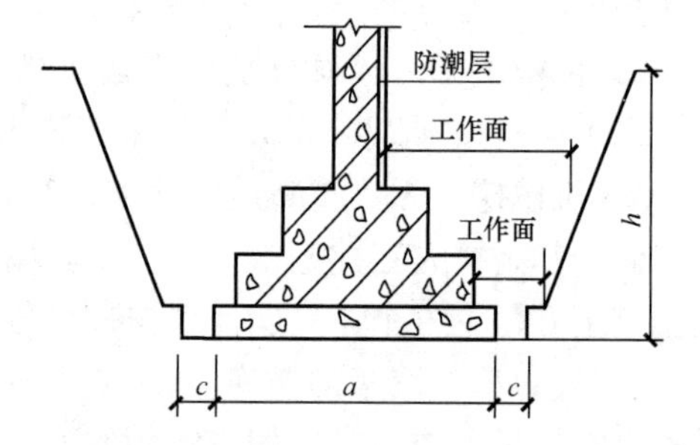

图 2-3　几种不同材料的基础工作面宽度

4）槽坑开挖需要支挡土板时，单边的开挖增加宽度，应为按基础材料确定的工作面宽度与支挡土板的工作面宽度之和。

5）混凝土垫层厚度大于 200mm 时，其工作面宽度按混凝土基础的工作面计算。

（5）土方开挖放坡计算规定。

1）土方开挖的放坡深度和放坡系数，按设计规定计算。设计无规定时，按表 2-4 计算。

2）土类为单一土质时，普通土开挖（放坡）深度大于 1.2m、坚土开挖（放坡）深度大于 1.7m，允许放坡。

3）土类为混合土质时，开挖（放坡）深度大于 1.5m，允许放坡。放坡坡度按不同土类厚度加权平均计算综合放坡系数。

4）计算土方放坡深度时，垫层厚度小于 200mm，不计算基础垫层的厚度，即从垫层上面开始放坡。垫层厚度大于 200mm 时，放坡深度应计算基础垫层的厚度，即从垫层下面开始放坡。

5）放坡与支挡土板，相互不得重复计算。支挡土板时，不计算放坡工程量。

6）计算放坡时，放坡交叉处的重复工程量，不予扣除，如图 2-4 所示。若单位工程中计算的沟槽工程量超出大开挖工程量时，应按大开挖工程量，执行地槽开挖的相应子目。如实际不放坡或放坡小于定额规定时，仍按规定的放坡系数计算工程量（设计有规定除外）。

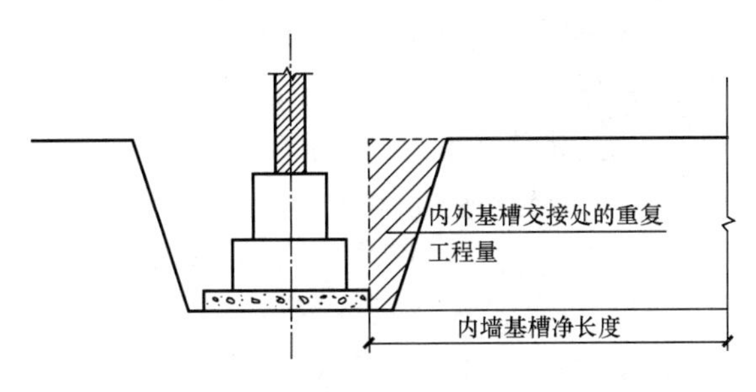

图 2-4　放坡交叉处的重复工程量示意图

（6）爆破岩石允许超挖量计算。爆破岩石允许超挖量分别为：松石 0.20m，坚石 0.15m。允许超挖量是指底面及四周共 5 个方向的超挖量，其体积（不论实际超挖多少）并入相应的定额项目工程量内。

（7）挖沟槽工程量计算。

1）外墙沟槽，按外墙中心线长度计算；内墙沟槽，按图示基础（含垫层）底面之间净长度计算（不考虑工作面和超挖宽度），如图 2-5 所示；外、内墙突出部分的沟槽体积，按突出部分的中心线长度并入相应部位工程量内计算。

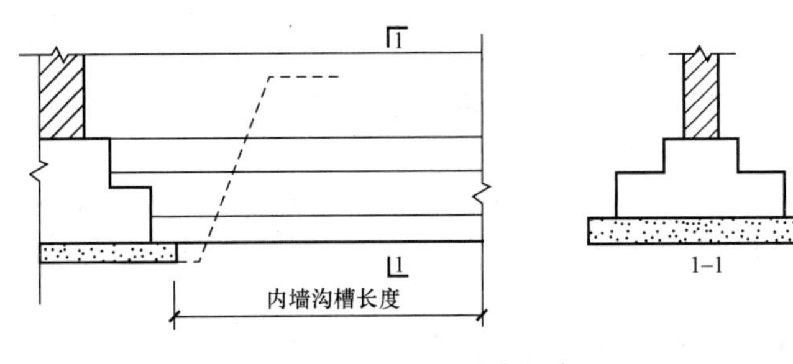

图 2-5　内墙沟槽净长度

2）管道沟槽的长度，按图示的中心线长度（不扣除井池所占长度）计算。管道宽度、深度按设计规定计算；设计无规定时，其宽度按表 2-11 计算。

表 2-11　**管道沟槽底宽度表**　（单位：m）

管道公称直径（mm 以内）	钢管、铸铁管、铜管、铝塑管、塑料管（Ⅰ类管道）	混凝土管、水泥管、陶土管（Ⅱ类管道）
100	0.60	0.80
200	0.70	0.90
400	1.00	1.20
600	1.20	1.50
800	1.50	1.80
1000	1.70	2.00
1200	2.00	2.40
1500	2.30	2.70

3）各种检查井和排水管道接口等处，因加宽而增加的工程量均不计算（不含工作面底面积大于 20m² 的井池除外），但铸铁给水管道接口处的土方工程量，应按铸铁管道沟槽全部土方工程量增加 2.5%计算。

（8）人工修整基底与边坡工程量计算。人工修整基底与边坡，按岩石爆破的有效尺寸（含工作面宽度和允许超挖量），以平方米计算。

（9）人工挖桩孔工程量计算。人工挖桩孔，按桩的设计断面面积（不另加工作面）乘以桩孔中心线深度，以立方米计算。

（10）开挖冻土层工程量计算。人工开挖冻土、爆破开挖冻土的工程量，按冻结部分的土方工程量以立方米计算。在冬期施工时，只能计算一次挖冻土工程量。

（11）机械土石方运距计算。机械土石方的运距，按挖土区重心至填方区（或堆放区）重心间的最短距离计算。推土机、装载机、铲运机重车上坡时，其运距按坡道斜长乘表 2 - 12系数计算。

表 2 - 12　　重车上坡运距系数表

坡度	5%～10%	15%以内	20%以内	25%以内
系数	1.75	2.00	2.25	2.50

（12）行驶坡道土石方工程量计算。机械行驶坡道的土石方工程量，按批准的施工组织设计，并入相应的工程量内计算。

（13）运输钻孔桩泥浆工程量计算。运输钻孔桩泥浆，按桩的设计断面面积乘以桩孔中心线深度，以立方米计算。

（14）场地平整工程量计算。场地平整按下列规定以平方米计算。

1）建筑物（构筑物）按首层结构外边线，每边各加 2m 计算。

2）无柱檐廊、挑阳台、独立柱雨篷等，按其水平投影面积计算。

3）封闭或半封闭的曲折型平面，其场地平整的区域，不得重复计算。

4）道路、停车场、绿化地、围墙、地下管线等不能形成封闭空间的构筑物，不得计算。

（15）夯实与碾压工程量计算。原土夯实与碾压按设计尺寸，以平方米计算。填土碾压按设计尺寸，以立方米计算。

（16）回填土工程量计算。回填按下列规定以立方米计算。

1）槽坑回填体积，按挖方体积减去设计室外地坪以下的地下建筑物（构筑物）或基础（含垫层）的体积计算。

2）管道沟槽回填体积，按挖方体积减去表 2 - 13 所含管道回填体积计算。

表 2 - 13　　管道折合回填体积表　　（单位：m³/m）

管道公称直径（mm 以内）	500	600	800	1000	1200	1500
Ⅰ类管道	—	0.22	0.46	0.74	—	—
Ⅱ类管道	—	0.33	0.60	0.92	1.15	1.45

3）房心回填体积，以主墙间净面积乘以回填厚度计算。

（17）运土工程量计算。运土工程量以立方米计算（天然密实体积）。

（18）竣工清理工程量计算。竣工清理包括建筑物及四周 2m 以内的建筑垃圾清理、场内运输和指定地点的集中堆放，不包括建筑物垃圾的装车和场外运输。

竣工清理按下列规定以立方米计算。

1）建筑物勒脚以上外墙外围水平面积乘以檐口高度。有山墙者以山尖 1/2 高度计算。

2）地下室（包括半地下室）的建筑体积，按地下室上口外围水平面积（不包括地下室采光井及敷贴外部防潮层的保护砌体所占面积）乘以地下室地坪至建筑物第一层地坪间的高度。地下室出入口的建筑体积并入地下室建筑体积内计算。

3）其他建筑空间的建筑体积计算规定如下。

①建筑物内按 1/2 计算建筑面积的建筑空间，如：设计利用的净高在 1.20～2.10m 的坡屋顶内、场馆看台下，设计利用的无围护结构的坡地吊脚架空层、深基础架空层等，应计算竣工清理。

②建筑物内不计算建筑面积的建筑空间，如：设计不利用的坡屋顶内、场馆看台下，坡地吊脚架空层、深基础架空层，建筑物通道等，应计算竣工清理。

③建筑物外可供人们正常活动的、按其水平投影面积计算场地平整的建筑空间，如：有永久性顶盖无围护结构的无柱檐廊、挑阳台、独立柱雨篷等，应计算竣工清理。

④建筑物外可供人们正常活动的、不计算场地平整的建筑空间，如：有永久性顶盖无围护结构的架空走廊、楼层阳台、无柱雨篷（篷下做平台或地面）等，应计算竣工清理。

⑤能够形成封闭空间的构筑物，如：独立式烟囱、水塔、储水（油）池、储仓、筒仓等，应按照建筑物竣工清理的计算原则，计算竣工清理。

⑥化粪池、检查井、给水阀门井，以及道路、停车场、绿化地、围墙、地下管线等构筑物，不计算竣工清理。

三、土石方工程工程量计算算例

1. 平整土地工程量计算

【例 2-1】 如图 2-6 所示，试计算此平整场地的工程量。

【解】

$$
\begin{aligned}
S_{面积} &= (8+18+2\times2)\times(10+2\times2)+(8+2\times2)\times7 \\
&= 420+84 \\
&= 504(\mathrm{m}^2)
\end{aligned}
$$

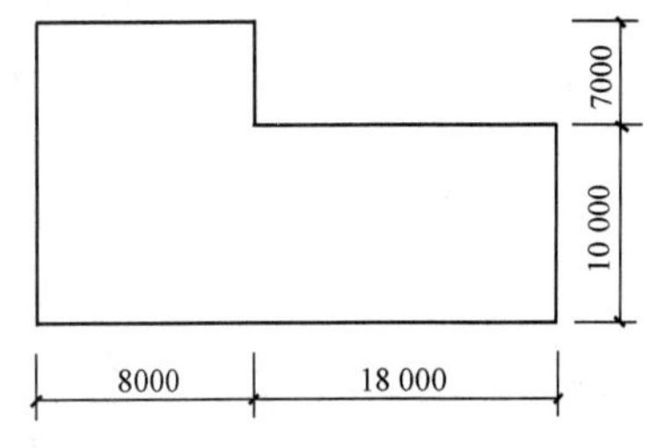

图 2-6　某建筑物底层平面图示（m）

2. 挖掘沟槽、基坑土方工程量计算

【例 2-2】 有一个工程沟槽长 80m，挖土深为 2m，属于三类土地，毛石基础宽 0.70m，有工作面，试计算此人工挖沟槽工程量。

【解】 已知：$a=0.70\mathrm{m}$，由于三类土，毛石基础每边各增加工作面宽度为 0.15m，$H=2\mathrm{m}$，$L=80\mathrm{m}$，K 取 0.33（三类土人工挖土放坡系数）。

$$V=L(a+2\times0.15+KH)H=80\times(0.7+2\times0.15+0.33\times2)\times2=265.6(m^3)$$

3. 回填土土方体积计算

【例 2-3】 有一工程挖方体积为 400m³，基础及垫层体积为 200m³，试计算此工程回填土工程量。

【解】 已知，$V_{挖}=400m^3$，$V_{基}=200m^3$。

$$V_{填}=V_{挖}-V_{基}=400-200=200(m^3)$$

第二节　地基处理与边坡支护及桩基工程

一、地基处理与边坡支护及桩基工程清单项目设置规则及说明

1. 地基处理

地基处理工程量清单项目设置、项目特征描述的内容、计量单位及工程量计算规则，应按表 2-14 的规定执行。

表 2-14　　地基处理（编号：010201）

项目编码	项目名称	项目特征	计量单位	工程量计算规则	工作内容
010201001	换填垫层	1. 材料种类及配比 2. 压实系数 3. 掺加剂品种	m^3	按设计图示尺寸以体积计算	1. 分层铺填 2. 碾压、振密或夯实 3. 材料运输
010201002	铺设土工合成材料	1. 部位 2. 品种 3. 规格	m^2	按设计图示尺寸以面积计算	1. 挖填锚固沟 2. 铺设 3. 固定 4. 运输
010201003	预压地基	1. 排水竖井种类、断面尺寸、排列方式、间距、深度 2. 预压方法 3. 预压荷载、时间 4. 砂垫层厚度		按设计图示处理范围以面积计算	1. 设置排水竖井、盲沟、滤水管 2. 铺设砂垫层、密封膜 3. 堆载、卸载或抽气设备安拆、抽真空 4. 材料运输
010201004	强夯地基	1. 夯击能量 2. 夯击遍数 3. 夯击点布置形式、间距 4. 地耐力要求 5. 夯填材料种类			1. 铺设夯填材料 2. 强夯 3. 夯填材料运输
010201005	振冲密实（不填料）	1. 地层情况 2. 振密深度 3. 孔距			1. 振冲加密 2. 泥浆运输

续表

项目编码	项目名称	项目特征	计量单位	工程量计算规则	工作内容
010201006	振冲桩（填料）	1. 地层情况 2. 空桩长度、桩长 3. 桩径 4. 填充材料种类	1. m 2. m^3	1. 以米计量，按设计图示尺寸以桩长计算 2. 以立方米计量，按设计桩截面乘以桩长以体积计算	1. 振冲成孔、填料、振实 2. 材料运输 3. 泥浆运输
010201007	砂石桩	1. 地层情况 2. 空桩长度、桩长 3. 桩径 4. 成孔方法 5. 材料种类、级配		1. 以米计量，按设计图示尺寸以桩长（包括桩尖）计算 2. 以立方米计量，按设计桩截面乘以桩长（包括桩尖）以体积计算	1. 成孔 2. 填充、振实 3. 材料运输
010201008	水泥粉煤灰碎石桩	1. 地层情况 2. 空桩长度、桩长 3. 桩径 4. 成孔方法 5. 混合料强度等级	m	按设计图示尺寸以桩长（包括桩尖）计算	1. 成孔 2. 混合料制作、灌注、养护 3. 材料运输
010201009	深层搅拌桩	1. 地层情况 2. 空桩长度、桩长 3. 桩截面尺寸 4. 水泥强度等级、掺量		按设计图示尺寸以桩长计算	1. 预搅下钻、水泥浆制作、喷浆搅拌提升成桩 2. 材料运输
010201010	粉喷桩	1. 地层情况 2. 空桩长度、桩长 3. 桩径 4. 粉体种类、掺量 5. 水泥强度等级、石灰粉要求			1. 预搅下钻、喷粉搅拌提升成桩 2. 材料运输 3. 成孔、夯底 4. 水泥土拌和、填料、夯实 5. 材料运输
010201011	夯实水泥土桩	1. 地层情况 2. 空桩长度、桩长 3. 桩径 4. 成孔方法 5. 水泥强度等级 6. 混合料配比		按设计图示尺寸以桩长（包括桩尖）计算	1. 成孔 2. 水泥浆制作、高压喷射注浆 3. 材料运输
010201012	高压喷射注浆桩	1. 地层情况 2. 空桩长度、桩长 3. 桩截面 4. 注浆类型、方法 5. 水泥强度等级		按设计图示尺寸以桩长计算	

续表

项目编码	项目名称	项目特征	计量单位	工程量计算规则	工作内容
010201013	石灰桩	1. 地层情况 2. 空桩长度、桩长 3. 桩径 4. 成孔方法 5. 掺和料种类、配合比	m	按设计图示尺寸以桩长（包括桩尖）计算	1. 成孔 2. 混合料制作、运输、夯填
010201014	灰土（土）挤密桩	1. 地层情况 2. 空桩长度、桩长 3. 桩径 4. 成孔方法 5. 灰土级配			1. 成孔 2. 灰土拌和、运输、填充、夯实
010201015	柱锤冲扩桩	1. 地层情况 2. 空桩长度、桩长 3. 桩径 4. 成孔方法 5. 桩体材料种类、配合比		按设计图示尺寸以桩长计算	1. 安、拔套管 2. 冲孔、填料、夯实 3. 桩体材料制作、运输
010201016	注浆地基	1. 地层情况 2. 空钻深度、注浆深度 3. 注浆间距 4. 浆液种类及配比 5. 注浆方法 6. 水泥强度等级	1. m 2. m^3	1. 以米计量，按设计图示尺寸以钻孔深度计算 2. 以立方米计量，按设计图示尺寸以加固体积计算	1. 成孔 2. 注浆导管制作、安装 3. 浆液制作、压浆 4. 材料运输
010201017	褥垫层	1. 厚度 2. 材料品种及比例	1. m^2 2. m^3	1. 以平方米计量，按设计图示尺寸以铺设面积计算 2. 以立方米计量，按设计图示尺寸以体积计算	材料拌和、运输、铺设、压实

注：1. 地层情况按表 2-2 和表 2-8 的规定，并根据岩土工程勘察报告按单位工程各地层所占比例（包括范围值）进行描述。对无法准确描述的地层情况，可注明由投标人根据岩土工程勘察报告自行决定报价。
2. 项目特征中的桩长应包括桩尖，空桩长度＝孔深－桩长，孔深为自然地面至设计桩底的深度。
3. 高压喷射注浆类型包括旋喷、摆喷、定喷，高压喷射注浆方法包括单管法、双重管法、三重管法。
4. 如采用泥浆护壁成孔，工作内容包括土方、废泥浆外运，如采用沉管灌注成孔，工作内容包括桩尖制作、安装。

2. 基坑与边坡支护

基坑与边坡支护工程量清单项目设置、项目特征描述的内容、计量单位及工程量计算规则，应按表 2-15 的规定执行。

表 2-15　　基坑与边坡支护（编码：010202）

<table>
<tr><th>项目编码</th><th>项目名称</th><th>项目特征</th><th>计量单位</th><th>工程量计算规则</th><th>工作内容</th></tr>
<tr><td>010202001</td><td>地下连续墙</td><td>1. 地层情况
2. 导墙类型、截面
3. 墙体厚度
4. 成槽深度
5. 混凝土种类、强度等级
6. 接头形式</td><td>m^3</td><td>按设计图示墙中心线长乘以厚度乘以槽深以体积计算</td><td>1. 导墙挖填、制作、安装、拆除
2. 挖土成槽、固壁、清底置换
3. 混凝土制作、运输、灌注、养护
4. 接头处理
5. 土方、废泥浆外运
6. 打桩场地硬化及泥浆池、泥浆沟</td></tr>
<tr><td>010202002</td><td>咬合灌注桩</td><td>1. 地层情况
2. 桩长
3. 桩径
4. 混凝土种类、强度等级
5. 部位</td><td rowspan="3">1. m
2. 根</td><td>1. 以米计量，按设计图示尺寸以桩长计算
2. 以根计量，按设计图示数量计算</td><td>1. 成孔、固壁
2. 混凝土制作、运输、灌注、养护
3. 套管压拔
4. 土方、废泥浆外运
5. 打桩场地硬化及泥浆池、泥浆沟</td></tr>
<tr><td>010202003</td><td>圆木桩</td><td>1. 地层情况
2. 桩长
3. 材质
4. 尾径
5. 桩倾斜度</td><td rowspan="2">1. 以米计量，按设计图示尺寸以桩长（包括桩尖）计算
2. 以根计量，按设计图示数量计算</td><td>1. 工作平台搭拆
2. 桩机移位
3. 桩靴安装
4. 沉桩</td></tr>
<tr><td>010202004</td><td>预制钢筋混凝土板桩</td><td>1. 地层情况
2. 送桩深度、桩长
3. 桩截面
4. 沉桩方法
5. 连接方式
6. 混凝土强度等级</td><td>1. 工作平台搭拆
2. 桩机移位
3. 沉桩
4. 板桩连接</td></tr>
<tr><td>010202005</td><td>型钢桩</td><td>1. 地层情况或部位
2. 送桩深度、桩长
3. 规格型号
4. 桩倾斜度
5. 防护材料种类
6. 是否拔出</td><td>1. t
2. 根</td><td>1. 以吨计量，按设计图示尺寸以质量计算
2. 以根计量，按设计图示数量计算</td><td>1. 工作平台搭拆
2. 桩机移位
3. 打（拔）桩
4. 接桩
5. 刷防护材料</td></tr>
</table>

续表

项目编码	项目名称	项目特征	计量单位	工程量计算规则	工作内容
010202006	钢板桩	1. 地层情况 2. 桩长 3. 板桩厚度	1. t 2. m^2	1. 以吨计量，按设计图示尺寸以质量计算 2. 以平方米计量，按设计图示墙中心线长乘以桩长以面积计算	1. 工作平台搭拆 2. 桩机移位 3. 打拔钢板桩
010202007	锚杆（锚索）	1. 地层情况 2. 锚杆（索）类型、部位 3. 钻孔深度 4. 钻孔直径 5. 杆体材料品种、规格、数量 6. 预应力 7. 浆液种类、强度等级	1. m 2. 根	1. 以米计量，按设计图示尺寸以钻孔深度计算 2. 以根计量，按设计图示数量计算	1. 钻孔、浆液制作、运输、压浆 2. 锚杆（锚索）制作、安装 3. 张拉锚固 4. 锚杆（锚索）施工平台搭设、拆除
010202008	土钉	1. 地层情况 2. 钻孔深度 3. 钻孔直径 4. 置入方法 5. 杆体材料品种、规格、数量 6. 浆液种类、强度等级			1. 钻孔、浆液制作、运输、压浆 2. 土钉制作、安装 3. 土钉施工平台搭设、拆除
010202009	喷射混凝土、水泥砂浆	1. 部位 2. 厚度 3. 材料种类 4. 混凝土（砂浆）类别、强度等级	m^2	按设计图示尺寸以面积计算	1. 修整边坡 2. 混凝土（砂浆）制作、运输、喷射、养护 3. 钻排水孔、安装排水管 4. 喷射施工平台搭设、拆除
010202010	钢筋混凝土支撑	1. 部位 2. 混凝土种类 3. 混凝土强度等级	m^3	按设计图示尺寸以体积计算	1. 模板（支架或支撑）制作、安装、拆除、堆放、运输及清理模内杂物、刷隔离剂等 2. 混凝土制作、运输、浇筑、振捣、养护

续表

项目编码	项目名称	项目特征	计量单位	工程量计算规则	工作内容
010202011	钢支撑	1. 部位 2. 钢材品种、规格 3. 探伤要求	t	按设计图示尺寸以质量计算。不扣除孔眼质量，焊条、铆钉、螺栓等不另增加质量	1. 支撑、铁件制作（摊销、租赁） 2. 支撑、铁件安装 3. 探伤 4. 刷漆 5. 拆除 6. 运输

注：1. 地层情况按 GB 50500—2013 表 2-2 和表 2-8 的规定，并根据岩土工程勘察报告按单位工程各地层所占比例（包括范围值）进行描述。对无法准确描述的地层情况，可注明由投标人根据岩土工程勘察报告自行决定报价。

2. 土钉置入方法包括钻孔置入、打入或射入等。

3. 混凝土种类：指清水混凝土、彩色混凝土等，如在同一地区既使用预拌（商品）混凝土，又允许现场搅拌混凝土时，也应注明（下同）。

4. 地下连续墙和喷射混凝土（砂浆）的钢筋网、咬合灌注桩的钢筋笼及钢筋混凝土支撑的钢筋制作、安装，按 GB 50500—2013 规范附录 E 中相关项目列项。本分部未列的基坑与边坡支护的排桩按 GB 50500—2013 规范附录 C 中相关项目列项。水泥土墙、坑内加固按 GB 50500—2013 表 B.1 中相关项目列项。砖、石挡土墙、护坡按 GB 50500—2013 规范附录 D 中相关项目列项。混凝土挡土墙按本规范附录 E 中相关项目列项。

3. 桩基工程

（1）打桩。打桩工程量清单项目设置、项目特征描述的内容、计量单位及工程量计算规则，应按表 2-16 的规定执行。

表 2-16　　打桩（编号：010301）

项目编码	项目名称	项目特征	计量单位	工程量计算规则	工作内容
010301001	预制钢筋混凝土方桩	1. 地层情况 2. 送桩深度、桩长 3. 桩截面 4. 桩倾斜度 5. 沉桩方法 6. 接桩方式 7. 混凝土强度等级	1. m 2. m^3 3. 根	1. 以米计量，按设计图示尺寸以桩长（包括桩尖）计算 2. 以立方米计量，按设计图示截面积乘以桩长（包括桩尖）以实体积计算 3. 以根计量，按设计图示数量计算	1. 工作平台搭拆 2. 桩机竖拆、移位 3. 沉桩 4. 接桩 5. 送桩
010301002	预制钢筋混凝土管桩	1. 地层情况 2. 送桩深度、桩长 3. 桩外径、壁厚 4. 桩倾斜度 5. 沉桩方法 6. 桩尖类型 7. 混凝土强度等级 8. 填充材料种类 9. 防护材料种类			1. 工作平台搭拆 2. 桩机竖拆、移位 3. 沉桩 4. 接桩 5. 送桩 6. 桩尖制作安装 7. 填充材料、刷防护材料

续表

项目编码	项目名称	项目特征	计量单位	工程量计算规则	工作内容
010301003	钢管桩	1. 地层情况 2. 送桩深度、桩长 3. 材质 4. 管径、壁厚 5. 桩倾斜度 6. 沉桩方法 7. 填充材料种类 8. 防护材料种类	1. t 2. 根	1. 以吨计量，按设计图示尺寸以质量计算 2. 以根计量，按设计图示数量计算	1. 工作平台搭拆 2. 桩机竖拆、移位 3. 沉桩 4. 接桩 5. 送桩 6. 切割钢管、精割盖帽 7. 管内取土 8. 填充材料、刷防护材料
010301004	截（凿）桩头	1. 桩类型 2. 桩头截面、高度 3. 混凝土强度等级 4. 有无钢筋	1. m^3 2. 根	1. 以立方米计量，按设计桩截面乘以桩头长度以体积计算 2. 以根计量，按设计图示数量计算	1. 截（切割）桩头 2. 凿平 3. 废料外运

注：1. 地层情况按本规范表 2-2 和表 2-8 的规定，并根据岩土工程勘察报告按单位工程各地层所占比例（包括范围值）进行描述。对无法准确描述的地层情况，可注明由投标人根据岩土工程勘察报告自行决定报价。

2. 项目特征中的桩截面、混凝土强度等级、桩类型等可直接用标准图代号或设计桩型进行描述。

3. 预制钢筋混凝土方桩、预制钢筋混凝土管桩项目以成品桩编制，应包括成品桩购置费，如果用现场预制，应包括现场预制桩的所有费用。

4. 打试验桩和打斜桩应按相应项目单独列项，并应在项目特征中注明试验桩或斜桩（斜率）。

5. 截（凿）桩头项目适用于规范 GB 50500—2013 附录 B、附录 C 所列桩的桩头截（凿）。

6. 预制钢筋混凝土管桩桩顶与承台的连接构造按 GB 50500—2013 附录 E 相关项目列项。

（2）灌注桩。灌注桩工程量清单项目设置、项目特征描述的内容、计量单位及工程量计算规则，应按表 2-17 的规定执行。

表 2-17　　灌注桩（编号：010302）

项目编码	项目名称	项目特征	计量单位	工程量计算规则	工作内容
010302001	泥浆护壁成孔灌注桩	1. 地层情况 2. 空桩长度、桩长 3. 桩径 4. 成孔方法 5. 护筒类型、长度 6. 混凝土种类、强度等级	1. m 2. m^3 3. 根	1. 以米计量，按设计图示尺寸以桩长（包括桩尖）计算 2. 以立方米计量，按不同截面在桩上范围内以体积计算 3. 以根计量，按设计图示数量计算	1. 护筒埋设 2. 成孔、固壁 3. 混凝土制作、运输、灌注、养护 4. 土方、废泥浆外运 5. 打桩场地硬化及泥浆池、泥浆沟

续表

项目编码	项目名称	项目特征	计量单位	工程量计算规则	工作内容
010302002	沉管灌注桩	1. 地层情况 2. 空桩长度、桩长 3. 复打长度 4. 桩径 5. 沉管方法 6. 桩尖类型 7. 混凝土种类、强度等级	1. m 2. m^3 3. 根	1. 以米计量，按设计图示尺寸以桩长（包括桩尖）计算 2. 以立方米计量，按不同截面在桩上范围内以体积计算 3. 以根计量，按设计图示数量计算	1. 打（沉）拔钢管 2. 桩尖制作、安装 3. 混凝土制作、运输、灌注、养护
010302003	干作业成孔灌注桩	1. 地层情况 2. 空桩长度、桩长 3. 桩径 4. 扩孔直径、高度 5. 成孔方法 6. 混凝土种类、强度等级	1. m 2. m^3 3. 根	1. 以米计量，按设计图示尺寸以桩长（包括桩尖）计算 2. 以立方米计量，按不同截面在桩上范围内以体积计算 3. 以根计量，按设计图示数量计算	1. 成孔、扩孔 2. 混凝土制作、运输、灌注、振捣、养护
010302004	挖孔桩土（石）方	1. 地层情况 2. 挖孔深度 3. 弃土（石）运距	m^3	按设计图示尺寸（含护壁）截面积乘以挖孔深度以立方米计算	1. 排地表水 2. 挖土、凿石 3. 基底钎探 4. 运输
010302005	人工挖孔灌注桩	1. 桩芯长度 2. 桩芯直径、扩底直径、扩底高度 3. 护壁厚度、高度 4. 护壁混凝土种类、强度等级 5. 桩芯混凝土种类、强度等级	1. m^3 2. 根	1. 以立方米计量，按桩芯混凝土体积计算 2. 以根计量，按设计图示数量计算	1. 护壁制作 2. 混凝土制作、运输、灌注、振捣、养护
010302006	钻孔压浆桩	1. 地层情况 2. 空钻长度、桩长 3. 钻孔直径 4. 水泥强度等级	1. m 2. 根	1. 以米计量，按设计图示尺寸以桩长计算 2. 以根计量，按设计图示数量计算	钻孔、下注浆管、投放骨料、浆液制作、运输、压浆

续表

项目编码	项目名称	项目特征	计量单位	工程量计算规则	工作内容
010302007	灌注桩后压浆	1. 注浆导管材料、规格 2. 注浆导管长度 3. 单孔注浆量 4. 水泥强度等级	孔	按设计图示以注浆孔数计算	1. 注浆导管制作、安装 2. 浆液制作、运输、压浆

注：1. 地层情况按本规范表 2-2 和表 2-8 的规定，并根据岩土工程勘察报告按单位工程各地层所占比例（包括范围值）进行描述。对无法准确描述的地层情况，可注明由投标人根据岩土工程勘察报告自行决定报价。

2. 项目特征中的桩长应包括桩尖，空桩长度=孔深一桩长，孔深为自然地面至设计桩底的深度。
3. 项目特征中的桩截面（桩径）、混凝土强度等级、桩类型等可直接用标准图代号或设计桩型进行描述。
4. 泥浆护壁成孔灌注桩是指在泥浆护壁条件下成孔，采用水下灌注混凝土的桩。其成孔方法包括冲击钻成孔、冲抓锥成孔、回旋钻成孔、潜水钻成孔、泥浆护壁的旋挖成孔等。
5. 沉管灌注桩的沉管方法包括锤击沉管法、振动沉管法、振动冲击沉管法、内夯沉管法等。
6. 干作业成孔灌注桩是指不用泥浆护壁和套管护壁的情况下，用钻机成孔后，下钢筋笼，灌注混凝土的桩，适用于地下水位以上的土层使用。其成孔方法包括螺旋钻成孔、螺旋钻成孔扩底、干作业的旋挖成孔等。
7. 混凝土种类：指清水混凝土、彩色混凝土、水下混凝土等，如在同一地区既使用预拌（商品）混凝土，又允许现场搅拌混凝土时，也应注明（下同）。
8. 混凝土灌注桩的钢筋笼制作、安装，按规范 GB 50500—2013 附录 E 中相关项目编码列项。

二、地基处理与基坑支护工程及桩基工程工程定额工程套用规定

1. 定额说明

（1）配套定额的一般规定。

1）单位工程的桩基础工程量在表 2-18 数量以内时，相应定额人工、机械乘以小型工程系数 1.05。

表 2-18 小型工程系数表

项　　目	单位工程的工程量
预制钢筋混凝土桩	$100m^3$
灌注桩	$60m^3$
钢工具桩	50t

2）打桩工程按陆地打垂直桩编制。设计要求打斜桩时，若斜度小于 1∶6，相应定额人工、机械乘以系数 1.25；若斜度大于 1∶6，相应定额人工、机械乘以系数 1.43。斜度是指在竖直方向上，每单位长度所偏离竖直方向的水平距离。预制混凝土桩，在桩位半径 15m 范围内的移动、起吊和就位，已包括在打桩子目内。超过 15m 时的场内运输，按定额构件运输 1km 以内子目的相应规定计算。

3）桩间补桩或在强夯后的地基上打桩时，相应定额人工、机械乘以系数1.15。

4）打试验桩时，相应定额人工、机械乘以系数2.0。定额不包括静测、动测的测桩项目，测桩只能计列一次，实际发生时，按合同约定价格列入。

5）打送桩时，相应定额人工、机械乘以表2-19系数。

表2-19　送桩深度系数表

送桩深度	系　数
2m以内	1.12
4m以内	1.25
4m以外	1.50

预制混凝土桩的送桩深度，按设计送桩深度另加0.50m计算。

（2）截桩定额说明。裁桩按所截桩的根数计算，套用本章定额。截桩、凿桩头、钢筋整理应分项计算。截桩子目，不包括凿桩头和桩头钢筋整理；凿桩头子目，不包括桩头钢筋整理。凿桩头按桩体高40d（d为桩主筋直径，主筋直径不同时取大者）乘桩断面以立方米计算，钢筋整理按所整理的桩的根数计算。截桩长度不大于1m时，不扣减打桩工程量；长度大于1m时，其超过1m部分按实扣减打桩工程量，但不应扣减桩体及其场内运输工程量。成品桩体费用按双方认可的价格列入。

（3）灌注桩定额说明。

1）灌注桩已考虑了桩体充盈部分的消耗量，其中灌注砂、石桩还包括级配密实的消耗量，不包括混凝土搅拌、钢筋制作、钻孔桩和挖孔桩的土或回旋钻机泥浆的运输、预制桩尖、凿桩头及钢筋整理等项目，但活瓣桩尖和截桩不另计算。灌注混凝土桩凿桩头，按实际凿桩头体积计算。

2）充盈部分的消耗量是指在灌注混凝土时实际混凝土体积比按设计桩身直径计算体积大的盈余部分的体积。

（4）深层搅拌水泥桩定额说明。深层搅拌水泥桩定额按1喷2搅施工编制，实际施工为2喷4搅时，定额人工、机械乘以系数1.43。2喷2搅、4喷4搅分别按1喷2搅、2喷4搅计算。高压旋喷（摆喷）水泥桩的水泥设计用量与定额不同时，可以调整。

（5）强夯与防护工程定额说明。

1）强夯定额中每百平方米夯点数，指设计文件规定单位面积内的夯点数量。

2）防护工程的钢筋锚杆制作安装，均按相应章节的有关规定执行。

2. 工程量定额计算规则

（1）钢筋混凝土桩。

1）预制钢筋混凝土桩按设计桩长（包括桩尖）乘以桩断面面积，以立方米计算。管桩的空心体积应扣除，按设计要求需加注填充材料时，填充部分另按相应规定计算。

2）打孔灌注混凝土桩、钻孔灌注混凝土桩，按设计桩长（包括桩尖，设计要求入岩时，包括入岩深度）另加 0.5m，乘以设计桩外径（钢管箍外径）截面积，以立方米计算。

3）夯扩成孔灌注混凝土桩，按设计桩长增加 0.3m，乘以设计桩外径截面积，另加设计夯扩混凝土体积，以立方米计算。

4）人工挖孔灌注混凝土桩的桩壁和桩芯，分别按设计尺寸以立方米计算。

（2）电焊接桩。电焊接桩按设计要求接桩的根数计算。硫磺胶泥接桩按桩断面面积，以平方米计算。桩头钢筋整理按所整理的桩的根数计算。

（3）灰土桩、砂石桩、水泥桩。灰土桩、砂石桩、水泥桩，均按设计桩长（包括桩尖）乘以设计桩外径截面积，以立方米计算。

（4）地基强夯。地基强夯区别不同夯击能量和夯点密度，按设计图示夯击范围，以平方米计算。设计无规定时，按建筑物基础外围轴线每边各加 4m 以平方米计算。夯击击数是指强夯机械就位后，夯锤在同一夯点上下夯击的次数（落锤高度应满足设计夯击能量的要求，否则按低锤满拍计算）。

（5）砂浆土钉防护、锚杆机钻孔防护。砂浆土钉防护、锚杆机钻孔防护（不包括锚杆），按施工组织设计规定的钻孔入土（岩）深度，以米计算。喷射混凝土护坡区分土层与岩层，按施工组织设计规定的防护范围，以平方米计算。

三、地基处理与边坡支护及桩基工程清单工程量计算算例

1. 地基与边坡处理工程量清单计算

【例 2-4】 如图 2-7 所示，有一地基加固工程，采用强夯处理地基，夯击能力为 400t·m，每坑击数为 4 击，设计要求第一遍、第二遍为隔点夯击，第三遍为低锤满夯，试计算此工程清单工程量。

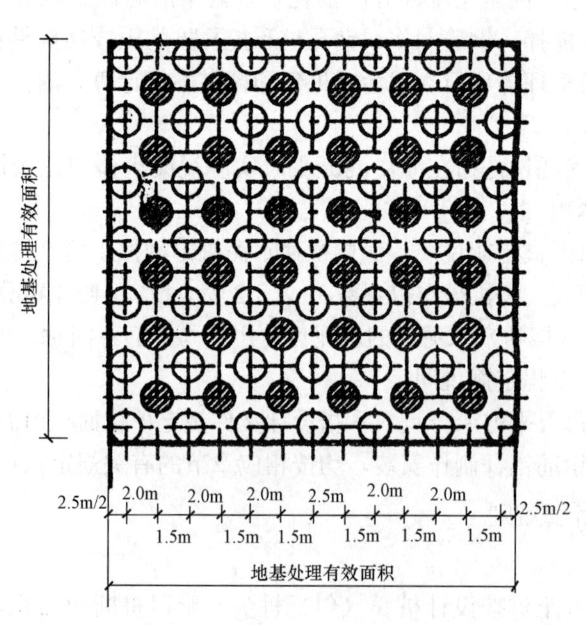

图 2-7 夯击点布置

【解】依据题意，此工程清单工程量为

$$S_{面积}=(2.0\times12+2.5)\times(2.0\times12+2.5)$$
$$=26.5\times26.5$$
$$=702.25(m^2)$$

2. 预制桩工程量计算

【例 2-5】某办公楼 C30 预制钢筋混凝土方桩，103 根，桩长 50m，桩径 D=1000mm，设计桩底标高为−50.000m，自然地坪标高为−0.600m，泥浆外运 5km，桩孔上部不回填。求 C30 预制钢筋混凝土方桩工程量。

【解】根据预制钢筋混凝土方桩工程量的计算规则，C30 预制钢筋混凝土方桩工程量：103 根。

工程量清单计算见表 2-20。

表 2-20　预制桩工程量清单计算表

项目编码	项目名称	项目特征描述	计量单位	工程量
010301001	预制钢筋混凝土方桩	C30 预制钢筋混凝土方桩，103 根，桩长 50m，桩径 D=1000mm，设计桩底标高为−50.000m，自然地坪标高为−0.600m，泥浆外运 5km，桩孔上部不回填	根	103

3. 混凝土灌注桩

【例 2-6】有一工程桩基础采用 C25 静压沉管灌注桩，设计桩径−500mm，设计单桩承载力 50t，桩尖采用 C40 预制混凝土桩尖桩总根数 300 根，设计桩长 30m（含桩尖），桩顶标高−2.200m，自然地坪标高−0.350m。试编制桩基础的工程量清单及报价。（注混凝土采用现场搅拌、非泵送碎石混凝土、钢筋笼暂不作要求计算）

【解】（1）工程量清单编制。本工程的静压沉管灌注桩属于混凝土灌注桩清单项目。

该清单工程量按工程量计算规则计算为：30×300=9000（m）

编制工程量清单表见表 2-21。

表 2-21　混凝土灌注桩工程量清单计算表

序号	项目编码	项目名称	项目特征描述	计量单位	工程量	金额（元）		
						综合单价	合价	其中：暂估价
1	010302002001	混凝土灌注桩	（1）土壤级别：普通土 （2）单桩长度、根数：30m 以内、共 300 根 （3）桩截面：ϕ500mm （4）混凝土强度等级：C25 （5）成孔方法：静压没管	m	9000			

（2）工程量清单计价单价分析（表 2-22）。混凝土灌注桩项目发生的工程内容有：成孔：

$$(30+2.2-0.35)\times 300=9555.00(m)$$

混凝土制作、运输、灌注、振捣、养护：

$$0.25^2\times\pi\times(30+0.5)\times 300=1795.69(m^3)$$

表 2-22　工程量清单计价单价分析

序号	项目编码	项目名称	计量单位	工程量	综合单价组成					综合单价	合计
					人工费	材料费	机械使用费	企业管理费	利润		
1	010302002	混凝土灌注桩	m	9000.00							
1.1	010302002001	静压沉管灌注混凝土桩（桩长在15m以外，ϕ50以内）（碎石）	m	9555.00	3.67	6.73	9.26	1.03	0.41	21.10	201 610.5
1.2	010302002002	C25沉管灌注混凝土桩现场混凝土（碎石）	m³	1795.69	43.20	253.41	22.16	5.23	6.48	330.48	593 439.6
合计											795 050.1

（3）分部分项清单计价表（表 2-23）。

表 2-23　分部分项清单计价表

序号	项目编码	项目名称	项目特征描述	计量单位	工程量	金额（元）		
						综合单价	合价	其中：暂估价
1	010302002001	混凝土灌注桩	（1）土壤级别：普通土 （2）单桩长度、根数：30m以内、共300根 （3）桩截面：ϕ500mm （4）混凝土强度等级：C25 （5）成孔方法：静压沉管	m	9000.00	88.34	795 050.1	

第三节 砌 筑 工 程

一、砌筑工程工程量清单项目设置规则及说明

1. 砖砌体

砖砌体工程量清单项目设置、项目特征描述的内容、计量单位及工程量计算规则，应按表 2-24 的规定执行。

表 2-24 砖砌体（编号：010401）

项目编码	项目名称	项目特征	计量单位	工程量计算规则	工作内容
010401001	砖基础	1. 砖品种、规格、强度等级 2. 基础类型 3. 砂浆强度等级 4. 防潮层材料种类	m^3	按设计图示尺寸以体积计算。 包括附墙垛基础宽出部分体积，扣除地梁（圈梁）、构造柱所占体积，不扣除基础大放脚 T 形接头处的重叠部分及嵌入基础内的钢筋、铁件、管道、基础砂浆防潮层和单个面积≤0.3m^2 的孔洞所占体积，靠墙暖气沟的挑檐不增加。 基础长度：外墙按外墙中心线，内墙按内墙净长线计算	1. 砂浆制作、运输 2. 砌砖 3. 防潮层铺设 4. 材料运输
010401002	砖砌挖孔桩护壁	1. 砖品种、规格、强度等级 2. 砂浆强度等级		按设计图示尺寸以立方米计算	1. 砂浆制作、运输 2. 砌砖 3. 材料运输

续表

<table>
<tr><th>项目编码</th><th>项目名称</th><th>项目特征</th><th>计量单位</th><th>工程量计算规则</th><th>工作内容</th></tr>
<tr><td>010401003</td><td>实心砖墙</td><td rowspan="3">1. 砖品种、规格、强度等级
2. 墙体类型
3. 砂浆强度等级、配合比</td><td rowspan="3">m^3</td><td rowspan="3">按设计图示尺寸以体积计算。
扣除门窗、洞口、嵌入墙内的钢筋混凝土柱、梁、圈梁、挑梁、过梁及凹进墙内的壁龛、管槽、暖气槽、消火栓箱所占体积，不扣除梁头、板头、檩头、垫木、木楞头、沿缘木、木砖、门窗走头、砖墙内加固钢筋、木筋、铁件、钢管及单个面积≤0.3m^2 的孔洞所占的体积。凸出墙面的腰线、挑檐、压顶、窗台线、虎头砖、门窗套的体积也不增加。凸出墙面的砖垛并入墙体体积内计算
1. 墙长度
外墙按中心线、内墙按净长计算。
2. 墙高度
(1) 外墙：斜（坡）屋面无檐口天棚者算至屋面板底；有屋架且室内外均有天棚者算至屋架下弦底另加200mm；无天棚者算至屋架下弦底另加300mm，出檐宽度超过600mm时按实砌高度计算；与钢筋混凝土楼板隔层者算至板顶。平屋顶算至钢筋混凝土板底。
(2) 内墙：位于屋架下弦者，算至屋架下弦底；无屋架者算至天棚底另加100mm；有钢筋混凝土楼板隔层者算至楼板顶；有框架梁时算至梁底。
(3) 女儿墙：从屋面板上表面算至女儿墙顶面（如有混凝土压顶时算至压顶下表面）。
(4) 内、外山墙：按其平均高度计算。
3. 框架间墙
不分内外墙按墙体净尺寸以体积计算。
4. 围墙
高度算至压顶上表面（如有混凝土压顶时算至压顶下表面），围墙柱并入围墙体积内</td><td rowspan="3">1. 砂浆制作、运输
2. 砌砖
3. 刮缝
4. 砖压顶砌筑
5. 材料运输</td></tr>
<tr><td>010401004</td><td>多孔砖墙</td></tr>
<tr><td>010401005</td><td>空心砖墙</td></tr>
</table>

续表

项目编码	项目名称	项目特征	计量单位	工程量计算规则	工作内容
010401006	空斗墙	1. 砖品种、规格、强度等级 2. 墙体类型 3. 砂浆强度等级、配合比	m^3	按设计图示尺寸以空斗墙外形体积计算。墙角、内外墙交接处、门窗洞口立边、窗台砖、屋檐处的实砌部分体积并入空斗墙体积内	1. 砂浆制作、运输 2. 砌砖 3. 装填充料 4. 刮缝 5. 材料运输
010401007	空花墙			按设计图示尺寸以空花部分外形体积计算，不扣除空洞部分体积	
010401008	填充墙	1. 砖品种、规格、强度等级 2. 墙体类型 3. 填充材料种类及厚度 4. 砂浆强度等级、配合比		按设计图示尺寸以填充墙外形体积计算	
010401009	实心砖柱	1. 砖品种、规格、强度等级 2. 柱类型 3. 砂浆强度等级、配合比		按设计图示尺寸以体积计算。扣除混凝土及钢筋混凝土梁垫、梁头、板头所占体积	1. 砂浆制作、运输 2. 砌砖 3. 刮缝 4. 材料运输
010401010	多孔砖柱				
010401011	砖检查井	1. 井截面、深度 2. 砖品种、规格、强度等级 3. 垫层材料种类、厚度 4. 底板厚度 5. 井盖安装 6. 混凝土强度等级 7. 砂浆强度等级 8. 防潮层材料种类	座	按设计图示数量计算	1. 砂浆制作、运输 2. 铺设垫层 3. 底板混凝土制作、运输、浇筑、振捣、养护 4. 砌砖 5. 刮缝 6. 井池底、壁抹灰 7. 抹防潮层 8. 材料运输
010401012	零星砌砖	1. 零星砌砖名称、部位 2. 砖品种、规格、强度等级 3. 砂浆强度等级、配合比	1. m^3 2. m^2 3. m 4. 个	1. 以立方米计量，按设计图示尺寸截面积乘以长度计算 2. 以平方米计量，按设计图示尺寸水平投影面积计算 3. 以米计量，按设计图示尺寸长度计算 4. 以个计量，按设计图示数量计算	1. 砂浆制作、运输 2. 砌砖 3. 刮缝 4. 材料运输

续表

项目编码	项目名称	项目特征	计量单位	工程量计算规则	工作内容
010401013	砖散水、地坪	1. 砖品种、规格、强度等级 2. 垫层材料种类、厚度 3. 散水、地坪厚度 4. 面层种类、厚度 5. 砂浆强度等级	m^2	以平方米计量，按设计图示尺寸以面积计算	1. 土方挖、运、填 2. 地基找平、夯实 3. 铺设垫层 4. 砌砖散水、地坪 5. 抹砂浆面层
010401014	砖地沟、明沟	1. 砖品种、规格、强度等级 2. 沟截面尺寸 3. 垫层材料种类、厚度 4. 混凝土强度等级 5. 砂浆强度等级	m	以米计量，按设计图示以中心线长度计算	1. 土方挖、运、填 2. 铺设垫层 3. 底板混凝土制作、运输、浇筑、振捣、养护 4. 砌砖 5. 刮缝、抹灰 6. 材料运输

注：1. “砖基础”项目适用于各种类型砖基础：柱基础、墙基础、管道基础等。

2. 基础与墙（柱）身使用同一种材料时，以设计室内地面为界（有地下室者，以地下室室内设计地面为界），以下为基础，以上为墙（柱）身。基础与墙身使用不同材料时，位于设计室内地面高度≤±300mm时，以不同材料为分界线，高度>±300mm时，以设计室内地面为分界线。

3. 砖围墙以设计室外地坪为界，以下为基础，以上为墙身。

4. 框架外表面的镶贴砖部分，按零星项目编码列项。

5. 附墙烟囱、通风道、垃圾道应按设计图示尺寸以体积（扣除孔洞所占体积）计算并入所依附的墙体体积内。当设计规定孔洞内需抹灰时，应按本规范附录M中零星抹灰项目编码列项。

6. 空斗墙的窗间墙、窗台下、楼板下、梁头下等的实砌部分，按零星砌砖项目编码列项。

7. “空花墙”项目适用于各种类型的空花墙，使用混凝土花格砌筑的空花墙，实砌墙体与混凝土花格应分别计算，混凝土花格按混凝土及钢筋混凝土中预制构件相关项目编码列项。

8. 台阶、台阶挡墙、梯带、锅台、炉灶、蹲台、池槽、池槽腿、砖胎模、花台、花池、楼梯栏板、阳台栏板、地垄墙、≤0.3m^2的孔洞填塞等，应按零星砌砖项目编码列项。砖砌锅台与炉灶可按外形尺寸以个计算，砖砌台阶可按水平投影面积以平方米计算，小便槽、地垄墙可按长度计算、其他工程以立方米计算。

9. 砖砌体内钢筋加固，应按规范GB 50500—2013附录E中相关项目编码列项。

10. 砖砌体勾缝按规范GB 50500—2013附录M中相关项目编码列项。

11. 检查井内的爬梯按GB 50500—2013附录E中相关项目编码列项；井内的混凝土构件按本规范附录E中混凝土及钢筋混凝土预制构件编码列项。

12. 如施工图设计标注做法见标准图集时，应在项目特征描述中注明标注图集的编码、页号及节点大样。

2. 砌块砌体

砌块砌体工程量清单项目设置、项目特征描述的内容、计量单位及工程量计算规则，应按表2-25的规定执行。

表 2 - 25　　砌块砌体（编号：010402）

项目编码	项目名称	项目特征	计量单位	工程量计算规则	工作内容
010402001	砌块墙	1. 砌块品种、规格、强度等级 2. 墙体类型 3. 砂浆强度等级	m^3	按设计图示尺寸以体积计算。 扣除门窗、洞口、嵌入墙内的钢筋混凝土柱、梁、圈梁、挑梁、过梁及凹进墙内的壁龛、管槽、暖气槽、消火栓箱所占体积，不扣除梁头、板头、檩头、垫木、木楞头、沿缘木、木砖、门窗走头、砌块墙内加固钢筋、木筋、铁件、钢管及单个面积≤0.3m^2 的孔洞所占的体积。凸出墙面的腰线、挑檐、压顶、窗台线、虎头砖、门窗套的体积也不增加。凸出墙面的砖垛并入墙体体积内计算。 1. 墙长度 外墙按中心线、内墙按净长计算。 2. 墙高度 （1）外墙：斜（坡）屋面无檐口天棚者算至屋面板底；有屋架且室内外均有天棚者算至屋架下弦底另加200mm；无天棚者算至屋架下弦底另加 300mm，出檐宽度超过 600mm 时按实砌高度计算；与钢筋混凝土楼板隔层者算至板顶；平屋面算至钢筋混凝土板底。 （2）内墙：位于屋架下弦者，算至屋架下弦底；无屋架者算至天棚底另加100mm；有钢筋混凝土楼板隔层者算至楼板顶；有框架梁时算至梁底。 （3）女儿墙：从屋面板上表面算至女儿墙顶面（如有混凝土压顶时算至压顶下表面）。 （4）内、外山墙：按其平均高度计算。 3. 框架间墙 不分内外墙按墙体净尺寸以体积计算。 4. 围墙 高度算至压顶上表面（如有混凝土压顶时算至压顶下表面），围墙柱并入围墙体积内	1. 砂浆制作、运输 2. 砌砖、砌块 3. 勾缝 4. 材料运输

续表

项目编码	项目名称	项目特征	计量单位	工程量计算规则	工作内容
010402002	砌块柱	1. 砌块品种、规格、强度等级 2. 墙体类型 3. 砂浆强度等级	m^3	按设计图示尺寸以体积计算。 扣除混凝土及钢筋混凝土梁垫、梁头、板头所占体积	1. 砂浆制作、运输 2. 砌砖、砌块 3. 勾缝 4. 材料运输

注：1. 砌体内加筋、墙体拉结的制作、安装，应按规范 GB 50500—2013 附录 E 中相关项目编码列项。

2. 砌块排列应上、下错缝搭砌，如果搭错缝长度满足不了规定的压搭要求，应采取压砌钢筋网片的措施，具体构造要求按设计规定。若设计无规定时，应注明由投标人根据工程实际情况自行考虑；钢筋网片按本规范附录 F 中相应编码列项。

3. 砌体垂直灰缝宽＞30mm 时，采用 C20 细石混凝土灌实。灌注的混凝土应按本规范附录 E 相关项目编码列项。

3. 石砌体

石砌体工程量清单项目设置、项目特征描述的内容、计量单位及工程量计算规则，应按表 2-26 的规定执行。

表 2-26　　石砌体（编号：010403）

项目编码	项目名称	项目特征	计量单位	工程量计算规则	工作内容
010403001	石基础	1. 石料种类、规格 2. 基础类型 3. 砂浆强度等级	m^3	按设计图示尺寸以体积计算。 包括附墙垛基础宽出部分体积，不扣除基础砂浆防潮层及单个面积≤0.3m^2 的孔洞所占体积，靠墙暖气沟的挑檐不增加体积。基础长度：外墙按中心线，内墙按净长计算	1. 砂浆制作、运输 2. 吊装 3. 砌石 4. 防潮层铺设 5. 材料运输
010403002	石勒脚	1. 石料种类、规格 2. 石表面加工要求 3. 勾缝要求 4. 砂浆强度等级、配合比	m^3	按设计图示尺寸以体积计算，扣除单个面积＞0.3m^2 的孔洞所占的体积	1. 砂浆制作、运输 2. 吊装 3. 砌石 4. 石表面加工 5. 勾缝 6. 材料运输

续表

项目编码	项目名称	项目特征	计量单位	工程量计算规则	工作内容
010403003	石墙	1. 石料种类、规格 2. 石表面加工要求 3. 勾缝要求 4. 砂浆强度等级、配合比	m^3	按设计图示尺寸以体积计算。 扣除门窗、洞口、嵌入墙内的钢筋混凝土柱、梁、圈梁、挑梁、过梁及凹进墙内的壁龛、管槽、暖气槽、消火栓箱所占体积，不扣除梁头、板头、檩头、垫木、木楞头、沿缘木、木砖、门窗走头、石墙内加固钢筋、木筋、铁件、钢管及单个面积≤0.3m^2的孔洞所占的体积。凸出墙面的腰线、挑檐、压顶、窗台线、虎头砖、门窗套的体积也不增加。凸出墙面的砖垛并入墙体体积内计算。 1. 墙长度 外墙按中心线、内墙按净长计算。 2. 墙高度 （1）外墙：斜（坡）屋面无檐口天棚者算至屋面板底；有屋架且室内外均有天棚者算至屋架下弦底另加200mm；无天棚者算至屋架下弦底另加300mm，出檐宽度超过600mm时按实砌高度计算；有钢筋混凝土楼板隔层者算至板顶；平屋顶算至钢筋混凝土板底。 （2）内墙：位于屋架下弦者，算至屋架下弦底；无屋架者算至天棚底另加100mm；有钢筋混凝土楼板隔层者算至楼板顶；有框架梁时算至梁底。 （3）女儿墙：从屋面板上表面算至女儿墙顶面（如有混凝土压顶时算至压顶下表面）。 （4）内、外山墙：按其平均高度计算 3. 围墙 高度算至压顶上表面（如有混凝土压顶时算至压顶下表面），围墙柱并入围墙体积内	1. 砂浆制作、运输 2. 吊装 3. 砌石 4. 石表面加工 5. 勾缝 6. 材料运输

续表

项目编码	项目名称	项目特征	计量单位	工程量计算规则	工作内容
010403004	石挡土墙	1. 石料种类、规格 2. 石表面加工要求 3. 勾缝要求 4. 砂浆强度等级、配合比	m^3	按设计图示尺寸以体积计算	1. 砂浆制作、运输 2. 吊装 3. 砌石 4. 变形缝、泄水孔、压顶抹灰 5. 滤水层 6. 勾缝 7. 材料运输
010403005	石柱				1. 砂浆制作、运输 2. 吊装 3. 砌石 4. 石表面加工 5. 勾缝 6. 材料运输
010403006	石栏杆		m	按设计图示以长度计算	
010403007	石护坡	1. 垫层材料种类、厚度 2. 石料种类、规格 3. 护坡厚度、高度 4. 石表面加工要求 5. 勾缝要求 6. 砂浆强度等级、配合比	m^3	按设计图示尺寸以体积计算	
010403008	石台阶				1. 铺设垫层 2. 石料加工 3. 砂浆制作、运输 4. 砌石 5. 石表面加工 6. 勾缝 7. 材料运输
010403009	石坡道		m^2	按设计图示以水平投影面积计算	

续表

项目编码	项目名称	项目特征	计量单位	工程量计算规则	工作内容
010403010	石地沟、明沟	1. 沟截面尺寸 2. 土壤类别、运距 3. 垫层材料种类、厚度 4. 石料种类、规格 5. 石表面加工要求 6. 勾缝要求 7. 砂浆强度等级、配合比	m	按设计图示以中心线长度计算	1. 土方挖、运 2. 砂浆制作、运输 3. 铺设垫层 4. 砌石 5. 石表面加工 6. 勾缝 7. 回填 8. 材料运输

注：1. 石基础、石勒脚、石墙的划分：基础与勒脚应以设计室外地坪为界。勒脚与墙身应以设计室内地面为界。石围墙内外地坪标高不同时，应以较低地坪标高为界，以下为基础；内外标高之差为挡土墙时，挡土墙以上为墙身。

2. “石基础”项目适用于各种规格（粗料石、细料石等）、各种材质（砂石、青石等）和各种类型（柱基、墙基、直形、弧形等）基础。

3. “石勒脚”“石墙”项目适用于各种规格（粗料石、细料石等）、各种材质（砂石、青石、大理石、花岗石等）和各种类型（直形、弧形等）勒脚和墙体。

4. “石挡土墙”项目适用于各种规格（粗料石、细料石、块石、毛石、卵石等）、各种材质（砂石、青石、石灰石等）和各种类型（直形、弧形、台阶形等）挡土墙。

5. “石柱”项目适用于各种规格、各种石质、各种类型的石柱。

6. “石栏杆”项目适用于无雕饰的一般石栏杆。

7. “石护坡”项目适用于各种石质和各种石料（粗料石、细料石、片石、块石、毛石、卵石等）。

8. “石台阶”项目包括石梯带（垂带），不包括石梯膀，石梯膀应按 GB 50500—2013 附录 C 石挡土墙项目编码列项。

9. 如施工图设计标注做法见标准图集时，应在项目特征描述中注明标注图集的编码、页号及节点大样。

4. 垫层

垫层工程量清单项目设置、项目特征描述的内容、计量单位及工程量计算规则，应按表 2 - 27 的规定执行。

表 2 - 27　　　　垫层（编号：010404）

项目编码	项目名称	项目特征	计量单位	工程量计算规则	工作内容
010404001	垫层	垫层材料种类、配合比、厚度	m^3	按设计图示尺寸以立方米计算	1. 垫层材料的拌制 2. 垫层铺设 3. 材料运输

注：除混凝土垫层应按 GB 50500—2013 附录 E 中相关项目编码列项外，没有包括垫层要求的清单项目应按本表垫层项目编码列项。

5. 相关问题及说明

（1）标准砖尺寸应为 240mm×115mm×53mm。

（2）标准砖墙厚度应按表 2-28 计算。

表 2-28 标准墙计算厚度表

砖数（厚度）	$\frac{1}{4}$	$\frac{1}{2}$	$\frac{3}{4}$	1	$1\frac{1}{2}$	2	$2\frac{1}{2}$	3
计算厚度（mm）	53	115	180	240	365	490	615	740

二、砌筑工程定额工程量套用规定

1. 定额说明

（1）总说明。

1）砌筑砂浆的强度等级、砂浆的种类，设计与定额不同时可换算，消耗量不变。

2）黏土砖、实心轻质砖设计采用非标准砖时可以换算，但每定额单位消耗量（块料与砂浆总体积）不变。

3）基础与墙身以设计室内地坪为界，设计室内地坪以下为基础，以上为墙身。若基础与墙身使用不同材料，且分界线位于设计室内地坪 300mm 以内时，300mm 以内部分并入相应墙身工程量内计算。有地下室者，以地下室室内地坪为界，以下为基础，以上为墙身。

4）围墙以设计室外地坪为界，室外地坪以下为基础，以上为墙身。

5）室内柱以设计室内地坪为界，以下为柱基础，以上为柱。若基础与柱身使用不同材料，且分界线位于设计室内地坪 300mm 以内时，300mm 以内部分并入相应柱身工程量内计算。室外柱以设计室外地坪为界，以下为柱基础，以上为柱。

6）挡土墙与基础的划分以挡土墙设计地坪标高低的一侧为界，以下为基础，以上为墙身。

7）定额中不包括施工现场的筛砂用工。砌筑砂浆中的过筛净砂，按每立方米 0.30 工日，另行计算。以净砂体积为工程量，套补充定额 2-5-6。

（2）砖砌体。

1）实心轻质砖包括蒸压灰砂砖、蒸压粉煤灰砖、煤渣砖、煤矸石砖、页岩烧结砖、黄河淤泥烧结砖等。

2）砖砌体均包括原浆勾缝用工，加浆勾缝时，按装饰工程相应项目另行计算。

3）零星项目是指小便池槽、蹲台、花台、隔热板下砖墩、石墙砖立边和虎头砖等。

4）两砖以上砖挡土墙执行砖基础项目，两砖以内执行砖墙相应项目。

5）设计砖砌体中的拉结钢筋，按相应章节另行计算。

6）定额中砖规格是按 240mm×115mm×53mm 标准砖编制的，空心砖、多孔砖规格是按常用规格编制的，设计采用非标准砖、非常用规格砌筑材料，与定额不同时可以换算，但每定额单位消耗量（块料与砂浆总体积）不变。砌轻质砖子目，已掺砌了普通黏土砖或黏土多孔砖的项目，掺砌砖的种类和规格，设计与定额不同时，可以换算，掺砌砖的消耗量（块数折合体积）及其他均不变。未掺砌砖的项目，按掺砌砖的体积换算，其他不变。掺砌砖执行砖零星砌体子目。

7）各种轻质砖综合了以下种类的砖。

①实心轻质砖。包括蒸压灰砂砖、蒸压粉煤灰砖、煤渣砖、煤矸石砖、页岩烧结砖、黄河淤泥烧结砖等。

②多孔砖。包括粉煤灰多孔砖、烧结黄河淤泥多孔砖等。

③空心砖。包括蒸压灰砂空心砖、粉煤灰空心砖、页岩空心砖、混凝土空心砖等。

8）多孔砖包括黏土多孔砖和粉煤灰、煤矸石等轻质多孔砖。定额中列出 KP 型砖（240mm×115mm×90mm）和（178mm×115mm×90mm）和模数砖（190mm×90mm×90mm、190mm×140mm×90mm）和（190mm×190mm×90mm）两种系列规格，并考虑了不够模数部分由其他材料填充。

9）黏土空心砖按其空隙率大小分为承重型空心砖和非承重型空心砖，规格分别是 240mm×115mm×115mm、240mm×180mm×115mm、115mm×240mm×115mm 和 240mm×240mm×115mm。

10）空心砖和空心砌块墙中的混凝土芯柱、混凝土压顶及圈梁等，按相应章节另行计算。

11）多孔砖、空心砖和砌块，砌筑弧形墙时，人工乘以系数 1.1，材料乘以系数 1.03。

（3）构筑物。

1）砖构筑物定额包括单项及综合项目。综合项目是按国标、省标的标准做法编制，使用时对应标准图号直接套用，不再调整。设计文件与标准图做法不同时，套用单项定额。

2）砖构筑物定额不包括土方内容，发生时按土石方相应定额执行。

3）构筑物综合项目中的化粪池及检查井子目，按国标图集 S2 编制。凡设计采用国家标准图集的，均按定额执行，不另调整。

4）水表池、沉砂池、检查井等室外给水排水小型构筑物，实际工程中，常依据省标图集 LS 设计和施工。凡依据省标准图集 LS 设计和施工的室外给水排水小型构筑物，均执行室外给水排水小型构筑物补充定额，不做调整。

5）砖地沟挖土方、回填土参照土石方工程项目。

（4）砌块。

1）小型空心砌块墙定额选用 190 系列（砌块宽 b=190mm），若设计选用其他系列时，可以换算。

2）砌块墙中用于固定门窗或吊柜、窗帘盒、散热器等配件所需的灌注混凝土或预埋构件，按相应章节另行计算。

3）砌块规格按常用规格编制的，设计采用非常用规格砌筑材料，与定额不同时可以换算，但每定额单位消耗量（块料与砂浆总体积）不变。砌块子目，已掺砌了普通黏土砖或黏土多孔砖的项目，掺砌砖的种类和规格，设计与定额不同时，可以换算，掺砌砖的消耗量（块数折合体积）及其他均不变。未掺砌砖的项目，按掺砌砖的体积换算，其他不变。掺砌砖执行砖零星砌体子目。

（5）石砌体。

1）定额中石材按其材料加工程度，分为毛石、整毛石和方整石。使用时应根据石料名称、规格分别套用。

2）方整石柱、墙中石材按 400mm（长）×220mm（高）×200mm（厚）规格考虑。设计不同时，可以换算。块料和砂浆的总体积不变。

3）方整石零星砌体子目，适用于窗台、门窗洞口立边、压顶、台阶、墙面点缀石等定额未列项目的方整石的砌筑。

4）毛石护坡高度超过 4m 时，定额人工乘以系数 1.15。

5）砌筑弧形基础、墙时，按相应定额项目人工乘以系数 1.1。

6）整砌毛石墙（有背里的）项目中，毛石整砌厚度为 200mm；方整石墙（有背里的）项目中，方整石整砌厚度为 220mn，定额均已考虑了拉结石和错缝搭砌。

（6）轻质墙板。

1）轻质墙板，适用于框架、框剪结构中的内外墙或隔墙，定额按不同材质和墙体厚度分别列项。

2）轻质条板墙，不论空心条板或实心条板，均按厂家提供墙板半成品（包括板内预埋件，配套吊挂件、U 形卡等），现场安装编制。

3）轻质条板墙中与门窗连接的钢筋码和钢板（预埋件），定额已综合考虑，但钢柱门框、铝门框、木门框及其固定件（或连接件）按有关章节相应项目另行计算。

4）钢丝网架水泥夹心板厚是指钢丝网架厚度，不包括抹灰厚度。括号内尺寸为保温芯材厚度。

5）各种轻质墙板综合内容如下。

①GRC 轻质多孔板适用于圆孔板、方孔板，其材质适用于水泥多孔板、珍珠岩多孔板、陶粒多孔板等。

②挤压成型混凝土多孔板即 AC 板，适用于普通混凝土多孔板和粉煤灰混凝土多孔条板、陶粒混凝土多孔条板、炉碴与膨胀珍珠岩多孔条板等。

③石膏空心条板适用于石膏珍珠岩空心条板、石膏硅酸盐空心条板等。

④GRC 复合夹心板适用于水泥珍珠岩夹心板、岩棉夹心板等。

6）轻质墙板选用常用材质和板型编制的。轻质墙板的材质、板型设计等，与定额不同时可以换算，但定额消耗量不变。

2. 工程量定额计算规则

（1）条形基础。外墙条形基础按设计外墙中心线长度、柱间条形基础按柱间墙体的设计净长度、内墙条形基础按设计内墙净长度乘以设计断面，以立方米计算，基础大放脚 T 形接头处的重叠部分，以及嵌入基础的钢筋、铁件、管道、基础防潮层、单个面积在 0.3m^2 以内的孔洞所占体积不予扣除，但靠墙暖气沟的挑檐也不增加，洞口上的砖平碹也不另算。附墙垛基础宽出部分体积并入基础工程量内。

（2）独立基础。独立基础按设计图示尺寸，以立方米计算。

（3）砖墙体。

1）外墙、内墙、框架间墙（轻质墙板、镂空花格及隔断板除外）按其高度乘以长度乘以设计厚度，以立方米计算。框架外表贴砖部分并入框架间砌体工程量内计算。

2）计算墙体时，应扣除门窗洞口、过人洞、空圈以及嵌入墙身的钢筋混凝土柱（包括构造柱）、梁（包括过梁、圈梁、挑梁）、砖平碹、砖过梁（普通黏土砖墙除外）、暖气包壁龛的体积；不扣除梁头、外墙板头、檩头、垫木、木楞头、沿椽木、木砖、门窗走头，墙内的加固钢筋、木筋、铁件、钢管以及每个面积在 0.3m^2 以内的孔洞等所占体积；突出墙面的窗台虎头砖、压顶线、山墙泛水、烟囱根、门窗套及三皮砖以内的腰线和挑檐等体积也不增加。墙垛、三皮砖以上的腰线和挑檐等体积，并入墙身体积内计算。

3）女儿墙按外墙计算，砖垛、三皮砖以上的腰线和挑檐（对三皮砖以上的腰线和挑檐规范规定不计算）等体积，按其外形尺寸并入墙身体积计算。

4）附墙烟囱（包括附墙通风道、垃圾道，混凝土烟风道除外），按其外形体积并入所依附的墙体积内计算。计算时不扣除每一横截面在 0.1m^2 以内的孔洞所占的体积，但孔洞内抹灰工程量也不增加。混凝土烟道、风道按设计混凝土砌块（扣除孔洞）体积，以立方米计算。计算墙体工程量时，应按混凝土烟风道工程量，扣除其所占墙体体积。

（4）砖平碹、平砌砖过梁。

1）砖平碹、平砌砖过梁按图示尺寸，以立方米计算。如设计无规定时，砖平碹按门窗洞口宽度两端共加 100mm 乘以高度（洞口宽小于 1500mm 时，高度按 240mm；大于 1500mm 时，高度按 365mm）乘以设计厚度计算。平砌砖过梁按门窗洞口宽度两端共加 500mm，高度按 440mm 计算。普通黏土砖平（拱）碹或过梁（钢筋除外），与普通黏土砖墙砌为一体时，其工程量并入相应砖砌体内，不单独计算。

2）方整石平（拱）碹，与无背里的方整石砌为一体时，其工程量并入相应方整石砌体内，不单独计算。

（5）镂空花格墙。镂空花格墙按设计空花部分外形面积（空花部分不予扣除），以平方米计算。混凝土镂空花格按半成品考虑。

（6）其他砌筑。

1）砖台阶按设计图示尺寸，以立方米计算。

2）砖砌栏板按设计图示尺寸扣除混凝土压顶、柱所占的面积，以平方米计算。

3）预制水磨石隔断板、窗台板，按设计图示尺寸，以平方米计算。

4）砖砌地沟不分沟底、沟壁按设计图示尺寸，以立方米计算。

5）变压式排气烟道，自设计室内地坪或安装起点，计算至上一层楼板的上表面；顶端遇坡屋面时，按其高点计算至屋面板上表面，以延长米计算工程量（楼层交接处的混凝土垫块及垫块安装灌缝已综合在子目中，不单独计算）。

6）厕所蹲台、小便池槽、水槽腿、花台、砖墩、毛石墙的门窗砖立边和窗台虎头砖、锅台等定额未列的零星项目，按设计图示尺寸，以立方米计算，套用零星砌体项目。

（7）烟囱。

1）基础。基础与筒身的划分以基础大放脚为分界，大放脚以下为基础，以上为筒身。工程量按设计图纸尺寸，以立方米计算。

2）烟囱筒身。

①圆形、方形筒身均按图示筒壁平均中心线周长乘以厚度，并扣除筒身 $0.3m^2$ 以上孔洞、钢筋混凝土圈梁、过梁等体积，以立方米计算。

②砖烟囱筒身原浆勾缝和烟囱帽抹灰已包括在定额内，不另行计算。如设计要求加浆勾缝时，套用勾缝定额，原浆勾缝所含工料不予扣除。

③烟囱的混凝土集灰斗（包括分隔墙、水平隔墙、梁、柱）、轻质混凝土填充砌块及混凝土地面，套用相应定额计算。

④砖烟囱、烟道及其砖内衬，如设计要求采用楔形砖时，其数量按设计规定计算，套用相应定额项目。加工标准半砖和楔形半砖时，按楔形整砖定额的 1/2 计算。

⑤砖烟囱砌体内采用钢筋加固时，其钢筋用量按设计规定计算，套用相应定额。

3）烟囱内衬及内表面涂刷隔绝层。

①烟囱内衬，按不同内衬材料并扣除孔洞后，以图示实体积计算。

②填料按烟囱筒身与内衬之间的体积，以立方米计算，不扣除连接横砖（防沉带）的体积。

③内衬伸入筒身的连接横砖已包括在内衬定额内，不另行计算。

④为防止酸性凝液渗入内衬及筒身间而在内衬上抹水泥砂浆排水坡的工料，已包括在定额内，不单独计算。

⑤烟囱内表面涂刷隔绝层，按筒身内壁并扣除各种孔洞后的面积，以平方米计算。

⑥烟囱内衬项目也适用于烟道内衬。

4）烟道砌砖。

①烟道与炉体的划分以第一道闸门为界，炉体内的烟道部分列入炉体工程量内计算。

②烟道中的混凝土构件，按相应定额项目计算。

③混凝土烟道，以立方米计算（扣除各种孔洞所占体积），套用地沟定额（架空烟道除外）。

（8）砖水塔。

1）水塔基础与塔身划分：以砖砌体的扩大部分顶面为界，以上为塔身，以下为基础。水塔基础工程量按设计尺寸，以立方米计算，套用烟囱基础的相应项目。

2）塔身以图示实砌体积计算，扣除门窗洞口和混凝土构件所占的体积，砖平拱碹及砖出檐等并入塔身体积内计算。

3）砖水箱内外壁，不分壁厚，均以图示实砌体积计算，套用相应的内外砖墙定额。

4）定额内已包括原浆勾缝，如设计要求加浆勾缝时，套用勾缝定额，原浆勾缝的工料不予扣除。

（9）检查井、化粪池及其他。

1）砖砌井（池）壁不分厚度，均以立方米计算，洞口上的砖平拱碹等并入砌体体积内计算。与井壁相连接的管道及其内径在 20cm 以内的孔洞所占体积不予扣除。

2）渗井是指上部浆砌、下部干砌的渗水井。干砌部分不分方形、圆形，均以立方米计算。计算时不扣除渗水孔所占体积。浆砌部分套用砖砌井（池）壁定额。渗井是指地面以下用以排除地面雨水、积水或管道污水的井。水流入井内后逐渐自行渗入地层。

3）铸铁盖板（带座）安装以套计算。

（10）石砌护坡。

1）石砌护坡按设计图示尺寸，以立方米计算。

2）乱毛石表面处理，按所处理的乱毛石表面积或延长米，以平方米或延长米计算。

（11）砖地沟。

1）垫层铺设按照基础垫层相关规定计算。

2）砖地沟按图示尺寸，以立方米计算。

3）抹灰按零星抹灰项目计算。

（12）轻质墙板。按设计图示尺寸，以平方米计算。

三、砌筑工程清单工程量算例

1. 砖砌外墙工程量计算

【例 2-7】 有一建筑物实心外墙，高 6m，墙厚为 365mm，中心线长度为 80.08m，如设此外墙墙垛为 9 个，且墙垛的平面尺寸为 370mm×240mm，试计算此建筑物外墙的清单工程量。

【解】

$$外墙=V_{墙体}+V_{墙垛}$$

$$V_{墙体}=80.08\times0.365\times6=175.38(m^3)$$

$$V_{墙垛}=0.365\times0.24\times6\times9=4.73(m^3)$$

所以，$V_{外墙}=175.38+4.73=180.11(m^3)$

套基础定额。

2. 实心女儿墙工程量计算

【例 2-8】 如图 2-8 所示，女儿墙高 1.2m，试计算图中女儿墙清单工程量。

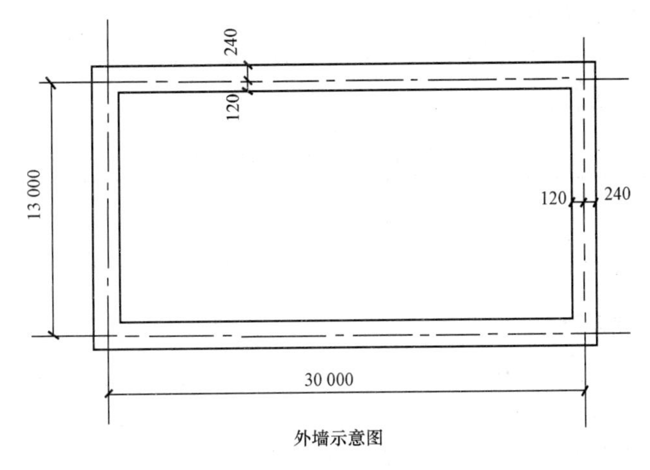

图 2-8　墙体示意图

【解】 依据题意，此女儿墙清单工程量为

$$V_{女儿墙}=女儿墙中心线长\times墙厚\times墙高$$

$=[13+0.24+(30+0.24)]\times2\times0.24\times1.2$

$=43.48\times2\times0.24\times1.2$

$=25(m^3)$

3. 石基础工程量计算

【例 2-9】 某工程按设计规定采用毛石基础，如图 2-9 所示，求其工程量。

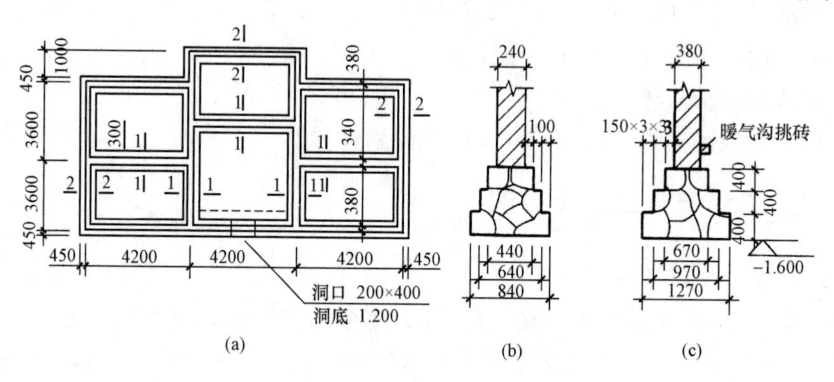

图 2-9　某工程示意图

(a) 平面图；(b) 1—1 剖面图；(c) 2—2 剖面图

【解】 工程量清单与定额工程量计算规则相同。

$$L_{1-1}=(4.2+3.6+4.2+0.45\times2+3.6+1.0+0.45\times2)\times2-0.38\times4$$
$$=35.28(m)$$

$$L_{2-2}=(4.2-0.24)\times2+(30-0.24)+(7.2-0.24\times2)=44.4(m)$$

$$V_{1-1}=(0.44+0.64+0.84)\times0.4\times44.4=34.1(m^3)$$

$$V_{2-2}=(0.67+0.97+1.27)\times0.4\times35.28=36.69(m^3)$$

内外墙毛石基础工程量合计：

$$V=V_{1-1}+V_{2-2}=34.1+36.69=70.79(m^3)$$

工程量清单计算见表 2-29。

表 2-29　　**工程量清单计算表**

项目编码	项目名称	项目特征描述	计量单位	工程量
010403001	石基础	毛石基础，基础深 1.2m	m^3	70.79

4. 石柱工程量清单计价

【例 2-10】 某工程设计有断面为 450mm×450mm 的清水整毛石柱 4 根，水泥砂浆 M7.5 砌筑。柱高 4.0m，每根柱均有断面为 250mm×450mm 的钢筋混凝土梁穿过。清水整毛石柱面设计采用水泥砂浆勾平缝。试编制该石柱的工程量清单并报价。

【解】 (1) 工程量清单编制。

石柱的清单工程量为：

$$(0.45\times0.15\times4.0-0.25\times0.45\times0.45)\times4=3.04(m^3)$$

编制工程量清单表见表 2-30。

表 2-30 工程量清单表

序号	项目编码	项目名称	项目特征描述	计量单位	工程量	金额（元）		
						综合单价	合价	其中：暂估价
1	010305005001	石柱	（1）勾缝要求：平缝 （2）砂浆强度等级、配合比：水泥砂浆 M7.5 （3）柱截面：450mm×450mm （4）石料种类、规格：方整石	m^3	3.04			

（2）工程量清单计价单价分析。石柱项目发生的工程内容有以下几个方面。

1）清水整毛石柱：工程量同清单 3.04m。

2）整毛石外墙面水泥砂浆平缝：

$$0.45\times4\times4.0\times4=28.8(m^2)$$

清单计价分析表见表 2-31。

表 2-31 清单计价分析表

序号	项目编码	项目名称	计量单位	工程量	综合单价组成					综合单价	合计
					人工费	材料费	机械使用费	企业管理费	利润		
1	010403005	石柱	m^3	3.04							
1.1	010403005001	清水整毛石柱	m^3	3.04	141.04	321.48	0.26	24.02	9.74	496.54	1509
1.2	010403005002	整毛石外墙面水泥砂浆平缝	m^2	28.8	3.90	1.13	0.01	0.43	0.11	5.58	161
合计											1670

（3）分部分项清单计价表（表 2-32）。

表 2-32 分部分项清单计价表

序号	项目编码	项目名称	项目特征描述	计量单位	工程量	金额（元）		
						综合单价	合价	其中：暂估价
1	010403005	石柱	（1）勾缝要求：平缝 （2）砂浆强度等级、配合比：水泥砂浆 M7.5 （3）柱截面：450mm×450mm （4）石料种类、规格：方整石	m^3	3.04	549.34	1670	

第四节　混凝土及钢筋混凝土工程

一、混凝土及钢筋混凝土工程量清单项目设置规则及说明

1. 现浇混凝土基础

现浇混凝土基础工程量清单项目设置、项目特征描述的内容、计量单位及工程量计算规则应按表 2-33 的规定执行。

表 2-33　　现浇混凝土基础（编号：010501）

项目编码	项目名称	项目特征	计量单位	工程量计算规则	工作内容
010501001	垫层	1. 混凝土种类 2. 混凝土强度等级	m^3	按设计图示尺寸以体积计算。不扣除伸入承台基础的桩头所占体积	1. 模板及支撑制作、安装、拆除、堆放、运输及清理模内杂物、刷隔离剂等 2. 混凝土制作、运输、浇筑、振捣、养护
010501002	带形基础				
010501003	独立基础				
010501004	满堂基础				
010501005	桩承台基础				
010501006	设备基础	1. 混凝土种类 2. 混凝土强度等级 3. 灌浆材料及其强度等级			

注：1. 有肋带形基础、无肋带形基础应按本表中相关项目列项，并注明肋高。
2. 箱式满堂基础中柱、梁、墙、板按表 2-34、表 2-35、表 2-36、表 2-37 相关项目分别编码列项；箱式满堂基础底板按本表的满堂基础项目列项。
3. 框架式设备基础中柱、梁、墙、板分别按表 2-34、表 2-35、表 2-36、表 2-37 相关项目编码列项；基础部分按本表相关项目编码列项。
4. 如为毛石混凝土基础，项目特征应描述毛石所占比例。

2. 现浇混凝土柱

现浇混凝土柱工程量清单项目设置、项目特征描述的内容、计量单位及工程量计算规则应按表 2-34 的规定执行。

表 2-34　　现浇混凝土柱（编号：010502）

项目编码	项目名称	项目特征	计量单位	工程量计算规则	工作内容
010502001	矩形柱	1. 混凝土种类 2. 混凝土强度等级	m^3	按设计图示尺寸以体积计算 柱高： （1）有梁板的柱高，应自柱基上表面（或楼板上表面）至上一层楼板上表面之间的高度计算 （2）无梁板的柱高，应自柱基上表面（或楼板上表面）至柱帽下表面之间的高度计算 （3）框架柱的柱高：应自柱基上表面至柱顶高度计算 （4）构造柱按全高计算，嵌接墙体部分（马牙槎）并入柱身体积 （5）依附柱上的牛腿和升板的柱帽，并入柱身体积计算	1. 模板及支架（撑）制作、安装、拆除、堆放、运输及清理模内杂物、刷隔离剂等 2. 混凝土制作、运输、浇筑、振捣、养护
010502002	构造柱				
010502003	异形柱	1. 柱形状 2. 混凝土种类 3. 混凝土强度等级			

注：混凝土种类指清水混凝土、彩色混凝土等，如在同一地区既使用预拌（商品）混凝土，又允许现场搅拌混凝土时，也应注明（下同）。

3. 现浇混凝土梁

现浇混凝土梁工程量清单项目设置、项目特征描述的内容、计量单位及工程量计算规则应按表 2-35 的规定执行。

表 2-35　　现浇混凝土梁（编号：010503）

项目编码	项目名称	项目特征	计量单位	工程量计算规则	工作内容
010503001	基础梁	1. 混凝土种类 2. 混凝土强度等级	m^3	按设计图示尺寸以体积计算。伸入墙内的梁头、梁垫并入梁体积内。 梁长： （1）梁与柱连接时，梁长算至柱侧面 （2）主梁与次梁连接时，次梁长算至主梁侧面	1. 模板及支架（撑）制作、安装、拆除、堆放、运输及清理模内杂物、刷隔离剂等 2. 混凝土制作、运输、浇筑、振捣、养护
010503002	矩形梁				
010503003	异形梁				
010503004	圈梁				
010503005	过梁				
010503006	弧形、拱形梁				

4. 现浇混凝土墙

现浇混凝土墙工程量清单项目设置、项目特征描述的内容、计量单位及工程量计算规则应按表 2-36 的规定执行。

表 2-36　现浇混凝土墙（编号：010504）

项目编码	项目名称	项目特征	计量单位	工程量计算规则	工作内容
010504001	直形墙	1. 混凝土种类 2. 混凝土强度等级	m^3	按设计图示尺寸以体积计算 扣除门窗洞口及单个面积>0.3m^2 的孔洞所占体积，墙垛及突出墙面部分并入墙体体积计算内	1. 模板及支架（撑）制作、安装、拆除、堆放、运输及清理模内杂物、刷隔离剂等 2. 混凝土制作、运输、浇筑、振捣、养护
010504002	弧形墙				
010504003	短肢剪力墙				
010504004	挡土墙				

注：短肢剪力墙是指截面厚度不大于 300mm、各肢截面高度与厚度之比的最大值大于 4 但不大于 8 的剪力墙；各肢截面高度与厚度之比的最大值不大于 4 的剪力墙按柱项目编码列项。

5. 现浇混凝土板

现浇混凝土板工程量清单项目设置、项目特征描述的内容、计量单位及工程量计算规则应按表 2-37 的规定执行。

表 2-37　现浇混凝土板（编码：010505）

项目编码	项目名称	项目特征	计量单位	工程量计算规则	工作内容
010505001	有梁板	1. 混凝土种类 2. 混凝土强度等级	m^3	按设计图示尺寸以体积计算，不扣除单个面积≤0.3m^2的柱、垛以及孔洞所占体积 压形钢板混凝土楼板扣除构件内压形钢板所占体积 有梁板（包括主、次梁与板）按梁、板体积之和计算，无梁板按板和柱帽体积之和计算，各类板伸入墙内的板头并入板体积内，薄壳板的肋、基梁并入薄壳体积内计算	1. 模板及支架（撑）制作、安装、拆除、堆放、运输及清理模内杂物、刷隔离剂等 2. 混凝土制作、运输、浇筑、振捣、养护
010505002	无梁板				
010505003	平板				
010505004	拱板				
010505005	薄壳板				
010505006	栏板				

续表

<table>
<tr><th>项目编码</th><th>项目名称</th><th>项目特征</th><th>计量单位</th><th>工程量计算规则</th><th>工作内容</th></tr>
<tr><td>010505007</td><td>天沟（檐沟）、挑檐板</td><td rowspan="4">1. 混凝土种类
2. 混凝土强度等级</td><td rowspan="4">m^3</td><td>按设计图示尺寸以体积计算</td><td rowspan="4">1. 模板及支架（撑）制作、安装、拆除、堆放、运输及清理模内杂物、刷隔离剂等
2. 混凝土制作、运输、浇筑、振捣、养护</td></tr>
<tr><td>010505008</td><td>雨篷、悬挑板、阳台板</td><td>按设计图示尺寸以墙外部分体积计算。包括伸出墙外的牛腿和雨篷反挑檐的体积</td></tr>
<tr><td>010505009</td><td>空心板</td><td>按设计图示尺寸以体积计算。空心板（GBF 高强薄壁蜂巢芯板等）应扣除空心部分体积</td></tr>
<tr><td>010505010</td><td>其他板</td><td>按设计图示尺寸以体积计算</td></tr>
</table>

注：现浇挑檐、天沟板、雨篷、阳台与板（包括屋面板、楼板）连接时，以外墙外边线为分界线；与圈梁（包括其他梁）连接时，以梁外边线为分界线。外边线以外为挑檐、天沟、雨篷或阳台。

6. 现浇混凝土楼梯

现浇混凝土楼梯工程量清单项目设置、项目特征描述的内容、计量单位及工程量计算规则应按表 2-38 的规定执行。

表 2-38　　现浇混凝土楼梯（编号：010506）

<table>
<tr><th>项目编码</th><th>项目名称</th><th>项目特征</th><th>计量单位</th><th>工程量计算规则</th><th>工作内容</th></tr>
<tr><td>010506001</td><td>直形楼梯</td><td rowspan="2">1. 混凝土种类
2. 混凝土强度等级</td><td rowspan="2">1. m^2
2. m^3</td><td rowspan="2">1. 以平方米计量，按设计图示尺寸以水平投影面积计算。不扣除宽度≤500mm 的楼梯井，伸入墙内部分不计算
2. 以立方米计量，按设计图示尺寸以体积计算</td><td rowspan="2">1. 模板及支架（撑）制作、安装、拆除、堆放、运输及清理模内杂物、刷隔离剂等
2. 混凝土制作、运输、浇筑、振捣、养护</td></tr>
<tr><td>010506002</td><td>弧形楼梯</td></tr>
</table>

注：整体楼梯（包括直形楼梯、弧形楼梯）水平投影面积包括休息平台、平台梁、斜梁和楼梯的连接梁。当整体楼梯与现浇楼板无梯梁连接时，以楼梯的最后一个踏步边缘加 300mm 为界。

7. 现浇混凝土其他构件

现浇混凝土其他构件工程量清单项目设置、项目特征描述的内容、计量单位及工程量计算规则应按表 2-39 的规定执行。

表 2 - 39　　现浇混凝土其他构件（编号：010507）

项目编码	项目名称	项目特征	计量单位	工程量计算规则	工作内容
010507001	散水、坡道	1. 垫层材料种类、厚度 2. 面层厚度 3. 混凝土种类 4. 混凝土强度等级 5. 变形缝填塞材料种类	m^2	按设计图示尺寸以水平投影面积计算。不扣除单个≤0.3m^2 的孔洞所占面积	1. 地基夯实 2. 铺设垫层 3. 模板及支撑制作、安装、拆除、堆放、运输及清理模内杂物、刷隔离剂等 4. 混凝土制作、运输、浇筑、振捣、养护 5. 变形缝填塞
010507002	室外地坪	1. 地坪厚度 2. 混凝土强度等级			
010507003	电缆沟、地沟	1. 土壤类别 2. 沟截面净空尺寸 3. 垫层材料种类、厚度 4. 混凝土种类 5. 混凝土强度等级 6. 防护材料种类	m	按设计图示以中心线长度计算	1. 挖填、运土石方 2. 铺设垫层 3. 模板及支撑制作、安装、拆除、堆放、运输及清理模内杂物、刷隔离剂等 4. 混凝土制作、运输、浇筑、振捣、养护 5. 刷防护材料
010507004	台阶	1. 踏步高、宽 2. 混凝土种类 3. 混凝土强度等级	1. m^2 2. m^3	1. 以平方米计量，按设计图示尺寸水平投影面积计算 2. 以立方米计量，按设计图示尺寸以体积计算	1. 模板及支撑制作、安装、拆除、堆放、运输及清理模内杂物、刷隔离剂等 2. 混凝土制作、运输、浇筑、振捣、养护
010507005	扶手、压顶	1. 断面尺寸 2. 混凝土种类 3. 混凝土强度等级	1. m 2. m^3	1. 以米计量，按设计图示的中心线延长米计算 2. 以立方米计量，按设计图示尺寸以体积计算	1. 模板及支架（撑）制作、安装、拆除、堆放、运输及清理模内杂物、刷隔离剂等 2. 混凝土制作、运输、浇筑、振捣、养护
010507006	化粪池、检查井	1. 部位 2. 混凝土强度等级 3. 防水、抗渗要求	1. m^3 2. 座	1. 按设计图示尺寸以体积计算 2. 以座计量，按设计图示数量计算	
010507007	其他构件	1. 构件的类型 2. 构件规格 3. 部位 4. 混凝土种类 5. 混凝土强度等级	m^3		

注：1. 现浇混凝土小型池槽、垫块、门框等，应按本表其他构件项目编码列项。
2. 架空式混凝土台阶，按现浇楼梯计算。

8. 后浇带

后浇带工程量清单项目设置、项目特征描述的内容、计量单位及工程量计算规则应按表 2-40 的规定执行。

表 2-40　后浇带（编号：010508）

项目编码	项目名称	项目特征	计量单位	工程量计算规则	工作内容
010508001	后浇带	1. 混凝土种类 2. 混凝土强度等级	m^3	按设计图示尺寸以体积计算	1. 模板及支架（撑）制作、安装、拆除、堆放、运输及清理模内杂物、刷隔离剂等 2. 混凝土制作、运输、浇筑、振捣、养护及混凝土交接面、钢筋等的清理

9. 预制混凝土柱

预制混凝土柱工程量清单项目设置、项目特征描述的内容、计量单位及工程量计算规则应按表 2-41 的规定执行。

表 2-41　预制混凝土柱（编号：010509）

项目编码	项目名称	项目特征	计量单位	工程量计算规则	工作内容
010509001	矩形柱	1. 图代号 2. 单件体积 3. 安装高度 4. 混凝土强度等级 5. 砂浆（细石混凝土）强度等级、配合比	1. m^3 2. 根	1. 以立方米计量，按设计图示尺寸以体积计算 2. 以根计量，按设计图示尺寸以数量计算	1. 模板制作、安装、拆除、堆放、运输及清理模内杂物、刷隔离剂等 2. 混凝土制作、运输、浇筑、振捣、养护 3. 构件运输、安装 4. 砂浆制作、运输 5. 接头灌缝、养护
010509002	异形柱				

注：以根计量，必须描述单件体积。

10. 预制混凝土梁

预制混凝土梁工程量清单项目设置、项目特征描述的内容、计量单位及工程量计算规则应按表 2-42 的规定执行。

表 2-42 预制混凝土梁（编号：010510）

项目编码	项目名称	项目特征	计量单位	工程量计算规则	工作内容
010510001	矩形梁	1. 图代号 2. 单件体积 3. 安装高度 4. 混凝土强度等级 5. 砂浆（细石混凝土）强度等级、配合比	1. m^3 2. 根	1. 以立方米计量，按设计图示尺寸以体积计算 2. 以根计量，按设计图示尺寸以数量计算	1. 模板制作、安装、拆除、堆放、运输及清理模内杂物、刷隔离剂等 2. 混凝土制作、运输、浇筑、振捣、养护 3. 构件运输、安装 4. 砂浆制作、运输 5. 接头灌缝、养护
010510002	异形梁				
010510003	过梁				
010510004	拱形梁				
010510005	鱼腹式吊车梁				
010510006	其他梁				

注：以根计量，必须描述单件体积。

11. 预制混凝土屋架

预制混凝土屋架工程量清单项目设置、项目特征描述的内容、计量单位及工程量计算规则应按表 2-43 的规定执行。

表 2-43 预制混凝土屋架（编号：010511）

项目编码	项目名称	项目特征	计量单位	工程量计算规则	工作内容
010511001	折线型	1. 图代号 2. 单件体积 3. 安装高度 4. 混凝土强度等级 5. 砂浆（细石混凝土）强度等级、配合比	1. m^3 2. 榀	1. 以立方米计量，按设计图示尺寸以体积计算 2. 以榀计量，按设计图示尺寸以数量计算	1. 模板制作、安装、拆除、堆放、运输及清理模内杂物、刷隔离剂等 2. 混凝土制作、运输、浇筑、振捣、养护 3. 构件运输、安装 4. 砂浆制作、运输 5. 接头灌缝、养护
010511002	组合				
010511003	薄腹				
010511004	门式刚架				
010511005	天窗架				

注：1. 以榀计量，必须描述单件体积。
2. 三角形屋架按本表中折线型屋架项目编码列项。

12. 预制混凝土板

预制混凝土板工程量清单项目设置、项目特征描述的内容、计量单位及工程量计算规则应按表 2-44 的规定执行。

表 2-44 预制混凝土板（编号：010512）

项目编码	项目名称	项目特征	计量单位	工程量计算规则	工作内容
010512001	平板	1. 图代号 2. 单件体积 3. 安装高度 4. 混凝土强度等级 5. 砂浆（细石混凝土）强度等级、配合比	1. m^3 2. 块	1. 以立方米计量，按设计图示尺寸以体积计算。不扣除单个面积≤300mm×300mm 的孔洞所占体积，扣除空心板空洞体积 2. 以块计量，按设计图示尺寸以数量计算	1. 模板制作、安装、拆除、堆放、运输及清理模内杂物、刷隔离剂等 2. 混凝土制作、运输、浇筑、振捣、养护 3. 构件运输、安装 4. 砂浆制作、运输 5. 接头灌缝、养护
010512002	空心板				
010512003	槽形板				
010512004	网架板				
010512005	折线板				
010512006	带肋板				
010512007	大型板				
010512008	沟盖板、井盖板、井圈	1. 单件体积 2. 安装高度 3. 混凝土强度等级 4. 砂浆强度等级、配合比	1. m^3 2. 块（套）	1. 以立方米计量。按设计图示尺寸以体积计算 2. 以块计量，按设计图示尺寸以数量计算	

注：1. 以块、套计量，必须描述单件体积。
2. 不带肋的预制遮阳板、雨篷板、挑檐板、拦板等，应按本表平板项目编码列项。
3. 预制 F 形板、双 T 形板、单肋板和带反挑檐的雨篷板、挑檐板、遮阳板等，应按本表带肋板项目编码列项。
4. 预制大型墙板、大型楼板、大型屋面板等，按本表中大型板项目编码列项。

13. 预制混凝土楼梯

预制混凝土楼梯工程量清单项目设置、项目特征描述的内容、计量单位及工程量计算规则应按表 2-45 的规定执行。

表 2-45 预制混凝土楼梯（编号：010513）

项目编码	项目名称	项目特征	计量单位	工程量计算规则	工作内容
010513001	楼梯	1. 楼梯类型 2. 单件体积 3. 混凝土强度等级 4. 砂浆（细石混凝土）强度等级	1. m^3 2. 段	1. 以立方米计量，按设计图示尺寸以体积计算。扣除空心踏步板空洞体积 2. 以段计量，按设计图示数量计算	1. 模板制作、安装、拆除、堆放、运输及清理模内杂物、刷隔离剂等 2. 混凝土制作、运输、浇筑、振捣、养护 3. 构件运输、安装 4. 砂浆制作、运输 5. 接头灌缝、养护

注：以块计量，必须描述单件体积。

14. 其他预制构件

其他预制构件工程量清单项目设置、项目特征描述的内容、计量单位及工程量计算规则应按表 2-46 的规定执行。

表 2-46　　其他预制构件（编号：010514）

<table>
<tr><th>项目编码</th><th>项目名称</th><th>项目特征</th><th>计量单位</th><th>工程量计算规则</th><th>工作内容</th></tr>
<tr><td>010514001</td><td>垃圾道、
通风道、
烟道</td><td>1. 单件体积
2. 混凝土强度等级
3. 砂浆强度等级</td><td rowspan="2">1. m³
2. m²
3. 根
（块、套）</td><td rowspan="2">1. 以立方米计量，按设计图示尺寸以体积计算。不扣除单个面积≤300mm×300mm 的孔洞所占体积，扣除烟道、垃圾道、通风道的孔洞所占体积
2. 以平方米计量．按设计图示尺寸以面积计算。不扣除单个面积≤300mm×300mm 的孔洞所占面积
3. 以根计量，按设计图示尺寸以数量计算</td><td rowspan="2">1. 模板制作、安装、拆除、堆放、运输及清理模内杂物、刷隔离剂等
2. 混凝土制作、运输、浇筑、振捣、养护
3. 构件运输、安装
4. 砂浆制作、运输
5. 接头灌缝、养护</td></tr>
<tr><td>010514002</td><td>其他构件</td><td>1. 单件体积
2. 构件的类型
3. 混凝土强度等级
4. 砂浆强度等级</td></tr>
</table>

注：1. 以块、根计量，必须描述单件体积。

2. 预制钢筋混凝土小型池槽、压顶、扶手、垫块、隔热板、花格等，按本表中其他构件项目编码列项。

15. 钢筋工程

钢筋工程工程量清单项目设置、项目特征描述的内容、计量单位及工程量计算规则应按表 2-47 的规定执行。

表 2-47　　钢筋工程（编号：010515）

<table>
<tr><th>项目编码</th><th>项目名称</th><th>项目特征</th><th>计量单位</th><th>工程量计算规则</th><th>工作内容</th></tr>
<tr><td>010515001</td><td>现浇构件钢筋</td><td rowspan="4">钢筋种类、规格</td><td rowspan="5">t</td><td rowspan="4">按设计图示钢筋（网）长度（面积）乘单位理论质量计算</td><td rowspan="2">1. 钢筋制作、运输
2. 钢筋安装
3. 焊接（绑扎）</td></tr>
<tr><td>010515002</td><td>预制构件钢筋</td></tr>
<tr><td>010515003</td><td>钢筋网片</td><td>1. 钢筋网制作、运输
2. 钢筋网安装
3. 焊接（绑扎）</td></tr>
<tr><td>010515004</td><td>钢筋笼</td><td>1. 钢筋笼制作、运输
2. 钢筋笼安装
3. 焊接（绑扎）</td></tr>
<tr><td>010515005</td><td>先张法
预应力钢筋</td><td>1. 钢筋种类、规格
2. 锚具种类</td><td>按设计图示钢筋长度乘单位理论质量计算</td><td>1. 钢筋制作、运输
2. 钢筋张拉</td></tr>
</table>

续表

<table>
<tr><th>项目编码</th><th>项目名称</th><th>项目特征</th><th>计量单位</th><th>工程量计算规则</th><th>工作内容</th></tr>
<tr><td>010515006</td><td>后张法
预应力钢筋</td><td rowspan="3">1. 钢筋种类、规格
2. 钢丝种类、规格
3. 钢绞线种类、规格
4. 锚具种类
5. 砂浆强度等级</td><td rowspan="3">t</td><td rowspan="3">按设计图示钢筋（丝束、绞线）长度乘单位理论质量计算
1. 低合金钢筋两端均采用螺杆锚具时，钢筋长度按孔道长度减 0.35m 计算，螺杆另行计算
2. 低合金钢筋一端采用镦头插片，另一端采用螺杆锚具时，钢筋长度按孔道长度计算，螺杆另行计算
3. 低合金钢筋一端采用镦头插片，另一端采用帮条锚具时，钢筋增加 0.15m 计算；两端均采用帮条锚具时，钢筋长度按孔道长度增加 0.3m 计算
4. 低合金钢筋采用后张混凝土自锚时，钢筋长度按孔道长度增加 0.35m 计算
5. 低合金钢筋（钢绞线）采用 JM、XM、QM 型锚具，孔道长度≤20m 时，钢筋长度增加 1m 计算，孔道长度＞20m 时，钢筋长度增加 1.8m 计算
6. 碳素钢丝采用锥形锚具，孔道长度≤20m 时，钢丝束长度按孔道长度增加 1m 计算，孔道长度＞20m 时，钢丝束长度按孔道长度增加 1.8m 计算
7. 碳素钢丝采用镦头锚具时，钢丝束长度按孔道长度增加 0.35m 计算</td><td rowspan="3">1. 钢筋、钢丝、钢绞线制作、运输
2. 钢筋、钢丝、钢绞线安装
3. 预埋管孔道铺设
4. 锚具安装
5. 砂浆制作、运输
6. 孔道压浆、养护</td></tr>
<tr><td>010515007</td><td>预应力钢丝</td></tr>
<tr><td>010515008</td><td>预应力钢绞线</td></tr>
</table>

续表

项目编码	项目名称	项目特征	计量单位	工程量计算规则	工作内容
010515009	支撑钢筋（铁马）	1. 钢筋种类 2. 规格	t	按钢筋长度乘单位理论质量计算	钢筋制作、焊接、安装
010515010	声测管	1. 材质 2. 规格型号		按设计图示尺寸以质量计算	1. 检测管截断、封头 2. 套管制作、焊接 3. 定位、固定

注：1. 现浇构件中伸出构件的锚固钢筋应并入钢筋工程量内。除设计（包括规范规定）标明的搭接外，其他施工搭接不计算工程量，在综合单价中综合考虑。

2. 现浇构件中固定位置的支撑钢筋、双层钢筋用的“铁马”在编制工程量清单时，如果设计未明确，其工程数量可为暂估量，结算时按现场签证数量计算。

16. 螺栓、铁件

螺栓、铁件工程量清单项目设置、项目特征描述的内容、计量单位及工程量计算规则应按表 2-48 的规定执行。

表 2-48　　螺栓、铁件（编号：010516）

项目编码	项目名称	项目特征	计量单位	工程量计算规则	工作内容
010516001	螺栓	1. 螺栓种类 2. 规格	t	按设计图示尺寸以质量计算	1. 螺栓、铁件制作、运输 2. 螺栓、铁件安装
010516002	预埋铁件	1. 钢材种类 2 规格 3. 铁件尺寸			
010516003	机械连接	1. 连接方式 2. 螺纹套筒种类 3. 规格	个	按数量计算	1. 钢筋套丝 2. 套筒连接

注：编制工程量清单时，如果设计未明确，其工程数量可为暂估量，实际工程量按现场签证数量计算。

17. 相关问题及说明

（1）预制混凝土构件或预制钢筋混凝土构件，如施工图设计标注做法见标准图集时，项目特征注明标准图集的编码、页号及节点大样即可。

（2）现浇或预制混凝土和钢筋混凝土构件，不扣除构件内钢筋、螺栓、预埋铁件、张拉孔道所占体积，但应扣除劲性骨架的型钢所占体积。

二、混凝土及钢筋混凝土工程定额工程量套用规定

1. 定额说明

（1）定额内混凝土搅拌项目包括筛砂子、筛洗石子、搅拌、前台运输上料等内容。混凝土浇筑项目包括润湿模板、浇灌、捣固、养护等内容。

(2) 定额中已列出常用混凝土强度等级，如与设计要求不同时可以换算。

(3) 定额混凝土工程量除另有规定者外，均按图示尺寸，以立方米计算。不扣除构件内钢筋、预埋件及墙、板中 0.3m² 以内的孔洞所占体积。

(4) 混凝土搅拌制作和泵送子目，按各混凝土构件的混凝土消耗量之和，以立方米计算，单独套用混凝土搅拌制作子目和泵送混凝土补充定额。

(5) 施工单位自行制作泵送混凝土，其泵送剂以及由于混凝土坍落度增大和使用水泥砂浆润滑输送管道而增加的水泥用量等内容，执行补充子目。子目中的水泥强度等级、泵送剂的规格和用量，设计与定额不同时可以换算，其他不变。

(6) 施工单位自行泵送混凝土，其管道输送混凝土（输送高度 50m 以内），执行补充子目。输送高度 100m 以内，其超过部分乘以系数 1.25；输送高度 150m 以内，其超过部分乘以系数 1.60。

(7) 预制混凝土构件定额内仅考虑现场预制的情况。混凝土构件安装项目中，凡注明现场预制的构件，其构件按混凝土构件制作有关子目计算；凡注明成品的构件，按其商品价格计入安装项目内。

(8) 定额规定安装高度为 20m 以内。预制混凝土构件安装子目中的安装高度是指建筑物的总高度。

(9) 定额中机械吊装是按单机作业编制的。

(10) 定额是按机械起吊中心回转半径 15m 以内的距离编制的。

(11) 定额中包括每一项工作循环中机械必要的位移。

(12) 定额安装项目是以轮胎式起重机、塔式起重机（塔式起重机台班消耗量包括在垂直运输机械项目内）分别列项编制的。预制混凝土构件安装子目中，机械栏列出轮胎式起重机台班消耗量的，为轮胎式起重机安装。其余的除定额注明者外，为塔式起重机安装。如使用汽车式起重机时，按轮胎式起重机相应定额项目乘以系数 1.05。

(13) 预制混凝土构件的轮胎式起重机安装子目，定额按单机作业编制。双机作业时，轮胎式起重机台班数量乘以系数 2；三机作业时，轮胎式起重机台班数量乘以系数 3。

(14) 定额中不包括起重机械、运输机械行驶道路的修整、垫铺工作所消耗的人工、材料和机械。

(15) 预制混凝土构件安装子目中，未计入构件的操作损耗。施工单位报价时，可根据构件、现场等具体情况，自行确定构件损耗率。编制标底时，预制混凝土构件按相应规则计算的工程量，乘以表 2-49 规定的工程量系数。

表 2-49　　预制混凝土构件安装操作损耗率表

构件类别	定额内容	
	运输	安装
预制加工厂预制	1.013	1.005
现场（非就地）预制	1.010	1.005
现场就地预制	—	1.005
成品构件	—	1.010

（16）预制混凝土构件安装子目均不包括为安装工程所搭设的临时性脚手架及临时平台，发生时按有关规定另行计算。

（17）预制混凝土构件必须在跨外安装就位时，按相应构件安装子目中的人工、机械台班乘以系数 1.18。使用塔式起重机安装时，不再乘以系数。

（18）预制混凝土（钢）构件安装机械的采用，编制标底时按下列规定执行。

1）檐高 20m 以下的建筑物，除预制排架单层厂房、预制框架多层厂房执行轮胎式起重机安装子目外，其他结构执行塔式起重机安装子目。

2）檐高 20m 以上的建筑物，预制框（排）架结构可执行轮胎式起重机安装子目，其他结构执行塔式起重机安装子目。

2. 垫层与填料加固

（1）垫层定额按地面垫层编制。若为基础垫层，人工、机械分别乘以下列系数：条形基础 1.05；独立基础 1.10；满堂基础 1.00。

（2）填料加固定额用于软弱地基挖土后的换填材料加固工程。

垫层与填料加固的不同之处在于：垫层平面尺寸比基础略大（一般≤200mm），总是伴随着基础的发生，总体厚度较填料加固小（一般≤500mm），垫层与槽（坑）边有一定的间距（不呈满填状态）。填料加固用于软弱地基整体或局部大开挖后的换填，其平面尺寸由建筑物地基的整体或局部尺寸，以及地基的承载能力决定，总体厚度较大（一般＞500mm），一般呈满填状态。灰土垫层及填料加固夯填灰土就地取土时，应扣除灰土配合比中的黏土。

3. 毛石混凝土

毛石混凝土是按毛石占混凝土总体积 20%计算的。如设计要求不同时，可以换算。

4. 钢筋混凝土柱、轻型框剪墙及剪力墙的区别

附墙轻型框架结构中，各构件的区别主要是截面尺寸：

柱：$L/B<5$（单肢）；

异形柱：$L/B<5$（一般柱肢数≥2）；

轻型框剪墙：$5\leqslant L/B\leqslant 8$；

剪力墙：$L/B>8$。

T 形、L 形、[形、十形等计算墙肢截面长度与厚度之比以最长的肢为准。墙肢截面长度（L）指墙肢截面长边（或称墙肢高度），墙肢厚度（B）指墙肢截面短边。

5. 后浇带

现浇钢筋混凝土柱、墙、后浇带定额项目，定额综合了底部灌注 1∶2 水泥砂浆的用量。

6. 小型混凝土构件

小型混凝土构件是指单件体积在 1.05m^3 以内的定额未列项目。其他预制构件定额内仅考虑现场预制的情况。

7. 构筑物其他工程

（1）构筑物其他工程包括单项及综合项目定额。综合项目是按国标、省标的标准做法

编制，使用时对应标准图号直接套用，不再调整。设计文件与标准图做法不同时，套用单项定额。

（2）构筑物其他工程定额不包括土石方内容，发生时按土（石）方相应定额执行。

（3）烟囱内衬项目也适用于烟道内衬。

（4）室外排水管道的试水所需工料已包括在定额内，不得另行计算。

（5）室外排水管道定额，其沟深是按2m以内（平均自然地坪至垫层上表面）考虑的。当沟深在2～3m时，综合工日乘以系数1.11；3m以外者，综合工日乘系数1.18。此条指的是陶土管和混凝土管的铺设项目。排水管道混凝土基础、砂基础及砂石基础不考虑沟深。排水管道砂基础90°、120°、180°是指砂基础表面与管道的两个接触点的中心角的大小，如180°是指砂垫层埋半个管子的深度。

（6）室外排水管道无论人工或机械铺没，均执行定额，不得调整。

（7）毛石混凝土是按毛石占混凝土体积20%计算的。如设计要求不同时，可以换算。其中，毛石损耗率为2%，混凝土损耗率为1.5%。

（8）排水管道砂石基础中砂与石子比例按1∶2考虑。如设计要求不同时，可以换算材料单价，定额消耗量不变。

（9）化粪池、水表池、沉砂池、检查井等室外给水排水小型构筑物，实际工程中，常依据省标图集LS设计和施工。凡依据省标准图集LS设计和施工的室外给水排水小型构筑物，均执行室外给水排水小型构筑物补充定额，不做调整。

（10）构筑物综合项目中的散水及坡道子目，按省建筑标准设计图集L96J002编制。

8. 配套定额关于钢筋的相关说明

（1）定额按钢筋的不同品种、规格，并按现浇构件钢筋、预制构件钢筋、预应力钢筋及箍筋分别列项。

（2）预应力构件中非预应力钢筋按预制钢筋相应项目计算。

（3）设计规定钢筋搭接的，按规定搭接长度计算；设计未规定的钢筋铺固、定尺长度的钢筋连接等结构性搭接，按施工规范规定计算；设计、施工规范均未规定的，已包括在钢筋损耗率内，不另计算。

（4）绑扎低碳钢丝、成型点焊和接头焊接用的电焊条已综合在定额项目内，不另行计算。

（5）非预应力钢筋不包括冷加工，如设计要求冷加工时，另行计算。

（6）预应力钢筋如设计要求人工时效处理时，另行计算。

（7）后张法钢筋的锚固是按钢筋帮条焊、U形插垫编制的。如采用其他方法锚固时，可另行计算。

（8）拱梯形屋架、托架梁、小型构件（或小型池槽）、构筑物，其钢筋可按表2-50内系数调整人工、机械用量。

（9）现浇构件箍筋采用HRB400级钢时，执行现浇构件HPB235级钢箍筋子目，换算钢筋种类，机械乘以系数1.25。

表 2-50 人工、机械调整系数

项目	预制构件钢筋		现浇构件钢筋	
系数范围	拱梯形屋架	托架梁	小型构件（或小型池槽）	构筑物
人工、机械调整系数	1.16	1.05	2	1.25

（10）砌体加固筋，定额按焊接连接编制。实际采用非焊接方式连接，不得调整。

（11）HPB235 级钢筋电渣压力焊接头，执行 HRB335 级钢筋电渣压力焊接头子目。换算钢筋种类，其他不变。

9. 定额工程量计算规则

（1）垫层。

1）地面垫层按室内主墙间净面积乘以设计厚度，以立方米计算。计算时应扣除凸出地面的构筑物、设备基础、室内铁道、地沟以及单个面积在 0.3m^2 以上的孔洞、独立柱等所占体积；不扣除间壁墙、附墙烟囱、墙垛以及单个面积在 0.3m^2 以内的孔洞等所占体积，门洞、空圈、散热器壁龛等开口部分也不增加。

2）基础垫层按下列规定，以立方米计算。

条形基础垫层，外墙按外墙中心线长度、内墙按其设计净长度乘以垫层平均断面面积计算。柱间条形基础垫层，按柱基础（含垫层）之间的设计净长度计算。

独立基础垫层和满堂基础垫层，按设计图示尺寸乘以平均厚度计算。

爆破岩石增加垫层的工程量，按现场实测结果计算。

（2）现浇混凝土基础。

1）带形基础，外墙按设计外墙中心线长度、内墙按设计内墙基础图示长度乘设计断面计算。

带形基础工程量＝外墙中心线长度×设计断面＋设计内墙基础图示长度×设计断面

2）有肋（梁）带形混凝土基础，其肋高与肋宽之比在 4：1 以内的，按有梁式带形基础计算。超过 4：1 时，起肋部分按墙计算，肋以下按无梁式带形基础计算。

3）箱式满堂基础分别按无梁式满堂基础、柱、墙、梁、板有关规定计算，套用相应定额子目；有梁式满堂基础，肋高大于 0.4m 时，套用有梁式满堂基础定额项目；肋高小于 0.4m 或设有暗梁、下翻梁时，套用无梁式满堂基础项目。

4）独立基础包括各种形式的独立基础及柱墩，其工程量按图示尺寸，以立方米计算。柱与柱基的划分以柱基的扩大顶面为分界线。

5）桩承台是钢筋混凝土桩顶部承受柱或墙身荷载的基础构件，有独立桩承台和带形桩承台两种。带形桩承台按带形基础的计算规则计算，独立桩承台按独立基础的计算规则计算。

6）设备基础：除块体基础外，分别按基础、柱、梁、板、墙等有关规定计算，套用相应定额子目。楼层上的钢筋混凝土设备基础按有梁板项目计算。

（3）现浇混凝土柱。

1）现浇混凝土柱工程量按图示断面尺寸乘以柱高，以立方米计算。

2）柱高按下列规定计算。

①有梁板的柱高，自柱基上表面（或楼板上表面）至上一层楼板上表面之间的高度计算。

②无梁板的柱高，自柱基上表面（或楼板上表面）至柱帽下表面之间的高度计算。

③框架柱的柱高，自柱基上表面至柱顶高度计算。

④构造柱按设计高度计算，构造柱与墙嵌接部分（马牙槎）的体积，按构造柱出槎长度的一半（有槎与无槎的平均值）乘以出槎宽度，再乘以构造柱柱高，并入构造柱体积内计算。

⑤依附柱上的牛腿、升板的柱帽，并入柱体积内计算。

⑥薄壁柱也称隐壁柱。在框剪结构中，隐藏在墙体中的钢筋混凝土柱，抹灰后不再有柱的痕迹。薄壁柱按钢筋混凝土墙计算。

（4）现浇混凝土梁。

1）现浇混凝土梁工程量按图示断面尺寸乘以梁长，以立方米计算。

2）梁长及梁高按下列规定计算。

①梁与柱连接时，梁长算至柱侧面。圈梁与构造柱连接时，圈梁长度算至构造柱侧面。构造柱有马牙槎时，圈梁长度算至构造柱主断面（不包括马牙槎）的侧面。

②主梁与次梁连接时，次梁长算至主梁侧面。伸入墙体内的梁头、梁垫体积并入梁体积内计算。

③圈梁与过梁连接时，分别套用圈梁、过梁定额。过梁长度按设计规定计算。设计无规定时，按门窗洞口宽度两端各加 250mm 计算。房间与阳台连通，洞口上坪与圈梁连成一体的混凝土梁，按过梁的计算规则计算工程量，执行单梁子目。基础圈梁，按圈梁计算。

④圈梁与梁连接时，圈梁体积应扣除伸入圈梁内的梁体积。

⑤在圈梁部位挑出外墙的混凝土梁，以外墙外边线为界限，挑出部分按图示尺寸，以立方米计算，套用单梁、连续梁项目。

⑥梁（单梁、框架梁、圈梁、过梁）与板整体现浇时，梁高计算至板底。

（5）现浇混凝土墙。

1）现浇混凝土墙与基础的划分，以基础扩大面的顶面为分界线，以下为基础，以上为墙身。梁、墙连接时，墙高算至梁底。墙、墙相交时，外墙按外墙中心线长度计算，内墙按墙间净长度计算。柱、墙与板相交时，柱和外墙的高度算至板上坪；内墙的高度算至板底。

2）混凝土墙按图示中心线长度尺寸乘以设计高度及墙体厚度，以立方米计算。扣除门窗洞口及单个面积在 0.3m^2 以上孔洞的体积，墙垛、附墙柱及突出部分并入墙体积内计算。混凝土墙中的暗柱、暗梁并入相应墙体积内，不单独计算。电梯井壁工程量计算执行外墙的相应规定。

（6）现浇混凝土板。

1）现浇混凝土板工程量按图示面积乘以板厚，以立方米计算。柱、墙与板相交时，板的宽度按外墙间净宽度（无外墙时，按板边缘之间的宽度）计算，不扣除柱、垛所占板的面积。

2）各种板按以下规定计算。

①有梁板是指由一个方向或两个方向的梁（主梁、次梁）与板连成一体的板。有梁板包括主、次梁及板，工程量按梁、板体积之和计算。

②无梁板是指无梁且直接用柱子支撑的楼板。无梁板按板和柱帽体积之和计算。

③平板是指直接支撑在墙上的现浇楼板。平板按板图示体积计算，伸入墙内的板头、平板边沿的翻檐，均并入平板体积内计算。

④斜屋面板是指斜屋面铺瓦用的钢筋混凝土基层板。斜屋面按板断面积乘以斜长。有梁时，梁板合并计算。屋脊处八字脚的加厚混凝土（素混凝土）已包括在消耗量内，不单独计算。若屋脊处八字脚的加厚混凝土配置钢筋作梁使用，应按设计尺寸并入斜板工程量内计算。

⑤圆弧形老虎窗顶板是指坡屋面阁楼部分为了采光而设计的圆弧形老虎窗的钢筋混凝土顶板。圆弧形老虎窗顶板套用拱板子目。

⑥现浇挑檐与板（包括屋面板）连接时，以外墙外边线为界限；与圈梁（包括其他梁）连接时，以梁外边线为界限，外边线以外为挑檐。

（7）现浇混凝土阳台、雨篷。

1）阳台、雨篷按伸出外墙的水平投影面积计算，伸出外墙的牛腿不另计算，其嵌入墙内的梁另按梁有关规定单独计算。混凝土挑檐、阳台、雨篷的翻檐，总高度在 300mm 以内时，按展开面积并入相应工程量内；高度超过 300mm 时，按栏板计算。井字梁雨篷按有梁板计算规则计算。

2）混凝土阳台（含板式和挑梁式）子目按阳台板厚 100mm 编制。混凝土雨篷子目按板式雨篷、板厚 80mm 编制。若阳台、雨篷板厚设计与定额不同时，按补充子目调整。三面梁式雨篷，按有梁式阳台计算。

（8）现浇混凝土栏板。

1）现浇混凝土栏板，以立方米计算，伸入墙内的栏板合并计算。

2）飘窗左右混凝土立板，按混凝土栏板计算。飘窗上下混凝土挑板、空调机的混凝土搁板，按混凝土挑檐计算。

（9）现浇混凝土楼梯。

1）现浇混凝土整体楼梯包括休息平台、平台梁、楼梯底板、斜梁及楼梯与楼板的连接梁，按水平投影面积计算，不扣除宽度小于 500mm 的楼梯井，伸入墙内部分不另增加。混凝土楼梯（含直形和旋转形）与楼板以楼梯顶部与楼板的连接梁为界，连接梁以外为楼板。楼梯基础按基础的相应规定计算。

2）混凝土楼梯子目，按踏步底板（不含踏步和踏步底板下的梁）和休息平台板厚均为 100mm 编制。若踏步底板、休息平台的板厚设计与定额不同时，按定额子目调整。踏步底板、休息平台的板厚不同时，应分别计算。踏步底板的水平投影面积包括底板和连接梁，休息平台的投影面积包括平台板和平台梁。

3）踏步旋转楼梯按其楼梯部分的水平投影面积乘以周数计算（不包括中心柱）。弧形楼梯按旋转楼梯计算。

（10）小型混凝土构件。小型混凝土构件以立方米计算。

（11）预制混凝土构件。

1）预制混凝土板补现浇板缝。板底缝宽大于40mm时，按小型构件计算；板底缝宽大于100mm时，按平板计算。

2）预制混凝土柱工程量均按图示尺寸，以立方米计算，不扣除构件内钢筋、铁件等所占的体积。

3）预制混凝土框架柱的现浇接头（包括梁接头）按设计规定断面和长度，以立方米计算。

4）预制钢筋混凝土工字形柱、矩形柱、空腹柱、双肢柱、空心柱、管道支架等的安装，均按柱安装计算。

5）升板预制柱加固是指柱安装后至楼板提升完成前的预制混凝土柱的搭设加固。

6）预制钢筋混凝土多层柱安装，首层柱按柱安装计算，二层及二层以上按柱接柱计算。

7）升板预制柱加固子目，其工程量按提升混凝土板的体积，以立方米计算。

8）焊接成型的预制混凝土框架结构，其柱安装按框架柱计算。

9）预制混凝土梁工程量均按图示尺寸，以立方米计算；不扣除构件内钢筋、铁件、预应力钢筋预留孔洞等所占的体积。

10）焊接成型的预制混凝土框架结构，其梁安装按框架梁计算。

11）预制混凝土过梁，如需现场预制，执行预制小型构件子目。

12）预制混凝土屋架工程量均按图示尺寸，以立方米计算，不扣除构件内钢筋、铁件、预应力钢筋预留孔洞等所占的体积。

13）预制混凝土与钢杆件组合的屋架，混凝土部分按构件实体积，以立方米计算，钢构件部分按“t”计算，分别套用相应的定额项目。组合屋架安装，以混凝土部分的实体积计算，钢杆件部分不另计算。预制混凝土板工程量均按图示尺寸，以立方米计算，不扣除构件内钢筋、铁件、预应力钢筋预留孔洞及小于300mm×300mm以内孔洞所占的体积。

14）预制混凝土楼梯工程量均按图示尺寸，以立方米计算，不扣除构件内钢筋、铁件、预应力钢筋预留孔洞及小于300mm×300mm以内的孔洞所占的体积。

15）预制混凝土其他构件工程量均按图示尺寸，以立方米计算，不扣除构件内钢筋、铁件、预应力钢筋预留孔洞及小于300mm×300mm以内孔洞所占的体积。

16）预制混凝土与钢杆件组合的其他构件，混凝土部分按构件实体积，以立方米计算，钢构件部分按“t”计算，分别套用相应的定额项目。其他混凝土构件安装及灌缝子目，适用于单体体积在0.1m^3以内（人力安装）或0.5m^3（5t汽车吊安装）以内定额未单独列项的小型构件。天窗架、天窗端壁、上下档、支撑、侧板及檩条的灌缝套用子目。

17）预制混凝土构件安装均按图示尺寸，以实体积计算。

（12）混凝土水塔。

1）钢筋混凝土基础包括基础底板及筒座。工程量按设计图纸尺寸，以立方米计算。

2）筒身与槽底以槽底连接的圈梁底为界，以上为槽底，以下为筒身。

3）筒式塔身及依附于筒身的过梁、雨篷、挑檐等并入筒身体积内计算，柱式塔身、柱、梁合并计算。

4）塔顶包括顶板和圈梁，槽底包括底板挑出的斜壁板和圈梁等合并计算。

5）混凝土水塔按设计图示尺寸，以立方米计算工程量，分别套用相应定额项目。

6）倒锥壳水塔中的水箱，定额按地面上浇筑编制。水箱的提升另按定额措施项目的相应规定计算。倒锥壳水塔是指水箱呈倒锥形的一种新型水塔，具有结构紧凑、造型优美、机械化施工程度高等优点。定额中筒身施工采用滑升钢模板，筒身完工后，以筒身为基准，围绕筒身预制钢筋混凝土水箱。

（13）储水（油）池、储仓。

1）储水（油）池、储仓，以立方米计算。

2）储水（油）池不分平底、锥底和坡底，均按池底计算。壁基梁、池壁不分圆形壁和矩形壁，均按池壁计算。

3）沉淀池水槽是指池壁上的环形溢水槽、纵横U形水槽，但不包括与水槽相连接的矩形梁。矩形梁按相应定额子目计算。沉淀池指水处理中澄清浑水用的水池。浑水缓慢流过或停留在池中时，悬浮物下沉至池底。

4）储仓不分矩形仓壁、圆形仓壁，均套用混凝土立壁定额。混凝土斜壁（漏斗）套用混凝土漏斗定额。立壁和斜壁以相互交点的水平线为界，壁上圈梁并入斜壁工程量内，仓顶板及其顶板梁合并计算，套用仓顶板定额。

5）储水（油）池、储仓、筒仓的基础、支撑柱及柱之间的连系梁，根据构成材料的相应定额计算。

（14）铸铁盖板。铸铁盖板（带座）安装以套计算。

（15）室外排水管道。

1）室外排水管道与室内排水管道的分界，以室内至室外第一个排水检查井为界。检查井至室内一侧为室内排水管道，另一侧为室外排水（厂区、小区内）管道。

2）排水管道铺设以延长米计算，扣除其检查井所占的长度。

3）排水管道基础按不同管径及基础材料分别以延长米计算。

（16）场区道路。场区道路子目，按山东省建筑标准设计图集L96J002编制。场区道路子目中，已包括留设伸缩缝及嵌缝内容。场区道路垫层按设计图示尺寸，以立方米计算。道路面层工程量按设计图示尺寸以平方米计算。

（17）配套定额关于钢筋工程量的计算。

1）钢筋工程应区别现浇、预制构件和不同钢种、规格。计算时分别按设计长度乘单位理论质量，以“t”计算。钢筋电渣压力焊接、套筒挤压等接头，以个计算。钢筋机械连接的接头，按设计规定计算。设计无规定时，按施工规范或施工组织设计规定的实际数量计算。

2）计算钢筋工程量时，钢筋保护层厚度按设计规定计算。设计无规定时，按施工规范规定计算。钢筋的弯钩增加长度和弯起增加长度按设计规定计算。已执行了本章钢筋接头子目的钢筋连接，其连接长度不另行计算。施工单位为了节约材料所发生的钢筋搭接，其连接长度或钢筋接头不另行计算。

3）先张法预应力钢筋按构件外形尺寸计算长度。后张法预应力钢筋按设计规定的预应力钢筋预留孔道长度，并区别不同的锚具类型，分别按下列规定计算。

①低合金钢筋两端采用螺杆锚具时，预应力钢筋按预留孔道长度减0.35m，螺杆另行计算。

②低合金钢筋一端采用镦头插片，另一端为螺杆锚具时，预应力钢筋长度按预留孔道长度计算，螺杆另行计算。

③低合金钢筋一端采用镦头插片，另一端采用帮条锚具时，预应力钢筋长度增加0.15m；两端均采用帮条锚具时，预应力钢筋长度共增加0.3m。

④低合金钢筋采用后张混凝土自锚时，预应力钢筋长度增加0.35m。

⑤低合金钢筋或钢绞线采用JM、XM、QM型锚具。孔道长度在20m以内时，预应力钢筋长度增加1m；孔道长在20m以上时，预应力钢筋长度增加1.8m。

⑥碳素钢丝采用锥形锚具。孔道长在20m以内时，预应力钢筋长度增加1m；孔道长在20m以上时，预应力钢筋长度增加1.8m。

⑦碳素钢丝两端采用镦粗头时，预应力钢丝长度增加0.35m。

⑧现行定额新增了无黏结预应力钢丝束和有黏结预应力钢绞线项目，其含义是：无黏结预应力钢丝束是指外表面刷涂料、包塑料管的钢丝束，直接预埋于混凝土中，待混凝土达到一定强度后，进行后张法施工。预应力钢丝束的张拉应力通过其两端的锚具传递给混凝土构件。由于钢丝束外表面的塑料管阻断了钢丝束与混凝土的接触，因此钢丝束与混凝土之间不能形成黏结，故称无黏结。

有黏结预应力钢绞线是指浇筑混凝土时，用波纹管在混凝土中预留孔道，混凝土达到强度时，在波纹管中穿入钢质裸露的钢绞线，然后进行后张法施工，最后在波纹管中加压浆，用锚具锚固钢筋。由于混凝土、波纹管、砂浆、钢绞线能够相互黏结成牢固的整体，故称有黏结。

4）其他。

①马凳是指用于支撑现浇混凝土板或现浇雨篷板中的上部钢筋的铁件。马凳钢筋质量，设计有规定的按设计规定计算。设计无规定时，马凳的规格应比底板钢筋降低一个规格。若底板钢筋规格不同时，按其中规格大的钢筋降低一个规格计算。长度按底板厚度的2倍加200mm计算，每平方米1个，计入钢筋总量。

②墙体拉结S钩钢筋质量，设计有规定的按设计规定计算，设计无规定的按ϕ钢筋，长度按墙厚加150mm计算，每平方米3个，计入钢筋总量。

③砌体加固钢筋按设计用量，以t计算。

④防护工程的钢筋锚杆、锚喷护壁钢筋、钢筋网按设计用量，以“t”计算，执行现浇构件钢筋子目。

⑤混凝土构件预埋铁件工程量，按金属结构制作工程量的规则，以“t”计算。

⑥冷扎扭钢筋执行冷扎带肋钢筋子目。

⑦设计采用HRB400级钢时，执行补充定额相应子目。

⑧预制混凝土构件中，不同直径的钢筋点焊成一体时，按各自的直径计算钢筋工程量，按不同直径钢筋的总工程量执行最小直径钢筋的点焊子目；如果最大与最小钢筋的直径比大于2时，最小直径钢筋点焊子目的人工乘以系数1.25。

（18）螺栓铁件、钢板计算。螺栓铁件按设计图示尺寸的钢材质量，以“t”计算。金属构件中所用钢板，设计为多边形者，按矩形计算，矩形的边长以设计构件尺寸的最大矩形面积计算。

三、混凝土及钢筋混凝土工程工程量计算算例

1. 现浇混凝土柱工程量清单计价

【例 2-11】 ××工程基础面标高为−1.200m，一层层高 3.9m，一层柱尺寸 300mm×400mm，共计 30 根，混凝土强度等级 C25，采用现场砾石混凝土浇捣。试编制柱的工程量清单及报价。

【解】（1）工程量清单的编制：

柱高为 3.9+1.2=5.1(m)

矩形柱清单工程量=0.3×0.4×5.1×30=18.36(m^3)

编制工程量清单表见表 2-51。

表 2-51　工程量清单表

序号	项目编码	项目名称	项目特征描述	计量单位	工程量	金额（元）		
						综合单价	合价	其中：暂估价
1	010502001	矩形柱	（1）混凝土强度等级：C25 （2）柱高度：5.1m （3）混凝土拌和料要求：现场搅拌、使用砾石 （4）柱截面尺寸：300mm×400mm	m^3	18.36			

（2）工程量清单计价单价分析。

矩形柱项目发生的工程内容有：

柱混凝土制作、运输、浇筑、振捣、养护：工程量同矩形柱清单工程量（18.36m^3）

工程量清单计价单价分析表见表 2-52。

表 2-52　工程量清单计价单价分析表

序号	项目编码	项目名称	计量单位	工程量	综合单价组成					综合单价	合计
					人工费	材料费	机械使用费	企业管理费	利润		
1	010502001	矩形柱	m^3	18.36							
1.1	010502001001	C25 柱混凝土（现场搅拌、使用砾石）	m^3	18.36	92.05	231.42	6.25	19.66	6.99	356.37	6543
合计											6543

(3) 分部分项工程清单计价表见表 2-53。

表 2-53 分部分项工程清单计价表

序号	项目编码	项目名称	项目特征描述	计量单位	工程量	金额（元）		
						综合单价	合价	其中：暂估价
1	010502001	矩形柱	(1) 混凝土强度等级：C25 (2) 柱高度：5.1m (3) 混凝土拌和料要求：现场搅拌、使用砾石 (4) 柱截面尺寸：300mm×400mm	m^3	18.36	356.37	6543	

2. 预制混凝土板清单工程量计算

【例 2-12】 如图 2-10 所示，此预制水磨石窗台板所用混凝土强度等级为 C20，安装时，需进行酸洗、打蜡，安装高度为 20m 以内，试计算此预制水磨石台板 100 块的工程量。

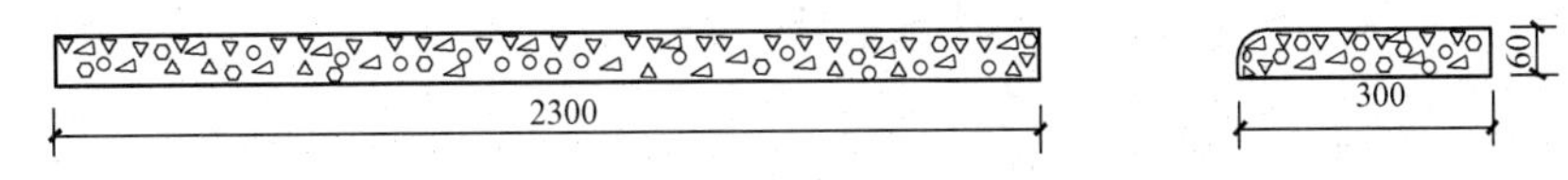

图 2-10 预制水磨石窗台板

【解】 依据题意，预制水磨石窗台板安装，酸洗、打蜡套用基础定额（台阶），得

$$V_{预制水磨石窗台板工程量}=2.3\times0.3\times0.06\times100=4.14(m^3)$$

该项目的工程内容：构件安装；砂浆制作、运输、接头灌缝养护、酸洗、打蜡。

$$预制水磨石窗台板工程量=2.3\times0.3\times100=69(m^3)$$

预制水磨石窗台板安装费用应扣除成品材料费。

人工、材料、机械单价选用市场信息价。

3. 混凝土楼梯

【例 2-13】 有一建筑标准层楼梯设计如图 2-11 所示，现浇 C25 混凝土（砾石）板式整体楼梯，梯板厚 120mm，楼梯踏步尺寸为 260mm×155mm，共 18 级。已知 $b=260\times8=$

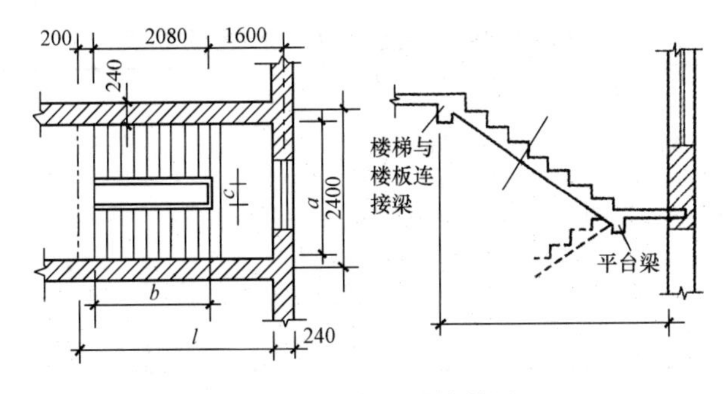

图 2-11 标准层楼梯图

2080mm，c=150mm，休息平台宽为1600mm，楼梯与楼板连接梁、平台梁断面尺寸均为200mm×300mm，平台板厚80mm。试编制一个标准层的楼梯工程量清单及报价。

【解】（1）工程量清单的编制：

清单项目为直形楼梯：

清单工程量为：

$$(\overset{梯段}{2.08}+\overset{楼梯与楼板连接梁}{0.2+1.5}+\overset{休息平台}{1.6}+0.12)\times(\overset{梯宽}{2.4-0.24})=8.12(m^2)$$

编制工程量清单表见表2-54。

表2-54　　工程量清单表

序号	项目编码	项目名称	项目特征描述	计量单位	工程量	金额（元）		
						综合单价	合价	其中：暂估价
4	010506001	直形楼梯	（1）混凝土强度等级：C25 （2）混凝土拌和料要求：现场搅拌、使用砾石	m²	8.12			

（2）工程量清单计价单价分析，见表2-55。

直形楼梯项目发生的工程内容有：

C25板式整体楼梯混凝土：工程量同清单8.12m²。

表2-55　　直形楼梯项目工程量清单计价单价分析表

序号	项目编码	项目名称	计量单位	工程量	综合单价组成					综合单价	合计
					人工费	材料费	机械使用费	企业管理费	利润		
4	010506001	直形楼梯	m²	8.12							
4.1	010506001001	C25板式整体楼梯混凝土（现场搅拌、使用砾石）	m²	8.12	20.53	49.38	2.04	4.51	1.53	77.99	633
合计											633

（3）分部分项工程工程量清单计价单价分析，见表2-56。

表2-56　　分部分项工程工程量清单计价单价分析表

序号	项目编码	项目名称	项目特征描述	计量单位	工程量	金额（元）		
						综合单价	合价	其中：暂估价
4	010506001001	直形楼梯	（1）混凝土强度等级：C25 （2）混凝土拌和料要求：现场搅拌、使用砾石	m²	8.12	77.99	633	

4. 钢筋工程量计算

【例 2-14】 有一建筑工程用 $\phi6$ 螺距为 150mm 的螺旋形钢筋作为圆柱箍筋，此工程设计圆柱的直径为 900mm，高 1m，共有 18 根，试计算此 18 根箍筋的总长度。

【解】 依据题意，设圆柱高为 H，直径为 D，螺距为 b，则

$$
\begin{aligned}
L_{箍筋} &= H\times\sqrt{1+[\pi(D-0.05)/b]^2}\\
&=10\times\sqrt{1+[3.14\times(0.9-0.05)/0.15]^2}\\
&=10\times17.821\\
&=170.82(\text{m})
\end{aligned}
$$

18 根箍筋长度为：

$$170.82\times18=3074.76(\text{m})$$

第五节　工程项目计量与计价案例问题及分析

【例 2-15】 某清单暂估价计算

1. 概况

某工程签约合同价为 30 850 万元，合同工期为 30 个月，预付款为签约合同价的 20%，从开工后第 5 个月开始分 10 个月等额扣回。工程项质量保证金为签约合同价的 3%，开工后每月按进度款的 10%扣留，扣留至足额为止。施工合同约定：工程进度款按月结算。因清单工程量偏差和工程设计变更等导致的实际工程量偏差超过 15%时，可以调整综合单价。实际工程量增加 15%以上时，超出部分的工程量综合单价调值系数为 0.9，实际工程量减少 15%以上时，减少后剩余部分的工程量综合单价调值系数为 1.1。

按照项目监理机构批准的施工组织设计，施工单位计划完成的工程价款见表 2-57。

表 2-57　计划完成工程价款表

时间（月）	1	2	3	4	5	6	7	…	15	…
工程价款（万元）	700	1050	1200	1450	1700	1700	1900	…	2100	…

工程实施过程中发生如下事件：

事件 1：由于设计差错修改图纸使局部工程量发生变化，由原招标工程量清单中的 1320m^3 变更为 1670m^3，相应投标综合单价为 378 元/m^3。施工单位按批准后的修改图纸在工程开工后第 5 个月完成工程施工，并向项目监理机构提出了增加合同价款的申请。

事件 2：原工程量清单中暂估价为 300 万元的专业工程，建设单位组织招标后，由原施工单位以 357 万元的价格中标，招标采购费用共花费 3 万元。施工单位在工程开工后第 7 个月完成该专业工程施工，并要求建设单位对该暂估价专业工程增加合同价款 60 万元。

2. 问题

（1）计算该工程质量保证金和第 7 个月应扣留的预付款各为多少万元？

（2）工程质量保证金扣留至足额时预计应完成的工程价款及相应月份是多少？该月预计应扣留的工程质量保证金是多少万元？

（3）事件1中，综合单价是否应调整？说明理由。项目监理机构应批准的合同价款增加额是多少万元？（写出计算过程）

（4）针对事件2，计算暂估价工程应增加的合同价款，说明理由。

（5）项目监理机构在第3个月、第5个月、第7个月和第15个月签发的工程款支付证书中实际应支付的工程进度款各为多少万元？（计算结果保留2位小数）

【解】

问题（1）：工程质量保证金按合同中约定数额（常见为合同价款/签约合同价的3%～5%）扣留。

预付的工程款必须在合同中约定扣回方式，扣回方式有：

①在承包人完成金额累计达到合同总价一定比例（双方合同约定）后，采用等比率或等额扣款的方式分期抵扣。

②从未完施工工程尚需的主要材料及构件的价值相当于工程预付款数额时起扣，从每次中间结算工程价款中，按材料及构件比重抵扣工程预付款，至竣工之前全部扣清。

起扣点＝承包工程合同总额－工程预付款数额/主要材料及构件所占比重

第一次扣还工程预付款数额公式：$a_1 = (\sum_{i=1}^{n} T_i - T) \times N$，式中：$a_1$为第一次扣还工程预付款数额；$\sum_{i=1}^{n} T_i$为累计已完工程价值。

第二次及以后各次扣还工程预付款数额公式：$a_i = T_i \times N$，式中：a_i为第i次扣还工程预付款数额（$i>1$）；T_i为第i次扣还工程预付款时，当期结算的已完工程价值。

该工程质量保证金＝30 850×3%＝925.5万元

预付款＝30 850×20%＝6170万元

预付款从开工后第5个月开始分10个月等额扣回，则第7个月应扣留的预付款＝6170/10＝617万元/月

问题（2）：工程质量保证金扣留至足额时预计应完成的工程价款：

700＋1050＋1200＋1450＋1700＋1700＋1900＝9700万元，相应月份为第7个月。

前6个月预计累计扣留的质量保证金＝（700＋1050＋1200＋1450＋1700＋1700）×10%＝780万元

第7个月预计应扣留的工程质量保证金＝925.5－780＝145.5万元

问题（3）：《建设工程工程量清单计价规范》（GB 50500—2013）规定：

9.3.1 因工程变更引起已标价工程量清单项目或其工程数量发生变化时，应按照下列规定调整：

已标价工程量清单中有适用于变更工程项目的，应采用该项目的单价；但当工程变更导致该清单项目的工程数量发生变化，且工程量偏差超过15%时，该项目单价应按照本规范第9.6.2条的规定调整。

已标价工程量清单中没有适用但有类似于变更工程项目的，可在合理范围内参照类似

项目的单价。

已标价工程量清单中没有适用也没有类似于变更工程项目的，应由承包人根据变更工程资料、计量规则和计价办法、工程造价管理机构发布的信息价格和承包人报价浮动率提出变更工程项目的价款，并应报发包人确认后调整。承包人报价浮动率可按下列公式计算：

招标工程：承包人报价浮动率 L＝（1－中标价/招标控制价）×100％

非招标工程：承包人报价浮动率 L＝（1－报价/施工图预算）×100％

已标价工程量清单中没有适用也没有类似于变更工程项目，且工程造价管理机构发布的信息价格缺价的，应由承包人根据变更工程资料、计量规则、计价办法和通过市场调查等取得有合法依据的市场价格提出变更工程项目的单价，并应报发包人确认后调整。

9.6.2　对于任一招标工程量清单项目，当因本节规定的工程量偏差和第9.3节规定的工程变更等原因导致工程量偏差超过15％时，可进行调整。当工程量增加15％以上时，增加部分的工程量的综合单价应予调低；当工程量减少15％以上时，减少后剩余部分的工程量的综合单价应予调高。

9.6.3　当工程量出现本规范第9.6.2条的变化，且该变化引起相关措施项目相应发生变化时，按系数或单一总价方式计价的，工程量增加的措施项目费调增，工程量减少的措施项目费调减。

事件（1）中，综合单价应进行调整。

理由：（1670－1320）/1320×100％＝26.52％＞15％，因此，应当对综合单价进行调整。

（2）项目监理机构应批准的合同价款增加额＝［1670－1320×（1＋15％）］×378/10 000×0.9＋1320×（1＋15％）×378/10 000－1320×378/10 000＝12.66（万元）

问题（4）：《建设工程工程量清单计价规范》（GB 50500—2013）规定：

9.9.4　发包人在招标工程量清单中给定暂估价的专业工程，依法必须招标的，应当由发承包双方依法组织招标选择专业分包人，接受有管辖权的建设工程招标投标管理机构的监督，还应符合下列要求：

除合同另有约定外，承包人不参加投标的专业工程发包招标，应由承包人作为招标人，但拟定的招标文件、评标工作、评标结果应报送发包人批准。与组织招标工作有关的费用应当被认为已经包括在承包人的签约合同价（投标总报价）中。

承包人参加投标的专业工程发包招标，应由发包人作为招标人，与组织招标工作有关的费用由发包人承担。同等条件下，应优先选择承包人中标。

应以专业工程发包中标价为依据取代专业工程暂估价，调整合同价款。

针对事件2，暂估价工程应增加的合同价款＝357－300＝57（万元）

理由：根据《建设工程工程量清单计价规范》（GB 50500—2013）规定，承包人参加投标的专业工程发包招标，应由发包人作为招标人，与组织招标工作有关的费用由发包人承担。承包人不能要求建设单位另外增加招标采购费用3万元。

问题（5）：发承包双方应按照合同约定的时间、程序和方法，根据工程计量结果，办理期中价款结算，支付进度款。

按月结算与支付。即实行按月支付进度款，竣工后结算的办法。合同工期在两个年度以上的工程，在年终进行工程盘点，办理年度结算。

分段结算与支付。即当年开工、当年不能竣工的工程按照工程形象进度，划分不同阶段，支付工程进度款。

《建设工程工程量清单计价规范》（GB 50500—2013）第 10.3.7 条规定，进度款的支付比例按照合同约定，按期中结算价款总额计，不低于 60%，不高于 90%。

在计算第 3 个月、第 5 个月、第 7 个月、第 15 个月实际支付工程进度款的计算中，背景材料中告知的数据都是有用的，要充分利用这些数据，注意这些前后问题的连贯性，另外还注意计算的准确性。

项目监理机构在第 3 个月实际应支付的工程进度款＝1200×（1－10%）＝1080（万元）

项目监理机构在第 5 个月实际应支付的工程进度款＝（1700＋12.66）×（1－10%）－617＝924.39（万元）

项目监理机构在第 7 个月实际应支付的工程进度款＝1900＋57－145.5－617＝1194.5（万元）

项目监理机构在第 15 个月实际应支付的工程进度款＝2100（万元）

【例 2-16】 某工程清单招标计算

1. 概况

某新建民用机场工程施工招标过程中，招标人规定采用工程量清单计价作为投标人的商务报价。

评标过程中发现：①投标人在分部分项工程量清单中，对“道面加筋补强”的钢筋数量进行了修正，补列了“道面标志”的工程量。后经证实，该两处错漏确因设计单位的疏忽产生。②在措施项目清单中，说明由于工期紧张而另外安排了夜间施工，并因此特别增列了夜间施工措施费。

施工承包合同规定：规费费率 3.50%，以分部分项工程费为基础计算；综合税率 3.41%。

在施工过程中，发生以下事件：

事件 1：由于设计变更，道面半刚性基层的工程量发生了一定的增加，施工单位参考合同中的报价，对增加的工程量重新提出综合单价，以此作为结算依据。

事件 2：在工程进行到第 2 个月时，业主要求航站楼工程增加一项花岗石墙面，由业主提供花岗石材料。双方商定该项综合单价中的管理费、利润均以人工费与机械费之和为基础，管理费费率取 40%，利润率为 14%。变更工程的相关信息见表 2-58。

表 2-58　　　　变更工程的相关信息

项目名称	单位	消耗量（m^2）	市场价（元）
综合工日	工日	0.56	60.00
白水泥	kg	0.155	0.80

续表

项目名称	单位	消耗量（m^2）	市场价（元）
花岗石	m^2	1.06	530.00
水泥砂浆	m^3	0.029 9	240.00
其他材料费	元		6.40
搅拌机	台班	0.005 2	49.18
切割机	台班	0.096 9	52.00

2. 问题：

（1）工程量清单应由哪个单位提供？说明工程量清单的组成部分。

（2）投标人对分部分项工程量清单提出的修正和项目补列是否允许？说明理由。对招标文件提供的措施项目清单中增列夜间施工项目是否允许？说明理由。

（3）评价施工单位对道面半刚性基层增加的工程量提出的综合单价的合理性。

（4）计算花岗石墙面工程的综合单价。[依据《建设工程工程量清单计价规范》（GB 50500—2013），包括工程量清单的组成以及业主、承包商的行为规范等；综合单价的组成及计算，综合单价包括人工费、材料费、机械台班费、利润、风险费、管理费。]

【解】

问题（1）：工程量清单应由招标人统一提供。

工程量清单的组成包括分部分项工程量清单、措施项目清单、其他项目清单、规费项目清单和税金项目清单。

问题（2）：投标人对分部分项工程量清单提出修正和补列均不允许。因为分部分项工程量清单是招标人提供的，用于各个投标人编制投标文件的法定基础，任何投标人对清单所列内容均不得擅自变动；如对分部分项工程量清单的内容有疑义，或分部分项工程量清单有遗漏项目，只能在投标准备阶段提出质疑，由招标人做出统一修改。

投标人对招标文件提供的措施项目清单中增列夜间施工项目允许。因为措施项目清单尽管是招标人提供的，但规范中规定：投标人可根据招标项目的特点和本企业的实际情况进行调整。

问题（3）：如工程量的增加在合同约定幅度以内的，应执行原有的综合单价；

如工程量的增加超过了合同约定的幅度，其超过部分的工程量的综合单价由承包人提出，经发包人确认后作为结算依据。

问题（4）：1）0.56×60＝33.60（元/m^2）；

2）0.155×0.8＋1.06×530＋0.029 9×240＋6.4＝575.50（元/m^2）；

3）0.005 2×49.18＋0.096 9×52＝5.29（元/m^2）；33.60＋5.29＝38.89（元/m^2）；

4）38.89×40%＝15.56（元/m^2）；

5）38.89×14%＝5.44（元/m^2）；

综合单价：33.6＋5.29＋575.5＋15.56＋5.44＝635.39（元/m^2）。

【例 2-17】 某工程项目签证计量实例

1. 概况

某快速干道工程，工程开工和竣工时间分别为当年 4 月 1 日和 9 月 30 日。业主根据该工程的特点及项目构成情况，将工程分为 3 个标段。其中第Ⅲ标段造价为 4150 万元，第Ⅲ标段中的预制构件由甲方提供（直接委托构件厂生产）。

该工程施工过程中发生以下事件：

事件 1：为了做好该项目的投资控制工作，监理工程师明确了如下投资控制的措施：

（1）编制资金使用计划，确定投资控制目标；

（2）进行工程计量；

（3）审核工程付款申请，签发付款证书；

（4）审核施工单位编制的施工组织设计，对主要施工方案进行技术经济分析；

（5）对施工单位报送的单位工程质量评定资料进行审核和现场检查，并予以签认；

（6）审查施工单位现场项目管理机构的技术管理体系和质量保证体系。

事件 2：第Ⅲ标段施工单位为 A 公司，业主与 A 公司在施工合同中约定：

（1）开工前业主应向 A 公司支付合同价 25%的预付款，预付款从第 3 个月开始等额扣还，4 个月扣完；

（2）业主根据 A 公司完成的工程量（经监理工程师签认后）按月支付工程款，保留金额为合同总额的 5%。保留金按每月产值的 10%扣除，直至扣完为止；

（3）监理工程师签发的月付款凭证最低金额为 300 万元。

第Ⅲ标段各月完成产值见表 2-59。

2. 问题

（1）事件 1 中，哪些措施属于投资控制的措施？哪些措施不属于投资控制的措施？

（2）事件 2 中，支付给 A 公司的工程预付款是多少？监理工程师在第 4、6、7、8 月底分别给 A 公司实际签发的付款凭证金额是多少？

表 2-59　第Ⅲ标段各月完成产值

单位	月份					
	4	5	6	7	8	9
C公司	480	685	560	430	620	580
构件厂	—	—	275	340	180	—

【解】

工程的投资控制主要是从前期工作、工程实施过程中、工程完成后三方面进行。建设前期主要是协助业主编制可行性分析报告，形成投资估算，根据有关资料，对各种投资方案进行科学论证，确定最终的估算价等；在实施过程中投资控制主要是审核施工单位编制的施工组织设计、对主要施工方案进行技术经济分析，做好工程计量工作，审核工程付款申请、签发付款证书，动态监控投资偏差，控制工程变更，做好索赔管理等；工程完成后主要是加强工程结算、决算审核等。本案例主要考察工程实施过程中投资控制的内容以及工程价款中期支付的计算。

（1）属于投资控制措施的有：编制资金使用计划，确定投资控制目标；进行工程计量；审核工程付款申请，签发付款证书；审核施工单位编制的施工组织设计，对主要施工方案进行技术经济分析。

不属于投资控制措施的有：对施工单位报送的单位工程质量评定资料进行审核和现场检查，并予以签认；审查施工单位现场项目管理机构的技术管理体系和质量保证体系。事件1第（5）、（6）两项属于工程质量控制的措施。

（2）根据给定的条件，C公司所承担部分的合同额为4150－（275＋340＋180）＝3355.00（万元）；

C公司应得到的工程预付款为：3355.00×25％＝838.75（万元）；

工程保留金为：3355.00×5％＝167.75（万元）。

监理工程师给C公司实际签发的付款凭证金额：

4月底为：480.00－480.00×10％＝432.00（万元）；

4月底实际签发的付款凭证金额为：432.00（万元）；

5月支付时应扣保留金为：685×10％＝68.50（万元）；

6月底工程保留金应扣为：167.75－48.00－68.50＝51.25（万元）。

所以应签发的付款凭证金额为：

560－51.25－838.75/4＝299.06（万元）。

由于6月底应签发的付款凭证金额低于合同规定的最低支付限额，故本月不支付。

7月底为：430－838.75/4＝220.31（万元）；

7月监理工程师实际应签发的付款凭证金额为：299.06＋220.31＝519.37（万元）；

8月底：620－838.75/4＝410.31（万元）；

8月底监理工程师实际应签发的付款凭证金额为：410.31万元。

第三章 工程款项的支付

第一节 工程费用支付

一、工程费用支付简介

建设工程施工合同是经济合同的一种，是为经济目的而签订的。因此，工程承包是一种商业行为，在承包活动中的业主与承包人双方，均是独立的经济实体，有着各自的经济利益。承包人必然要对工程的费用支付提出要求，要让他们按照合同履行各自的义务，则必须以费用支付为经济杠杆来加以协调。承包人不可能单方面承担施工中的各种风险，更无法垫付全部工程费用，业主不及时支付工程费用，承包人肯定会出现资金周转困难，从而造成施工受阻，并最终影响业主的利益。

通过工程费用的合理支付，使他们在共同参与的工程活动中公平地实现各自的经济利益，即资金随工程的进展情况逐步由业主向承包人转移，而工程活动中的物质（材料）则经承包人按图纸加工形成业主所需的待定商品——结构物。

工程费用支付是工程费用监理的最后一个环节，同时也是监理工程师进行合同管理的最后一个环节，是最终落实业主和承包人经济利益的关键工作，也是确认实际工程费用的过程和工作。在施工合同文件中，通常，监理工程师对工程费用支付的职责条款同时也是其权限条款。

监理工程师在工程费用支付方面的职责有以下两个。

（1）定期审核承包人的所有付款要求，并为业主提供付款凭证，保证业主对承包人的支付公平合理。

（2）按时代承包人向业主提供付款证明，使承包人能及时获得各种应收的款项。

进行审核和开具付款证书是监理工程师在费用支付中的主要职责，但这种审核必须按合同文件现定的原则和要求来进行，既为业主的每一笔资金支出把好关，也使承包人应得到的经济利益得到维护。

二、工程费用支付的方式

1. 按时间支付

工程费用支付按时间分类，可分为前期支付、期中支付及最终支付三种。

（1）前期支付。前期支付有开工预付款、保险费等，其中开工预付款是业主提供给承包商的无息款项，按一定条件支付并扣回。

（2）期中支付。期中支付有工程款、暂定金额、计日工、材料设备预付款、工程变更、保留金、索赔价格调整及迟付款利息等项目。一般期中支付按月进行，由监理工程师开出期中支付证书来实施。

（3）最终支付。最终支付是业主与承包商之间的最后一次结算，监理工程师应确认承包商的遗留工程及缺陷工程已完成并达到规范标准，签发最终支付证书。

2. 按支付内容

工程费用按支付内容可分为工程量清单内的付款和工程量清单外的付款，即清单支付和合同支付。

（1）清单支付。由计量的工程量和工程量清单单价计算，支付清单内各项工程的费用。

（2）合同支付。由监理工程师按合同条件规定和施工现场记录及工程进展情况进行计算和支付。

3. 按工程内容

工程费用按工程内容可分为基础工程、主体工程、安装工程、其他防护工程等进行支付。

4. 按合同执行情况

工程费用按合同执行情况分为正常支付和合同中止支付两类。

（1）正常支付。是指合同顺利履行而产生的支付结果。

（2）合同中止支付。是指由不可抗力、承包商或业主的违约造成合同无法继续履行而出现的支付结果。

三、工程费用支付原则

1. 工程费用支付必须以技术规范和报价单为依据

（1）技术规范。技术规范中对工程细目的支付项目、各项目的支付内容和要求都有具体的规定，因此技术规范是监理工程师支付工程费用的指导文件和依据。

（2）报价单。报价单是费用支付时的单价依据。报价单的单价是不能变动的，除非发生工程变更。

2. 工程费用支付必须以工程计量为基础

工程计量必须以质量合格为前提，所以工程费用的支付就必须在质量合格和准确计量的基础上进行，没有准确的计量就不可能有准确的支付。

3. 工程费用支付必须遵循严格的程序

工程费用支付必须做到准确、合理，因而合同文件对工程费用支付的程序作了严格的规定，包括支付的条件、方法和申报、计算、复核、审批的具体要求，从组织、技术上确保工程款的及时支付质量。

4. 工程费用支付必须以日常记录和合同条款为依据

工程费用支付，除了工程量清单中的常规支付外，还有很多工程量清单外的内容需要支付，如价格调整、工程变更、索赔、计日工等支付内容无法在工程量清单中予以明确，对于这些支付内容，监理工程师必须根据合同条款，结合工程施工的日常记录做好支付工作。

5. 工程费用支付必须及时

资金具有时间价值，而施工生产周期长、需要大量的资金投入，承包商无法也不愿垫付过大的资金，这就决定了工程费用必须分期分阶段支付。监理工程师必须及时组织工程费用的支付，从而保证施工活动的正常进行，这也是合同本身的要求。

四、工程费用支付的程序

不管是在合同实施期间的历次中期支付，还是交接证书签发后的支付，或是缺陷责任期终止后的最终支付，都必须按照付款的程序进行。

1. 承包人提出申请

支付工程费一般由承包人首先通过监理工程师向业主提出付款申请，承包人在提出付款申请时要出具一系列的报表，以说明其申请金额的准确性。其主要工作就是填好月报表或月结账单。

2. 监理工程师审核与签认

监理工程师对承包人的月报表进行全面审核和计算（监理工程师有权修改月报表中的错误或不实之处），在逐项审核和计算的基础上签认应支付的工程费用。一般以支付证书的方式确认工程费用的数额。

3. 业主付款

业主收到监理工程师签认的支付证书后，在规定的时间内支付费用给承包人。

五、工程费用支付的时限

我国现行《建设工程国内招标文件范本》中的合同通用条款规定如下。

（1）在承包商提交了履约担保和签订了合同协议书并提交了开工预付款担保 14d 内，监理工程师应按投标书附录中规定的金额签发开工预付款支付证书，并报业主审批。

（2）监理工程师在收到月结账单后 21d 或专用条款数据表中另有规定的天数内应签发期中支付证书。

（3）在收到最后结账单和清账书 14d 之内，监理工程师应签发一份最后支付证书报业主审批。

监理工程师发出的任何期中支付证书中应付给承包商的款额，业主应该在收到该期中支付证书后 21d 内或在投标书附录中另有规定并以此为准的天数内支付给承包商；最后支付证书中应付给承包商的款额，业主应在收到该最后支付证书 42d 内支付给承包商。如果业主未能及时付款，则应按规定的利率向承包商支付全部未付款额的利息，付息时间从应付而未付该款额之日算起（不计复利）。

国际咨询工程师联合会（FIDIC）《施工合同条件》则规定：在雇主收到并批准了履约保证之后，监理工程师才能为任何付款开具支付证书。此后，在收到承包商的报表和证明文件后 28d 内，监理工程师应向雇主签发期中支付证书，列出他认为应支付给承包商的金额，并提交详细证明资料。

雇主应向承包商支付的期限如下。

(1) 首次分期预付款支付时间是在中标函颁发之日起42d内，或收到承包商提交的符合要求的履约保证和银行预付款保函等相关文件之日起21d内，二者中取较晚者。

(2) 期中支付证书中开具的款额支付时间是在工程师收到报表及证明文件之日起56d内。

六、工程费用支付控制

支付是一项综合性工作，涉及的内容多，处理又极其复杂，加上承包商在申请支付时要填报大量的报表和资料，一般，监理工程师为避免支付纠纷也记录了大量的原始数据和资料。因此，支付中的计算工作和资料管理工作是很繁重和琐碎的。

为了提高支付的准确性和工作效率，对于整个项目来说，除推行表格和报表的标准化管理、建立支付档案、采用计算机处理信息外，同样必须建立支付的管理制度和各级支付人员的岗位责任，将支付职责具体落实到人，并对支付工作定期进行检查和审核。

目前，我国工程建设项目的支付工作管理普遍采用三级管理模式，即驻地监理、高级驻地监理及总监理工程师代表处三个层次。

1. 驻地监理工程师对支付管理

(1) 审查承包商的付款申请，具体内容有：审查付款申请中的各项款额的依据；核对付款申请中的单价是否与工程量清单或工程变更清单相符；核实到达现场的材料规格和质量是否符合规范的要求，数量是否与实际相符；审查工程质量等。

(2) 编制付款证书。

2. 高级驻地监理工程师对支付管理

(1) 审核付款项目的质量，对质量不合格的项目拒绝支付。

(2) 审核材料预付款的支付情况。

(3) 审核付款证书的各个细目，对支付项目中有误处予以纠正。

3. 总监理工程师代表处对支付的管理

总监理工程师代表处有权对任一支付项目的工程质量进行抽检，对质量不合格的支付项目或不符合支付条件的项目，一律予以拒付。经总监理工程师代表处审定后的付款证书才能作为业主支付工程费用的凭证。

第二节　工程进度款支付

一、控制工程进度款的必要性

建设项目经过招标投标确定了施工队伍之后，就进入了工程的施工阶段。控制好施工成本费用则会督促施工单位加强内部管理，搞好工程质量，保证工程按计划推进并按期交付使用。在市场经济条件下，施工阶段的投资控制已经越来越重要了。

做好工程进度款的控制管理工作会促使施工单位加强施工组织管理，保证工程质量和工期，降低施工成本，加快资金周转，降低资金运营成本，还会防止施工单位不合理地伸手向业主要钱，为业主有效地控制住投资规模。同时，也会公正地维护施工单位应得到的利益，避免挫伤施工企业的积极性，使工程在保证质量的前提下按时完成，尽早交付使用并发挥效益，让各方都能从中收益。

二、工程进度款支付的程序（示例）

工程进度款支付的程序如下。

（1）施工单位根据合同条款及每月形象进度，提出付款申请。

（2）监理公司初审形象进度并签署意见。

（3）工程部签认工程量。

（4）预算部对照施工合同、招标文件、招标答疑或公司批示文件，拟定应付工程进度款。

（5）公司内部审核确认。

（6）施工单位接到预算部（或财务部）通知后凭合规票据到公司财务部办理进度款支付手续。

三、工程进度款控制管理过程

1. 对业主与施工企业签订的合同的承包造价进行分析归纳

在招标阶段确定中标单位后立即开始并尽快完成，要依据施工单位所提供的施工组织设计把承包造价按施工阶段分析归纳为几个部分。例如，可把建筑、结构各部分的造价按楼层进行划分。这样，在工程前期所做的工作就为今后审核施工单位申报的月工程进度款提供了方便的参考数据，从而大大提高审核工作的效率和准确性。同时，也为业主在施工过程中按照规定及时支付工程款，防止因资金不到位而产生停工、待工现象，保证工程顺利进行提供了一个资金使用安排计划，有利于业主合理地运用资金，减轻资金筹措和运用过程中的负担。

2. 深入现场，做好记录

造价人员应每天下工地，了解施工情况，掌握施工方法，必要时要亲自测算工程量，并记录材料做法。对于设计变更、工程签证等项目要检查是否真正按设计变更通知单和工程签证所写的内容实施了，并准确、及时地记录下来，这一点对于变更或签证价款以及各种原因引起的索赔来说尤为重要。故意加大工程量，虚报未作的工程，施工做法和施工材料偷梁换柱是施工单位申报工程进度款时惯用的做法，只有深入工地了，了解施工的实际情况，才能对施工单位申报的工程款和工程设计变更或签证价款的内容以及索赔事项做到明辨是非，控制管理好工程进度款。如果不深入施工现场，掌握第一手材料，一旦双方出现分歧时，只能处于被动地位，根本不能正确计算工程费用。深入现场不仅是机械性的调查、记录，还要能够及时发现问题并记录在案，向监理工程师反映并及时处理，以确保工程质量，减少各方的损失，同时也为判断业主与施工单位双方的责任问题，处理索赔事项做了依据。

3. 整理好施工过程中的资料

造价人员要做好工地日志、工程进度记录、气象记录、材料使用情况记录、建材价格变化记录、材料检验报告、会议记录、变更洽商、签证及往来信函等资料的归纳整理工作，以便在不同的阶段能够准确地区分工程进度款中的各种费用及其来源、分清引起设计变更、工程签证等事项的原因，正确处理施工单位上报的工程进度款、变更或签证价款、索赔事项。

4. 及时办理因设计变更、工程签证所引起的费用问题，并随同工程进度款一并支付

业主出于自身利益的考虑，一般不愿意及时与施工单位处理因设计变更、工程签证所引起的费用问题。有的施工单位也嫌这部分数量小、费用低，有时还十分烦琐，变化较频繁，也不积极地随同进度款一起申报，而是等到工程竣工时才开始和业主提出，造成时间过长纠扯不清的局面，还使得施工单位因长期积累垫付变更、签证等项目的资金而陷于资金困难的处境，加大了企业内部运营成本，带来经济损失。所以，造价人员应当督促并协同各方及时办理因设计变更、工程签证所引起的费用问题，这样既可减轻问题拖到最后给工程结算带来的工作压力和给施工企业带来的经济损失，并且还能随时反映实际工程投资与计划投资的关系，及时采取经济、技术、组织措施控制投资偏差，使项目投资得到控制。

5. 对建设项目当地的市场建材价格做充分的了解

对于业主委托施工单位代为采购的设备、材料和合同中规定的设备、材料暂估价的造价控制，这一点至关重要，因为这些通常都是些用量较大且价格浮动较大或较贵重的材料，对工程的总造价有较大影响。掌握建设项目当地的市场建材价格，既可协助、监督施工单位采购设备、材料，在保证设备、材料质量的前提下减少工程成本、降低工程造价，又能及时准确地发现工程进度款申报中价格高报的问题。另外，还要注意到场材料的数量与施工单位出具的发票上的数量及所申报工程进度款上的数量是否一致，品质、品牌与价格、设计图纸或合同的规定是否相符，这些都是在投资控制中需要注意的地方。

6. 施工单位重复计算工程量及多个施工单位施工同报某项工作

每个建设项目或多或少都会发生由多个施工单位一起施工或搭接施工的情况，一些施工单位就此想在这方面钻空子，借他人完成的工作为自己申报工程款。还有一些施工单位对于以前已经申报过工程价款并且已由业主支付了的工程项目又混在其他工程中申报。这些情况需要特别加以注意，只要我们以前确实做到了每天深入施工现场并做好各种记录，就可做出施工单位申报的工程款中是否存在着重复申报现象或应当归哪家单位申报的正确判断。另外还要注意土建施工单位与设备安装、煤气安装等不同单位相互搭接配合施工所产生的责任、费用问题，要明确哪些工作的费用包括在土建造价、安装造价或煤气造价之中等，防止拿了钱却不干活甚至为重复计算工程价款找借口的情况。依据本人以往的工作经历，在这个问题上最容易出现重复申报的现象，要格外留意。

7. 施工单位在设计变更、工程签证价款申报中只增不减

施工单位在设计变更、工程签证价款申报中，在还未按照变更前的图纸进行施工的情

况下，只计算变更后的工程项目价款，而不相应扣减变更前的价款，只增不减，也是常用的虚报工程款的手段。在对施工单位申报的设计变更、工程签证价款进行审核时要时刻注意这类问题。

8. 造价师必须对建设项目所在地区的建设工程定额及当地有关建设工程造价文件的内容充分理解并掌握

审核施工单位申报的工程款时，掌握定额、文件是对能快速在繁杂的数据中发现违反定额、文件规定的问题的基本要求，也是造价人员必须具备的基本素质。例如，某地区定额规定，钢窗的实际价格与定额价之差不得计取综合费率。施工单位在申报工程款时把钢窗的实际价格计入直接费合计，并参与计取综合费率，变相地把钢窗的实际价与定额价之差计取了综合费率，仅此一项，施工单位就多报了1.3万。施工单位还经常把低价工程项目套高价定额子目。例如，某地区建设项目中，给排水工程中的穿墙、穿楼板套管，施工单位就套用了定额中刚性套管制作及安装两个高价子目，单价高出5～6倍，套定额，理解定额子目所指，做到有理可依，有据可查，才能在双方对工程项目套用定额子目问题的辩论中一下击中对方要害，使对方的狡辩站不住脚，不得不对出现的错误做出正确的修改，达到控制管理好投资的目的。

9. 合同规定由业主提供的设备、材料，造价人员要协助业主适时购买

由业主提供的设备、材料如果不合时机地过早购买，则把活钱变为死钱，丢失了利息；所购的设备、材料长时间占用仓库，还要多交保管费，造成不必要的资金浪费，过晚购买，则会影响工程进度，耽误工期，造成施工单位的索赔。另外，在市场经济下，设备、材料的价格是波动变化的，购买早或晚都会承担价格浮动风险。这时，造价师所具有的基本素质和水平就体现出来了，造价师应当与业主、施工单位的有关人员密切配合，共同分析研究建材市场的价格趋势及供应情况，结合本工程的施工计划和工程的进度情况，为业主制订出一个合理的购买计划，避免因盲目购买而造成的损失。

10. 工程预付款额度的确定及预付款、业主供料款在施工单位申报的工程进度款中合理扣除

（1）工程预付款额度的确定。工程预付款的额度主要由工程主要材料（包括外购构件）占工程总造价的比重、工期和材料储备期决定。实际工作中要根据工程的性质、工期、承包方式和供货形式等具体情况而定。通常工期短的工程比工期长的要高，全部由施工单位供料的工程比由业主供应主要材料的要高。具体计算时可参照下面的公式：

$$\text{工程预付款}=\text{材料储备天数}\times\frac{\text{年度工程总价款}\times\text{主要材料占年度工程总价款比重}}{\text{年度施工日历天数}}$$

但应注意，一般建筑工程预付款不应超过当年建筑工作量（包括水、暖、电）的30%，安装工程不超过当年安装工作量的10%，只包人工的工程可以不付工程预付款。

（2）工程预付款和业主供应的设备、材料价款的扣回工程预付款是业主在开工前预支给施工单位的备料款，而业主供应的设备、材料价款是业主替施工单位垫支的工程款，这两笔工程款要随着工程的进度逐步向施工单位支付的价款中扣回。对有些工期较短的小工程，无须分期扣回，可在竣工结算时再从结算价款中扣除。扣款的时间及方式主要有以下两种。

1）从尚未施工工程的主要材料价款相当于工程预付款的数额时起扣。在工程进度款中按比例进行扣除，竣工前全部扣清。起扣点按照下面的公式计算：

$$起扣点=工程合同价-\frac{工程预付款}{主要材料和设备占合同价的比重}$$

2）在支付给施工单位的工程款累计达到合同价款的一定比例时起扣。在工程进度款中按比例进行扣除，竣工前全部扣清。

11. 工程保修金的扣除

造价人员在开具进度款支付证书时要注意扣除工程保修金的起点，工程保修金的扣除一般有以下两种方式。

（1）当工程进度款拨付金额达到合同价的一定比例（一般为95%～97%）时，停止支付进度款，余下的价款作为保修金。

（2）工程开工后，每次支付工程进度款时扣除一定比例（一般为3%～5%）的保修金，直到扣除金额累计达到合同规定的保修金总额为止。

12. 审核工程进度款的时限

造价人员必须在接到施工单位提交的进度款申请报告后7天内核实完毕，并在进行现场计量前24h通知施工单位，否则将承担责任。

四、关于工程进度款的拖欠

1. 工程进度款欠款的原因

造成工程进度款欠款的原因多种多样，其中甚至有行政干预、项目主管的私心。一般由以下几个方面的原因造成。

（1）业主方面的问题。

1）有些工程的业主是政府或集体单位，该项目的主管将手中的权力看作是牟取私利的工具，当施工企业没有满足主管的不合理要求时，就无法得到本该得到的工程进度款。

2）当前的建筑市场是工程少，而施工企业多的“僧多粥少”的局面，有些建设单位利用施工单位急于承揽工程的心理，在建设资金不完全到位，甚至只有很少建设资金的情况下，许下许多诺言并与施工单位签订合同，在合同实施过程中，建设单位筹不到足够的资金而拖欠工程进度款。

（2）监理工程师方面的问题。施工单位要想得到业主的工程进度款，必须先得到监理工程师对工程质量和进度的肯定。但是有些监理工程师素质不高，将业主赋予的权力看作是获取私利的工具，只有施工单位满足了监理工程师的私欲后，才能得到本该得到的工程进度款。

（3）施工单位的问题。施工单位项目经理责任心不强，对工程进度的统计工作不够重视，少报、漏报的现象时有发生，造成报表不准确。

2. 工程进度款欠款产生的结果

（1）施工企业运作不正常，三角债现象严重，甚至导致企业破产，产生一系列社会问题。施工企业一般都是根据工程进度跟材料供应商签订材料供货合同，由于业主没有及时支付工程进度款，就一般情况而言，施工单位也将拖欠材料供应商的材料款，若欠款严重，施工单位资金周转不灵，将导致企业破产、员工失业等社会问题。

（2）工程工期得不到保证。工程工期与工程付款是相互制约、相互影响的（由不可抗拒的自然灾害除外）。由于工程付款跟不上，施工企业的合法利益得不到保证，只好采取拖延工期来迫使业主支付工程进度款，若施工企业短期的拖延工期不能解决问题，只能中止施工，甚至撤离施工现场，造成烂尾楼现象。例如，某大厦原来合同工期为一年，1996年5月竣工，因业主没有按时支付工程进度款，施工企业短期的拖延工期不能解决问题，只能中止施工，撤离施工现场，到现在该大厦仍未竣工。

（3）业主的信用程度下降。企业要想发展必须有良好的信用，由于业主不能按合同要求支付工程进度款，业主的信用程度将受到影响，若业主是私企或集体单位将对企业发展不利，严重的将导致企业无立足之地。若业主是政府，将使群众对政府不信任，对政府贯彻落实党的方针、政策不利。如前面举例的该大厦的发展商，因多次拖欠施工单位的工程进度款，在社会上的声誉很差，很多单位都不想跟它合作，现在正处于破产边缘。

3. 控制管理

（1）政府有关部门严格按国家有关法律程序办事，加强对建设工程的管理。对建设资金不到位的工程不予办理工程开工，使那些有不良居心的发展商无机可乘。

（2）应该将信用制度引入建筑市场，建设主管部门对拖欠工程进度款的业主，特别是房地产开发商的不良行为做记录，并给予一定的处罚，直至取消其资格。

（3）提高监理工程师的素质。监理工程师要有高度的责任心，严格地按照有关法律、法规公正地进行监理，杜绝一切不正之风。同时，国家有关部门应加强对监理单位的资质审查和日常管理，加大处罚力度；监理单位也要加强对现场监理工程师的监督和管理，坚决撤换不称职的监理人员。

（4）施工企业应加强对工程项目的管理。施工企业在加强对工程管理人员管理的同时还应将所有在建工程建立工程台账，每个工程每月根据仓库和工地实际使用材料，按照与建设单位签订合同时商定的材料价格和计价方式作出中间结算，对照工程合同，及时了解工程的实际进度，以便向业主催收工程进度款。

（5）加强对工程合同的管理，及时调解和化解矛盾。工程合同一经签署，就具有法律效力，双方要受合同的约束，应该自觉遵守。当双方由于对合同条文的不同理解而产生争执时，为了保证双方的利益，双方和有关主管部门应及时调解，化解矛盾，以利于工程的顺利进行。

五、工程进度款计算示例

【例3-1】 某建设工程，建设单位通过工程量清单招标与某施工单位按照《建设工程施工合同（示范文本）》签订了施工合同，合同价为6000万元，合同工期为30个月。

合同中有关工程价款及支付的条款如下。

（1）工程预付款为20%，自开工后第10个月起分10个月在每月月末结算支付时等额扣回。

（2）保留金自第1个月起扣留，每月扣该月工程款的5%。

(3) 每一分项工程实际完成工程量超过计划工程量20%以上部分调整综合单价，调整系数为0.9。

(4) 规费费率为2%，以分部分项工程量计价的合价为基础计算。

(5) 计税系数为3.41%。

施工过程中有以下事件发生。

(1) 第10个月，施工单位按计划完成的工程款为400万元，同时还完成了一项新增工程，经监理工程师确认的综合单价为300元/m^2、工程量为400m^2。施工单位及时提出工程变更价款的支付申请。

(2) 第25个月末，施工单位向监理工程师提交了该月已完工程的《工程款支付申请表》，表中工程款为380万元，监理工程师审核发现该月已完所有分项工程按原综合单价计算的工程款为380万元，但其中甲分项工程因设计变更实际完成的工程量为800m^3（原计划400m^3，原综合单价500元/m^3）。

试求：

(1) 事件中新增工程的工程款为多少万元？(保留两位小数)

(2) 事件中甲分项工程按原综合单价计算的工程款为多少万元？甲分项工程按合同条件规定的工程款为多少万元？(保留两位小数)

(3) 第10个月末和第25个月末监理工程师签发的《工程款支付证书》中的应付工程款分别为多少万元？(保留两位小数)

【解】 (1) $400\times300\times1.02\times1.0341/10\,000=12.66$(万元)

(2) 原综合单价计算的工程款为

$$(800\times500\times1.02\times1.0341)/10\,000=42.19\text{(万元)}$$

按合同条件规定的工程款为

$$[400\times1.2\times500+(800-400\times1.2)\times500\times0.9]\times1.02\times1.0341/10\,000=40.50\text{(万元)}$$

(3) 第10个月末应付工程款为

$$(400+12.66)\times0.95-6000\times20\%=272.03\text{(万元)}$$

第25个月末应付工程款为

$$(380-42.19+40.50)\times0.95=359.39\text{(万元)}$$

【例3-2】 已知某分部建设工程的进度计划如图3-1所示，各工作的持续时间和预期的费用支出（各项工作单位时间内支出费用是均匀的）见表3-1。

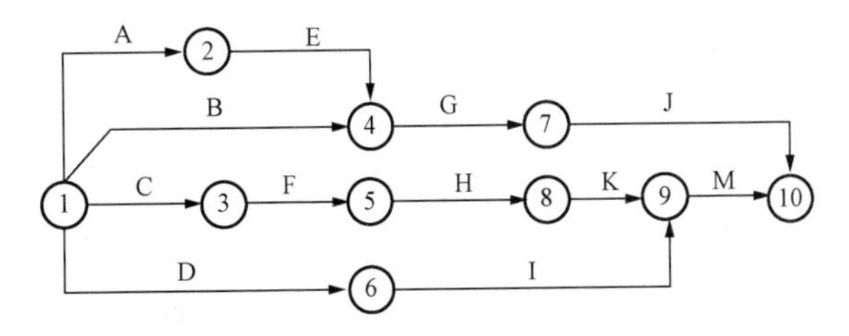

图3-1　分部建设工程的进度计划

表 3-1　工作持续时间和预期费用支出

工作	持续时间（周）	费用（万元）
A	2	4
B	6	24
C	3	8
D	8	32
E	3	15
F	4	4
G	5	10
H	2	8
I	2	10
J	6	6
K	4	12
M	5	20

（1）画出预算支出费用曲线。

（2）第 5 周周末检查发现，实际支出累计为 80 万元，与原预算支出费用计划相比，实际支出是超支了还是节约了（写出分析过程）？

【解】（1）首先，画出双代号时标网络图如图 3-2 所示。

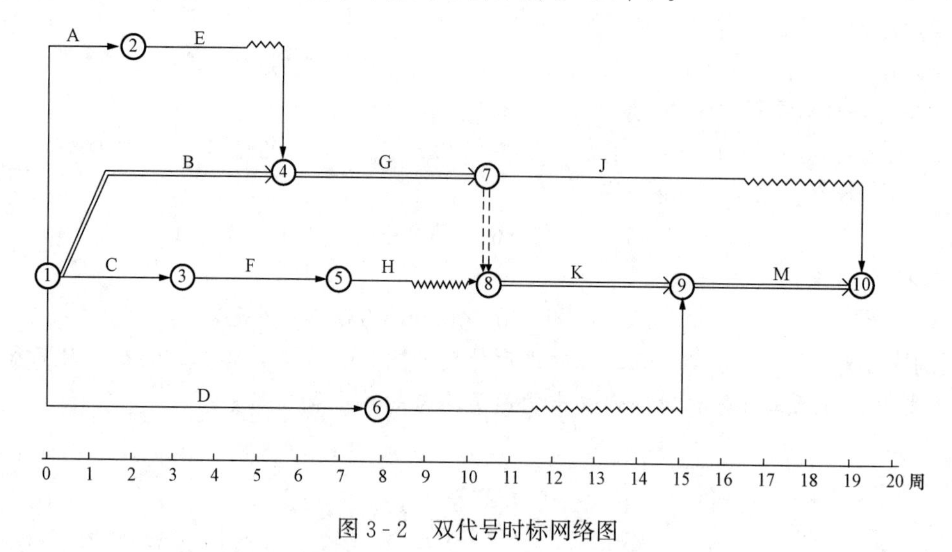

图 3-2　双代号时标网络图

其次，计算每日的费用支出量、累计支出量和所占百分比（见表 3-2）。

表 3-2　每日的费用支出量、累计支出量和所占百分比

时间（周）	1	2	3	4	5	6	7	8	9	10	11	12	13	14	15	16	17	18	19	20
费用支出量（万元）	13	13	16	14	14	9	7	10	11	7	2	4	4	4	4	5	5	4	4	4

续表

累计支出量（万元）	13	26	42	56	70	79	86	96	107	114	116	120	124	128	132	137	142	146	150	154
百分率（%）	8.4	16.9	27.3	36.4	45.5	51.3	55.8	62.3	69.5	74.2	75.3	77.9	80.5	83.1	85.7	89	92.2	94.8	97.4	100

最后，画出预算支出曲线（见图 3-3）。

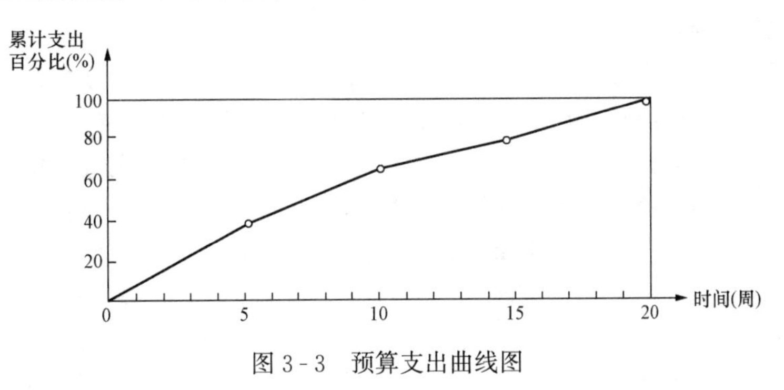

图 3-3　预算支出曲线图

（2）第 5 周末检查时，实际支出值为 80 万元，而计划值为 70 万元，超支了 10 万元。

【例 3-3】 某工程，建设单位与施工单位按照《建设工程施工合同（示范文本）》签订了施工合同。经总监理工程师批准的施工总进度计划如图 3-4 所示（时间：月），各工作均按最早开始时间安排且匀速施工，如图 3-4 所示。

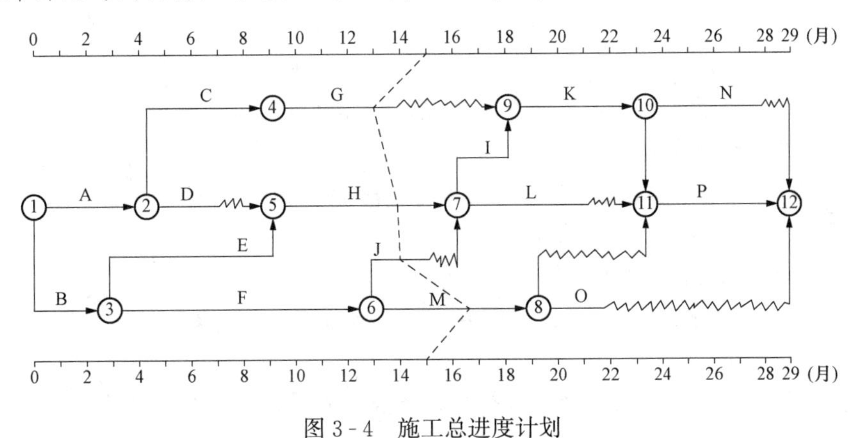

图 3-4　施工总进度计划

事件 1：为加强施工进度控制，总监理工程师指派总监理工程师代表：①制订进度目标控制的防范性对策；②调配进度控制监理人员。

事件 2：工作 D 开始后，由于建设单位未能及时提供施工图纸，使该工作暂停施工 1 个月。停工造成施工单位人员窝工损失 8 万元，施工机械台班闲置费 15 万元。为此，施工单位提出工程延期和费用补偿申请。

事件 3：工程进行到第 11 个月遇强台风，造成工作 G 和 H 实际进度拖后，同时造成人员窝工损失 60 万元、施工机械闲置损失 100 万元、施工机械损坏损失 110 万元。由于台风影响，到第 15 个月末，实际进度前锋线如图 3-4 所示。为此，施工单位提出工程延期 2 个月和费用补偿 270 万元的索赔。

问题：

1. 指出图 3-4 中所示施工总进度计划的关键路线及工作 F、M 的总时差和自由时差。

2. 指出事件 1 中总监理工程师做法的不妥之处，说明理由。

3. 针对事件 2，项目监理机构应批准的工程延期和费用补偿分别为多少？说明理由。

4. 根据图 3-4 中所示前锋线，工作 J 和 M 的实际进度超前或拖后的时间分别是多少？对总工期是否有影响？

5. 事件 3 中，项目监理机构应批准的工程延期和费用补偿分别为多少？说明理由。

【解】 1.（1）时标网络计划中，关键线路可从网络计划的终点节点开始，逆着箭线方向进行判定。凡自始至终不出现波形线的线路即为关键线路。因为不出现波形线，就说明在这条线路上相邻两项工作之间的时间间隔全部为零，也就是在计算工期等于计划工期的前提下，这些工作的总时差和自由时差全部为零。

（2）工作总时差的判定：应从网络计划的终点节点开始，逆着箭线方向依次进行。

以终点节点为完成节点的工作，其总时差应等于计划工期与本工作最早完成时间之差，即：$TF_{i-n}=T_{\mathrm{p}}-EF_{i-n}$。

其他工作的总时差等于其紧后工作的总时差加本工作与该紧后工作之间的时间间隔所得之和的最小值，即：$TF_{i-j}=\min\{TF_{j-k}+LAG_{i-j,j-k}\}$。

（3）工作自由时差的判定：

以终点节点为完成节点的工作，其自由时差应等于计划工期与本工作最早完成时间之差，即：$FF_{i-n}=T_{\mathrm{p}}-EF_{i-n}$。

其他工作的自由时差就是该工作箭线中波形线的水平投影长度。但当工作之后只紧接虚工作时，则该工作箭线上一定不存在波形线，而其紧接的虚箭线中波形线水平投影长度的最短者为该工作的自由时差。

图 3-4 中所示施工总进度计划的关键线路：B→E→H→I→K→P。

工作 F 的总时差为 1 个月，自由时差为 0。

工作 M 的总时差为 4 个月，自由时差为 0。

2. 事件 1 中总监理工程师做法的不妥之处：总监理工程师指派总监理工程师代表调配进度控制监理人员。

理由：应根据工程进展及监理工作情况调配监理人员属于总监理工程师不得委托给总监理工程师代表的工作之一。

3.（1）工程延期的申报条件：

1）由于监理工程师发出的工程变更指令，由此导致工程量的增加。

2）由于合同所涉及任何可能造成工程延期的原因（包括图纸延期交付、工程暂停、对合格工程的剥离检查及不利的外界条件等）。

3）异常恶劣的气候条件。

4）由业主造成任何延误、干扰或障碍（包括未及时提供施工场地、未及时付款等）。

5）除承包单位自身以外的其他任何原因。

（2）工程延期的审批：

1）监理工程师批准的工程延期必须符合合同条件。导致工期拖延的原因确实属于承包单位自身以外的，否则不能批准为工程延期。

2）影响工期：监理工程师应以承包单位提交的、经自己审核后的施工进度计划（不断调整后）为依据来决定是否批准工程延期。

3）批准的工程延期必须符合实际情况。

(3) 工程延期，承包单位不仅有权要求延长工期，而且还有权向业主提出赔偿费用的要求以弥补由此造成的额外损失。

针对事件 2，项目监理机构应批准的工程延期为 0。

理由：工作 D 的总时差为 2 个月，工作暂停施工 1 个月，不影响总工期。

项目监理机构应批准的费用补偿：施工单位人员窝工损失＋施工机械台班闲置费＝8＋15＝23 万元。

理由：建设单位原因导致施工单位的施工人员窝工、施工机械闲置应予以费用补偿。

4. 前锋线比较法主要适用于时标网络计划。前锋线是指在原时标网络计划上，从检查时刻的时标点出发，用点画线依次将各项工作实际进展位置点连接而成的折线。

前锋线比较法是通过实际进度前锋线与原进度计划中各工作箭线交点的位置来判断工作实际进度与计划进度的偏差，进而判定该偏差对后续工作及总工期影响程度的一种方法。

根据图中所示前锋线，工作 J 的实际进度拖后 1 个月。由于工作 J 的总时差为 1 个月，故对总工期无影响。

M 的实际进度超前 2 个月。由于工作 M 为非关键工作，故对总工期无影响。

5. 不可抗力导致的人员伤亡、财产损失、费用增加和（或）工期延误等后果，由合同当事人按以下原则承担：

(1) 永久工程、已运至施工现场的材料和工程设备的损坏，以及因工程损坏造成的第三人人员伤亡和财产损失由发包人承担。

(2) 承包人施工设备的损坏由承包人承担。

(3) 发包人和承包人承担各自人员伤亡和财产的损失。

(4) 因不可抗力影响承包人履行合同约定的义务，已经引起或将引起工期延误的，应当顺延工期，由此导致承包人停工的费用损失由发包人和承包人合理分担，停工期间必须支付的工人工资由发包人承担。

(5) 因不可抗力引起或将引起工期延误，发包人要求赶工的，由此增加的赶工费用由发包人承担。

(6) 承包人在停工期间按照发包人要求照管、清理和修复工程的费用由发包人承担。不可抗力发生后，合同当事人均应采取措施尽量避免和减少损失的扩大，任何一方当事人没有采取有效措施导致损失扩大的，应对扩大的损失承担责任。

因合同一方迟延履行合同义务，在迟延履行期间遭遇不可抗力的，不免除其违约责任。

事件 3 中，项目监理机构应批准的工程延期为 1 个月。

理由：第 15 个月末，实际进度前锋线所示，关键工作 H 推迟 1 个月，将会影响总工期 1 个月，其他工作延误时间均小于其总时差，对总工期不产生影响。

事件3中，项目监理机构应费用补偿为0：

理由：强台风属于不可抗力，不可抗力期间的人员窝工、施工机械闲置、施工机械损坏均属于承包单位应当承担的责任，无须给予费用补偿。

【例3-4】 某工程项目合同工期为20个月，建设单位委托某监理公司承担施工阶段监理任务。经总监理工程师审核批准的施工进度计划如图3-5所示（时间单位：月），各项工作均匀速施工。

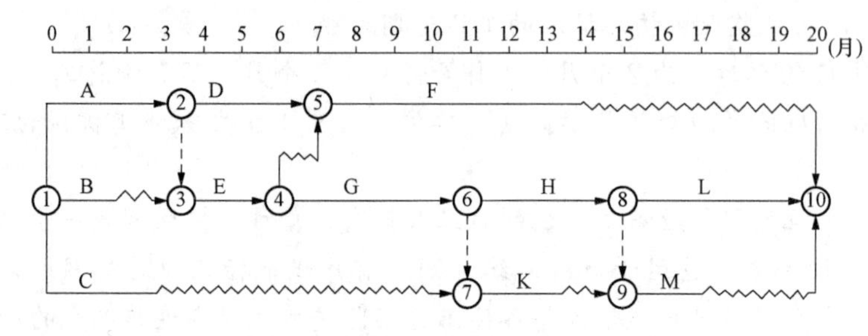

图3-5 施工进度计划

问题1：如果工作B、C、H要由一个专业施工队顺序施工，在不改变原施工进度计划总工期和工作工艺关系的前提下，如何安排该三项工作最合理？此时该专业施工队最少的工作间断时间为多少？

由于建设单位负责的施工现场拆迁工作未能按时完成，总监理工程师口头指令承包单位开工日期推迟4个月，工期相应顺延4个月，鉴于工程未开工，因延期开工给承包单位造成的损失不予补偿。

问题2：指出总监理工程师做法的不妥之处，并写出相应的正确做法。

推迟4个月开工后，当工作G开始时检查实际进度，发现此前施工进度正常。此时，建设单位要求仍按原竣工日期完成工程，承包单位提出如下赶工方案，得到总监理工程师的同意。

该方案将G、H、L三项工作均分成两个施工段组织流水施工，数据见表3-3。

表3-3　　施工段及流水节拍

工作	施工段	
	①	②
G	2	3
H	2	2
L	2	3

问题3：G、H、L三项工作流水施工的工期为多少？此时工程总工期能否满足原竣工日期的要求？为什么？

【解】

1.（1）如果不改变原施工进度计划总工期和工作工艺关系，工作B在第2月初开始，第3月底结束；工作c在第4月初开始，第6月底结束（或安排在4~6、5~7、6~8、7~9、

8～10、9～11 月均可)；工作 H 开始时间不变。这样安排 B、C、H 三项工作最合理。

(2) 此时 B、C、H 三项工作的专业施工队最少的工作间断时间为 5 个月。

2. (1) 由于建设单位负责的施工现场拆迁工作未能按时完成，总监理工程师口头指令承包单位开工日期推迟不妥。

正确做法：总监理工程师应以书面形式通知承包单位，推迟开工日期并相应顺延工期。

(2) 由于建设单位负责的施工现场拆迁工作未能按时完成，工期顺延后，鉴于工程未开工，因延期开工给承包单位造成的损失不予补偿不妥。

正确做法：应补偿承包单位因延期开工造成的损失。

3. (1) G、H、L 三项工作流水施工的工期计算如下：

1) 错位相减求得差数列：

G 与 H 间

$$\begin{array}{r} 2,\ 5 \\ -\quad\ 2,\ 4 \\ \hline 2,\ 3,\ -4 \end{array}$$

H 与 L 间

$$\begin{array}{r} 2,\ 4 \\ -\quad\ 2,\ 5 \\ \hline 2,\ 2,\ -5 \end{array}$$

2) 在差数列中取最大值求得流水步距：

G 与 H 间的流水步距：$K_{G,H}$=max (2，3，−4)：3 (月)；

H 与 L 间的流水步距：$K_{H,L}$=max (2，2，−5) =2 (月)；

G、H、L 三项工作的流水施工工期为：(3+2) + (2+3) =10 (月)。

注：也可直接应用图 3-6 分析得出流水施工工期：

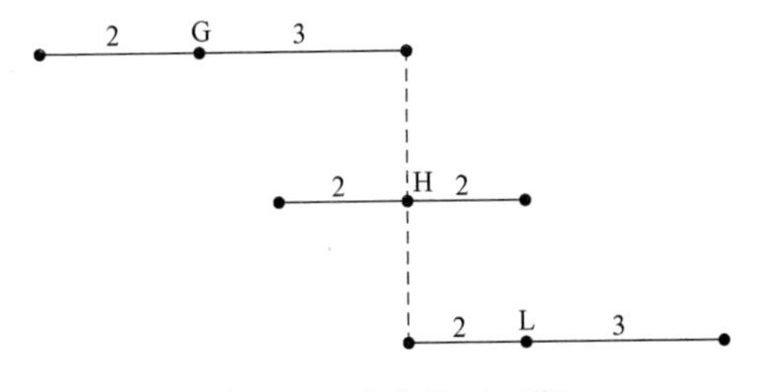

图 3-6 流水施工工期

流水工期=3+2+2+3=10 (月)

(2) 此时工程总工期为：4+6+10=20 (月)，可以满足原竣工日期要求。

六、进度预付款申请表式

__________项目工程付款申请书

单位工程	
施工单位	

续表

付款原因	1. 预付工程款（ ） 2. 工程进度款（ ） 3. 工程决算款（ ） 4. 工程质保金（ ）
工程部形象进度说明	年 月 日
预结算部审核	年 月 日
主管领导意见	年 月 日
财务部审核	应付金额：
	年 月 日
财务总监意见	年 月 日
总经理批示	年 月 日
董事长批示	年 月 日
备　注	

（　　）月工程进度款报审表

工程名称		编　号	
地　点		日　期	

致：________________________________（监理单位）：

兹申报______年______月份完成的工作量，请予以核定。

附件：月完成工作量统计报表。

承包单位名称：　　　　　　　　　　　　项目经理（签字）：

经审核以下项目工作量有差异，应以核定工作量为准。本月度认定工程进度款为：

承包单位申报数（　　）＋监理单位核定差别数（　　）＝本月工程进度款数（　　）。

统计表序号	项目名称	单位	申报数			核定数		
			数量	单价（元）	合计（元）	数量	单价（元）	合计（元）
合计								

监理工程师（签字）：　　　　　　　　　　　　日期：

监理单位名称：　　　　　　　总监理工程师（签字）：　　　　　　　日期：

注：本表由承包单位填报，由监理单位签认，建设单位、监理单位、承包单位各存一份。

第三节　清　单　支　付

清单支付是工程费用支付中最主要和最基本的内容，是按照合同条件和技术规范，监理工程师通过计量，确认已完工程量，然后按确认的工程数量与报价单中的单价，计算和支付工程量清单中各项工程费用。一般包括以物理单位计量的工程、以自然单位计量的项目、暂定金和计日工 4 类。凡能在工程费用预算时比较准确地计算其工程内容的，都将以物理单位和自然单位来计量，不太明确却可能发生的工程内容则使用计日工。清单支付在支付款额中所占比重最大，在合同中规定得也比较明确。

一、以物理单位计量支付的项目

工程量清单中的绝大部分工程内容是以物理单位计量支付的，其费用约占工程总费用的 85%。

（1）支付条件是完成了技术规范和设计图纸所规定的工作内容，且质量合格，计量结果准确无误，并使监理工程师满意。

（2）费用计算方法是以每月完成工程项目计量的数量与报价单中相应的单价相乘来求得支付金额的。如果某一项目是一次完成的，则十分简单，而如果分多次完成，则应在计量单上列出实际数量、上期累计完成数量和本期完成数量并附上计算公式和简图。

二、以自然单位计量支付的项目

以自然单位计量支付的项目分为按项支付和单纯按自然单位计价支付两种情况。例如，某一涵洞、通道、房屋和某一项试验等，都属于按项支付项目。承包商在接到中标通知书的 28d 之内，应向监理工程师提交包括在投标书内的每个总额（包干）支项项目的细目。该细目必须经过监理工程师的批准。又如桥梁支座以块计价，照明灯柱以根计价以及砍伐树木以棵计价等，都属于单纯按自然单位计价支付项目，只需将实际数量与报价单中的单价相乘即可。

1. 按合同支付

清单内容包括保险费、竣工文件、施工环保费、临时设施及管理、承包商驻地建设。

按合同支付，应以合同规定的工程量清单内容为准，并按其技术规范规定的支付办法实施。

（1）保险费。承包商按合同条款办理的工程一切险和第三方责任保险，均按总额计量，将根据保险公司的保单经监理工程师签证后支付。如果由业主统一与保险公司办理上述两项保险，则由业主扣回。

（2）竣工文件。当分部工程完成时，承包商须按竣工文件编制要求，将有关的原始记录、施工记录、进度照片、录像等资料编订成册并复印 2 份，提交监理工程师，由业主和监理工程师各保存一份，原始资料由承包商保存。当工程接近完成时，承包商须按《建设工程竣工验收办法》的规定编制交工验收所需的竣工文件 6 套，包括竣工图表，设计、施工文件。该文件应在交工验收前 56d 提交监理工程师审查。这些工作内容及与此有关的一切作业经监理工程师审查批准后，以总额计量，在监理工程师验收合格后一次支付。

(3) 施工环保费。施工场地硬化、控制扬尘、降低噪声、合理排污等一切与此有关的作业，经监理工程师检查验收后以总额计量。费用每1/3工期支付总额的30%。交工证书签发之后，支付总额的10%。

(4) 临时设施及管理。主要包括临时道路修建、养护与拆除（包括原道路的养护费）；临时工程用地；临时供电设施；电信设施的提供、维修与拆除；供水与排污设施。临时工程完工后，由监理工程师验收合格后分期支付，所报总额的80%，并在第1～4次进度付款证书中，以1次等额予以支付；所报总价中余下的20%，待交工证书颁发后支付。

(5) 承包商。驻地建设承包商应建立施工与管理所需的办公室、住房、医疗卫生、车间、工作场地、仓库与储料场及消防设施。驻地建设完成后，经监理工程师现场核实，以总额计量，所报总价的90%，并在第1～3次进度付款证书中，以3次等额支付；余下的10%，应在承包商驻地建设已经移走和清除，并经监理工程师验收合格时予以支付。

2. 结构物项目的按项支付

例如，桥梁、道路、水利、房屋等结构物，均为按项支付的项目。这类项目的支付，应在该项工程开始前或开工初期就拟定支付比例，支付比例可按各部位的工程价值及其在该项工程中所占的百分比来确定。一般情况下，按结构的形式和其施工顺序将结构物分解成不同的工程部位，然后再估算各部位的价值并计算该部位价值在结构物总价中所占的比例（按百分比）较为方便。由此可见，支付比例的确定是关键。支付比例一旦确定下来，即可按形象进度进行支付。

【例3-5】 某合同规定混凝土管涵为按项支付，在报价单中，该项总额为20万元。试确定其支付比例，并计算铺设混凝土管完成后，业主应向承包商支付多少费用？

【解】 根据施工顺序，可将混凝土管涵施工分为5个阶段，即5个部分。各部分的支付比例估算如下：

开挖基坑和浇注基础，占15%。

铺设混凝土管，占50%。

回填与压实，占10%。

洞口、护坡与挡墙，占20%。

现有排水系统连接，占5%，共计100%。

当铺设混凝土管工作完成后，实际完成工作有基坑开挖、基础浇筑完成及铺设混凝土管，应支付的比例为65%，即

$$200\,000\times65\%=130\,000\text{（元）}=13\text{（万元）}$$

三、暂定金额

暂定金额是指包含在合同之内，并在工程量清单中以此名称标明的，为了实施本工程的任何部分或为了供应货物、材料、设备或提供服务，或作不可预见费用的一项金额。

(1) 暂定金额的使用规定。暂定金额是合同工程量清单中指定用于部分工程或用于支付提供货物、材料、设备或服务，或不可预见费用的一项金额，应视具体情况，部分使用或全部使用或根本不予动用。当使用这笔金额时，监理工程师应通知承包人，并报给业主

一份复印件。

（2）暂定金额的付款。使用暂定金额支付的方式，监理工程师应与业主和承包人进行协商，或按合同工程量清单中相似或相同项目的单价或按计日工的计价方式。按计日工的付款方式应符合计日工的有关规定。暂定金额的外币部分应按合同规定的外币种类及比例支付。

（3）暂定金额项目的支付价格。暂定金额项目的支付价格有两种方式：一是按工程量清单的报价和标书附录的费率或价格支付，如果由指定的承包商完成这些工作，则按通用条件第 58 条第 2 款规定的办法进行支付；二是按计日工的计价进行支付。

四、计日工

根据通用条件的规定，监理工程师如认为必要或可取，可以指令按计日工完成任何合同实施中增加的工程或工程项目的工程数量、性质不明的工程或完成工程项目必需的附属工程。

1. 计日工使用相关规定

（1）承包人用于计日工的劳务、材料、施工机械，必须每日填写清单或报表一式两份，送交监理工程师审查。劳力应包括人数、工种、使用工时，施工机械应包括类型、实际使用工时。

（2）用于计日工的劳务，除监理工程师另有指令外，一般按正常工时进行，不允许加班。

（3）用于计日工的材料应由承包人提供，除非监理工程师另有指令由业主供应。承包人用于计日工的材料，未经监理工程师同意不得随意改变。

（4）用于计日工的施工机械应由承包人提供，因故障或闲置的施工机械不予支付费用。

2. 计日工的支付

承包人应每日向监理工程师提交一式两份的用于计日工的清单或报表，监理工程师审查后有权修改，在确认后退还给承包人，以作为支付的依据。

（1）用于计日工的劳务，应按合同计日工有关规定按正常工时使用，未经监理工程师批准，不支付加班费用。劳务费用的支付应按合同计日工的规定，在直接费上另加一个百分比的附加费，此费包括管理费、利润、质检费、税费、保险、工具的使用与维修及其他有关的费用。费用的计算应按投标人在合同计日工项目所开列的单价进行，如遇价格调整，应按专用条件规定的办法执行。

（2）用于计日工材料费用的支付，应是材料运至现场仓库或储料场的材料费用票面的净值加上合同工程量清单规定的一个百分比的附加费，这个百分数包括管理费、利润、税费、保险费及其他有关费用。从仓库或储料场到施工现场的搬运费，按所用劳务或施工机械有关条目支付。

（3）承包人用于计日工的施工机械费用的支付，应是合同工程量清单开列的基本租价。此基本租价包括全部折旧费、利息、燃料、油料、保养维修、配件及其他消耗品以及有关使用这些机械需要的任何附加物的管理费、利润、税费、保险及其他有关费用。驾驶、操作工与助手等的费用包括在计日工劳务费中，另行支付。

第四节 合 同 支 付

合同支付就是监理工程师按照合同条件的规定，根据工程实际情况和现场证实资料，确认清单以外的各项工程费用。合同支付在支付款额中所占比例较小，却是支付中最难办的事，因为合同中没法做出准确估计和详细规定，只在合同中做了原则性规定，它们的发生要取决于两方面的情况：一方面是工程施工过程中本身遇到的客观意外和工程管理中遇到的问题，另一方面则涉及社会因素，如法规变更、物价涨落等。因此，合同支付是否合理和准确，取决于监理工程师对合同条件的正确理解以及是否及时地掌握了现场实际情况。

合同支付项目一般包括以下内容。

一、动员预付款

动员预付款是业主提供给承包商用于支付施工初期各种费用的一笔无息款额。监理工程师在确认承包商已提供相当于动员预付款金额的银行担保或保函后，向业主签发合同规定的动员预付款支付证书。业主应按照监理工程师签发的支付证书向承包商付款。动员预付款的额度一般在投标书附件中由承包商根据自己的财产提出不同的百分比，国际上规定的范围是0～20%。监理工程师应根据合同规定，在工程进度款的中期支付证书中逐月扣回动员预付款。

二、工程预付款

工程预付款是施工准备和所需主要材料、结构件等流动资金的主要来源，国内习惯上称为预付备料款。工程预付款的支付，表明该工程已经实质性启动。

1. 预付款的确立

预付备料款（国外通称为“开办费”）是我国工程建设中一项行之有效的制度，早在中国建设银行行使基本建设资金管理职能时，就对备料款的拨付做了专门规定，明确备料款作为一种制度必须执行，对全国各地区、各部门贯彻预付款制度的工作在原则和程序上曾起过重要的指导作用。各地区、各部门结合地区和部门的实际情况，制定了相应的实施办法，对不同承包方式、年度内开竣工和跨年度工程等作了具体的规定。例如，上海市规定：凡是实行包工包料的工程项目，备料款由发包人通过经办银行办理，且应在双方签订工程施工合同的一个月内付清；包工不包料的工程，原则上不应得到备料款。施工单位对当年开工、当年竣工的工程，按施工图预算和合同造价规定备料款额度预收备料款；跨年度工程，按当年建安投资额和规定的备料款额度预收备料款，下年初应按下年的建安投资额调整上年已预收的备料款。凡合同规定工程所需“三材”（钢材、木材、水泥），全部由发包人负责供应实物，并根据工程进度或合同规定按期交料的，所交拨材料可按材料预算价格作价并视作预收备料款；对虽在施工合同中规定工程所需“三材”全部由发包人负责供应实物，而未能遵照合同规定按期、按品种、按数量交料的，承包人可按规定补足收取备料款；部分“三材”由发包人采购供应实物的，相应扣减备料款额度，或将这部分材料抵作部分备料款。在对备料款的具体操作做了规定后，同时又规定了违规操作的处理办法：凡是没有签订施工合同或协议和不具备施工条件的工程，发包人不得拨给承包人备料款，更不准以付备料款为名转移资金；承包人收取备料款两个月仍不开工，或发包人不按合同规定付给备料款的，经办银行可根据双方工程承包合同的约定分别从有关账户收回和付出备料款。

现行《建设工程施工合同（示范文本）》中，有关工程预付款做了如下约定：“实行工程预付款的，双方应当在专用条款内约定发包人向承包人预付工程款的时间和数额，开工后按约定的时间和比例逐次扣回。预付时间应不迟于约定的开工日期前 7 天。发包人不按约定预付，承包人在约定预付时间 7 天后向发包人发出要求预付的通知，发包人收到通知后仍不能按要求预付，承包人可在发出通知后 7 天停止施工，发包人应从约定应付之日起向承包人支付应付款的贷款利息，并承担违约责任。”

工程预付款在国际工程承发包活动中也是一种通行的做法。国际上的工程预付款不仅有材料设备预付款，还有为施工准备和进驻场地的动员预付款。根据 FIDIC 施工合同条件规定，预付款一般为合同总价的 10%～15%。世界银行贷款的工程项目，预付款较高，但也不会超过 20%。近几年来，国际上减少工程预付款额度的做法有扩展的趋势，一些国家都在压低预付款的数额，如科威特政府将承包工程预付款的百分比从原来的 10%削减到 5%，但是无论如何，工程预付款仍是支付工程价款的前提，未支付预付款由承包人自己带资、垫资进行施工的情况尚未有之。因为此种做法对承包人来说是十分危险的，通常的做法是：预付款支付在合同签署后，由承包人从自己的开户银行中出具与预付款额度相等的保函，并提交给发包人，以后就可从发包人开户银行里领取该项预付款。

2. 预付款的计算

预付款主要是保证施工所需材料和构件的正常储备。数额太少，备料不足，可能造成生产停工待料；数额太多，影响投资有效使用。一般是根据施工工期、建安工作量、主要材料和构件费用占建安工作量的比例以及材料储备周期等因素经测算来确定。

工程预付款计算有以下几种方法。

（1）百分比法。是按年度工作量的一定比例确定预付备料款额度的一种方法。各地区和各部门根据各自的条件从实际出发分别制定了地方、部门的预付备料款比例。例如，建筑工程一般不得超过当年建筑（包括水、电、暖、卫等）工程工作量的 25%，大量采用预制构件以及工期在 6 个月以内的工程，可以适当增加；安装工程一般不得超过当年安装工作量的 10%，安装材料用量较大的工程，可以适当增加；小型工程（一般指 30 万元以下）可以不预付备料款，直接分阶段拨付工程进度款，等等。

（2）数学计算法。是根据主要材料（含结构件等）占年度承包工程总价的比重，材料储备定额天数和年度施工天数等因素，通过数学公式计算预付备料款额度的一种方法。其计算公式为

$$\text{工程备料款数额}=\frac{\text{工程总价}\times\text{材料比重}(\%)}{\text{年度施工天数}}\times\text{材料储备定额天数}$$

$$\text{工程备料款数额}=\frac{\text{预收备料款数额}}{\text{工程总价}}\times 100\%$$

其中，年度施工天数按 365 天日历天计算；材料储备定额天数由当地材料供应的在途天数、加工天数、整理天数、供应间隔天数、保险天数等因素决定。

（3）协商议定。工程预付款在较多情况下是通过承发包双方自愿协商一致来确定的。在商洽时，施工单位作为承包人，应争取获得较多的备料款，从而保证施工有一个良好的开端得以正常进行。但是，因为备料款实际上是发包人向承包人提供的一笔无息贷款，可使承包人减少自己垫付的周转资金，从而影响到作为投资人的建设单位的资金运用，如不能有效控制，则会加大筹资成本，因此，发包人和承包人必然要根据工程的特点、工期长短、市场行情、供求规律等因素，最终经协商确定备料款，从而保证各自目标的实现，达到共同完成建设任务的目的。由协商议定工程备料款，符合建设工程规律、市场规律和价值规律，必将被建设工程承发包活动越来越多地加以采用。

3. 工程预付款的支付条件

必须由监理工程师签发支付材料、设备的预付款证明如下。

（1）材料、设备将被用于永久性工程。

（2）材料、设备已运抵工地现场或监理工程师认可的承包商的生产场地。

（3）材料、设备的质量和存放方法均满足合同要求。

（4）承包商向监理工程师提交材料、设备的费用凭证或支付单据。

监理工程师应按预付款货币的种类和比例，将此金额作为材料预付款计入下次的中期支付证书中。材料预付款一般按所购材料、设备支付单据的75％支付，但监理工程师签发的支付证书不应被视为是对上述材料、设备的质量批准。

4. 预付款的回扣

发包人支付给承包人的工程备料款的性质是“预支”。随着工程进度的推进，拨付的工程进度款数额不断增加，工程所需主要材料，构件的用量逐渐减少，原已支付的预付款应以抵扣的方式予以陆续扣回。扣款的方法，是从未施工工程尚需的主要材料及构件的价值相当于预付备料款数额时扣起，从每次中间结算工程价款中，按材料及构件比重扣抵工程价款，至竣工之前全部扣清。因此确定起扣点是工程预付款起扣的关键。确定工程预付款起扣点的依据是：未完施工工程所需主要材料和构件的费用，等于工程预付款的数额。

工程预付款起扣点可按下式计算：

$$T=P-M/N$$

式中　T——起扣点，即预付备料款开始扣回的累计完成工作量金额；

M——预付备料款数额；

N——主要材料，构件所占比重；

P——承包工程价款总额（或建安工作量价值）。

例如，某项工程合同价100万，预付备料款数额为24万，主要材料、构件所占比重60％，问：起扣点为多少万元?

按起扣点计算公式：

$$T=P-M/N=100-24/60\%=60(\text{万元})$$

即当工程量完成60万元时，本项工程预付款开始起扣。

在实际工作中，工程备料款的回扣方法，也可由发包人和承包人通过洽商用合同的形式予以确定，还可针对工程实际情况具体处理。如有些工程工期较短、造价较低，就无须分期扣还；有些工期较长，如跨年度工程，其备料款的占用时间很长，根据需要可以少扣或不扣。在国际工程承包中FIDIC施工合同也对工程预付款回扣做了规定，其方法比较简单，一般当工程进度款累计金额超过合同价格的10%～20%时开始起扣，每月从支付给承包人的工程款内按预付款占合同总价的同一百分比扣回。

5. 工程预付款支付的申请表式（示例）

工程预付款报审表

编号：

工程名称	
致＿＿＿＿＿＿＿＿＿＿监理单位 根据本合同的约定，建设单位应于＿＿＿＿年＿＿＿＿月＿＿＿＿日前支付我单位工程预付款（大写）＿＿＿＿＿＿＿＿＿＿＿＿元。 项目负责人（签字）：　　承包单位：　　日期：	

工程预付款式支付证书
经审核，承包单位的申请符合合同条件，按＿＿＿＿＿＿＿＿＿＿＿＿＿＿的规定，本期应支付工程预付款为（大写）＿＿＿＿＿＿＿元，请建设单位按时支付。 说明： 总监理工程师（签字）：　　监理单位：　　日期：

本表由承包单位填报，一式三份，经监理单位审核后，监理单位、建设单位、承包单位各存一份。

工程建设招标投标合同（动员预付款银行保证书）

动员预付款银行保证书

致：＿＿＿＿＿＿＿＿

先生们：

根据上述合同中合同条件第 60.6 款的规定，________________（以下称承包人）应向业主支付一笔金额为________________大写为________________的银行保证金作为其按合同条款履约的担保。

我方________________（银行或金融机构）受承包人的委托不仅作为保人而且作为主要的负责人，无条件地和不可撤销地同意在收到业主提出因承包人没有履行上述条款规定的义务，而要求收回动员预付款的要求后，向业主________________（业主名称）支付数额不超过________________（保证金额）的担保金，并按上述合同价款向业主担保。不管我方是否有索取权力，也不管业主是否首先向承包人索取，业主享有从本合同承包人索回全部或部分动员预付款的权力。

我方还同意，任何业主与承包人之间可能对合同条款的修改，对规范或其他合同文件进行变动补充，却丝毫不能免除我方按本担保书所应承担的责任，因此有关上述变动、补充和修改无须通知我方。

本保证书从动员预付款支出之日起生效直到收回承包人同样数量的全部款额为止。

你忠实的

签章：________________________

银行人金融机构名称：________________________

地址：________________________

预付款银行保函（格式）

合同名称：______________________________

致：[买方名称、地址]

根据________________号合同的预付款条款，________________________（本保函中称“卖方”）应向________________________（本保函中称“买方”）提交金额为人民币________________________元的银行保函，以保证其忠实合格地履行合同的上述条件。

我行，________________银行（以下简称银行）受卖方委托，不仅作为担保人也作为主要债务人，当你方第一次提出要求就无条件、不可撤销地支付不超过上述担保金额的金额，我方无权拒绝也不要求你方先向卖方提出此项要求。

我行还同意：在买方和卖方之间的合同条款、合同项下的工程或合同文件发生变化、补充或修改后，我行承担保函的责任也不变化；上述变化、补充或修改也无须通知我行。

本保函的有效期从预付款支付之日起至买方向卖方全部收回预付款之日止。

本保函项下的纠纷，若协商不能解决，可提交当地人民法院审理。

银行代表人：（签字盖公章）

银行名称：

地　　址：

日　　期：　　　　年　　月　　日

工程预付款计算表

序号	项目	费率	金额	备　注
1	合同金额	—	—	支付合同金额（扣除暂估价的专业分包工程整项暂估价、暂列金额、安全防护文明施工措施费及农民工伤保险后）20%的预付款及全部的农民工工伤保险
2	专业分包工程整项暂估价	—	—	
3	暂列金额	—	—	
4	安全防护文明施工措施费	—	1000	
5	农民工伤保险	—	71 863	
6	小计	—	−72 863	
7	预付款比例	20%	−14 572.6	
8	农民工伤保险	—	71 863	
9	预付款合计	—	57 290.4	

安全文明施工费额度表

序号	项目	费率	金额	备　注
1	安全防护文明施工措施费	—	1000	安全文明施工费额度：发包人向承包人支付50%的安全及文明施工措施费，其余50%随进度款支付
2	安全文明施工费额度	50%	500	

6. 工程预付款支付计算示例

【例3-6】 某通廊工程，总造价1000万元。建设单位以公开招标的方式选择了江南建设工程公司承担了工程的施工任务，并签订了施工合同。施工单位按照合同的约定工期编制的施工进度计划为5月底交付使用，主要设备材料占总产值的60%，备料款按照工程量的25%支付。各月实际完成的产值见表3-4。

表3-4　　各月实际完成的产值表

月份	2	3	4	5
完成产值（万元）	175	225	325	275

试计算：

(1) 应支付的材料预付款是多少？

(2) 起扣点是多少？

(3) 各月结算工程款是多少？

【解】 (1) 材料预付款应为

$$1000\times25\%=250(\text{万元})$$

(2) 材料预付起扣点为

$$1000-250/0.6\approx583.333(\text{万元})$$

(3) 各月完成产值。

1) 2月份完成产值175（万元），由于175万元＜583.333万元。暂不扣预付材料款，给施工单位支付工程进度款为175万元。

2）3月份完成产值225万元，累计工程进度款为175+225=400万元。由于累计金额仍低于583.333万元，暂不扣预付材料款，应支付施工单位225万元。

3）4月份完成产值325万元，但起扣点为583.333万元，累计工程进度款为：175+225+325=725万元，725万元>583.333万元。

因为：583.333−400=183.333(万元)

其中325万元可分为：325万元=183.333万元+141.667万元

结算：183.333+141.667×(1−60%)=240(万元)

4）5月份完成产值275万元，应结算金额。

275×(1−60%)=110(万元)

故1月份给施工单位支付材料款250万元。

2月份支付175万元。

3月份支付225万元。

4月份支付240万元。

5月份支付110万元。

合计1000万元。

【例3-7】 某塑料厂企业项目工程预付款计算。

某塑料厂合资企业项目，施工阶段实行FIDIC合同条款进行监理。工程量的计量及工程进度款的支付采用施工单位招标书中单价和合同价构成的合同价，不含预备费，一次性包死的形式进行结算。总合同价为1980万元，预付备料款为总合同价的20%，付款证书的最少金额为60万元，保留金为合同价的5%。

试计算：

(1) 预付备料款的起扣点是多少，如何扣回，小于最低限额时应如何处理？

(2) 计量和支付的基本程序是怎样的？

(3) 保留金如何扣留，又如何退还给施工单位？

【解】 (1) 预付备料款的金额为：

1980万元×20%=396(万元)

预付备料款的起扣点应为历次支付工程进度款累计金额达到396万元的开始起扣。并应在完工前的3个月内扣清，按3个月平均扣回。若发现月工程进度款大于或等于合同约定的付款最低限额而小于预付备料款的预计回扣额时，差额部分转入下月工程款支付时扣留补偿。

(2) 计量和支付的程序。

1）施工单位完成工程在自检合格的基础上报监理工程师验收，并经监理工程师验收合格。

2）施工单位已向监理工程师提供了工程计量申请表及相关计量指标。

3）监理工程师验收并已在检验批上签认。

4）总监理工程师签发工程款支付证书。

5）将所有付款凭证汇总，经总监理工程师确认后报建设单位。

6）由建设单位向施工单位付款。

【例 3-8】 某监理的工程项目包含A、B两个子项目，业主在工程施工发包过程中发生了以下事件。

（1）业主将A子项目发包给了甲施工单位，A子项目施工合同约定：工程的价款结算按单价合同实行按月结算，结算总额 $P=1000$ 万元（结算时不考虑扣留5%的工程尾款，施工中合同价款调整增加额到竣工时一次支付且不计利息）。其结算程序如下：

已知A子项目的主要材料所占比重 $N=60\%$，工期为1～4月，材料储备天数为63天，每月实际完成工作量及施工过程合同价款调整增加额见表3-5。

表 3-5　承包商实际完成工作量

时间	1月	2月	3月	4月	施工中合同价款调整增加额
实际完成工作量（万元）	200	250	350	200	100

（2）业主将B子项目发包给了乙施工单位，B子项目施工合同约定如下。

1）工程全部采用商品混凝土，业主确认混凝土按25元/m³调价计入直接费。

2）B子项目施工合同为单价合同，采取调价文件结算法进行结算。

3）综合取费率标准如下：其他直接费为定额直接费的2.8%，间接费为直接费的32.4%，税金为预算造价的3.413%。

4）钢筋定额、设计用量、预算单价和当月造价管理部门发布的材料单价见表3-6。

表 3-6　钢筋定额、设计用量及预算单价

材料名称	用量（t）		单价（元）	
	设计用量	定额用量	预算单价	当月发布价
钢筋 ϕ10 以内	1.0	0.8	3086	3050
钢筋 ϕ10 以上	2.2	1.6	3035	3030

5）采用的定额编号与定额单价见表3-7。

表 3-7　采用的定额编号与定额单价

定额编号	Z-2072	Z-2102	Z-2078	F-3001
工作名称	C10 混凝土基础垫层	C20 有筋混凝土柱基	Ms 红砖带形基础	非预应力筋
定额单位	10m³	10m³	10m³	t
定额单价（元）	2408	5236	2350	3268

B子项目施工过程中由于地质条件与原设计不符，通过设计变更加深了基础，经专业监理工程师审核认定，增加C10混凝土基础垫层20m³、C20钢筋混凝土柱基120m³、砖基础30m³。

试计算：

（1）业主给甲施工单位的预付备料款为多少？

（2）计算对甲施工单位预付备料款的起扣点。

(3) 给甲施工单位每月结算工程款是多少？竣工结算工程款是多少？

(4) 确定乙施工单位在设计变更加深基础后的含税变更费用，填入表 3-8 中。

表 3-8　变更预算和变更费用

定额编号	工程或费用名称	单位	工程量	单价	合价

【解】(1) 预付备料款 $M=1000\times\frac{63}{150}\times60\%=250$(万元)。

(2) 预留备料款起扣点 $T=P-M/N=1000-250/0.6=583.3$(万元)。

(3) 1 月应结算工程款为 200 万元。

2 月应结算工程款为 250 万元，累计拨工程款为 450 万元。

3 月完成工作量 350 万元，可分解为 350=(583.3−450)+216.7=133.3+216.7。

应结算工程款为：133.3+216.7×(1−60%)=133.3+86.7=220(万元)。

累计拨工程款为 670 万元。

4 月应结算工程款为 200×(1−60%)=80(万元)。

累计拨工程款为 750 万元，加上预付款 250 万元，共拨 1000 万元。

竣工结算工程款=各月拨款总额+施工中合同价款调整=1000+100=1100(万元)。

(4) 乙施工单位在设计变更加深基础后的工程含税造价见表 3-9。

表 3-9　设计变更加深基础后的工程含税造价

定额编号	工程或费用名称	单位	工程量	单价（元）	合价（元）
Z-2072	C10 混凝土基础垫层	$10m^3$	2	2658	5316
Z-2102	C20 有筋混凝土柱基	$10m^3$	12	5486	65 832
Z-2078	Ms 红砖带形基础	10^3	3	2350	7050
	小计（一）				78 198
	其他直接费			78 198×2.8%	2189.54
	小计（二）				80 387.54
	间接费			80 387.54×32.4%	26 045.56
	小计（三）				106 433.10
	税金			106 433.10×3.41%	3629.37
	合计				110 062.469

三、保留金

保留金就是监理工程师根据合同条件的规定，从支付给承包商的工程款中替业主暂时扣留的一种款项。设置保留金的目的在于使承包商能完全履行合同，如果承包商未能履行合同中规定应承担的责任，则扣除额就成为业主的财产，显然，这是对业主的一种保护措施。

1. 保留金的扣除

（1）按照合同条件的规定，从第一次付款开始，业主每次从付给承包商的款额中，按其中永久性工程的付款金额的10%扣留，直到累计扣留的金额达到合同总价的5%为止。

（2）所谓永久性工程的付款包括工程量清单、工程变更、价格调整和费用索赔等4项费用。如果承包商在提交第一次付款申请，或者在这个时间以前提交一份由业主认可的银行保函，其担保金额为合同价的5%，则监理工程师不再替业主从《中期支付证书》中扣除保留金。

2. 保留金的使用

（1）保留金主要是用在施工和缺陷责任期内，应当由承包商支付的各种费用。承包商未能遵照监理工程师的指示进行对缺陷工程的修补或其他事项，则业主可以雇用他人完成有关工作，其费用由承包商承担，业主可从保留金中支付。

（2）在缺陷责任期内对任何缺陷工程，如果承包商未能合理地进行修补，则也可以采取上述办法，从保留金中支付应当由承包商承担的费用。

3. 保留金的退还

（1）颁发整个工程的交接证书时，监理工程师应当把一半保留金退还给承包商并开具证明书，在退回的保留金中应当扣除已经使用的保留金额。如果颁发永久工程的一区段或部分的交接证书时，监理工程师应把由永久工程这一区段或部分的价值相应的保留金退还给承包商并开具证明。业主根据监理工程师开具的证书，向承包商退还保留金。

（2）工程的缺陷责任期满时，另一半保留金将由监理工程师开具证书退还给承包商。此时也应当扣除已使用的保留金的金额。但是，如果此时尚有应当由承包商完成的与工程有关的任何工作时，监理工程师有权在剩余工程完成之前，扣发他认为与需要完成的工程费用相应的保留金余额。

四、工程变更费用

因为多种不可预见的因素，任何工程项目在施工过程中都会遇到变更问题。工程变更费用的支付依据是工程变更令和工程变更清单，支付方式采用列入《中期支付证书》的形式进行，支付货币与其他支付项目相同，即按承包商投标时所提出的货币种类和比例进行付款。鉴于变更项目的复杂性和特殊性，监理工程师应对变更项目的审批制定严格的管理程序，并且应特别注意的是，变更的权力在总监理工程师，一般不得委托。有些合同还在专用条件中对监理工程师进行工程变更的权力作了某种限制，要求变更超过了一定限度后，必须由业主授权。

五、索赔费用

索赔的原因多种多样，其费用的计算和确定原则就各不相同。为了客观、公正地处理好索赔费用支付，监理工程师不仅要对合同条件和技术规范十分熟悉，而且还要有深刻的理解，并能结合实际情况正确运用。

六、价格调整

通常建设工程项目施工所跨越的时间较长，施工成本容易受市场物价波动的影响，所以合同通用条件规定：在合同执行期间，由于劳务和材料或影响工程施工成本的任何其他事项的价格涨落而引起费用增减时，应根据规定的价格调整公式给予调价，将此费用加到合同价格中或从合同价格中扣除。价格调整也是国际竞争性招标项目中的一则惯例，采用它的目的是使招标、投标工作处在公平的水准线上，以使业主单位在工程决算时能在一个合理的价格水平上承受工程费用，同时也免除承包商在施工中因为发生劳动力或原材料价格上涨带来的风险。

七、逾期违约损失赔偿

(1) 根据 FIDIC 通用条件第 47 条的规定，如果承包商未能在规定的工期内完成合同工程或未能在相应的工期内完成某区段或某单项工程，则承包商应向业主支付按投标书附件中约定的金额，作为拖期违约损失赔偿金，而不作为罚款。时间自有关的竣工日期起到合同工程或某区段或某单项工程的交接证书中写明的竣工日期止（实际工期＝合同工期＋批准的延长工期)，按天数计算，不足一天按比例计算。

(2) 在合同工程竣工之前，已对合同工程内的某区段或某单项工程签发了交接证书，且上述交接证书中写明的竣工日期并未延误，而是合同工程中的其他部分产生了工期延误，则合同工程的拖期违约损失赔偿金应予减少，减少的幅度按已签发交接证书的某区段或某单项工程的价值占合同工程价值的比例计算，但这一规定不影响该赔偿金的限额。

(3) 通常规定，每拖期 1 天，赔偿合同价的 0.01%～0.05%，虽采用了 0.05%的额度，但赔偿总额不应超过合同价的 10%，这些都由投标书附件做出明确规定。

(4) 拖期违约赔偿金可从承包商的履约保证金或中期支付证书中扣除，建设工程项目一般采用从《中期支付证书》中扣除的方式，但此项扣除不应解除承包商对完成该项工程的义务或合同规定的其他义务和责任。

八、提前竣工奖励

为了调动承包商的积极性，使其合理地加快工程进度，从而提前完成工程施工，使业主提早收益，在合同条件中设立了与拖期违约损失赔偿金相对应的一个支付项目，即提前竣工奖金。

如果承包商按照 FIDIC 通用条件第 43 条规定的工期提前完成了合同工程或某区段或某单项工程，则业主应按投标书附件中写明的金额，发给承包商××元作为提前竣工奖金。时间自合同工程或某区段或某单项工程的交接证书中写明的竣工日期算起，到按第43条规定的该有关工程竣工日期止（合同工期＝实际工期＋批准的延长工期），按天数计算。提前竣工奖金应不超过投标书附件中写明的限额。监理工程师应在承包商提交的竣工结账单上核证，并支付给承包商。

九、延迟交付款利息

为了督促业主按合同规定的时间付款给承包商，合同条件中设立了延迟付款利息支付项目。如果业主在合同规定的时间内没有向承包商付款，则业主应向承包商支付延迟付款利息，其费用按照投标书附录中规定的利率，从规定的付款截止日期起至恢复付款日止，按复利计算利息。

监理工程师在工程费用监理中需要处理的支付项目就是本章第三节和第四节所述的两大类。为了做好整个工程项目的费用支付工作，监理工程师应对每一个支付项目认真审查，精确计算，并按规定的程序进行支付。

十、支付证书

支付证书是业主向承包人付款的唯一凭证。在工程的施工过程中，每月一次开具的，称为“中期支付证书”；在工程结束后开具的，称为“最终支付证书”。

1. 中期支付证书

（1）中期支付证书是一种对规定时间内承包人所做工作的价值估算，且由监理工程师向业主开具的付款凭证。中期支付证书由支付月报表和工程进度图表组成。

（2）月报表又叫月结账单。为便于统一管理，月结账单的格式由监理工程师设计或制定。每月末，承包人应向监理工程师提交由其项目经理签署的，按监理工程师批准格式填写的月结账单一式6份。月结账单包括以下项目：工程进度表；截至本月末前已完成的永久工程价值（合同价款）；截至上月底前已完成，并已支付了的永久工程的合同价款；本月份完成的永久工程的合同价款；工程量清单中已列明的本月完成的临时工程的价款；本月完成的以计日工方式支付的工程价款；本月应支付的暂定金额；本月应支付的已进场的材料设备预付款；承包人有权得到的按合同规定业主应支付的，如工程变更、停工补偿、延迟付款利息等其他款项；因费用和法律的变更而产生的款项，即按通用条件第70条进行的价格调整；本月应扣还的动员预付款、材料设备预付款、保留金；本月应扣除的拖期违约损失赔偿金。

监理工程师在收到承包人的月账表后14d内，应对其项目、款项等参照自己相应的记录，并结合各方面的情况和要求进行全面审核，然后签发《中期支付证书》。签发时应写明其认为到期应该结算的价款及需要扣留和扣回的价款，并报业主审批。

如果经扣款后，该月应付给承包人的款额少于投标书附件内列明的中期支付证书的最低金额，则该月可不支付，而将支付金额按月结转，直至累计应支付的款额达到投标书附件中列明的中期支付证书的最低金额时为止。

2. 最终支付证书

监理工程师在收到承包人提交的最后结账单和清账书14d之后，应签发最终支付证书并报业主审批，同时抄送承包人。其内容包括：监理工程师认为根据合同规定最终应付的金额；在确认以前的收付款后，双方应找清的差额。

十一、合同支付相关问题与分析

【例3-9】 某写字楼施工合同支付。

（1）概况。某写字楼工程，建筑面积120 000m^2，地下2层，地上22层，钢筋混凝土框架剪力墙结构，合同工期780d。某施工总承包单位按照建设单位提供的工程量清单及其他招标文件参加了该工程的投标，并以34 263.29万元的报价中标。双方签订了工程施工总承包合同。

合同约定：本工程采用单价合同计价模式；当实际工程量增加或减少超过清单工程量5%时，合同单价予以调整，调整系数为0.95或1.05；投标报价中的钢筋、土方的全费用综合单价分别为5800元/t、32元/m^3。

合同履行过程中，施工总承包单位项目部对清单工程量进行了复核。其中：钢筋实际工程量为9600t，钢筋清单工程量为10 176t；土方实际工程量30 240m^3，土方清单工程量为28 000m^3。施工总承包单位向建设单位提交了工程价款调整报告。

（2）问题。

1）施工总承包单位的钢筋和土方工程价款是否可以调整？为什么？

2）列式计算调整后的价款分别是多少万元？

【解】

1）工程变更价款一般是由设计变更、施工条件变更、进度计划变更、工程项目的变更以及为完善使用功能提出的新增（减）项目而引起的价款变化。本案例考察由于工程量增减导致的工程价款变更。根据《建设工程工程量清单计价规范》（GB 50500—2013）由于工程量清单的工程数量有误或设计变更引起工程量增减，属合同约定幅度以内的，应执行原有的综合单价；属合同约定幅度以外的，其增加部分的工程量或减少后剩余部分的工程量的综合单价由承包人提出，经发包人确认后作为结算的依据。

2）钢筋可以调整；因为（10 176－9600）/10 176＝5.66%＞5%。

土方工程可以调价；因为（30 240－28 000）/28 000＝8%＞5%。

钢筋工程价款：

钢筋工程全部执行新价：9600×5800×1.05＝5846.40（万元）。

土方工程价款：

超出5%的部分执行新价：32×0.95＝30.4（元/m^3）；

原价量：28 000×1.05＝29 400（m^3）；

新价量：30 240－29400＝840（m^3）；

工程价款29 400×32＋840×30.4＝96.63（万元）；

合计：5846.4＋96.63＝5943.03（万元）。

【例3-10】 某工程项目施工组织设计支付。

（1）概况。某实施监理的工程项目，监理工程师在对施工单位报送的施工组织设计审核时发现两个问题：一是施工单位为方便施工，将设备管道竖井的位置作了移位处理；二是工程的有关试验主要安排在施工单位试验室进行。总监理工程师分析后认为，管道竖井移位方案不会影响工程使用功能和结构安全，因此，签认了该施工组织设计报审表并送达建设单位。

项目监理过程中有如下事件：

事件1：在建设单位主持召开的第一次工地会议上，建设单位介绍工程开工准备工作基本完成，施工许可证正在办理，要求会后就组织开工。总监理工程师认为施工许可证未办理好之前，不宜开工。对此，建设单位代表很不满意，会后建设单位起草了会议纪要，纪要中明确边施工边办理施工许可证，并将此会议纪要送发监理单位、施工单位，要求遵照执行。

事件2：设备安装施工，要求安装人员有安装资格证书。专业监理工程师检查时发现施工单位安装人员与资格报审名单中的人员不完全相符，其中5名安装人员无安装资格证书，他们已参加并完成了该工程的一项设备安装工作。

事件3：设备调试时，总监理工程师发现施工单位未按技术规程要求进行调试，存在较大的质量和安全隐患，立即签发了工程暂停令，并要求施工单位整改。施工单位用了2天时间整改后被指令复工。对此次停工，施工单位向总监理工程师提交了费用索赔和工程延期的申请，强调设备调试为关键工作，停工2天导致窝工，建设单位应给予工期顺延和费用补偿，理由是虽然施工单位未按技术规程调试，但并未出现质量和安全事故，停工2天是监理单位要求的。

（2）问题。

1）总监理工程师应如何组织审批施工组织设计？总监理工程师对施工单位报送的施工组织设计内容的审批处理是否妥当？说明理由。

2）事件1中建设单位在第一次工地会议的做法有哪些不妥？写出正确的做法。

3）事件2中监理单位应如何处理事件？

4）在事件3中，总监理工程师的做法是否妥当？施工单位的费用索赔和工程延期要求是否应该被批准？说明理由。

【解】

1）本项目监理人的检查和检验影响施工正常进行的，且经检查检验不合格的，影响正常施工的费用由承包人承担，工期不予顺延；经检查检验合格的，由此增加的费用和（或）延误的工期由发包人承担。

总监理工程师应在约定的时间内．组织专业监理工程师审查，提出意见后，由总监理工程师审核签认。需要承包单位修改时，由总监理工程师签发书面意见，退回承包单位修改后再报审，总监理工程师重新审查。

对于施工组织设计内容的审批上，第一个问题的处理是不正确的，因总监理工程师无权改变设计。第二个问题的处理妥当，属于施工组织设计审查应处理的问题。

2）建设单位要求边施工边办施工许可证的做法不妥。正确的做法是建设单位应在自领取施工许可证起3个月内开工。

建设单位起草会议纪要不妥，第一次工地会议纪要应由监理机构负责起草，并经与会各方代表会签。

3）监理单位应要求施工单位将无安装资格证书的人员清除出场，并请有资格的检测单位对已完工的部分进行检查。

4）总监理工程师的做法是正确的。施工单位的费用索赔和工程延期要求不应该被批准，因为暂停施工的原因是施工单位未按技术规程要求操作，属施工单位的原因。

【例 3-11】 某工程施工支付索赔。

（1）概况。

某工程，建设单位与施工总承包单位签订了施工合同。工程实施过程中发生如下事件：

事件 1：主体结构施工时，建设单位收到用于工程的商品混凝土不合格的举报，立刻指令施工总承包单位暂停施工。经检测鉴定单位对商品混凝土的抽样检验及混凝土实体质量抽芯检测，质量符合要求。为此，施工总承包单位向项目监理机构提交了暂停施工后人员窝工及机械闲置的费用索赔申请。

事件 2：施工总承包单位按施工合同约定，将装饰工程分包给甲装饰分包单位。在装饰工程施工中，项目监理机构发现工程部分区域的装饰工程由乙装饰分包单位施工。经查实，施工总承包单位为按时完工，擅自将部分装饰工程分包给乙装饰分包单位。

事件 3：室内空调管道安装工程隐蔽前，施工总承包单位进行了自检，并在约定的时限内按程序书面通知项目监理机构验收。项目监理机构在验收前 6h 通知施工总承包单位因故不能到场验收，施工总承包单位自行组织了验收，并将验收记录送交项目监理机构，随后进行工程隐蔽，进入下道工序施工。总监理工程师以“未经项目监理机构验收”为由下达了工程暂停令。

事件 4：工程保修期内，建设单位为使用方便，直接委托甲装饰分包单位对地下室进行了重新装修，在没有设计图纸的情况下，应建设单位要求，甲装饰分包单位在地下室承重结构墙上开设了两个 1800mm×2000mm 的门洞，造成一层楼面有多处裂缝，且地下室有严重渗水。

（2）问题。

1）事件 1 中，建设单位的做法是否妥当？项目监理机构是否应批准施工总承包单位的索赔申请？分别说明理由。

2）写出项目监理机构对事件 2 的处理程序。

3）事件 3 中，施工总承包单位和总监理工程师的做法是否妥当，分别说明理由。

4）对于事件 4 中发生的质量问题，建设单位、监理单位、施工总承包单位和甲装饰分包单位是否应承担责任？分别说明理由。

【解】

主要考核考生是否掌握建设单位、项目监理机构处理施工质量问题、费用索赔问题的程序和原则。

事件 1 中：

建设单位的做法不妥。理由：建设单位的停工指令应通过总监理工程师下达。

项目监理机构应批准施工总承包单位的索赔申请。理由：事件 2 属于建设单位（或非施工单位）的责任。

（主要考核考生对施工单位擅自分包工程行为的处置程序和方式的掌握程度。）

事件 2 中，项目监理机构对事件 2 的处理程序如下：

由总监理工程师向施工总承包单位签发工程暂停令，责令乙装饰分包单位退场，并要求对乙装饰分包单位已施工部分的质量进行检查验收。

若检查验收合格，则由总监理工程师下达工程复工令。若检查验收不合格，则指令施工总包单位返工处理。

（主要考核考生对隐蔽工程验收程序以及项目监理机构未到场验收时如何处置的掌握程度。）

事件 3 中：

施工总承包单位做法妥当。理由：项目监理机构不能按时验收，应在验收前 24 小时以书面形式向施工总承包单位提出延期要求。未按时提出延期要求，又未参加验收，施工总包单位可自行组织验收，结果应被认可。

总监理工程师做法不妥。理由：总监理工程师不能以“未经项目监理机构验收”为由下达工程暂停令。

（主要考核考生是否掌握工程保修期内建设单位直接委托施工分包单位进行装修，而且出现质量问题时的责任分担。）

事件 4 中：

建设单位应承担责任。理由：承重结构变动时，建设单位应委托原设计单位或有相应资质的设计单位进行设计后才能开工。

监理单位不承担责任。理由：重新装修不属于监理合同约定的监理范围。

施工总承包单位不承担责任。理由：重新装修不属于施工总包合同约定的施工范围。

甲装饰分包单位应承担责任。理由：未取得设计单位装修设计图纸就擅自施工。

第四章　工程变更与现场签证

第一节　工 程 变 更 概 述

一、工程变更简介

工程变更是指在信息系统工程建设项目的实施过程中，由于项目环境或者其他的各种原因对项目的部分或项目的全部功能、性能、架构、技术、指标、集成方法、项目进度等方面做出的改变。

FIDIC 的定义如下。

工程变更是指设计文件或技术规范修改而引起的合同变更。它在特点上具有一定的强制性，且以监理工程师签发的工程变更令为存在的充要条件。

工程变更是全过程索赔的关键环节之一。变更价款是承包人获得额外收入的主要来源，往往可以占到合同价格的10％～25％。而且相对于经济索赔，工程变更是容易为发包人接受的方式。

工程变更是工程合同特有的约定。设计图纸不完备、发包人改变想法以及施工条件不可预料等决定了工程施工具有不确定性特点。为了提高应对不确定事件的效率，工程合同赋予发包人单方面变更的权利，同时赋予了承包人请求按照合同约定的估价方法增减合同价款、顺延工期的权利。

工程变更可分为设计变更、施工方案变更、新增附加工作、删除工作等四类，其中，设计变更是主要类型，施工方案变更是难点。

工程变更一般可以分为建议、发变更指令、变更报价、实施变更等阶段。变更指令一般由工程师发出，设计人等其他无权变更人士发出变更指令，承包人实施该变更，发包人未提出异议的，视为发包人追认该变更指令。

工程变更估价的通常做法是尽量参照合同价格的估价三原则。近来，工程变更有按实际估价的趋势，但尚不是主流。工程变更估价最特殊的问题是合同价格过高过低时是否还应按合同价格进行估价，根据工程变更不修订合同规则及公平原则，不宜按合同价格估价，而宜按实估价。

二、工程变更的特点

1. 发包人为完成工程依合同做出的单方面改变

工程变更指发包人为完成工程依据合同约定对工程及其实施方式所做的改变。工程变更有以下特征。

（1）工程变更的主体是发包人。承包人、设计人有权建议变更，但无权发出变更指令。

（2）工程变更的目的是改善工程功能及顺利完成工程。依据法律规定及工程惯例，未经承包人同意，工程师及发包人无权修改合同。工程变更只是为完成工程所赋予发包人单方面的权利。

（3）工程变更的内容是对工程的外观、标准、功能及其实施方式的改变。一项工程变更可包括对合同标的本身的修改，如工程量、质量标准、标高、位置和尺寸的变化、工作删减和任何附加工作，以及实施方式的改变，如工程实施顺序和时间安排的变化。改变的工程及其实施方法不在承包人包干价款的合同工作范围之内，也不在承包人的合同其他义务之内。发包人要求使用高价材料，显然不在承包人采购材料的义务之内，构成了质量标准修改的过程变更。

（4）非承包人过错。

工程变更有两方面的效果：一方面，除非能有证据证明承包人确实无法实施此项变更，否则工程变更令一经发出，承包人必须执行发包人的变更指令。另一方面，承包人有权依据合同约定的估价方法要求变更合同价款、顺延工期。

2. 额外工作和实质删除应征得承包人同意

（1）工程变更范围以顺利完成工程为限，超过为合同变更。工程合同中的工程变更并非合同法意义上的合同变更。合同变更是“合同成立后，当事人双方在原合同的基础上对合同的内容进行修改和补充”。工程变更实质上是承发包双方在工程合同中协商的结果，是一种特殊的合同变更。这种特殊性体现在以下几个方面。

1）协商时间特殊。合同变更的协商发生在履约过程中合同内容变更之时。而工程变更的范围、估价原则等的协商发生在合同订立之时，而变更内容及价款的协商发生在变更之时。

2）变更主体特殊。在签订合同后，合同变更的主体是协商一致的承发包双方，而工程变更的主体是发包人。

3）变更范围特殊。合同变更范围可为全部合同内容。但工程变更范围仅限于为顺利实施工程而对工程的外观、标准、功能及其实施方式所做的必须修改。标准合同中，发包人均委托工程师进行工程变更，但工程师无权修改合同。

发包人为顺利完成工程所需而改变工程的外观、标准、功能及其实施方法，如附加工作、一般删除，属于工程变更，无须征得承包人同意，承包人可要求按估价三原则估价。发包人为顺利完成工程所需以外原因改变工程的外观、标准、功能及其实施方法的，如额外工作和实质性删除，属于合同变更，应事先征得承包人同意且重新估价。

（2）额外工作需征得承包人同意且可重新估价。在施工过程中，工程师和发包人经常要求承包人完成各种增加的工作，这种新增工程的现象在工程中相当普遍。新增工程可以分为附加工作和额外工作。附加工作是为完成合同工程所需要实施的新增工作，是对合同工程主体功能的必要补充。附加工作是一种工程变更。额外工作是与完成合同工程没有必然关系的新增工作。如果缺少这些工作，原合同工程仍然可以发挥预期效益。额外工作是发包人本应重新招标确定新的承包人来实施的，但发包人为方便就直接以变更的方式要求原承包人实施，原承包人既可以接受也可以拒绝。对于额外工作的价款确定，双方应重新协商确定。工程师指令的新增的工作如属于额外工作，承包人可以要求先协商确定合理价格，否则可以拒绝实施。如属于附加工作，即使未确定价款承包人也应实施。

（3）实质删除需征得承包人同意且可补偿预期利润。在施工过程中，发包人经常要求取消一些工作。这种取消工作可分为一般删除和实质删除。一般删除指发包人为顺利实施工程需要删除少量次要工作，并且不再实施这部分工作。一般删除也不能实质性改变合同工程。一般删除是一种工程变更。实质删除是指在一般删除之外删除大量或重要的合同工作。实质删除本质是部分解除工程被删除部分的合同。依据《最高院新观点》，发包人是无权擅自解除工程合同。因此，发包人实施删除应该征得承包人同意，并应补偿承包人因此造成的损失，主要是预期利润。工程师指令删除工作时，承包人应区分是属于一般还是实质工作。如属于实质工作，则可以要求先协商确定补偿金额，否则承包人可以拒绝删除。

三、工程变更的影响

“合同成立以后客观情况发生了当事人在订立合同时无法预见、非不可抗力造成的不属于商业风险的重大变化，继续履行合同对于一方当事人明显不公平或者不能实现合同目的，当事人请求人民法院变更或者解决合同的，人民法院应当根据公平原则，并结合案件的实际情况确定是否变更或者解除。”此规定如何在建筑施工合同中合理运用，对于整个建筑市场的发展也有着极其重要的意义。

工程变更对建设项目造价水平具有重要的影响。一定数量的工程变更可能对工程项目的总建造成本会产生负面影响。一般来说，工程变更的数量越多，成本增加越多，对工程造价影响巨大。

项目变更会发生在项目实施过程中的任一阶段，在项目生命周期里，项目的变更发生越早，项目已形成的价值越小，已消耗的资源越少，后续计划灵活性越大，相应的损失就会越小。在项目设计阶段，一个子系统设计或部分设计中的变更只要求其他相关系统的重新设计；而设计完成后的设计变更将会给项目范围、成本和进度都带来很大的影响；在建设或安装阶段，变更发生越晚，变更的破坏性越大，对项目造价的影响会越来越大，直接影响着项目投资。若处理不好，投资控制就很难圆满完成。

如果工程合同外费用所占比例较高，包含在大多数合同中的正常的变更价款大约是合同价的10%，这类合同的运行情况相当不错。此时，业主能迅速按进度支付款项，双方都能满意协商。然而，当变更价款超过合同价约15%时，变更的效应将基于承包商的管理技能和每一个不同项目的独特条件开始影响变更工程和未变更工程的进度和成本费用。但是，当变更总量超过合同价的大约20%时，无论是变更还是未发生变更的工程都会经受变更的潜在影响。在持续的变更环境中，变更工程和未变更工程的成本估价将变得非常困难。统计学分析结果表明，设计变更和施工措施变更是建设项目工程变更的主要形式，是控制的重要对象。例如，在市政工程中，以样本加权算术平均值统计的设计变更和施工措施变更所占比例分别为32.08%和67.92%。施工变更尤其对市政工程造价将产生较大的影响。

四、工程变更适用的条件

（1）建设工程合同应合法、有效，这是适用变更原则的基础。若该建设工程合同为无效或属于可撤销，则均不适用情势变更原则。因为，它们从签订时就没有法律效力，而可撤销合同在签订合同时就已经存在这一情况，只是在缔约时由于一方的故意或过失而签订了合同，所以不涉及签订后客观情况的变化。

（2）应有变更的客观事实，也就是合同赖以存在的客观情况确实发生变化，这是适用变更原则的前提条件。变更事实的证明涉及举证责任与证据证明力的问题。通常，在建设工程合同纠纷案件审判或仲裁程序中，对情势变更原则的适用由主张一方当事人负举证责任，并尽量在主张时提交证据证明两个基本法律事实：确实发生了变更以及变更的程度和变更后显失公平的程度。

（3）变更须为当事人所不能预见的。如果当事人在订立合同时能够预料到相关变更，或者能够克服该事件的，如工程建设过程中正常雨雪天气导致施工工期的延误，则该事件发生的风险应由有过错方当事人自己承担，而不得请求适用情势变更原则。根据最高人民法院审判业务意见，在审判实务中，法院对“无法预见”主张审查以下三个因素：其一，预见的时间，预见的时间应当是合同缔结之时；其二，预见的标准，该标准应为主观标准，即以遭受损失一方当事人的实际情况为准；其三，风险的承担，如果根据合同的性质可以确定当事人在缔约时能够预见变更或者自愿承担一定程度的风险，则自无运用情势变更之余地。

（4）变更不可归责于双方当事人，也就是除不可抗力以外的其他意外事故所引起。如果可归责于当事人，则应当由其承担风险或者违约责任，而不适用情势变更原则。

（5）变更的事实发生于合同成立后，履行完毕前。这是一个很重要的时间条件，如果订立合同时已经发生情势变更，就表明相关当事人已经认识到合同的基础发生了变化，且对这个变化自愿承担风险。若在合同履行期满后，迟延期间发生了情势变更，则属于违约行为，该当事人应承担情势变更的不利后果。

（6）变更发生后，如继续维持合同效力，则会对当事人显失公平。根据《民通意见》第72条的规定：“一方当事人利用优势或者利用对方没有经验，致使双方的权利义务明显违反公平、等价原则的，可以认定为显失公平。”只要达到由于情势变更的事实的发生，致使合同双方的权利义务明显违反公平、等价原则的，可以认定为显失公平。

五、工程变更的基本要求

建筑工程项目合同变更的基本要求如下。

（1）合同变更要经过有关专家（监理工程师、设计工程师、现场工程师等）的科学论证和合同双方的协商，在合同变更具有合理性、可行性，而且由此引起的进度和费用变化得到确认和落实的情况下方可实行。

（2）合同变更应以监理工程师、发包人和承包商共同签署的合同变更书面指令为准，并以此作为结算工程款的凭据。情况紧急时，监理工程师的口头通知也可接受，但必须在48h内追补合同变更书。承包商对合同变更若有不同意见可在7～10d内书面提出，但若发包人决定继续执行的指令，承包商应继续执行。

（3）合同双方都必须遵守合同变更程序，依法进行，任何一方都不得单方面擅自更改合同条款。

（4）合同变更的次数应尽量少，变更的时间应尽量提前，并在事件发生后的一定时限内提出，以避免或减少给工程项目建设带来的影响和损失。

（5）合同变更所造成的损失，除依法可以免除的责任外，如由于设计错误、设计所依据的条件与实际不符、图与说明不一致、施工图有遗漏或错误等，应由责任方负责赔偿。

第二节　工程变更产生原因、成立条件及变更程序

一、工程变更产生的原因

简要概括：

（1）因为设计人员、工程师、承包商事先没能很好地理解发包人的意图，或设计错误而导致图纸修改。

（2）发包人有新的意图，发包人修改项目总计划，削减预算等。

（3）因为产生新的技术和知识，有必要改变原设计、实施方案或实施计划。

（4）合同双方当事人由于倒闭或其他原因转让合同，造成合同当事人的变化。

（5）因为工程环境的变化，预定的工程条件不准确，而必须改变原设计、实施方案或实施计划，或由于发包人指令及发包人责任的原因造成承包商施工方案的变更。

（6）政府部门对工程新的要求，如国家计划变化、环境保护要求、城市规划变动等。

（7）因为合同实施出现问题，必须调整合同目标或修改合同条款。

具体分析：

（1）工程建设程序执行没有严格把关形成工程变更，使得工程造价形成资金缺口。工程建设项目应该经过项目立项申请、可行性研究、初步设计的审批程序，其工程造价应按批准的投资额度控制，把工程建设各阶段的工程造价实际发生额控制在相应的限额以内，强调科学准备、精心合理地组织实施，严格监控。但有些建设单位不履行必要的程序，没有做好必要的准备而急于项目的开工。对投资额度的测算、建筑标准的把握、设计深度的审查、招标文件和承包合同的合理和完善程度，没有严格把关。造成边设计、边施工、边变更，对施工中的工程想改就改。其直接后果是工程造价大大超过批准的投资额度，形成资金缺口，引发各种问题。

（2）设计没有得到足够的重视和审查而发生工程设计变更，从而增加建设成本。有些建设单位没有采取措施，促使设计单位去精心设计和限额设计，大量的工程没有推行设计招标，没有去优选设计方案，缺乏精品意识；有些建设单位甚至为了节省设计费，不通过正规的渠道进行施工图设计，而是私下找人设计，造成图纸不完整、不配套或漏洞百出，屡屡造成工程变更和设计修改，工程造价控制困难。另外，有些设计人员素质不高，造成在施工过程中发生本不应该发生的设计变更，延误建设工期，增加建设

成本。

（3）有些建设单位控制工程造价的意识淡薄，使得工程造价严重超算。有些建设单位认为国家投资的项目，概算超估算、预算超概算、结算超预算的资金缺口反正也不是本单位出，而是政府拿。因此，在工程批准建设后不愿花过多精力去管理和控制工程造价，对工程变更、设计修改所造成的工程造价增加熟视无睹、听之任之，不考虑财力和实际需要而自觉地去控制工程造价和工程总投资。

（4）缺乏专业技术人员、轻信承包商意见而发生工程设计变更，从而增加工程造价。由于许多建设单位缺乏工程技术人员，对工程技术方面的知识了解甚少，对工程施工承包商提出的问题不能正确地分析判断。因此，往往是轻信承包商意见，使一些不合理的变更、设计修改增加，画蛇添足，从而增加工程造价。

（5）施工方擅自修改而发生工程设计变更，从而增加工程造价。工程招投标时，有些施工单位为了中标而盲目压价。有的是采用不平衡报价法，低价中标后就想尽办法保报价高的项目，而把原来那些报价低的项目想方设法变更、删除，甚至不经甲方同意擅自变更，造成既定事实，迫使甲方认可，从而达到获取更大利润的目的。

（6）不合理的行政干预而发生工程设计变更，从而增加工程造价且质量也无法保证。目前，一些建设单位和主管部门领导层对于控制工程造价的理解往往只停留在预结算上，致使对工程造价管理缺乏全面而系统的定位，缺乏全过程、全方位、动态的管理。对工程造价的控制，主要侧重于事后核算，即对竣工结算的核算，其他阶段的控制显得非常薄弱。如在工程施工前，不认真组织各方人员对设计图纸、施工图纸会审，及时地提出修改意见，而是在工程施工中或完工后随意发表一些个人片面意见，对工程提出变更或修改。这就使在建的或已完工的工程拆除重建，造成工期延误和材料浪费。这样，工程造价会增加很多，而且质量也无法保证。

（7）监理不尽职责，对变更工程签章不严肃认真对待，导致工程造价提高。实际工作中，有的监理人员对工程造价的控制是不多考虑的，表现在对施工方提出的变更要求往往都给予认可签字，有的甚至是工程完工半年后才补签变更，其真实性值得怀疑。由于监理工作不尽职责，对变更工程签章不严肃、认真对待，往往也导致工程造价提高。

二、工程变更的类型

设计变更是重点，施工方案变更是难点。

设计变更是主要类型。通常工程变更可以分为以下四类。

（1）设计图纸变更。设计图纸变更是指改变合同中任何一项工作的质量或其他特性，或改变合同工程的基线、标高、位置或尺寸等。这是最主要的一类变更。如果细节图纸如确与合同图纸不同的，即构成了设计变更。

（2）施工方案变更。施工方案变更是指改变合同中任何一项工作的施工时间或改变已批准的施工工艺或顺序。发包人或工程师要求承包人修改施工方案，构成工程变更，发包人应承担相应的责任。不利地质条件也可以构成施工方案变更。由于在施工承包中，由发包人提供设计图纸、地质勘察报告以及其他基础性资料，出现一个有经验的承包人无法预料到的不利地质条件，由于出现不利的异常地质条件致使承包人修改了施工方案，仲裁庭判决发包人承担因此增加的部分价款。

（3）工作删除。

（4）附加工作。

值得注意的是，有学者将既不属于包干范围，也不属于工程变更、经济索赔但按理应计价的工作称为拟制工程变更。其实这种工作无须勉强视作工程变更，可在工程估价时处理。

三、建设工程施工变更的程序

1. 变更提出

监理工程师决定根据有关规定变更工程时，向承包人发出变更意向通知，其内容主要包括以下几个方面。

（1）变更的工程项目、部位或合同内容。

（2）变更的原因、依据及有关的文件、图样、资料。

（3）要求承包人据此安排变更工程的施工或合同文件修订的事宜。

（4）要求承包人向监理工程师提交此项变更给其费用带来影响的估价报告。

2. 收集资料

监理工程师指定专人受理变更，重大的工程变更请建设单位和设计单位参加。变更意向通知发出的同时，着手收集与该变更有关的一切资料，包括以下几个方面。

（1）变更前后的图样（或合同、文件）。

（2）技术变更洽商记录。

（3）技术研讨会记录。

（4）来自建设单位、承包商、监理工程师方面的文件与会谈记录；行业部门涉及变更方面的规定与文件；上级主管部门的指令性文件等。

3. 评估费用

（1）监理工程师根据掌握的文件和实际情况，按照合同有关条款考虑综合影响，完成上述工作之后对变更费用做出评估。

（2）评估的主要工作在于审核变更工程数量及确定变更工程的单价及费率。

4. 协商价格

监理工程师应与承包商和建设单位就其工程变更费用评估的结果进行磋商。在意见难以统一时，监理工程师应确定最终的价格。

5. 签发“工程变更令”

（1）变更资料齐全，变更费用确定后，监理工程师应根据合同规定签发“工程变更令”。

（2）“工程变更令”主要包括文件目录、工程变更令、工程变更说明、工程费用估计表及有关附件。

（3）工程变更的指令必须是书面的，如果因某种特殊原因，监理工程师有权口头下达变更命令。承包商应在合同规定的时间内要求监理工程师书面确认。

（4）监理工程师在决定批准工程变更时，要确认此工程变更属于合同范围，是本合同中的工程或服务等，此变更必须对工程质量有保证，必须符合规范。

6. 监理单位对设计变更的处理程序

首先，总监理工程师组织专业监理工程师审查总承包单位提交的设计变更要求，若审查后同意总承包单位的设计变更申请，按下列程序进行。

（1）项目监理机构将审查意见提交给建设单位。

（2）项目监理机构取得设计变更文件后，结合实际情况对变更费用和工期进行评估。

（3）总监理工程师就评估情况与建设单位和总承包单位协商。

（4）总监理工程师签发工程变更单。

若审查后不同意总承包单位的设计变更申请，应要求施工单位按原设计图纸施工。

通常合同约定，变更经由发包人确认后，向设计单位提出变更，设计单位将变更后的文件及变更单反馈，监理及施工单位据此进行监理和施工。但是实际工程变更问题处理时，会遇到这样那样的问题。比如，监理人直接发给设计单位变更问题，设计单位直接发给监理单位设计变更图纸；承包人直接对设计单位提出变更，设计人直接将变更图纸发给承包人。那么这些情况该究竟如何处理，参看下面示例细节。

【例 4-1】 2001 年 6 月 16 日，某公司与建工建筑签订《建筑安装工程施工合同》，约定：甲、乙双方均必须坚持按审定的设计施工图施工，任何一方不得随意变更设计。确需变更设计，应取得以下两项批准：①超过原设计标准和规模时，须按原审批程序重新报批，取得相应的追加投资和材料标准。②经原设计单位审查，取得相应的图纸和说明。在施工中，某公司提出对原设计进行变更，经设计单位审查批准，向建工建筑发出书面变更通知。

合同签订后，建工建筑即如约进场施工。

在施工过程中，建工建筑向某公司或设计单位发出数十份“工程联系单”，要求澄清具体设计细节做法问题，如局部承台加宽、板盘的替换等。为此，部分由设计单位提供了细节图纸，部分由某公司书面回复。

竣工结算时，建工建筑认为这些书面答复构成设计变更，要求顺延工期，增加价款，但某公司不认同。建工建筑向法院提起诉讼。

【分析】

（1）关于变更的主体，合同约定设计变更由设计单位出具图纸后再由发包人发出变更指令，在实际施工过程中，设计单位直接向承包人发出了许多细节图纸，发包人也未提出异议，应该理解为双方在履约过程中变更了合同约定。

（2）关于变更形式，合同并无严格规定，无论采用书面答复、发放图纸形式，还是变更指令，只要符合其他要件，均可视为设计变更。

（3）关于变更内容，在施工过程中，无论是工程具体细节（如标高、基线、位置），还是实质性内容等（如工作质量或其他特性），只要与合同图纸相比有所变更且符合其他要件，均应视为设计变更。

因此，设计人直接发给承包人的设计细节图变更了合同图纸的，尽管未按合同约定由发包人发出，但发包人施工时也未提出异议，应该视为设计变更。

示例中，由于建工建筑未能说明设计细节图纸与合同图纸的差异，最高院认为不能证明工程设计发生了变更，驳回了建工建筑与该设计变更相关请求。

设计人直接发给承包人的设计细节图变更了合同图纸的，如发包人无异议，可以视为设计变更。

(1) 发包人在收到设计细节图纸后，应仔细与合同图纸进行比较。如有差异的，按工程变更程序规定的时间及时详细说明并向发包人（工程师）提交变更价款调整报告。

(2) 可以在收到设计细节图纸后，如暂时不能提交变更价款调整报告，宜通过联系单等适当方式告知发包人有关变更情况。

(3) 如果发包人不认可变更价款调整报告，应保留已经按照设计细节图施工的相关证据。

四、工程变更的程序

建筑工程项目合同变更的程序为：提出合同变更→批准合同变更→发出及执行合同变更指令，具体内容如下。

(1) 提出合同变更。合同变更的提出有三种情况，分别如下。

1) 发包人提出合同变更。发包人可通过工程师提出合同变更。但如发包人提出的合同变更内容超出合同限定的范围，则其提出的变更属于新增工程，要另签合同，除非承包方同意作为变更。

2) 承包商提出合同变更。承包商提出合同变更，通常是由于工程遇到不可预见的地质条件或地下障碍。例如，原设计的某大厦基础为钻孔灌注桩，承包商根据开工后钻探的地质条件和施工经验，认为改成沉井基础较好。也有可能是承包商为了节约工程成本或加快工程施工进度，提出合同变更。

3) 工程师提出合同变更。工程师往往根据工地现场的工程进展的具体情况，认为确有必要时可提出合同变更。工程施工过程中，因设计考虑不周或施工时环境发生变化，工程师本着节约工程成本、加快工程进度和保证工程质量的原则，可提出合同变更。只要提出的合同变更在原合同规定的范围内，一般是切实可行的。若超出原合同，新增了很多工程内容和项目，则属于不合理的合同变更请求，工程师应和承包商协商后酌情处理。

(2) 批准合同变更。如果是由承包商提出的合同变更，应交与工程师审查并批准。如果是由发包人提出的合同变更，为便于工程的统一管理，通常由工程师代为发出变更单。

工程师有发出合同变更通知的权力，是工程施工合同明确约定的。当然该权力也可约定为发包人所有，发包人通过书面授权的方式使工程师拥有该权力。但如果合同对工程师提出合同变更的权力作了具体限制，工程师发出超出其权限范围的合同变更指令，应附上发包人的书面批准文件，否则承包商可拒绝执行。在紧急情况下，不应限制工程师向承包商发布其认为必要的变更指示。

合同变更审批的基本原则如下。

1）考虑合同变更对工程进展是否有利。

2）考虑合同变更可以节约工程成本。

3）保证变更项目符合本工程的技术标准。

4）考虑合同变更要兼顾发包人、承包商或工程项目之外其他第三方的利益，不能因合同变更而损害任何一方的正当权益。

5）当工程受阻，如遇到特殊风险、人为阻碍、合同一方当事人违约等，就得变更工程。

（3）发出及执行合同变更指令。为了避免耽误工作，工程师在和承包商就变更价格达成一致意见之前，须先行发布变更指令，通常分两个阶段发布变更指令：第一阶段是在没有规定价格和费率的情况下指令承包商继续工作；第二阶段是在通过进一步的协商后，发布确定变更工程费率和价格的指令。

合同变更指令的发出形式有以下两种。

1）书面形式。即要求工程师签发书面变更通知令。当工程师书面通知承包商工程变更时，承包商才能执行变更的工程。

2）口头形式。工程师先发出口头指令要求合同变更，事后再补签一份书面的合同变更指令。如果工程师口头指令后忘了补书面指令，承包商（须7d内）可以书面形式证实此项指令，交与工程师签字，工程师如果在14d之内没有提出反对意见，应视为认可。

五、工程项目变更应遵循的规则

（1）合同变更必须用书面形式或以一定的规格写明。对于要取消的任何一项分部工程，合同变更应在该部分工程还未施工前进行，以免造成人力、物力、财力的浪费，也避免造成发包人多支付工程款项。

（2）根据通常的工程惯例，除非工程师明显超越合同赋予的权限，承包商应该无条件地执行其合同变更的指令。如果工程师根据合同约定发布了进行合同变更的书面指令，那么不论承包商对此是否有异议，不论合同变更的价款是否已经确定，也不论监理方或发包人答应给予付款的金额是否令承包商满意，承包商都应无条件地执行此种指令。若承包商有意见，只能是一边进行变更工作，一边根据合同规定寻求索赔或仲裁解决。在争议处理期间，承包商有义务继续进行正常的工程施工和有争议的变更工程施工，否则可能会构成承包商违约。

六、工程项目变更的责任及处理

变更的责任及处理可从设计变更及施工方案变更两方面来分析，见表4-1。

表4-1　合同变更的责任及处理

类别	内　　容
对于设计变更	通常设计变更会引起工程量的增加或减少，新增或删除工程分项，工程质量和进度的变化，以及实施方案的变化。工程施工合同赋予发包人（工程师）这方面的变更权力，可以通过下达指令，重新发布图纸或变更令来实现

续表

类别	内　　容
对于施工方案的变更	施工方案变更的责任分析通常比较复杂，如： （1）在投标文件中，承包商在施工组织设计中提出比较完备的施工方案，但施工组织设计不作为合同文件的一部分。应注意： 1）施工合同规定，承包商应对所有现场作业和施工方法的完备、安全、稳定负全部责任。这表示在通常情况下由于承包商自身原因（如失误或风险）修改施工方案所造成的损失应由承包商负责。 2）施工方案虽不是合同文件，但它也有约束力。发包人向承包商授标就表示对这个方案的认可。在授标前的澄清会议上，发包人也可要求承包商对施工方案作出说明，甚至可以要求修改方案，以符合发包人的目标、发包人的配合和供应能力（如图纸、场地、资金等）。通常承包商会积极迎合发包人的要求，以争取中标。 3）在工程中承包商采用或修改实施方案都要经过工程师的批准或同意。 4）承包商对决定和修改施工方案具有相应的权利，发包人不能随便干预承包商的施工方案；为了更好地完成合同目标（如缩短工期），或在不影响合同目标的前提下承包商有权采用更为科学和经济合理的施工方案，发包人也不得随便干预。承包商承担重新选择施工方案的风险和收益。 （2）重大的设计变更常常会导致施工方案的变更。如果设计变更由发包人负责，相应的施工方案的变更也由发包人承担责任；反之，由承包商负责。 （3）施工进度的变更。施工进度的变更是十分频繁的。通常在招标文件中，发包人给出工程的总工期目标，承包商在投标书中有一个总进度计划（一般以横道图形式表示），而中标后承包商还要提出详细的进度计划，由工程师批准（或同意）。在工程开工后，每月都可能有进度地调整。 只要工程师（或发包人）批准（或同意）承包商的进度计划（或调整后的进度计划），则新进度计划就是有约束力的。如果发包人不能按照新进度计划完成，如及时提供图纸、施工场地、水、电等，那么就属发包人违约，发包人应承担责任。 （4）对不利的异常的地质条件所引起的施工方案的变更属于发包人的责任。例如，一个有经验的承包商无法预料现场气候条件除外的障碍或条件，发包人负责地质勘察和提供地质报告，其应对报告的正确性和完备性承担责任

七、建筑工程项目合同变更管理中应注意的问题

建筑工程项目合同变更管理中应注意的问题主要是指防止合同纠纷的发生，具体可从以下几个方面考虑。

（1）对变更条款进行认真的合同分析。

1）对工程变更条款的合同分析应特别注意：工程变更不能超过合同规定的工程范围，如果超过这个范围，承包商有权不执行变更或坚持事先商定价格后再进行变更。发包人和工程师的认可权必须限制。发包人常常通过工程师对材料、设计、施工工艺的认可权提高材料质量标准、设计质量标准、施工质量标准。如果合同条文规定比较含糊或不详细，很容易产生争执。但是，如果这种认可权超过合同明确规定的范围和标准，承包商应争取发包人或工程师的书面确认，进而提出工期和费用索赔。

2）承包商与发包人、总（分）包之间的任何书面信件、报告、指令等都应经合同管理人员进行技术和法律方面的审查，这样才能保证任何变更都在控制中，不会出现合同纠纷。

（2）促使工程师将工程变更提前发生。

1）在实际工作中，变更决策时间过长和变更程序太慢均会造成很大的损失。通常有两种现象：施工停止，承包商等待变更指令或变更会谈决议；变更指令不能迅速做出，而现场继续施工，从而造成更大的返工损失。因此变更程序应尽量快捷，承包商也应尽早发现可能导致工程变更的种种迹象，尽可能促使工程师提前做出工程变更。

2）施工中发现图纸错误或其他问题，需进行变更，首先通知工程师，经工程师同意或通过变更程序后再进行变更。否则，承包商不仅得不到应有的补偿，而且会带来麻烦。

（3）正确判定工程师发出的变更指令。对已收到的变更指令，特别是对重大的变更指令或在图纸上做出的修改意见，应予以核实。对超出工程师权限范围的变更，应要求工程师出具发包人的书面批准文件。对涉及双方责、权、利关系的重大变更，必须有发包人的书面指令、认可或双方签署的变更协议。

（4）迅速、全面落实变更指令。变更指令做出后，承包商应迅速、全面、系统地落实变更指令。承包商应全面修改相关的各种文件，如有关图纸、规范、施工计划、采购计划等，使它们反映和兼容最新的变更。承包商应在相关的各工程小组和分包商的工作中落实变更指令，并提出相应的措施，对新出现的问题做出解释和对策，同时又要协调好各方面工作。

（5）注意收集收据资料。工程变更是索赔机会，应在合同规定的索赔有效期内完成对它的索赔处理。在合同变更过程中应记录、收集、整理所涉及的各种文件，如图纸、各种计划、技术说明、规范和发包人或工程师的变更指令，以作为进一步分析的依据和索赔的证据。

在工程变更中，应特别注意因变更造成返工、停工、窝工、修改计划等引起的损失，注意这方面证据的收集。在变更谈判中应对此进行商谈，保留索赔权。在实际工程中，人们常常会忽视这些损失证据的收集，而最后提出索赔报告时往往因举证和验证困难而被对方否决。

【例 4-2】 有一发包人与某施工单位签订了一份工程施工合同，估算工程量为 $1000m^3$，综合单价为 5000 元/m^3，合同中约定，当实际工程量超过估算工程量的 15%以上时，执行的综合单价为原单价乘以 0.9，每个月完成的实际工程量见表 4-2。

表 4-2　计划完成工程量和实际完成工程量计算表

项目（m^3）	2月	3月	4月	5月	6月	7月
计划完成工程量	100	200	100	200	200	200
实际完成工程量	150	200	350	100	200	200

试分析，此案例中当工程变更价款发生争议时如何处理。

【分析】 依据《建设工程施工合同（示范文本）》，工程量变更价款有以下几种情况。

（1）合同中已有适用于工程的价格，按合同已有的价格变更合同价款。

（2）合同中只有类似于变更工程的价格，可以参照类似价格变更合同价款。

（3）合同中没有类似于变更工程的价格，由承包人提出适当的变更价格，经工程师确认后执行。

此案例中，当工程变更价款发生争议时，依据《建设工程监理规范》（GB 50319—2000）应由监理工程师暂定一个价款作为临时支付凭证，处理方法有：双方协商；工程师调解；向造价管理部门申请仲裁；向地方人民法院提起诉讼。

【例 4 - 3】 某承包人于 2009 年 10 月依据《建设工程施工合同（示范文本）》（GF—1999—0201）与发包人签订了一份施工合同。在施工过程中，主体结构工程发生了多次设计变更，于是在 2010 年 11 月工程竣工时，承包人在编制竣工结算书中提出了因设计变更增加的合同价款 80 万元由发包人支付。

试分析，此案例中承包人提出的变更增加费用是否合理。

【分析】 依据《建设工程施工合同（示范文本）》（GF—1999—0201）的约定，承包方须在收到设计变更后 14d 内提出变更报价。2013 版《建设工程施工合同（示范文本）》也规定：承包人在收到变更指示后 14d 内，向监理人提交变更估价申请。本案例中的承包人提出变更价款已超出合同约定的报价时限，因此，发包人可视承包人同意设计变更而不涉及合同价款调整而拒绝承包人提出的变更增加费用。

八、工程设计变更的签发原则

工程设计变更均应由建设单位、设计单位、监理单位、施工单位协商，经确认后由设计单位发出相应的图纸及说明，并办理签发手续，下发到各部门付诸实施。变更联系单审查时应着重注意以下几点。

（1）判断是否确属原设计不能保证工程质量要求、设计遗漏和错误以及与现场不符无法施工非改不可等情况。

（2）工程变更应在技术上可行，并全面考虑变更后产生的效益（质量、工期、造价），与现场变更引起施工单位索赔所产生的损失加以比较，权衡轻重后再作决定。

（3）工程造价增减幅度是否控制在总概算的范围之内，若确需变更但有可能超出概算时，更要慎重考虑。

（4）需说明变更产生的背景，包括变更产生的提议单位、主要参与人员和时间，设计变更原因，以及对其他专业的影响，因设计变更增减的工程造价等，并应严格按审批程序办理。

九、工程变更的防范

（1）把好图纸设计关。工程项目开工前，要科学统筹安排好各方面工作，按建设程序严格执行。图纸设计是控制工程变更、设计修改的第一关。首先，通过对工程的设计招标多个方案的比较，取优弃劣，使工程的设计更具科学性、完整性、适用性、经济性。其次，在设计图初步定下来后，应通过专家会审、各方共审，对图纸不合理或错误之处及时进行纠正，尽量避免在施工中的设计修改。其三，非紧急情况下，要杜绝边报批、边设计、边施工的三边工程。在项目未批、图纸未审定、环保手续未办之前，政府相关部门要坚决禁止工程项目施工。

（2）规范工程的招投标和合同签订。设计图一经确定，工程招标就应严格按审定的设计图进行招标，而不应在招标时对设计图的内容进行过多的变更、修改，增加不确定因素。施工方中标后，签订合同和招标文件规定应一致，而不应签订和招标文件规定相矛盾的条款。相关部门应加强对合同的审查和管理。

（3）加强工程项目建设中的过程管理。建设方要派出懂技术、负责任的监理，加强对工程的造价管理。对施工方提出的工程变更、设计修改要进行综合的科学分析，对施工方擅自进行的工程变更、设计修改要及时地进行坚决制止和纠正。明确所发生的费用和造成的损失由过错责任方负责。

（4）加强对工程变更、设计修改的审批程序管理。对确实需要进行工程变更、设计修改的，必须经过设计单位、建设单位和监理等有关人员参加，进行周密的技术论证和经济可行性论证。特别大的变动还须报原审批项目的政府有关部门批准。而不能凭借某个人的意志而随意进行变更和设计修改。

（5）建立和健全项目法人责任制与责任追究制。明确工程项目建设各方的责任和各类人员职责。既支持和鼓励工程人员积极负责，又要防止领导者不当的直接技术干预。

（6）加强工程项目评审与审计监督。工程评审的目的是通过工程造价评审来发现投资管理上存在的薄弱环节，促使工程投标管理的不断完善，提高资金使用效益。因此，要把工程造价的控制和管理当作一项系统工程去进行全过程、全方位的系统管理。强化对从业人员反商业贿赂的教育，加强反腐机制建设。

十、加强工程设计变更管理的措施

（1）加强政策法规的学习，提高各相关人员责任心和业务水平，严把设计变更和工程签证关。参与工程建设的各方都应认真学习国家有关法律法规，充分认识到设计变更的严肃性和各自权限，做到坚持原则、依法有序、真实有效，实现设计变更管理的规章化、法律化。

（2）建立完善的工程变更管理制度及合同交底记录制度，有明确的分工协作和明确的权利职责。严格按有关设计变更手续办理具体业务，规范各级工程管理人员在设计变更中的管理行为。提高合同管理意识，让参与施工项目的管理人员对合同的内容做到全面了解，心中有数，弄清甲乙双方的经济技术责任，以便在实际工作中灵活运用。

（3）做好图纸设计和施工图审查工作。工程项目的方案阶段和初步设计阶段必须认真推敲、集思广益，建设单位和设计单位均要认真研究方案的合理性、先进性、可行性。实践证明，工程方案阶段是项目建设最关键的基础阶段，对施工图设计和项目投入使用后的效益发挥起着至关重要的作用。在很多工程项目的建设中，由于过分追求工程建设速度，留给设计单位的方案阶段时间很短，难免考虑不周，从而导致施工图阶段频繁修改设计，欲速则不达。有时即使施工图按时交付，但经过图纸审查机构和技术会审交底时出现大量问题，也导致工期的拖延。此外，设计单位在施工图阶段一定要做好各专业的技术协调，尽量避免出现一些可预见性的低级错误，如图纸中的错、漏、碰、缺等现象，将施工中因设计单位失误而造成的变更减少到最低限度。

（4）督促设计或安装单位提出尽量全面、准确的管道平面定位尺寸及标高。现在许多施工图只给出了主要设备的定位尺寸，没有注明风管、水管的定位尺寸及标高，或者即使有尺寸，但缺乏系统的协调与平衡，管道与结构、装修之间的矛盾时有发生，图纸会签形同虚设。

（5）加强室内装修设计与施工管理。装修设计往往只注重美观而不注意功能使用，严重时可能影响空调效果，因此对装修设计的方案审查尤为重要。装修企业的综合技术水平和队伍素质参差不齐，装修施工有可能进入无序、失控状态，结果导致空调通风系统随装修而变更，造成重大经济损失。

（6）合理组织施工，加强各工种之间的协调配合。各施工单位进场后，必须制订科学的工程进度计划，并按计划组织材料供应，安排进场施工。尤其是在抢工期的情况下，工序管理和工种协调上的不合理，会造成不必要的工程变更。

（7）加强对设计变更的审查。尤其是建设单位和监理单位应从工程造价、项目的功能要求，质量和工期方面严格审查工程变更的方案，并在工程变更实施前及时与施工承包单位协商确定工程变更所涉及的工程量和工程价款。设计变更必须注明变更原因、变更要求及必要的附件等内容，做到有章可循、有据可查、责任明确。严禁通过设计变更无故扩大工程建设规模、增加建设内容、提高或降低建设标准，使工程投资得不到有效的使用。

（8）设计变更应尽量提前，变更发出得越早，对工程项目的投资和工期的影响也越小。如在设计阶段变更，则只需修改图纸，其他费用尚未发生，损失有限；如在设备采购阶段变更，不仅需要修改图纸，而且设备、材料还需重新采购；若在施工阶段变更，除上述费用外，已施工的工程还须拆除，势必造成重大变更损失。因此尽可能把可预见的设计变更控制在设计阶段初期，以减少损失。其中，对影响工程造价的重大设计变更，需进行由多方人员参加的技术经济论证，获得有关行政管理部门批准后方可进行。

（9）设计变更的内容应全面考虑。若涉及多个专业，设计与施工单位的各专业技术人员应及时协调处理，以免出现设计变更虽弥补了本专业的不足，却又造成其他专业的缺陷，尤其是土建专业的建筑平面功能发生的变更应及时告知暖通专业以配合调整。

（10）加强现场施工资料的收集和整理工作，完善工程档案，加强监理单位在工程建设监理中的责、权，加大变更内容的监理监管力度。施工单位在决算时需向建设单位提供详尽的设计变更和现场签证的证明资料。凡变更都应有设计单位的盖章签字才能有效，签证都应有建设和监理单位签字。

第三节　工程变更价款

一、工程价款变更的类型

（1）招标采用的设计文件不够详尽，导致工程量计算有误差。主要表现在建筑与结构互相矛盾，分项工程的施工方法与现行规范相矛盾，标底、标函编制人员凭着自己的理解进行工程量计算，最后导致计算结果不统一，项目实施过程中，必然会发生设计变更。以任何一方的工程量作为变更价款的依据都显得不尽合理。

（2）招标文件、招标说明本身不够严密，导致标底、标函互有出入。主要表现在发包范围表述不明、甲供材料及特种材料如何处理规定不清晰。工程实施过程中，业主对这些部位进行了调整，确定此类变更价款需要调整原招标内容，此时，发现有不同的工作内容，不同的材料价格，而且有时出入较大，从而引发了纠纷。

（3）招标时采用综合定额作为主要的计价依据，分项工程变更调整以单项定额或者综合定额为依据。目前，全国绝大部分省市除了在全国统一的工程量计算规则的基础上编制了具有省市特色的单位估价表外还为了工作方便测定了综合定额，但按照单位估价表和综合定额的含量分别测算出的造价却不一致。如某大型工程增加天棚吊顶，减少混凝土板底粉刷，减少的粉刷工程量既可采用综合定额含量分析，也可采用单项定额进行计算，二者结果有很大差距。

（4）招标文件规定了不符合政策规定的取费标准，导致施工利润低微，承包单位要求调整不合理的规定。有时业主出于种种原因，在招标文件中明确规定不计取政策规定允许计取的风险费、包干费等各项费用。施工过程中遇到材料价格猛涨等特殊原因，承包单位要求调整这些不合理规定，而业主却以招标文件为依据不给予调整，导致双方经济利益分歧。

（5）工程实施过程中变更的产生有设计变更、业主指令、现场签证等，而这些变更时有重复、错误、矛盾的现象发生，这也导致承包单位工程变更价款，而审核后工程变更价款为负的现象时有发生。

二、工程变更单价组成

变更工程价款确定的核心是变更工程单价的确定，变更工程的单价是指完成一个规定计量单位变更项目的单位成本超过1%。

（1）人工费。是指实施单位变更项目所需消耗的人工工日乘以合同规定的人工单价。

（2）材料费。是指实施单位变更项目所需消耗的材料、构件和半成品实际消耗量加上一定的损耗乘以材料单价。

（3）机械使用费。是指实施单位变更项目所需消耗的机械台班消耗量乘以机械台班单价。

（4）管理费及利润。管理费和利润依据规定是以人工费与机械费之和作为计算基础，对于建筑工程按工程类别不同确定管理费率及利润率。

三、工程变更价款的确定方法

1. 已标价工程量清单项目或其工程数量发生变化的调整办法

《建设工程工程量清单计价规范》（GB 50500—2013）规定，因工程变更引起已标价工程量清单项目或其工程数量发生变化，应按照下列规定调整。

（1）已标价工程量清单中有适用于变更工程项目的，应采用该项目的单价；但当工程变更导致该清单项目的工程数量发生变化，且工程量偏差超过15%时，调整的原则为：当工程量增加15%以上时，其增加部分的工程量的综合单价应予调低；当工程量减少15%以上时，减少后剩余部分的工程量的综合单价应予调高。

（2）已标价工程量清单中没有适用但有类似于变更工程项目的，可在合理范围内参照类似项目的单价。

（3）已标价工程量清单中没有适用也没有类似于变更工程项目的，应由承包人根据变更工程资料、计量规则和计价办法、工程造价管理机构发布的信息价格和承包人报价浮动率提出变更工程项目的单价，报发包人确认后调整。承包人报价浮动率可按下列公式计算。

1）招标工程

承包人报价浮动率 L=（1－中标价/招标控制价）×100%

2）非招标工程

承包人报价浮动率 L=（1－报价值/施工图预算）×100%

（4）已标价工程量清单中没有适用也没有类似于变更工程项目，且工程造价管理机构发布的信息价格缺价的，应由承包人根据变更工程资料、计量规则、计价办法和通过市场调查等取得有合法依据的市场价格提出变更工程项目的单价，并应报发包人确认后调整。

2. 措施项目费的调整

工程变更引起施工方案改变并使措施项目发生变化时，承包人提出调整措施项目费的，应事先将拟实施的方案提交发包人确认，并应详细说明与原方案措施项目相比的变化情况。拟实施的方案经发承包双方确认后执行，并应按照下列规定调整措施项目费。

（1）安全文明施工费应按照实际发生变化的措施项目调整，不得浮动。

（2）采用单价计算的措施项目费，应按照实际发生变化的措施项目按前述已标价工程量清单项目的规定确定单价。

（3）按总价（或系数）计算的措施项目费，按照实际发生变化的措施项目调整，但应考虑承包人报价浮动因素，即调整金额按照实际调整金额乘以相应公式得出的承包人报价浮动率计算。

如果承包人未事先将拟实施的方案提交给发包人确认，则视为工程变更不引起措施项目费的调整或承包人放弃调整措施项目费的权利。

3. 工程变更价款调整方法的应用

（1）直接采用适用的项目单价的前提是其采用的材料、施工工艺和方法相同，也不因此增加关键线路上工程的施工时间。例如，某工程施工过程中，由于设计变更，新增加轻质材料隔墙 1200m^2，已标价工程量清单中有此轻质材料隔墙项目综合单价，且新增部分工程量在 15%以内，就应直接采用该项目综合单价。

（2）采用适用的项目单价的前提是其采用的材料、施工工艺和方法基本类似，不增加关键线路上工程的施工时间，可仅就其变更后的差异部分，参考类似的项目单价由承发包双方协商新的项目单价。例如，某工程现浇混凝土梁为 C25，施工过程中设计调整为 C30，此时，可仅将 C30 混凝土价格替换 C25 混凝土价格，其余不变，组成新的综合单价。

（3）无法找到适用和类似的项目单价时，应采用招投标时的基础资料和工程造价管理机构发布的信息价格，按成本加利润的原则由发承包双方协商新的综合单价。

【例 4-4】 某工程项目的施工招标文件中标明该工程采用综合单价计价方式，其中，合同约定，实际完成工程量超过估计工程量15%以上时允许调整单价。原来合同中有A、B两项土方工程，工程量均为16万m^3，土方工程的合同单价为16元/m^3。实际工程量与估计工程量相等。施工过程中，总监理工程师以设计变更通知发布新增土方工程C的指示，该工作的性质和施工难度与A、B工作相同，工程量为32万m^3。总监理工程师与承包单位依据合同约定协商后，确定的土方变更价单价为14元/m^3。

确定承包人提出的上述变更费用，并说明理由。

【解】 承包人的变更费用计算如下：

1）工程量清单中计划土方=16+16=32(万m^3)。

2）新增土方工程量=32万m^3。

3）按照合同约定，应按原单价计算的新增工程量=32×15%=4.8(万m^3)。

4）新增土方工程款=4.8×16+(32−4.8)×14=457.6(万元)。

（4）无法找到适用和类似的项目单价、工程造价管理机构也没有发布此类信息价格，由发承包双方协商确定。

【例4-5】 某合同路堤土方工程完成后，发现原设计在排水方面考虑不周，因此发包人同意在适当位置增设排水管涵。在工程量清单上有100多道类似管涵，但承包人不同意直接从中选择适合的作为参考依据。理由是变更设计提出时间较晚，其土方已经完成并准备开始路面施工，新增工程不但打乱了其进度计划，而且二次开挖土方难度较大，特别是重新开挖用石灰土处理过的路堤，与开挖天然表土不能等同。监理工程师认为承包人的意见可以接受，不宜直接套用清单中的管涵价格。经与承包人协商，决定采用工程量清单上的几何尺寸、地理位置等条件相近的管涵价格作为新增工程的基本单价，但对其中的“土方开挖”一项在原报价基础上按某个系数予以适当提高，提高的费用叠加在基本单价上，构成新增工程价格。

【例4-6】 某建设项目，建设单位以公开招标的方式选择了某建筑公司承担了大厦的施工任务，建设单位要求监理单位协助与施工单位按FIDIC（土木工程施工合同条件）签订施工合同。

施工合同专用条款规定：

工程采用单价合同，各项目的价格及费率不考虑调整，只有工程涉及的设计变更款项超过总合同价的2%，以及工程实际发生的工程量超过或小于估计工程量20%以上时，方可考虑调整价格。规定调整系数为1.2，滞留金为10%，合同总价为965万元，计日工单价为35元/日，监理工程师签发工程进度款的最低限额为150万元，工程量清单中混凝土量为1300m^3，施工单位报价为760元/m^3。

施工过程中，建设单位根据需要增加一个新项目：混凝土量1250m^3，确定新的单价为750元/m^3。施工结束后，施工单位及时提出以下索赔。

（1）新增工程费：1250×750=93.75(万元)。

（2）钻孔机进出场费2万元。

（3）计日工费：35×500=1.75(万元)。

（4）管理费：93.75+2+1.75=97.5(万元)。

（5）材料设备预付款：15万元。

共计：93.75＋2＋1.75＋97.5＋15＝210(万元)。

应付款：210×(1.2－0.1)＝231(万元)。

问题如下。

(1) 施工单位进行的哪些工作可以获得费用索赔?

(2) FIDIC合同条款52.3中，所说的设计变更超过原工程量的15%的含义是什么?

(3) 桩基工程量是否应该调整? 为什么?

(4) 对施工单位提出的索赔，监理工程师应如何处理?

【分析】

(1) 施工单位以下工作可以获得费用索赔。

1) 根据工程项目的需要，监理工程师要求施工单位完成施工合同及设计图样以外的与工程有关的工程量。

2) 发生的工程风险事件属于建设单位应该承担的风险，如工程遭受龙卷风、台风、地震、暴风雨、冰雹等不可抗力的破坏以后，施工单位根据监理工程师的指示，进行灾后的清理、修复工作所发生的费用。

3) 对工程任何形式和部分的设计变更如下。

第一，由于变更使造价合同增减的项目有：原设计图样造价10万元，经设计变更涉及材料或施工工艺价格增加到15万元，故增加价款5万元。

第二，虽然没有发生材料的变更和增减，但施工单位已按原设计图样施工完毕，由于变更重新进行施工（根据设计变更要求）所发生的费用，应给施工单位以费用补偿。所以，监理工程师在设计变更到来后，应认真检查设计变更的部位是否已经施工。如果没有施工，应付给施工单位变更的一次性工程施工的所有费用减去原设计图样中所涉及的各种费用。

设计变更的管理：对于施工过程中发生的设计变更，监理工程师应将设计变更的内容简单标注在施工图上，以便查图时明了此部位有变更，不致使施工单位分辨不清和误以原图进行施工。

4) 施工合同及设计图样之外的工程项目：监理工程师根据工程建设的需要而指令施工单位所进行的合同以外的项目所发生的费用。

以上4种情况应给施工单位以费用补偿。

(2) FIDIC合同条中的设计。变更工程量超过或减少原估计工程量的15%以上，综合单价相应增减。

(3) 监理工程师对施工单位报送的索赔。申请进行确认应该对桩基工程的单价进行调整，因为所涉及的变更超过了总合同价的2%，增加的混凝土工程量已超过原估算工程量的20%。

(4) 对施工单位所报项目的审核。

1) 估算工程量价款：

$$1300\times760=98.8(\text{万元})$$

2) 新增工程量中20%以内价款：

$$1300\times20\%\times760=19.76(\text{万元})$$

3）新增工程量中超过20%以外的工程量价款：

$$(1250-260)\times 750=74.25(万元)$$

以上小计（98.8+19.76+74.25）×1.2=231.372(万元)

4）钻孔机进出厂费已包含在综合单价中，不应再行计取。

5）计日工价款：35×450=1.575（万元），经监理核实为45个工作日。

6）管理费已包含在综合单价之中，不应再行计取。

7）材料设备预付款14.3万元，经监理核实为14.3万元，并且材料设备已到场。

以上小计：1.575+14.3×1.2=18.74(万元)

本月应得款：231.372+36.06=267.432(万元)

本月应付款：267.432－267.432×10%=240.688 8(万元)

【例4-7】 有一住宅小区建设项目，建设单位委托了一家监理公司承担施工阶段的监理任务。在管道施工过程中，遇到了地下障碍物，这时，承建的施工单位提出设计更改的要求，经专业监理工程师审查后同意变更，且向设计单位提交了变更文件。设计单位完成变更设计后又交监理单位审核，随后，专业监理工程师签发了工程变更通知单。

设计变更后，工程造价减少了3万元，工期延长了4d，这时，施工单位觉得自己亏本，便提出要求工期延长4d，且要求获得3万元收益。

问题：本例中，变更程序是否处理妥当？监理工程师能否同意施工单位提出延期及费用要求？

【分析】 首先，变更事宜中，专业监理工程师审查同意变更，不妥当，应由总监理工程师审查并决定是否变更。

其次，此事例中的设计变更文件应由建设单位审查同意后交设计单位，监理工程师不能向设计单位提交变更文件。

还有，设计单位完成设计变更后应交建设单位签认，再由总监理工程师签发工程设计变更单。

对于施工单位提出的延期，监理工程师应同意；但3万元费用应由监理方协调，施工合同双方共同受益。

四、工程价款变更控制与管理

1. 控制

（1）合理确定建设项目各阶段的工程造价控制目标，全过程全方位控制工程造价，是严格按照基建程序办事的要求。也就是说，在项目可行性研究阶段搞好投资估算控制，在初步设计阶段搞好概算控制，在施工图设计阶段搞好施工图预算控制，在施工阶段搞好工程量清单编制，在竣工阶段搞好工程结算控制。

（2）建设项目各阶段的工程造价控制原则，前者控制后者，后者修正前者，共同组成工程项目造价目标控制系统。各阶段造价控制目标的确定要本着实事求是的原则，认真按照规定编制，充分考虑市场因素，使它既有先进性、权威性，又有实现的可能性。

（3）要合理确定工程造价，既能激发执行者的进取心，又能充分发挥其主观能动性。只有严格按照基建程序办事，才能保证各阶段的工程造价控制目标的合理确定，减少工程项目变更，节约工程投资，提高经济效益。

2. 管理

工程变更价款管理的实质就是索赔的管理，它不能仅仅理解为施工单位在原施工合同承包价的基础上增减合同价款，而是包括施工单位的索赔和业主的反索赔。费用、工期和质量三者之间是相互联系，相互制约的。任何一方的变化都将影响其他两方面，因而我们的管理必须在技术的层面上和法律的层面上都要给予足够的重视。建设单位在认真履行施工合同的基础上，要明确自身的权利，在科学的研究、计算、协商的基础上，在明确发布工程变更指令后将要承担的权利义务后，再慎重决定工程变更。同时要在“重合同、守信用”和在满足承包商合理合法的工程价款变更要求的同时，积极进行反索赔工作，尽可能减少不必要的费用增加，控制工程总造价在计划投资的范围内。

（1）从技术方面要加强工程项目的管理工作。

1）要在设计质量上严格把关，大力推行设计监理制度，尽可能地降低设计变更的数量。

2）在项目发包阶段，要由造价中介机构编制工程量清单，减少与施工图纸不符造成的工程价款的变更。

3）在施工合同履行阶段，按照国家公布的施工合同示范文本进行合同管理，也可以采用国际通行的 FIDIC 条款签订和管理合同。

（2）从法律的角度进行工程变更价款的管理。

1）业主应该在认真履行合同的基础上，明确发布工程变更指令后将要承担的权利义务和法律责任后，再慎重决定工程变更。

2）业主要“重合同、守信用”，在工程变更之后，及时满足承包商提出的合理合法的索赔要求。同时，业主也应做好施工记录，积极进行反索赔工作。

应采取积极的态度，有预见性、全方位地加强管理，在工程建设项目的各个阶段，严格控制工程造价，减少工程变更，发现问题时及早提出解决方案，使工程总造价控制在计划投资的范围内。

五、工程价款变更改善措施

（1）提高设计人员的经济意识，提高设计文件的质量。目前，多数设计人员“重技术轻经济”，业主因为工程造价高于预期的工程造价而大幅度地调整施工图的现象时有发生。这些现象可以通过限制合理造价委托设计，加强施工图概算来解决。同时可通过召开图纸答疑会、设计单位内部自审等途径，尽量减少图纸不明确之处，把图纸互相矛盾的方面解决在招标工作开展之前，为工程的招投标、施工打下良好的技术基础。

（2）认真对待招标文件的法律地位，提高招标文件的质量。招标文件作为约束双方行为的纲领性文件具有其特殊的法律地位，招标单位绝不可以为“招标”而招标或简单认为“我是业主，谁都得听我的”，把一些不合法的规定强加给施工单位。编制招标文件时应从工程质量、工期、造价、发包范围、材料供应等多方面做出严密而符合国家规定的说明。特别是发包范围，如水暖与通风空调、人防工程与上部工程、主楼与裙楼的界限。遇有特种材料可采用暂定价格或由投标单位进行市场询价的方法。

（3）依据企业定额，企业自主报价，市场形成价格。工程量清单可由招标方（或具有编制工程量清单能力的咨询机构）编制，工程量清单作为招标文件的一部分，其主要功能是全面地列出所有可能影响工程造价的项目，并对每个项目的性质给予描述和说明，以便所有承包单位在统一的工程数量的基础上作出各自报价，经承包单位填列单价，并为业主所接纳后的工程量清单，作为合同文件的一部分。造价工程师确定变更工程量时就无须查阅标底、标函等资料，仅凭设计变更、工程量清单也可轻松计算出各分项工程量的增减，也可避开综合定额“含量”引起的不必要纠纷。

（4）采用以分项工程为计量单位的单价合同。建设工程施工合同可采用总价合同、单价合同、成本加酬金合同，其中单价合同适用范围较宽，能合理分摊风险，可鼓励施工单位通过加强管理、提高工效等手段赚取利润。综合工程单价的形成可由施工单位根据构成实体工、料、机消耗量和市场工、料、机价格得出成本，管理费、利润等各项费用均由承包单位根据自身实际情况确定，特殊材料可由招标文件明确暂定价格或由施工单位市场询价。变更价款可由工程量乘上承包单位的单价，这样可使变更价款的确定变得更轻松。

（5）明确工程变更的管理体制，避免互相扯皮。在项目实施过程中，可由业主委托监理工程师统一管理工程变更，这可使工程变更符合实际情况、科学有序，杜绝多头管理的情况发生。

（6）加快工程招标管理系统和工程信息网络的开发、建设。招标管理系统可包括市场信息管理、招标投标管理、工程造价管理等模块，各有关单位均可通过招标投标管理模块进行网上招标投标、通过工程造价管理模块完善工程量清单、标底、标函，发生工程变更时可将变更资料输入电脑，由电脑完成简单计算。这样也可实现各方异地办公，轻松完成变更价款的确定。

（7）优选变更方案。变更方案的不同影响着项目目标的实现，一个好的变更方案将有利于项目目标的实现，而一个不好的变更方案则会对项目产生不良影响。这就存在项目变更方案的优选问题。大多数项目的工程变更均缺乏对其技术、经济、工期、安全、质量和工艺性等诸多因素的综合评审，没能对工程变更方案进行有效的价值分析和多方案比选，使得一些没有意义的工程变更得以发生，或者是工程变更方案并非最优方案，造成不必要的费用和工期损失。因此，应加强对建设项目变更方案技术经济评价，最终选择最优变更方案，力求在不影响功能或者提升一定功能的前提下，以合理的费用、工期、质量以及工艺性能实现对原方案的变更。

（8）合理确定的工程变更费用。承包人在工程变更确定后14d内，提出变更价款的报告，经工程师确认后调整合同价款。变更合同价款按下列方法进行：合同中已有用于变更工程的价格，按合同已有的价格变更合同价款；合同中只有类似于变更工程的价格，可以参照类似价格变更合同价款；合同中没有适用或类似于变更工程的价格，由承包人提出适当价格，经监理师确认后执行。

除按以上示范文本规定执行外，还要从三个方面控制市政工程变更费用：一是控制项目规模和数量；二是准确计量工程量；三是严格控制工程单价。

确定工程变更单价时，首先要熟悉变更单价的基本定价方法，准确确定变更类别，分析该变更属于何种情况以及承包商报价是否符合相关要求，再进行具体审核；其次要熟悉施工合同、招投标文件，深入一线了解施工现场情况弄清引起变更的原因，分清变更责任主体，熟悉投标单价组成，为审核单价打下坚实的基础。再次要了解材料市场价格，合理取定价格。应建立完整的设备、材料价格库，掌握不断变化的市场价格，并做到及时跟踪、动态分析。最后要正确套用部委和省市级颁布的定额，合理确定单价变化幅度，根据投标报价中确定的人工、材料、机械台班单价、定额消耗量以及主管部门颁布的取费费率，计算出一个可比性的预算单价，再把这个预算单价与投标报价相比，求出其变化幅度。确定出合理的单价。对每个建设项目都要建立一套科学定价原则，应做到有依有据，才能使工程造价得到控制。

（9）做好收集整理信息资料工作。在工程变更控制中拥有充分的信息、掌握第一手翔实资料，是确定合理工程变更费用的前提条件，这就需要做好收集、整理信息资料工作。同时，工程变更资料还要妥善保存，以利于以后的工程变更。工程变更资料是工程资料的重要组成部分，是编制竣工图及工程决算的依据。如果建设单位管理不善，造成工程变更资料丢失，就不能保证工程资料的完整性和原始性，给日后工程的管理和维修带来不便。因此要派专人做好对工程变更资料的分类、编码及存档工作，以保证竣工图的原始性和完整性。

（10）及时准确发布工程变更信息。项目变更最终要通过工程项目各方人员共同实现。所有项目变更方案一旦确定以后，应及时将变更的信息和方案公之于众，使项目各主体掌握和领会变更方案，以调整自己的工作方案，朝着新的方向去努力。而且，变更方案实施以后，还应通报实施效果。

第四节　现　场　签　证

一、现场签证简介

现场签证是指发承包双方现场代表（或其委托人）就施工过程中涉及的责任事件所做的签认证明。

现场签证是从合同价到结算价、全过程索赔中形成的重要文件。但在工程合同国内示范文本及国际标准合同中，却根本没有提及签证。

现场签证起源于我国计划体制定额预算环境，是承发包双方确认工程相关事项的证明文件。签证并不一定是补充协议。狭义的签证才是补充协议。狭义签证，是指在施工及结算过程中，发包人与承包人根据合同约定就价款增减、费用支付、损失赔偿、工期顺延等事宜达成的补充协议。但该两签证概念均与工程合同脱节，为此，笔者提出广义签证概念。广义签证，是在施工过程中工程师依合同约定核定承包人提出的工程事项申请或者发出工程指令的单方法律行为。

现场签证主体很多，依据其授权情况不同，工程签证可分为有权签证、无权签证。

二、现场签证的效力

现场签证视情况可具有三方面的效力：①证明效力。作为确定工程相关情况的依据，除了有相反证据足以推翻的之外，承发包双方均不得反悔。②结论性约束力。承发包双方应该遵守和履行，不具根本违反情形，不得擅自推翻。③非结论性的约束力。承发包双方一般应该遵守并履行，但即使不具根本违反情形，也可依一定程序推翻。

根据签证是否具有约束力，本章将签证分为证明性签证和处分性签证。根据是否具有结论性约束力，将处分性签证分为结论性签证和非结论性签证。

同时，签证管理也是承包人重要合同管理工作，具体可分为签证程序、内容及文档管理。

三、工程签证的法律特点

（1）现场签证是双方协商一致的结果，是双方法律行为。工程合同履行的可变更性决定了合同双方必须对变更后的权利义务关系重新确认并达成一致意见。几乎所有的工程承包合同都对变更及如何达成一致意见做了规定。工程签证毫无疑问是合同双方意思表示一致的结果。因此，工程签证也是工程合同履行过程中出现的新的补充合同，是整个工程合同的组成部分。工程签证获得确认，即成为规范合同双方行为的依据。

（2）现场签证涉及的利益已经确定，可直接作为工程结算的凭据。在工程结算时，凡已获得双方确认的签证，均可直接在工程形象进度中间结算或工程最终造价结算中作为计算工程价款的依据。如若进行工程审价，审价部门对签证单不另作审查。如若对签证认可的款项拖欠不付，引起诉讼，该诉讼的性质属于权属确定的返还之诉。

（3）现场签证是施工过程中的例行工作，一般不依赖于证据。工程施工过程往往会发生不同于原设计、原计划安排的变化，如设计变更、进度加快、标准提高、施工条件、材料价格等变化，从而影响工期和造价。工程施工过程中不发生任何变化是不现实的。因这些变化而对原合同进行相应调整，这是常理之中的例行工作。工程签证是合同双方对这些调整用书面方式的互相确认。在没有分歧意见的情况下，双方往往认识一致，不需要什么证据，只依据已经发生的变化，工程签证就能获得对方的确认。只要发包方对承包方提交的费用计算没有异议并加以签字确认，这份工程签证就成为日后工程结算的依据。

四、现场签证的内容

现场签证的范围、由谁签字、通过什么程序，这些问题都应当在工程承发包合同中加以明确。建设部、国家工商局颁发的《建设工程施工合同示范文本》的合同条件部分，有关工程签证的规定散见于各个具体的条款中。例如，第 5 条“建设单位代表”中规定：“建设单位代表的指令、通知由其本人签字后，以书面形式交给施工单位代表，施工单位代表在回执上签署姓名和收到时间后生效。”第 6 条“施工单位驻工地代表”中规定：“施工单位的要求、请求和通知，以书面形式由施工单位代表签字后送交建设单位代表，建设单位代表在回执上签署姓名和收到时间后生效。”这两条可以说是对现场签证的总体规定。

其他条文，如施工组织设计和工期、质量和验收、合同价款与支付、材料设备供应、设计变更、竣工与结算等条款中都涉及具体的签证内容、方法与程序。

建设单位代表和施工单位项目经理的人选和权限、责任均由承发包合同加以明确。在合同履约过程中，建设单位代表和施工单位项目经理分别代表发包方和承包方对整个工程建设进行管理，维护各自的利益。他们是工程签证和索赔的重要负责人和执行人，因此，加强建设单位代表和施工单位项目经理的管理责任是承发包双方得到顺利进行工程签证和索赔管理的重要保证。建设单位代表和施工单位项目经理首先应当提高合同签证与索赔管理的意识和素质，按约严格履行自己的职责，用切实有效的履约管理去获得一切应当的签证和索赔，同时预防和杜绝一切不应当的签证和索赔。

现场签证是对施工过程中遇到的某些特殊情况实施的书面依据，由此发生的价款也成为工程造价的组成部分。由于现代工程规模和投资都较大，技术含量高，建设周期长，设备材料价格变化快，工程合同不可能对未来整个施工期可能出现的情况都做出预见和约定，工程预算也不可能对整个施工期发生的费用作详尽的预测，而且在实际施工中，主客观条件的变化又会给整个施工过程带来许多不确定的因素。因此，在项目实施整个施工过程中，都会发生现场签证而最终以价款的形式体现在工程结算中。

五、工程签证的构成

工程签证是双方协商一致的结果，是双方法律行为。工程签证的法律后果是基于双方意思表示的内容而发生。工程签证涉及的利益已经确定或者在履行后确定，可直接或者与签证对应的履行资料一起作为工程进度款支付与工程结算的凭据。其构成要件如下。

(1) 签证主体必须为施工单位与建设单位双方当事人，只有一方当事人签字不是签证，签证是一种互证。

(2) 双方当事人必须对行使签证权利的人员进行必要的授权，缺乏授权的人员签署的签证单往往不能发生签证的效力。如工程承包合同授权监理师有签证权，这时，随便一个建设单位的代表签证反而不产生法律效力。

(3) 签证的内容必须涉及工期顺延和（或）费用的变化等内容。例如，施工单位承诺让利的范围内事项（同样可能有所谓“签证”）是不能计价的。因施工单位失误引起的返工或增加补救内容（同样有所谓验收“签证”），这些都是不能给予经济结算的，不是真正意义上的签证。

(4) 签证双方必须就涉及工期顺延和（或）费用的变化等内容协商一致，通常表述为双方一致同意、建设单位同意、建设单位批准，等等。

六、签证的一般分类

从不同的角度进行分析，可以将工程签证进行不同的分类，如图 4 - 1 所示。

工程工期（进度）签证是指在工程实施过程中因主要分部分项工程的实际施工进度、工程主要材料、设备进退场时间及建设单位原因造成的延期开工、暂停开工、工期延误的签证。在建筑工程结算中，同一工程在不同时期完成的工作量，其材料价差和人工费的调整等不同。不少工程因没有办理工程进度签证或没有如实办理而在结算时发生双方扯皮的情况。

从签证的表现形式来分，施工过程中发生的签证主要有三类：设计修改变更通知单、现场经济签证和工程联系单。这三类签证的内容、主体（出具人）和客体（使用人）都不

- 按项目控制目标
  - 工期签证
  - 费用签证
  - 工期＋费用签证
- 按签证表现形式
  - 设计修改变更通知单
  - 现场经济签证
  - 工程联系单
  - 其他形式
- 按合同约定角度
  - 变更合同约定签证单
  - 补充合同约定签证单
  - 澄清合同约定签证单
- 按签证事项是否发生或履行完毕
  - 签证事项已发生或已完成签证
  - 签证事项未发生或未完成签证
- 按建设单位签证人员主观意愿
  - 正常签证
  - 过失签证
  - 恶意签证
- 按签证的时间
  - 施工阶段签证
  - 施工完成后的补办签证

图 4-1　现场签证的分类

一样，其所起的作用和目的也不一样，而在结算时的重要程度（可信度）更不一样。一般不允许直接签出金额（这是审价人员最讨厌的），因为金额是由他们或监理工程师或造价工程师按照签证或洽商去计算得来的，如果签的都是金额，还要他们干什么？此外，这三类签证所能够或可以涉及的内容也有要求。

1. 承发包双方就工程事项签订的补充协议

（1）签证未必是补充协议。

签证要构成补充协议需要具备以下两个条件。

1）承发包双方代表要有变动双方权利义务的一致意思表示，如确认支付一定金额的零星工作价款；但如只确定了发生零星工作，则不符合该条件。

2）双方代表作出一致意思表示符合工程合同的约定且工程合同未否定其最终约束力。签证是工程合同项下的例行工作，承发包双方代表依据工程合同履行职责，当然要受工程合同约束。例如，工程师签发的某期中期付款证书，通常按照工程合同约定，工程师可以在其后某期进行修改，因此就否定其法律约束力，不能视为补充协议。

（2）狭义签证是补充协议。狭义签证，是指在施工及结算过程中，发包人与承包人根据合同约定就价款增减、费用支付、损失赔偿、工期顺延等事宜达成的补充协议。狭义签证有以下几个要件。

1）主体。两方，即发包人代表或代理人与承包人代表。

2）事项。增减价款、支付费用、顺延工期、承担违约责任和赔偿损失，以及其他具有变动双方权利义务关系的事项。

3）形式。双方共同签字确认签证事项；如承包方提出申请，发包人不同意或部分同意，即不符合该形式。如发包方部分同意，则承包方无反对意见的，可视为符合该形式。

4）内容。符合工程合同的约定，且工程合同未否定其最终约束力。

(3) 工程实务中的狭义签证。在工程实务中，发包人和承包人签订的竣工结算书及其他协议显然是狭义签证。

甲方代表与承包人代表签署的变动双方权利义务关系的签证通常是补充协议，因合同通常不否定其签证约束力。在2013版合同第2条规定，发包人与承包人由发包人直接发包的专业工程的承包人签订施工现场统一管理协议，明确各方的权利和义务，同时不否定签证的约束力。但在《标准合同07版》中，虽未否定甲方代表签证的约束力，但合同管理由监理人进行，甲方代表却通常不具管理权限。

但监理人签署的签证通常不构成补充协议。2013版合同4.4条也规定监理人会同当事人尽量通过协商达成一致，不能达成一致的，由总监理工程师按照合同规定审慎做出公正的决定，一方按照2013版合同第20条争议解决的条款约定处理。《标准合同07版》第3.5款规定，对于约定需商定或确定事项，监理人“应与合同当事人协商，尽量达成一致”，不能达成一致的，监理人应当确定。一方有异议的，可以提起争端评审或诉讼仲裁，在最终确定前，暂按监理人确定执行。

狭义签证突出了签证的最终法律结果，在评判签证效力时具有意义。但在计划定额体制逐步淡出和工程量清单计价、新标准合同推行的背景下，狭义签证与签证一样，难以解释监理人签证及价款调整、单价确认、工程变更、经济补偿、工期顺延、暂定价、计日工、暂列金额、措施项目等复杂签证行为，使用范围将越来越小。

2. 广义签证

广义签证是工程师核定申请或发出指令的单方行为。

在工程实务中，签证提得多，但真正符合签证定义的却很少。

第一类表单：承包人申请、监理人核定的文件，涉及开复工报审、施工方案报审、分包报审、报验、材料报审、竣工报验、支付证书、临时延期审批、最终延期审批、费用索赔审批。监理人核定可分全部同意、部分同意和不同意等三种情形。对承包人申请，只有监理人全部同意，即确认时，这些表单才是通常签证。但如监理人部分同意和不同意，连通常签证都算不上。

第二类表单：监理人向承包人发出的指令，有停工令、变更单，共2张表单。这些表单明显不符合承发包双方确认特征，显然不是通常签证。

第三类表单：联系单、通知单及回复单。该类表单一般不涉及权利义务变动，不做讨论。

第一、第二类表单涉及双方权利义务变动，涵盖了绝大部分工程合同履行过程，却不属于通常签证。因此，有必要扩大传统签证定义，使之与工程合同融合。为此，笔者提出如下签证定义：

广义签证指在施工过程中工程师依合同约定核定承包人提出的工程事项申请或者发出工程指令的表单。广义签证要件如下。

(1) 主体：合同约定有权签证的工程师，包括发包人代表（甲方代表）和代理人（如监理人、设计人）。

(2) 事项：承包人提出的工程事项申请或者工程指令，均依据合同约定会导致承发包双方权利义务关系变动。

（3）形式：依合同约定核定和发出，具有变动法律关系的效果。

（4）内容：符合合同约定。

广义签证是依工程师一方意思表示而成立具有变动承发包双方权利义务关系的行为，是单方法律行为，承发包双方一般应该遵守并履行，即使不具根本违反情形，也可依一定程序推翻。

承包人申请与发包人核定一致的广义签证即为通常签证；如再加上工程合同未否定其最终约束力，则为补充协议。工程师发出指令的广义签证则不属于通常签证，也不属于补充协议。反之，狭义签证均属于通常签证，但不涉及承发包双方权利义务变动的通常签证不属于广义签证。

广义签证在工程实务中有着广泛的应用。建设合同中的监理人签证，是典型的广义签证。监理人签证一旦签署，在通过争议解除方式推翻该签证前，发包人要据此付款（如在支付、经济索赔中）、承包人要据此实施变更（如在变更单中）。

七、现场签证的范围

现场签证的范围一般包括以下几个方面。

（1）适用于施工合同范围以外零星工程的确认。

（2）在工程施工过程中发生变更后需要现场确认的工程量。

（3）非承包人原因导致的人工、设备窝工及有关损失。

（4）符合施工合同规定的非承包人原因引起的工程量或费用增减。

（5）确认修改施工方案引起的工程量或费用增减。

（6）工程变更导致的工程施工措施费增减等。

八、现场签证的程序

承包人应发包人要求完成合同以外的零星工作或非承包人责任事件发生时，承包人应按合同约定及时向发包人提出现场签证。当合同对现场签证未做具体约定时，按照《建设工程价款结算暂行办法》的规定处理。

（1）承包人应在接受发包人要求的 7d 内向发包人提出签证，发包人签证后施工。若没有相应的计日工单价，签证中还应包括用工数量和单价、机械台班数量和单价、使用材料品种及数量和单价等。若发包人未签证同意，承包人施工后发生争议的，责任由承包人自负。

（2）发包人应在收到承包人的签证报告 48h 内给予确认或提出修改意见，否则视为该签证报告已经认可。

（3）发承包双方确认的现场签证费用与工程进度款同期支付。

九、现场签证费用的计算

现场签证费用的计价方式包括两种：第一种是完成合同以外的零星工作时，按计日工作单价计算。此时提交现场签证费用申请时，应包括下列证明材料。

（1）工作名称、内容和数量。

（2）投入该工作所有人员的姓名、工种、级别和耗用工时。

（3）投入该工作的材料类别和数量。

（4）投入该工作的施工设备型号、台数和耗用台时。

（5）监理人要求提交的其他资料和凭证。

第二种是完成其他非承包人责任引起的事件，应按合同中的约定计算。

现场签证种类繁多，发承包双方在工程施工过程中来往信函就责任事件的证明均可称为现场签证，但并不是所有的签证均可马上算出价款，有的需要经过索赔程序，这时的签证仅是索赔的依据，有的签证可能根本不涉及价款。表 4-3 仅是针对现场签证需要价款结算支付的一种，其他内容的签证也可适用。考虑到招标时招标人对计日工项目的预估难免会有遗漏，造成实际施工发生后，无相应的计日工单价，现场签证只能包括单价一并处理。因此，在汇总时，有计日工单价的，可归并于计日工，如无计日工单价的，归并于现场签证，以示区别。当然，现场签证全部汇总于计日工也是一种可行的处理方式。

表 4-3　　现 场 签 证 表

工程名称：×××楼工程　　　　标段：　　　　编号：002

施工部分	学校指定位置	日期	××年×月×日

致：××建设办公室

根据×××2010 年 7 月 21 日的口头指令，我方要求完成此项工作应支付价款金额为（大写）叁仟伍佰元（小写 3500.00 元），请予核准。

附：1. 签证事由及原因：××××××；

2. 附图及计算式：（略）。

承包人（章）略

承包人代表：×××

日　　期：×××年×月×日

复核意见： 你方提出的此项签证申请经复核： □不同意此项签证，具体意见见附件。 ☑同意此项签证，签证余额的计算，由造价工程师复核。 监理工程师：××× 日　　期：××年×月×日	复核意见： ☑此项签证按承包人中标的计日工单价计算，金额为（大写）叁仟伍佰元（小写3500.00 元）。 □此项签证因无计日工单价，金额为（大写）________（小写________）。 造价工程师：××× 日　　期：××年×月×日

续表

审核意见： □不同意此项签证。 ☑同意此项签证，价款与本期进度款同期支付。 发包人（章）略 发包人代表：××× 日　　期：××年×月×日

注：1. 在选择栏中的“□”内作标识“√”；

2. 本表一式四份，由承包人在收到发包人（监理人）的口头或书面通知后，需要价款结算支付时填写，发包人、监理人、造价咨询人、承包人各存一份。

进行现场签证时，应注意以下几个问题。

（1）时效性问题。

例如，某工程对镀锌钢管价格的确认，既没有标明签署时间，也没有施工发生的时间。按照当地造价信息公布的市场指导价，5 月份 DN5 镀锌钢管单价与 7 月份的单价相差 150 元。合同约定竣工结算时此材料按公布的市场指导价执行，施工企业取 7 月份的镀锌钢管单价增加了价款。如地下障碍物以及建好需拆除的临时工程，承包人等拆除后再签证，靠回忆签字。监理工程师应做好变更签证的时效性，避免事隔多日才补办签证，导致现场签证内容与实际不符的情况发生。此外，应加强工程变更的责任及审批手续的管理控制，防止签证随意性以及无正当理由拖延和拒签现象。

（2）重复计量问题。某些现场签证没有考虑单元工程中已给的工程量。

例如，承包人在申请计量时报给监理一个《现场签证单》，内容为：“堤基范围内清除垃圾，回填沙砾料 5630m^3；回填垃圾 2810m^3；动迁户遗留生活垃圾回填沙砾 2224m^3。”监理工程师按照《现场签证单》上的工程量，在《工程计量报验单》和《已完工程量汇总表》上签字，报给了总监，程序似乎一切正常。但总监在审核时提出：①《现场签证单》中注明：“堤基范围内清除垃圾，回填沙砾料”，是否存在重复计量？②《现场签证单》中写明：“回填垃圾”，在堤基范围内可以回填垃圾吗？③垃圾清除后的高程是多少没有标明，而高程直接涉及清基高程线是否包含在里面。依据计量要求，设计清基高程以上部分的填筑工程量已经在堤防填筑单元的工程量中核定，在计算垃圾坑填筑工程量时，应将清基高程以上部分的填筑量予以扣除。

经监理工程师按照设计图纸的高程认真计算后，扣除了重复计量的部分。“回填垃圾”经监理工程师核实，回填的确实是沙砾料。“回填垃圾”属于写法上的失误，遗漏了一个关键字“坑”，即“回填垃圾坑”。

经验总结：监理工程师不能仅核实工程量，更应该从全局把握工程量计量是否合理、准确。

（3）掌握标书中对计日工的规定。

【例 4-8】 某承包人按监理的《计日工通知》在申报河道料场围堰计日工工程量时，

按投标书中计日工的人工、材料和施工机械使用费的单价上报了《计日工工程量签证单》，同时申报了人工、材料和施工机械使用费共三项费用，见表 4-4。

表 4-4　　计日工工程量签证单

工程项目名称	计日工内容	单位	申报工程量	监理核准工程量
修筑料场围堰	工长	工时	22	22
	司机	工时	48	0
	柴油	kg	841	0
	挖掘机	台时	48	48
合计			959	70

监理工程师在批复工程量时，只批复了工长的工时和挖掘机台时，没有批复司机的工时和柴油量，为什么？

【解】 监理工程师在审核工程量时，查阅了招标文件中对计日工中施工机械使用费单价的规定，其中对于施工机械使用费是这样规定的："施工机械使用费的单价除包括机械折旧费、修理费、保养费、机上人工费和燃料动力费、牌照税、车船使用税、养路费外，还应包括分摊的其他人工费、材料费、其他费用和税金等一切费用和利润。"按照规定：施工机械使用费中已包含了人工费和燃料动力费。因此人工费和燃料动力费的申报就属于重复计量了。

十、现场签证存在的问题

(1) 不了解定额费用的组成。有些现场签证人员业务素质差，一些不应办的签证却盲目地办了。

【例 4-9】 某工程，使用轮胎式装载机铲土运土，施工单位人员在签证的时候将其改成了"铲运机"，并且根据其进出场情况，签证了进出场三次，按当地现行预算定额中有铲运机进出场费，平均每次进出场费是 2500 元，但轮胎式装载机是不应计取进出场费的，这样施工单位在工程结算时凭空多算了 7500 元。

【分析】 轮胎式装载机是一种常用的施工机械，可以在近距离内完成铲土运土工作，因为在它的前面有一个大铲斗，人们形象地称其为"铲车"，或许施工单位觉得"铲车"这个名字太土了，在签证的时候将其改成了"铲运机"，名字简单变化的背后是虚报利润的入账。

(2) 不应列入直接费而签证列入。直接费是指施工过程中耗费的构成工程实体和有助于工程形成的各项费用，包括人工费、材料费、施工机械使用费等。目前，它是建筑工程中收取其他费用的基数，如管理费、利润等，而这些费用系数的取定是根据编制定额时的材料、人工、机械单价综合测定的。既然同类工程的其他费用比例已相对固定，工程直接费就不应该因材料、人工、机械单价变动而发生升降，同样也应相对固定。有些签证把建筑工程的材料按市场价签证列入直接费，这是不允许的。

(3) 未经设计人员同意而签证提高用料要求，造成不必要的浪费。

(4) 同一工程内容签证重复。此类签证在修改或挖运土方的工程中较为多见。

（5）现场签证日期与实际不符。当遇到问题时，双方只是口头商定而不及时签证，事后才突击补办签证，这就忽视了一点，即任何预算定额、材料指导价、人工费调整、机械费调整等都是有时间限制的。有些施工单位任意把完成工程量的时间往后推，在签证日期上做文章，尽可能争取得到更多的不合理利润。

（6）在现场签证工作中存在不正之风。如施工单位施予“恩惠”，高估冒算，巧立名目，弄虚作假，建设单位现场代表有好处就办事，没好处就放着不办，或故意刁难，以致出现行贿受贿现象。

十一、现场签证控制

（1）现场签证必须具备建设单位驻工地代表（至少2人以上）和施工单位驻工地代表双方签字，对于签证价款较大或大宗材料单价，应加盖公章。双方工地代表均为合同委派或书面委派。

（2）凡预算定额或间接费定额、有关文件有规定的项目，不得另行签证。若把握不了，可向工程造价中介机构咨询，或委托其参与解决。

（3）现场签证内容、数量、项目、原因、部位、日期等要明确，价款的结算方式、单价的确定应明确商定。

（4）现场签证要及时签办，不应拖延过后补签。对于一些重大的现场变化，还应及时拍照或录像，以保存第一手原始资料。

（5）现场签证要一式多份，各方至少保存1份原件（最好按档案要求的份数），避免自行修改，结算时无对证。

（6）现场签证应编号归档。在送审时，统一由送审单位加盖“送审资料”章，以证明此签证单是由送审单位提交给审核单位的，避免在审核过程中，各方根据自己的需要自行补交签证单。

（7）分清直接费和独立费。在施工过程中，经常会出现一些无法计算工程量或某些特殊的项目，往往以双方商定的具体金额来签证解决，这是允许的，但只能作为独立费。而有些施工单位往往在签证单最后写上一句：“……列入直接费。”建设单位代表又不理解直接费与独立费的区别（前者可以参加取费，后者只能收取税金），于是签字，结算时双方发生争议，给工程结算审核造成许多人为的不必要困难。

十二、现场签证与造价控制

工程经济签证是指在工程施工期间由于场地变化、建设单位要求、环境变化等可能造成工程实际造价与合同造价产生差额的各类签证，主要包括建设单位违约、非施工单位引起的工程变更及工程环境变化、合同缺陷等。因其涉及面广，项目繁多复杂，要切实把握好有关定额、文件规定，尤其要严格控制签证范围和内容，现举例如下。

（1）设计变更或施工图有错误，而施工单位已经开工、下料或购料。此类签证只需签变更项目或修正项目，原图纸不变的不要重复签证，已下料或购料的，要签写清楚材料的名称、半成品或成品、规格、数量、变更日期、是否运到施工现场、有无回收或代用价值等。

（2）停工损失，包括由非施工单位责任造成的停工或停水、停电超过定额规定的范围。如停工造成的工人、机械、模板、脚手架等停滞的损失；临时停水、停电超过定额规定的时间；由于建设单位资金不到位，长时间中断停工；大型机械不能撤离而造成的损失。当发生停工时，双方应尽快以书面形式，签认停工的起始日期，现场实际停工工人的数量，现场停滞机械的型号、数量、规格，已购材料的名称、规格、数量、单价等。对于定额已明确规定的，不要再另行签证。对于定额没有规定的，如停工模板、支撑、脚手架等停滞损失如何界定和补偿，是一个比较棘手的问题，应根据不同的工程实际情况来作出补偿。双方均应实事求是地根据工程的具体实际情况，参考有关定额和规定，尽可能合理地办理签证。

现场签证是由施工单位提出的，针对在施工过程中，现场出现的问题和原施工内容、方法有出入的，以及额外的零工或材料二次倒运等，经建设单位（或监理）、设计单位同意后作为调价依据。工程量清单计价的现场签证，是指非工程量清单项目的用工、材料、机械台班、零星工程等数量及金额的签证。定额计价的现场签证，是指预算定额（或估价表）、费用定额项目内不包括的及规定可以另行计算（或按实计算）的项目和费用的签证。

现场签证应以甲乙双方现场代表及工程监理人员签字（盖章）的书面材料为有效签证。凡由甲乙双方授权的现场代表及工程监理人员签字（盖章）的现场签证（规定允许的签证），应在工程竣工结算中如实办理，不得因甲乙双方现场代表及工程监理人员的中途变更而改变其有效性。

【例 4-10】 施工现场签证单参考格式见表 4-5。

表 4-5　　施工现场签证单

施工单位：

<table>
<tr><td>单位工程名称</td><td rowspan="2">建设单位</td><td rowspan="2"></td></tr>
<tr><td>分部分项名称</td></tr>
<tr><td colspan="3">内容：

施工负责人：　　　　　　　　年　月　日</td></tr>
<tr><td colspan="3">建设单位意见：

建设单位代表（签章）</td></tr>
</table>

十三、现场签证的原则

现场签证应当准确，避免失真、失实。在审核工程结算时，经常会发现现场签证不规范的现象，不该签的内容盲目签证，有些施工单位正是利用了建设单位管理人员不了解工程结算方面的知识来达到虚报、多报工程量而增加造价的目的。在工程建设过程中，设计图纸以及施工图预算中没有包含而现场又实际发生的施工内容很多，对于由于这些因素所发生的费用，称为“现场签证”费用。在签证过程中要坚持以下原则。

（1）准确计算原则。工程量签证要尽可能做到详细，准确计算工程量，凡是可明确计算工程量套综合单价（或定额）的内容，一般只能签工程量而不能签人工工日和机械台班数量。签证必须达到量化要求，工程签证单上的每一个字、每一个字母都必须清晰。

【例 4-11】 某工程挖土方按坑上作业 1：0.75 放坡系数计算，且工程量有建设单位现场代表签字，即施工单位的土方量已被建设单位认可。但施工单位的挖土机械与施工图要求的挖土深度决定了施工单位不能坑上作业，经查施工日记也证实为坑内作业，因此放坡系数按坑内作业 1：0.32 才符合实际情况。此签证不准确在于建设单位现场代表工作疏忽，没有了解实际情况。

“准确”指数字计量无误、文字表述清楚、与实际情况相符。现场签证表述不清，很容易引起纠纷。有的签证仅表述变更的工程内容，没有记录变更的工程量，或者没有准确表述有关量，留下了竣工结算的漏洞。在竣工结算审核时，如果遇到上述情况怎么办？依从施工单位的工程量结算显然是不认真不负责任的，应本着实事求是的原则，造价工程师同施工单位代表、监理工程师实地测量，使之尽量地与实际工程量接近。如果现场签证没有记录隐蔽工程的工程量，则应根据设计变更图纸计算工程量，然后计算出工程变更价款。这种漏洞的责任方是施工单位，因为他们没有及时提出工程价款报告，应该无条件服从造价工程师的审核。

（2）实事求是原则。凡是无法套用综合单价（或定额）计算工程量的内容，可只签所发生的人工工日或机械台班数量，实际发生多少签多少，从严把握工程零工的签证数量。凡涉及现场临时的签证，施工单位必须以招投标文件、施工合同和补充协议为依据，研究合同的细枝末节，熟悉合同单价或当地定额及有关文件的详细内容，善打“擦边球”，将在施工现场即将发生或已经发生，而在合同条款以及定额文件中没有明确规定的工作内容，及时以签证的形式和建设单位、监理人员交换意见。在沟通过程中要实事求是，有理有据，以理服人，征得他们的同意。在办理签证过程中，施工单位人员要对现场情况了如指掌，对施工做法、工作内容以及材料使用情况要实测实量，做到心中有数，防止那种不了解情况的假报和冒报。对于这种情况，相关人员的用意可能是好的，但产生的后果是很坏的，一来办不成签证，二来使建设或监理单位觉得此人不可信，责任心不强，业务能力差，给今后的签证工作带来困难，还对施工单位人员甚至企业的其他管理工作造成被动。

（3）及时处理原则。现场签证费用不论是施工单位，还是建设单位均应抓紧时间及时处理，以免由于时过境迁而引起不必要的纠纷。施工单位对在工程施工过程中发生的有关现场签证费用要随时做出详细的记录并加以整理，即分门别类、尽量做到以分部分项或单位工程、单项工程分开；现场签证多的要进行编号，同时注明签署时间、施工单位名称并加盖公章。建设单位或监理公司的现场监理人员要认真加以复核，办理签证应注明签字日期，若有改动部分要加盖私章，然后由主管复审后签字，最后盖上公章。

【例 4-12】 某工程的一份现场签证是监理工程师对镀锌钢管价格的确认，却没有标明签署时间，也没有施工发生的时间。按照当地造价信息公布的市场指导价，1、2 月份 DN20 镀锌钢管单价与三四月份的单价相差 200 元。因此，造价工程师在竣工结算审核时，注意现场签证时间是必要的。

工程造价遵从时间价值理论，现场签证作为竣工结算依据，具有时间性。作为竣工结算证据，现场签证应该表明事情发生的时间及签署时间。

(4) 避免重复原则。在办理签证单时，必须注意签证单上的内容与设计图纸、定额中所包含的工作内容是否有重复，对重复项目内容不得再计算签证费用。管理人员首先要熟悉整个基建管理程序以及各项费用的划分原则，把握住哪些属于现场签证的范围，哪些已经包含在施工图预算或设计变更预算中，不属于现场签证范围。

(5) 废料回收原则。因现场签证中许多是障碍物拆除和措施性工程，所以，凡是障碍物拆除和措施性工程中发生的材料或设备需要回收的（不回收的需注明），应签明回收单位，并由回收单位出具证明。

【例 4-13】 拆除工程旧材料回收签证单参考格式见表 4-6。

表 4-6　　拆除工程旧材料回收签证单

<table>
<tr><td>工程名称</td><td></td></tr>
<tr><td>分部分项工程名称及图号</td><td></td></tr>
<tr><td>相应的工程签证编号</td><td></td></tr>
<tr><td colspan="2">工程内容：

委托单位专业技术员：</td></tr>
<tr><td colspan="2">旧材料回收清单（材料名称、规格、型号、数量）

委托单位材料员：</td></tr>
<tr><td>委托单位</td><td>施工单位</td></tr>
<tr><td>商务经理：

项目经理：

××××年××月××日</td><td>劳务作业层名称：

劳务作业层负责人：

××××年××月××日</td></tr>
</table>

【例 4 - 14】 某住宅楼小区工程，原一层户型设计有室内通往室外家庭后花园的钢踏梯，在施工单位刚刚开始制作后，建设单位发出施工变更：因钢踏梯刚度不够，现将钢踏梯取消，变更为混凝土踏梯。施工单位及时办理了拆除钢踏梯的工程签证，但未将踏梯交付给建设单位，竣工结算时施工单位要求计算钢踏梯制作与拆除费用，但中介审计人员认为施工单位未将拆除的钢踏梯交还给建设单位，故无法判断施工单位是否制作了钢踏梯，对此签证涉及的费用不予认可。

（6）现场跟踪原则。为了加强管理，严格控制投资，对单张签证的权力限制和对累积签证价款的总量达到一定限额的限制都应在合同条款中予以明确。例如，凡是单张费用超过万元（具体额度标准由建设单位根据工程大小确定）的签证，在费用发生前，施工单位应与现场监理人员以及造价审核人员一同到现场察看。

（7）授权适度原则。分清签证权限，加强签证的管理，签证必须由谁来签认，谁签认才有效，什么样的形式才有效等事项必须在施工合同中予以明确。

需要注意的是，设计变更与现场签证是有严格的划分的。属于设计变更范畴的应该由设计部门下发通知单，所发生的费用按设计变更处理，不能由于设计部门怕设计变更数量超过考核指标或者怕麻烦，而把应该发生变更的内容变为现场签证。

另外，工程开工前的施工现场“三通一平”、工程完工后的余土外运等费用，严格来说，不属于现场签证的范畴，只是由于某些建设单位管理方法和习惯的不同而人为地划入现场签证范围以内。

此外，在工程实践中，工程签证的形式还可能有会议纪要、经济签证单、费用签证单、工期签证单等形式。其意义在于施工单位可以通过不同的表现形式实现签证，建设单位需要注意不要被不同的签证表现形式所迷惑而导致过失签证。

材料价格签证应根据工程进度签署，为按进度分楼层调整材料价差做准备。

十四、综合单价签证

（1）清单计价方法下，单价的使用原则。一般地，在工程设计变更和工程外项目确定后 7 天内，设计变更、签证涉及工程价款增加的，由施工单位向建设单位提出，涉及工程价款减少的，由建设单位向施工单位提出，经对方确认后调整合同价款。变更合同价款按下列方法进行。

1）当投标报价中已有适用于调整的工程量的单价时，按投标报价中已有的单价确定。

2）当投标报价中只有类似于调整的工程量的单价时，可参照该单价确定。

3）当投标报价中没有适用和类似于调整的工程量的单价时，由施工单位提出适当的变更价格，经与建设单位或其委托的代理人（建设单位代表、监理工程师）协商确定单价；协商不成，报工程造价管理机构审核确定。

（2）清单计价方式下，单价的报审程序。

1）换算项目。在工程实施中，难免出现材料调整，如面砖的规格调整，在定额计价模式下，只要进行子目变更或换算即可，但在清单模式下，特别是固定单价合同，单价的换算必须经过报批。一般地，每个单价分析明细表中费用的费率都必须与投标时所承诺的费率一致；换算后的材料消耗量必须与投标时一致，换算前的材料单价应在“备注”栏注明；换算项目单价分析表必须先经过监理和建设单位造价部审批后，再按顺序编号附到结算书中。

【例 4-15】 换算项目综合单价报批汇总表参考表式（见表 4-7）。

表 4-7　换算项目综合单价报批汇总表

工程名称：

序号	清单编号	项目名称	计量单位	报批单价	备注

编制人：　　　　　　　　　　　　　　　复核人：

【例 4-16】 换算项目综合单价分析表参考表式（见表 4-8）。

表 4-8　换算项目综合单价分析表

工程名称：

编制单位：（盖章）　　　　　　　　　　监理单位：（盖章）

清单编号：						
项目名称：						
工程（或工作）内容：						
序号	项目名称	单位	消耗量	单价	合价	备注
1	人工费（$a+b+\cdots$）	元				
a						
b						
…						
2	材料费（$a+b+\cdots$）	元				
a						
b						
…						
3	机械使用费（$a+b+\cdots$）	元				
a						
b						
…						

续表

序号	项目名称	单位	消耗量	单价	合价	备注
4	管理费（1+2+3)×(　)%					
5	利润（1+2+3+4)×(　)%	元				
6	合计：(1+2+3+4+5)	元				

编制人：　　　　　　　　　　　　　复核人：

监理单位造价工程师：　　　　　　　建设单位造价部：　　　　　　（经办人签字）

（复核人签字）

（盖　　　章）

2）类似项目。当原投标报价中没有适用于变更项目的单价时，可借用类似项目单价，但同样需要进行报批。一般地，每个单价分析明细表中费用的费率都必须与投标时类似清单项目的费率一致；原清单编号为投标时相类似的清单项目；类似项目单价分析表必须先经过监理和建设单位造价部审批后，再按顺序编号附到结算书中。

【例 4 - 17】 类似项目综合单价报批汇总表参考表式（见表 4 - 9）。

表 4 - 9　　　　类似项目综合单价报批汇总表

工程名称：

序号	清单编号	项目名称	计量单位	报批单价	备注

编制人：　　　　　　　　　　　　　复核人：

【例 4 - 18】 类似项目综合单价分析表参考表式（见表 4 - 10）。

表 4 - 10　　　　类似项目综合单价分析表

工程名称：

编制单位：（盖章）　　　　　　　监理单位：（盖章）

清单编号：		原清单编号				
项目名称：		计量单位				
工程（或工作）内容：		综合单价				
序号	项目名称	单位	消耗量	单价	合价	备注
1	人工费（$a+b+\cdots$）	元				
a						
b						
…						

续表

序号	项目名称	单位	消耗量	单价	合价	备注
2	材料费（$a+b+\cdots$）	元				
a						
b						
…						
3	机械使用费（$a+b+\cdots$）	元				
a						
b						
…						
4	管理费（1+2+3）×（　）%					
5	利润（1+2+3+4）×（　）%	元				
6	合计：（1+2+3+4+5）	元				

编制人：　　复核人：

监理单位造价工程师：　　建设单位造价部：　　（经办人签字）

（复核人签字）

（盖　　章）

3）未列项目。当原投标报价中没有适用或类似项目单价时，施工单位必须提出相应的单价报审，其实相当于重新报价。一般地，每个单价分析明细表中费用的费率都必须与投标时所承诺的费率一致；为防止施工单位借机胡乱报价，双方应事前在招投标阶段协商确定“未列项目（清单外项目）取费标准”或参考某定额、费用定额计价。未列项目单价分析表中的取费标准按投标文件表“未列项目（清单外项目）收费明细表”执行；参照定额如根据定额要求含量需要调整的应在备注中注明调整计算式或说明计算式附后；未列项目单价分析表必须先经过监理和建设单位造价部审批后，再按顺序编号附到结算书中。

【例 4-19】 未列项目综合单价报批汇总表参考表式（见表 4-11）。

表 4-11　　未列项目综合单价报批汇总表

工程名称：

序号	清单编号	项目名称	计量单位	报批单价	备注

编制人：　　复核人：

【例 4-20】 未列项目综合单价分析表参考表式（见表 4-12）。

表 4-12　　未列项目综合单价分析表

工程名称：

编制单位：（盖章）　　　　监理单位：（盖章）

清单编号：		参考定额				
项目名称：		计量单位				
工程（或工作）内容：		综合单价				
序号	项目名称	单位	消耗量	单价	合价	备注
1	人工费（$a+b+\cdots$）	元				
a						
b						
…						
2	材料费（$a+b+\cdots$）	元				
a						
b						
…						
3	机械使用费（$a+b+\cdots$）	元				
a						
b						
…						
4	管理费（1+2+3）×（　）%					
5	利润（1+2+3+4）×（　）%	元				
6	合计：（1+2+3+4+5）	元				

编制人：　　　　复核人：

监理单位造价工程师：　　　　建设单位造价部：

（经办人签字）

（复核人签字）

（盖　　章）

十五、签证形式的选择

在施工过程中，施工单位最好把有关的经济签证通过艺术的、合理的、变通的手段变成由设计单位签发的设计修改变更通知单，实在不行也要成为建设单位签发的工程联系单，最后才是现场经济签证。作为施工单位的造价人员，这个优先次序（见图 4-2）一定要非常清楚，它涉及提供的经济签证的可信程度，换句话说，它涉及经济签证能否兑现为人民币。

设计变更（设计单位发出）　　高

工程联系单（此处指建设单位发出）　　可信度

现场经济签证（施工单位发起）　　↓ 低

图 4-2　签证可信度示意图

设计单位、建设单位出具的手续在工程审价时可信度要高于施工单位发起出具的手续。现场经济签证多为施工单位发起申请，因现在利用签证多结工程款的说法已深入人心，故站在中介审价人员的立场上，多对现场经济签证持一种不信任的眼光看待，中介单位很多人认为现场经济签证多有猫腻。

十六、施工单位填写工程签证的技巧

1. 涉及费用签证的填写要有利于计价，方便结算

不同计价模式下填列的内容要注意：如果有签证结算协议，填列内容要与协议约定计价口径一致；如无签证协议，按原合同计价条款或参考原协议计价方式计价。再有，签证的方式要尽量围绕计价依据（如定额）的计算规则办理。

2. 各种合同类型签证内容

可调价格合同至少要签到量；固定单价合同至少要签到量、单价；固定总价合同至少要签到量、价、费；成本加酬金合同至少要签到工、料（材料规格要注明）、机（机械台班配合人工问题）、费。如能附图的尽量附图。另外签证中还要注明列入税前造价或税后造价。

作为施工单位在填写签证时要注意以下几个方面。

（1）能够直接签总价的最好不要签单价。

（2）能够直接签单价的最好不要签工程量。

（3）能够直接签结果（包括直接签工程量）的最好不要签事实。

（4）能够签文字形式的最好不只附图（草图、示意图）。

站在施工单位角度，要签明确的内容，越明确越好，能明确确定出价格最好。这样竣工结算时，建设单位审减的空间就大大减少了，施工单位签证的成果能得到合理的固定，否则，施工单位签证内容能否算到预期结果会有很大的不确定性。

3. 其他需要填列的内容

其他需要填列的内容，主要有：何时、何地、何因；工作内容；组织设计（人工、机械）；工程量（有数量和计算式，必要时附图）；有无甲供材料。签证的描述要求客观、准确，隐蔽签证要以图纸为依据，标明被隐蔽部位、项目和工艺、质量完成情况，如果被隐蔽部位的工程量在图纸上不确定，还要求标明几何尺寸，并附上简图。施工图以外的现场签证，要写明时间、地点、事由、几何尺寸或原始数据，不宜笼统地签注工程量和工程造价。签证发生后应根据合同规定及时处理，审核应严格执行国家定额及有关规定，经办人员不得随意变通。同时建设单位要加强预见性，尽量减少签证发生。

签证单要分日期或编号分别列入结算。非一事一签的签证或图纸会审纪要，一张资料中涉及多个事项，在编制此单结算时，还要注明“第×条”，以便查阅清楚。

施工单位低价中标后必须注意勤签证；当发生诸如合同变更、合同中没有具体约定、合同约定前后矛盾、对方违约等情况时，需要及时办理费用签证、工期签证或者费用＋工期签证；办理签证时需要根据合同约定进行（如有时间限制等约定），且签证单必须符合工程签证的 4 个构成要件。

施工单位填写签证见表 4 - 13。

表 4 - 13　　施 工 现 场 签 证 单

施工单位：

<table>
<tr><td>单位工程名称：××工程</td><td rowspan="2">建设单位名称</td><td rowspan="2">××房地产公司</td></tr>
<tr><td>分部分项名称：石灰土垫层</td></tr>
<tr><td colspan="3">内容：
致工程部、监理部；

施工负责人：××　　　　××××年××月××日</td></tr>
<tr><td colspan="3">建设单位意见：

建设单位代表（签章）

××××年××月××日</td></tr>
</table>

【例 4 - 21】 2001 年，乙建筑公司和甲房产公司签订了某公寓工程施工合同。

施工过程中，因为双方合同中约定适用的定额中没有墙面批嵌价格的规定，乙建筑公司根据合同约定的定价方法及建筑市场通常做法，向甲房产公司报了单价分析资料。2002 年 7 月 13 日，甲房产公司在乙建筑公司报送的单价分析表上盖章确认。

2004 年 10 月，工程竣工验收合格后，交付甲房产公司使用。

2005 年乙建筑公司向甲房产公司送交了竣工结算书及相关资料。竣工结算过程中，甲房产公司认为批嵌价格过高，要求调整批嵌价格，并坚持如果启迪建筑不同意调整价格，就不结算、不付款，还提供了 2007 年 4 月 11 日上海定额总站发布的关于《装饰工程 107 胶白水泥满批二遍预算定额》通知，要求按该通知调整批嵌价格。乙建筑公司认为甲房产公司所称价格太高，缺乏事实依据，在批嵌施工中，其所使用的白水泥、胶水、石膏粉等均是高品质材料，并采用了高级施工工艺，施工质量一流，其所花的成本符合当时的市场价格。

双方就该问题未能协商一致，导致工程一直未能竣工结算。

2008 年 7 月，乙建筑公司向法院提起诉讼，要求甲房产公司支付拖欠的工程款。

【分析】

（1）承发包双方之间形成的合法有效的签证，视为双方达成了补充协议。所谓合法有效的签证，应满足签证主体适格、签证内容合法、签证双方意思表示真实及符合合同约定的签证程序和形式等条件，这样的签证对双方都有法律约束力，应当作为结算的依据。

（2）施工过程中，发包人在承包人报送的价格分析表上签字盖章，表示认可，所形成的签证是双方真实意思表示，符合合法有效签证所必须具备的条件，承发包双方均应遵守该签证，结算工程价款。

（3）有效签证形成以后，并非不可以变更，作为双方之间达成的补充协议，依据《合同法》第77条的规定，双方可以协商一致，变更签证。另外，发包人认为签证价格明显超过市场价格，显失公平的，依据《合同法》第54条和第55条的规定，其应在知道或应当知道撤销事由之日起一年内申请法院或仲裁委撤销。

可见，有效的签证对承发包双方都有法律约束力，任何一方非依法律途径不得擅自变更或撤销。

判例中，法院判决甲房产公司按签证价格向启迪建筑支付价款。

因此，除非发包人申请法院或仲裁委撤销或变更该签证，否则，其不得擅自以价格过高为由调整签证价格。

（1）评估一下签证价格是否明显高于市场价格，作为谈判策略，可以作出适当的让步，以利于及时结算和付款。

（2）如果发包人调整价格的幅度过大，承包人无法接受，发包人又坚持承包人不同意调整价格，其就不结算的，承包人应该及时提起诉讼或仲裁，避免久拖不决。

（3）办理签证应按照合同约定的程序、方法、时间和权限，确保签证合法有效，避免引起争议。

第五章 工 程 索 赔

第一节 工程索赔概述

一、工程索赔简介

“索赔”一词在朗文词典中是这样定义的：作为合法的所有者，根据自己的权利向某组织正式地提出的有关某一资格、财产、金钱等方面的要求；而在牛津词典中则是这样定义的：要求承认其所有权或某种权利，或根据保险合约所要求的赔款，如因损失、损坏等。

索赔是社会科学和自然科学融为一体的边缘科学，也可说是一门“艺术”。它涉及商贸、财会、法律、公共关系和工程技术、工程管理等诸多专业学科，存在于社会的方方面面，如建设工程造价索赔。建设工程造价索赔，是指施工单位在履行合同过程中，根据合同、法律及惯例，对因建设单位的过错造成损失，要求给予补偿的行为。索赔不是惩罚，而是一种合法的权益主张行为。随着世界经济的全球化和中国加入WTO，施工单位“低中标、勤签证、高结算、高索赔”的国际惯例将逐步盛行。索赔与反索赔是市场经济中不依人的意志为转移的客观规律。

在建设工程中，索赔是指在建设合同的实施过程中，合同一方因对方不履行或未能正确履行合同所规定的义务，或未能保证承诺的合同条件实现而受到损失后，向对方提出的赔偿要求。索赔是相互的、双向的。承包人可以向发包人索赔，发包人也可以向承包人索赔。

工程索赔是工程合同承发包双方中的任何一方因未能获得按合同约定支付各种费用、顺延工期、赔偿损失的书面确认，在约定期限内向对方提出赔偿请求的一种权利，是单方的权利主张。

二、索赔的特点

（1）索赔是要求给予补偿（工期或费用）的一种权利主张。

（2）索赔是双向的。在工程施工合同履行过程中，索赔是因非自身原因导致的，要求索赔一方没有过错，不仅承包商可以向业主索赔，业主也可以向承包商索赔。

（3）索赔的依据是法律法规、合同文件及工程建设惯例，但首要依据是具有双方真实意思表示的合同文件。

（4）索赔是一种未经确认的单方行为，对对方未产生约束力，这种索赔要求必须通过协商、谈判、调解或仲裁、诉讼进行确认方能实现。

（5）索赔必须有切实有效的证据。

（6）超出合同约定范围的经济损失或者工期延迟已经成为事实。合同的实际履行过程中，合同一方受到了经济损失或权利损害则产生索赔权。经济损失是由于合同的另一方原因造成的合同外支出；而权利损害则是指虽然没有直接产生经济上的损失，但造成了另一方权利上的伤害，如延期交付施工图、未按合同规定期限支付工程款等造成承包商损失或损害等，均可产生索赔权。

三、索赔的依据

1. 索赔的法律依据

（1）全国人大及其常委会制定的法律和法规，如《建筑法》《合同法》等；国务院颁布的行政法规，如《建设工程质量管理条例》等；建设部、工商行政管理局、财政部等发布的部门规章，如《建设工程施工合同示范文本》《建设工程价款结算暂行办法》等；地方人大、政府制订的地方性法规，主要指省（市）建筑市场管理办法、省（市）建设工程结算管理工作的意见等。

（2）建筑市场、招标办、城建委执行的工程合同文件，主要指合同示范文本。

（3）招标文件、投标文件、中标通知书；工程定额、预算说明。

（4）技术规范、标准等。

2. 事实依据

（1）建设单位有关资料，如资质、资信、概算、投资等。

（2）施工日志，如施工现场记录、监理现场意见等。

（3）往来信件，如有关工程建设过程中的传真、专递、信函、通知等。

（4）气象资料，如冬雨期施工记录、天气变化情况反映等。

（5）施工备忘录，如建设单位、监理对现场有关问题的口头或电话指示、随笔记载、双方对专题问题的确认意见等。

（6）会议纪要，如建设单位、监理单位、施工单位签字的会议记录。

（7）视听资料，如工程照片、录像、声像等。

（8）工程进度计划资料，如进度计划、材料调拨单、月度产值统计表等。

（9）工程技术资料，如图纸、技术交底、技术核定单、设计变更、隐蔽工程验收记录、开工报告、竣工报告等；财务报表资料，如预付款支票、进度款清单、用工记时卡、机械使用台账、收款收据、施工预算、会计账簿、财务报表等。

四、索赔的基本要求

（1）合同工期。承包合同中都有工期约定和工程拖延的罚款条款。如果工程拖延是由承包商管理不善造成的，则承包商必须承担责任，接受合同规定的处罚。而对非因承包商自身原因或应承担的风险而引起的工期拖延，承包商可以通过索赔，向业主要求延长合同工期，并且在这个范围内可免去承包商的合同处罚。

（2）费用。由于非因承包商责任造成的工程成本增加，使承包商增加额外支出，蒙受经济损失，承包商可以根据合同规定提出费用索赔要求。如果业主认可了该要求，业主应向其追加支付这笔费用以补偿损失。

五、索赔的作用

（1）索赔有利于促进双方加强合同管理，严格履行合同，以及提高管理能力和合同管理水平，维护市场正常秩序。工程索赔直接关系到合同双方利益，索赔和处理索赔的过程实质上是双方管理水平的综合体现。建设单位要做到保证工程顺利进行，如期完成，早日投产取得收益，就必须加强自身管理，做好资金、技术等各项工作，保障工程中各项问题及时解决。而对施工单位来说要实现合同目标，合理索赔以争取自己应得的利益，就必须加强各项基础管理工作，对工程的质量、进度、变更等进行严格、细致的管理。

（2）索赔是合同双方利益的体现。从某种意义上讲，索赔是一种风险费用的转移或再分配，如果施工单位利用索赔的方法使自己的损失尽可能得到补偿，就会降低工程报价中的风险费用，从而使建设单位得到相对较低的报价，当工程施工中发生这种费用时可以按实际支出给予补偿，也使工程造价更趋于合理。

（3）索赔是挽回成本损失的重要手段。在合同实施过程中，由于建设项目的主客观条件发生了与原合同不一致的情况，使施工单位的实际工程成本增加，施工单位为了挽回损失，通过索赔加以解决；显然，索赔是以赔偿实际损失为原则的，施工单位必须准确地提供整个工程成本的分析和管理，以便确定挽回损失的数量。

（4）索赔是合同管理的重要环节。合同是索赔的依据，整个索赔处理的过程就是履行合同的过程，从开工后，施工人员就必须每日严格按合同项下约定来实施合同，索赔的依据在于日常合同管理的证据，因此要想实现索赔就必须加强合同管理。

（5）索赔有利于国内工程建设管理与国际惯例接轨。索赔是国际工程建设中非常普遍的做法，尽快学习、掌握运用国际上工程建设管理的通行做法，不仅有利于我国企业工程建设管理水平的提高，而且对我国企业顺利参与国际工程承包、国外工程建设都有着重要的意义。

第二节　工程索赔产生的原因、索赔类型、索赔成立条件及基本处理程序

一、工程索赔产生的原因

土木工程建设施工的特点是工期长、规模大、生产过程复杂、参与的单位多、工程环境复杂、市场因素及社会因素不断变化，这些特点对建设计划、设计、施工等产生扰动，以致工程项目的实际工期和造价与计划不一致，从而影响到合同各方的利益。因此，在土木工程建设过程中，索赔经常发生。分析其原因，可以归纳为以下 12 个方面。

1. 合同缺陷

由于在工程开始建设前所签订的建设工程承包合同是基于历史经验和对未来情况的预测分析，而工程本身和工程环境又有许多的不确定性，合同不可能对所有的问题都作出预见，会出现一些考虑不周的条款、缺陷和不足，如合同措辞不当、说明不清楚、有歧义、

构成合同文件的各部分文件规定不一致等，从而导致合同履行过程中其中一方合同当事人的利益受到损害而向另一方提出索赔。

2. 合同理解不同

由于合同双方的立场和角度不同，工程经验不同，尤其是在国际承包工程中，由于合同双方来自不同的国家，使用不同的语言，采用不同的工程习惯，以及不同的法律体系，使得合同双方对合同的理解产生差异，从而造成工程实施行为的失调而引起索赔。

3. 工程变更

在施工过程中，当工程师发现设计、质量标准或施工顺序等方面的问题，或业主有新的要求时，通常会进行工程变更，指示增加新工作，暂停施工或加速施工，改变材料或工程质量等，这些变更指令往往导致工程费用增加或工期延长。所有这些情况，都迫使承包人提出索赔要求，以弥补自己所不应承担的经济损失。

4. 风险分担

土木工程建设市场是买方市场，虽然施工的风险相对于施工合同的双方均存在，但是由于业主始终占据强势地位，所以业主和承包商承担的合同风险并不均等，承包商承担着较大的风险，一旦失误，可能遭受重大的经济损失。承包商可以通过施工索赔，弥补风险引起的损失。

5. 违约行为

合同规定了合同当事人双方权利、义务和责任，由于合同当事人双方中的一方违约，造成合同另一方的损失，则受损失一方可以向违约方要求赔偿，即索赔。如果业主未按规定时限向承包商支付工程款，工程师未按规定时间提供施工图等，承包商有权就此等业主方原因而引起的施工费用增加或工期延长向业主提出索赔。反之，如果出现承包商未按合同约定的质量或工期交付工程等情况，则业主可以向承包商索赔。

6. 工程拖期

由于受到气候、水文地质等自然条件和业主拖交施工图纸等原因的影响，工程施工经常不能按原计划进行，从而使工程竣工时间拖延。如果拖延的责任由业主承担，则承包商有权就工期和费用的损失提出索赔。如果拖延的责任在承包商一方，则业主有权向承包商提出索赔，即由承包商承担误期损害赔偿费。

7. 工程师的指令

工程师是受业主委托来进行工程建设监理的，其在工程中的作用是监督所有工作都按合同规定进行，督促承包商和业主完全、合理地履行合同，保证合同顺利实施。为了保证合同工程达到既定目标，工程师可以发布各种必要的现场指令。工程师指令通常表现为工程师指令承包商加速施工、进行某项工作、更换某些材料、采取某种措施或停工等。相应地，因这种指令（包括指令错误）造成的成本增加和（或）工期延期，责任不在承包商从而导致承包商提出索赔要求。

8. 工程参与单位多，关系复杂

由于土木工程项目建设的参与单位多，除了承包商与业主之外，可能还有其他的承包商、分包商、材料设备供应商及设计单位等。在工程施工过程中，任何一个单位的工作出现失误，都可能产生一系列的连锁反应，造成其他方面的损失，从而引起索赔。

9. 施工现场条件的变化

施工现场条件的变化对工程施工工期和造价的影响很大。不利的自然条件及障碍，常常导致涉及变更、工期延长或成本大幅度增加。

根据业主在招标文件中所提供的材料，以及承包人在招标前的现场勘察，任何人都不可能完全准确地对所有的情况作出事前预料，即使是那些经验丰富的承包人也不例外，如土质与勘探资料不同，发现未预见到的地下水，地质断层，熔岩孔洞，图纸上未标明的管线、古墓或其他文物，按工程师指令进行特殊处理，或采取加固地基的措施，或采用新的开挖方案等都会对合同价格和合同工期产生影响，必然会引起施工索赔。

10. 土木工程建设施工的特点

由于土木工程技术结构复杂、投资多、露天作业、施工工期长、材料设备需求量大、涉及的单位和环节多、受环境因素影响大，在工程建设施工中出现的任何工程变化（如设计变更）或者工程环境的变化（如自然条件变化或建筑市场物价变化等）均会造成工程费用的变化，从而引起索赔。

11. 工程所在国法律法规变化

工程所在国法律和法规的变化，如外汇管制、汇率提高、提出更严格的强制性质量标准等，这些情况都可能使施工成本发生变化。如果法律法规的变化是在承包商投标报价前发生的（如 FIDIC 合同条件中规定投标截止日的 28d 以前），则认为此种变化已经在投标时考虑了。若此种变化在此时间之后发生，则按国际惯例，允许调整合同价格。

12. 其他第三方原因

因与工程有关的其他第三方的原因，如银行付款延误、邮路延误等，造成对工程的不利影响而引起的索赔往往比较难以处理。例如，业主在规定时间内依规定方式向银行寄出了要求向承包商支付款项的付款申请，但由于邮路延误，银行迟迟没有收到该付款申请，因而造成承包商没有在合同规定的期限内收到工程款。在这种情况下，由于最终表现出来的结果是承包商没有在规定时间内收到款项，所以承包商往往会向业主索赔。对于第三方原因造成的索赔，业主给予补偿后，应该享有依约或依法律规定向第三方追偿的权利。

二、工程索赔的类型

1. 按索赔对象分类

按索赔对象，工程索赔可以分为索赔与反索赔。实际上，索赔与反索赔并存，有索赔就会有反索赔存在，一方向另一方提出索赔，则另一方一定会进行反索赔。但是因为施工过程中大多是承包商向业主索赔，所以人们习惯认为：

（1）索赔是指承包商向业主提出的索赔。

（2）反索赔是指业主向承包商提出的索赔。

2. 按索赔的处理方式分类

按索赔的处理方式，工程索赔可以分为单项索赔和总索赔。

（1）单项索赔。就是采取一事一索赔的方式，即在每一起索赔事项发生后，报送索赔通知书，编制索赔报告，要求单项解决支付，不与其他的索赔事项混在一起。单项索赔要求合同管理人员能迅速识别索赔机会，对索赔做出敏捷的反应，而且单项索赔分析起来比较容易，避免了多项索赔的相互影响和制约，解决起来也比较顺手。

（2）总索赔。又称为综合索赔或一揽子索赔，即对整个工程（或某项工程）中所发生的数起索赔事项，综合在一起进行索赔。这种索赔方式是特定情况下被迫采用的一种索赔方法。

有时候，在施工过程中承包商会受到非常严重的干扰，以致其施工活动与原来的计划截然不同，原合同规定的工作与变更后的工作混淆，承包商无法为索赔保持准确而详细的成本记录资料，无法分辨哪些费用是原定的，哪些费用是新增的。在这种条件下，无法采用单项索赔。

当必须采取总索赔时，承包商要解决或证明以下问题：

（1）承包商的报价是合理的，承包商不存在故意低报价格的行为。

（2）实际发生的成本是合理的。

（3）承包商对成本的增加没有任何责任，成本的增加是由于业主工程变更或其他非承包商原因引起的。

（4）不能采取其他方法准确地计算出实际发生的损失数额。

3. 按范围分类

（1）合同规定的索赔。是指索赔涉及的内容在合同文件中能够找出依据，业主或承包商可以据此提出索赔要求。这种在合同文件中有明文规定的条款，常被称为明示条款。凡是工程项目合同文件中有明示条款的，这种索赔基本不会发生争议。

（2）非合同规定的索赔。是指索赔所涉及的内容在合同文件中没有专门的文字叙述，但可以根据某些条款的含义，推论出有一定的索赔权。这种索赔隐含在合同条款中没有明确表示，但符合合同双方签订合同时的设想和当时环境条件的一切条款。这些默示条款，或从明示条款的设想愿望中引申出来、经合同双方协商一致，或被法律或法规所明指，都构成合同文件的有效条款，要求合同双方都遵照执行。

（3）道义索赔。是指通情达理的业主看到承包商为了完成某些困难的施工，承受了额外费用损失，甚至承受了重大亏损，出于善良意愿给承包商适当的经济补偿，因为合同条款中没有此项规定，所以也称为额外支付。这往往是合同双方友好信任的表现，但较为罕见。一般只会在以下情况下才会出现道义索赔：

1）若另觅承包商，费用可能还会扩大。

2）为了树立形象和口碑。

3）出于对承包商的同情和信任。

4）谋求与承包商更长久的合作。

具体索赔涉及以下几个方面：

1）增加（或减少）工程量索赔。

2）地基变化索赔。

3）工期延长索赔。

4）加速施工索赔。

5）不利自然条件及人为障碍索赔。

6）工程范围变更索赔。

7）合同文件错误索赔。

8）缺陷修补索赔。

9）暂停施工索赔。

10）终止合同索赔。

11）设计合同索赔。

12）拖延付款索赔。

13）物价上涨索赔。

14）业主风险索赔。

15）特殊风险索赔。

16）不可抗力索赔。

17）业主违约索赔。

18）法令变更索赔。

4. 按索赔的有关当事人分类

（1）承包商与业主之间的索赔。

（2）总承包商与分包商之间的索赔。

（3）承包商与供货商之间的索赔。

（4）承包商向保险公司、运输公司的索赔等。

三、工程索赔成立的条件

当合同一方向另一方提出索赔时，应有正当的索赔理由和有效证据，并应符合合同的相关约定。由此可看出任何索赔事件成立必须满足的三要素：正当的索赔理由；有效的索赔证据；在合同约定的时间内提出。

索赔证据应满足以下基本要求：真实性、全面性、关联性、及时性，并具有法律证明效力。

四、工程索赔基本处理程序

在合同实施阶段中所出现的每一个施工索赔事项，都应按照合同条件的具体规定抓紧时间进行处理，并与工程进度款的计算同时支付。按照我国相应合同和规定，发包人未能按合同约定履行自己的各项义务或履行发生错误以及应由发包人承担责任的其他情况，造成工期延误、承包人不能及时得到合同价款及承包人的其他经济损失，承包人可以按下列程序以书面形式向发包人索赔。

（1）索赔事件发生后 28d 内，向工程师提出索赔意向通知。

（2）发出索赔意向通知后 28d 内，向工程师提出补偿经济损失和（或）延长工期的索赔报告和索赔资料。

（3）工程师在收到承包方送交的索赔报告和有关资料后，于 28d 内给予答复，或要求承包方进一步补充索赔理由和证据。

(4) 工程师在收到承包方送交的索赔报告和有关资料后 28d 内未给予答复或未对承包方做出进一步要求，视为该项索赔已经认可。

(5) 当该项索赔事件持续进行时，承包方应当阶段性向工程师发出索赔意向，在索赔事件终了后 28d 内，向工程师送交索赔的有关资料和最终索赔报告。

承包方未能按合同约定履行自己的各项义务或履行发生错误给发包方造成损失的，发包方也按以上各条款确定的期限向承包方提出索赔。

索赔处理的一般程序如图 5-1 所示。

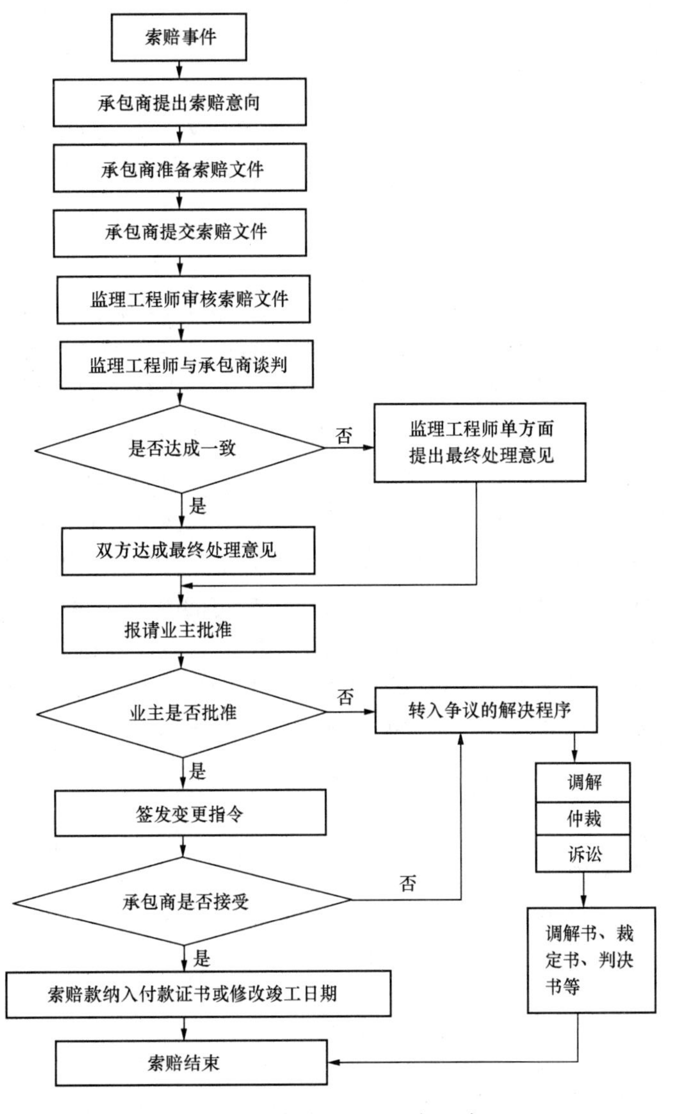

图 5-1　索赔处理的一般程序

1. 提出索赔意向通知

按照合同条件的规定，凡是由于非己方原因引起工程拖期或成本增加，任何一方均有权提出索赔。当出现索赔事件时，应该在合同规定的时间内用书面形式发出索赔意向通知书，申明自己的索赔权利。

索赔意向通知书的内容简明扼要，说明索赔事件的名称、引证的合同条款并提出自己的索赔要求即可。

2. 提交索赔报告和索赔资料

索赔事件发生后，承包商就要进行索赔的处理工作，直至向工程师提交索赔报告。具体的工作包括以下几个方面。

（1）事态调查。了解事件经过，掌握事件的详细情况。

（2）索赔事件原因分析。分析干扰事件是由谁引起的，由谁承担责任。如果责任是多方面的，则需划分各自的责任范围，以便按责任分担损失。

（3）分析索赔依据。即索赔的理由。认真进行合同分析，只有符合合同规定的索赔才是合法的，才能成立。

（4）损失调查。即为干扰事件的影响分析。它主要表现为工期的延长和费用的增加。如果干扰事件不造成损失，则无索赔可言。损失调查的重点是收集、分析、对比实际施工进度和计划施工进度、工程成本和费用方面的资料，在此基础上计算索赔值。

（5）收集证据。干扰事件一经发生，承包商就应按工程师的要求做好并保持（在干扰事件持续期间内）完整的当时记录，接受工程师的审查。证据是索赔有效的前提条件。如果在索赔报告中提不出证据，索赔要求是不能成立的。因为按照合同条件的规定，承包商只能获得有证据证实的那部分索赔。所以承包商必须对这个问题有足够的重视。

（6）起草索赔报告并提交。承包商必须在合同规定的时间内向工程师和业主提交索赔报告。《施工合同》中规定，承包商必须在索赔意向通知发出后的28d内，或经工程师同意的合理时间内递交索赔报告。如果干扰事件持续时间长，则承包商应按工程师要求的合理时间间隔，提交中间索赔报告（或阶段索赔报告），并于干扰事件影响结束后的28d内提交最终索赔报告。

3. 索赔报告的审核

工程师审查分析索赔报告，评价索赔要求的合理性和合法性。如果工程师认为理由不足，或证据不足，可以要求承包商做出解释，或进一步补充证据，或要求承包商修改索赔要求，工程师做出索赔处理意见，并提交业主。

4. 索赔报告批准

根据工程师的处理意见，业主审查、批准承包商的索赔报告。业主也可能反驳、否定或部分否定承包商的索赔要求。承包商常常需要做进一步的解释和补充证据；工程师也需就处理意见做出说明。三方就索赔的解决进行磋商，达成一致。对达成一致的，或经工程师和业主认可的索赔要求（或部分要求），承包商有权在工程进度付款中获得支付。

5. 谈判

如果双方对索赔事件的责任、索赔款额或工期展延天数分歧较大，通过谈判达不成共识，按照条款规定工程师有权确定一个他认为合理的单价或价格作为最终的处理意见报送业主并通知承包人。

6. 索赔解决

如果承包商和业主对索赔的解决达不成一致，有一方或双方都不满意工程师的处理意见（或决定）时，则双方按照合同规定的程序解决争端。

如果承包商自己放弃索赔机会，如：缺乏索赔意识，不重视索赔，或不懂索赔；不精通索赔业务，不会索赔；或对索赔缺乏信心，怕得罪业主，失去合作机会，或怕后期合作困难，不敢索赔等，任何业主都不可能主动提出赔偿。一般情况下，工程师也不会提示或主动要求承包商向业主索赔。也就是说，对干扰事件造成的损失，承包商只有“索”，业主才有可能“赔”，不“索”则不“赔”。所以承包商对索赔必须有主动性和积极性。为此，承包商应该努力做到以下几点。

（1）培养工程管理人员的索赔意识和索赔管理能力。

（2）积极地寻找索赔机会。

（3）一旦发现索赔机会，则应及早地提出索赔意向通知，主动报告。

（4）及早提交索赔报告（不必等到索赔有效期截止前）。

在一般情况下，索赔提出并解决得越早，承包商越主动，越有利，而拖延则多有不利。

1）可能超过合同规定的索赔有效期，导致索赔要求无效。

2）尽早提出索赔意向，对业主和工程师起提醒作用，敦促他们尽早采取措施消除干扰事件的影响。这对工程整体效益有利，否则承包商有利用业主和工程师过失（干扰事件）扩大损失以增加索赔值之嫌。

3）拖延会使业主和工程师对索赔的合理性产生怀疑，影响承包商的有利索赔地位。

4）“夜长梦多”，可能会给索赔的解决带来新的波折，如工程中会出现新的问题，对方有充裕的时间进行反索赔等。

5）尽早提出，尽早解决，则能尽早获得赔偿，增强承包商的财务能力。拖延会使许多单项索赔集中起来，带来处理和解决的困难。当索赔额很大时，尽管承包商理由充足，业主也会全力反索赔，导致承包商在最终解决中作出让步。承包商对待每一项索赔，特别是对重大的一揽子索赔，要像对待一个新工程项目一样，进行认真详细的分析、计划，有组织、有步骤地进行。

（5）在提出索赔要求后，经常与业主、工程师接触、协商，敦促工程师及早审查索赔报告，业主及早审查和批准索赔报告。

（6）催促业主及早支付赔（补）偿费等。

第三节　修正索赔费用组成、分析及计算

一、工程索赔费用组成

索赔费用的组成与建筑安装工程造价的组成相似，一般包括以下几个方面。

（1）分部分项工程量清单费用。工程量清单漏项或非承包人原因的工程变更，造成增加新的工程量清单项目，其对应的综合单价的确定参见工程变更价款的确定原则。

1）人工费。包括增加工作内容的人工费、停工损失费和工作效率降低的损失费等累计，其中增加工作内容的人工费应按照计日工费计算，而停工损失费和工作效率降低的损失费按窝工费计算，窝工费的标准双方应在合同中约定。

2）设备费。可采用机械台班费、机械折旧费、设备租赁费等几种形式。当工作内容增加引起设备费索赔时，设备费的标准按照机械台班费计算。因窝工引起的设备费索赔，当施工机械属于施工企业自有时，按照机械折旧费计算索赔费用；当施工机械是施工企业从外部租赁时，索赔费用的标准按照设备租赁费计算。

3）材料费。包括索赔事件引起的材料用量增加、材料价格大幅度上涨、非承包人原因造成的工期延误而引起的材料价格上涨和材料超期存储费用。

4）管理费。可分为现场管理费和企业管理费两部分，由于二者的计算方法不一样，所以在审核过程中应区别对待。

5）利润。对工程范围、工作内容变更等引起的索赔，承包人可按原报价单中的利润百分率计算利润。

6）迟延付款利息。发包人未按约定时间进行付款的，应按约定利率支付迟延付款的利息。

（2）措施项目费用。因分部分项工程量清单漏项或非承包人原因的工程变更，引起措施项目发生变化，造成施工组织设计或施工方案变更，造成措施费发生变化时，已有的措施项目，按原有措施费的组价方法调整；原措施费中没有的措施项目，由承包人根据措施项目变更情况，提出适当的措施费变更，经发包人确认后调整。

（3）其他项目费。其他项目费中所涉及的人工费、材料费等按合同的约定计算。

（4）规费与税金。除工程内容的变更或增加，承包人可以列入相应增加的规费与税金。其他情况一般不能索赔。索赔规费与税金的款额计算通常与原报价单中的百分率保持一致。

不同的索赔事件，其索赔的费用也是不同的，根据国家发改委、财政部、建设部等九部委第56号令发布的《标准施工招标文件》中通用条款的内容，可以合理补偿承包人，见表5-1。

表5-1　《标准施工招标文件》中合同条款规定的可以合理补偿承包人索赔的条款

条款号	主要内容	可补偿内容		
		工期	费用	利润
1.10.1	施工过程发现文物、古迹以及其他遗迹、化石、钱币或物品	√	√	

续表

条款号	主要内容	可补偿内容		
		工期	费用	利润
4.11.2	承包人遇到不利物质条件	√	√	
5.2.4	发包人要求向承包人提前交付材料和工程设备		√	
5.2.6	发包人提供的材料和工程设备不符合合同要求	√	√	√
8.3	发包人提供资料错误导致承包人的返工或造成工程损失	√	√	√
11.3	发包人的原因造成工期延误	√	√	√
11.4	异常恶劣的气候条件	√		
11.6	发包人要求承包人提前竣工		√	
12.2	发包人原因引起的暂停施工	√	√	√
12.4.2	发包人原因造成暂停施工后无法按时复工	√	√	√
13.1.3	发包人原因造成工程质量达不到合同约定验收标准的	√	√	√
13.5.3	监理人对隐蔽工程重新检查，经检验证明工程质量符合合同要求的	√	√	√
16.2	法律变化引起的价格调整		√	
18.4.2	发包人在全部工程竣工前，使用已接收的单位工程导致承包人费用增加的	√	√	√
18.6.2	发包人的原因导致试运行失败的		√	√
19.2	发包人原因导致的工程缺陷和损失		√	√
21.3.1	不可抗力	√		

二、工程索赔分析法

1. 网络分析法

网络分析法通过分析干扰事件发生前后网络计划，对比两种工期计算结果，计算索赔值。它是一种科学的、合理的分析方法，可采用计算机网络分析技术进行工期计划和控制，适用于各种干扰事件的索赔。下面通过实例说明该方法。

【例 5-1】 某工程主要活动的实施计划如图 5-2 所示。经网络分析得到计划工期为 23 周。关键线路分别为 A—B—E—I—K—L 和 A—B—F—J—K—L。

由于受到外界干扰事件影响，合同实施产生如下变化：

工作 E 工期延长 2 周，即实际工期为 6 周；工作 G 工期延长 3 周，即实际工期为 8 周；增加工作 M，持续时间为 6 周。M 的紧前工作为 C，紧后工作为 L。

将上述变化代入原网络图中，得到新网络图，经过新一轮计算分析可得到总工期变为 25 周，如图 5-3 所示。

由于 E 工作在原网络计划里即为关键路线上的工作，故其工期延长 2 周直接造成总工期延长。而 G 工作无论在原网络计划还是新网络计划里都是非关键路线上的工作，其工期延长不影响总工期。同样，M 工作在新网络计划中是非关键路线上的工作，该工作的增加也不影响总工期。

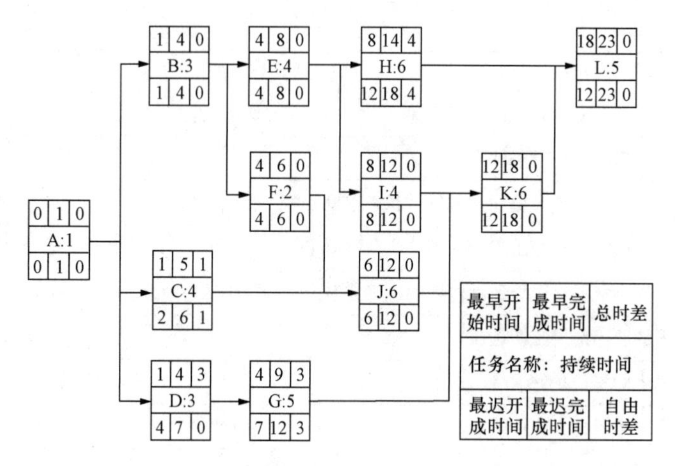

图 5-2　某工程原网络计划

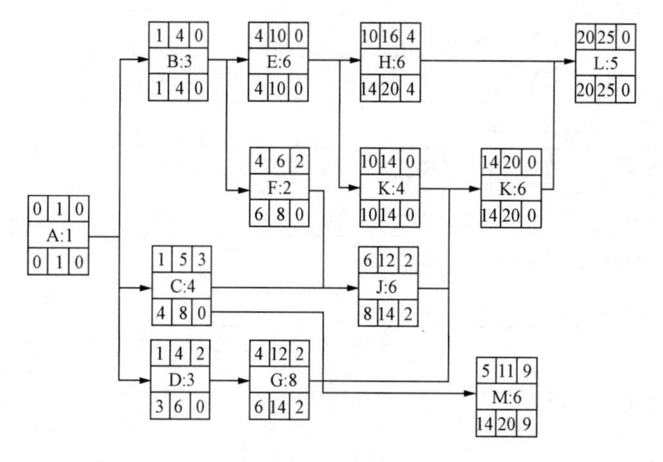

图 5-3　干扰事件发生后的网络计划

【分析】　总工期延长仅为 2 周，承包商可据此提出工期索赔。

所作分析还仅停留在理论上，在实际工程中必须考虑到干扰事件发生前的实际施工状态。这是因为，多数干扰事件都是在合同实施过程中发生的。在干扰事件发生前，有许多工作已经完成或已经开始。这些工作可能已经占用了原网络计划线路上的时差，造成干扰事件的实际影响远大于上述理论分析结果。

原网络计划中，G 工作由于能够占用紧前工作 D 的时差和自身的时差，故延长 3 周仍不影响总工期。但是如果实际工程中，按照原网络计划，工作 D 可以占用线路上的 3 周时差，在第 7 周结束。而此时 G 工作因干扰事件发生而延长 3 周，即 G 工作应在第 7 周至第 15 周进行。经分析计算后可知，因 G 工作使得总工期延长 3 周，变为 26 周，即影响了总工期。

同样，按照原网络计划，G 工作在第 4 周至第 7 周开始。假设它从第 7 周开始，恰好此时发生干扰事件使得 G 工作延长 3 周，经计算分析得出总工期变为 26 周，也影响了总工期。

在实际工程中，对其有以下两种处理方法。

(1) 单项索赔。在单项索赔分析中，这个问题易于解决。在工程施工中的网络调整通常将已完成的活动除外，仅对调整日期（干扰事件发生期）以后的未完成活动和未开始活动进行网络分析。这样所进行的分析已考虑了干扰因素的影响。

(2) 一揽子索赔。在一揽子索赔中，由于干扰事件比较多，许多因素综合在一起，使可能状态的网络和合同状态的网络已大相径庭，分析变得非常复杂，需要实际工作经验。

通常在实际分析中，如果干扰事件发生前的某些活动使用了原计划网络中规定的时差，则可以认为该活动的持续时间得到相应的延长。例如，在上述例子中，如果 D 工作在第 4 周至第 7 周已经完成，然后才发生了前述的干扰事件，则可将 D 工作的持续时间改为 6 周（3 周原计划工期和 3 周被占用的时差）。这样进行总网络分析，其结果总工期为 26 周，则干扰事件对总工期的影响为 3 周。这样分析反映了实际情况。

【例 5-2】 某住宅楼工程，按照施工单位提供的施工进度计划网络图正在紧张施工（图 5-4）。网络图中箭线下方数字括号外为正常持续时间，括号内为工作最快持续时间；箭线上方数字为压缩持续时间所需要增加的费用，单位：元。工程原计划工期为 110d。

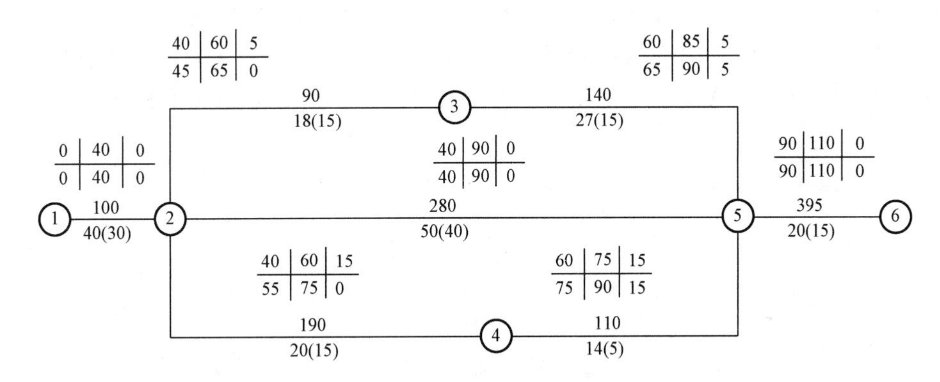

图 5-4 施工进度计划网络图

由于施工单位劳力不足，致使工作①—②的持续时间推迟了 10d，监理工程师向施工单位发出监理通知，要求采取赶工措施。因为工作①—②在关键线路上，它的拖延将使工期延长 10d。为确保工程在原计划的工期 110d 内完成，必须采取赶工措施。

在关键工作中，工作①—②的赶工费率最低，但由于持续时间 40d 只能压缩 10d，并已没有压缩的机会。

问题：

(1) 监理工程师应如何要求施工单位采取赶工措施，以保证工程在原计划工期内完成？

(2) 施工单位是否应得到赶工措施费的补偿？

【分析】

(1) 对施工进度计划进行如下调整。

1) 工作②—⑤的赶工费率最低，但应考虑其平行工作的最小总时差，工作②—⑤只能压缩 5d，280×5=1400（元），工期由 120d－5d=115d。

2）在余下的工作中，只有工作②—③赶工费率最低，工作②—③—⑤也成为关键线路，在同时有两条关键线路时应压缩两条关键线路上的同一数值。工作②—③仅有5d的机动时间可供压缩，故115d－3d＝112d，（280＋90）×3＝1110（元）。

3）在余下的工作中，只有压缩工作⑤—⑥方可缩短工期112d－2d＝110d，赶工费率395×2＝790（元）。

延误的工期10d全部找回，但增加施工措施费1400＋1110＋790＝3300（元）。

规律是：压缩工期使直接费增加，间接费减少；延长工期可使间接费增加，直接费减少。监理工程师应考虑这一关系，在拖延的工作中并不影响总工期，即非关键工作，就不必要求施工单位采取赶工措施，以便节约资源。

（2）由于工作①—②的进度拖延，使整个工程项目的工期拖延，造成工程工期延误。主要是由于施工单位的组织不利引起的，是施工单位的责任。监理工程师要求施工单位采取必要的赶工措施，以满足施工工期的要求是正确的，故施工单位应根据监理工程师的要求采取相应的赶工措施，所增加的赶工措施费应由施工单位自己负责。

【例5-3】 某实行公开招标的工程项目，建设单位选择了某建筑公司承担了施工任务，并签订了施工合同。合同规定：工期7个月，开工前7d内付给总合同价20%的资金作为施工单位备料款。保留金占合同价的5%，并从第一个月开始按工程进度的10%扣留，扣满为止。预付备料款，在支付工程进度款达到总合同价10%的月份开始回扣，并分3个月平均扣留。

施工单位按照合同工期要求编制的时标网络计划图如图5-5所示。

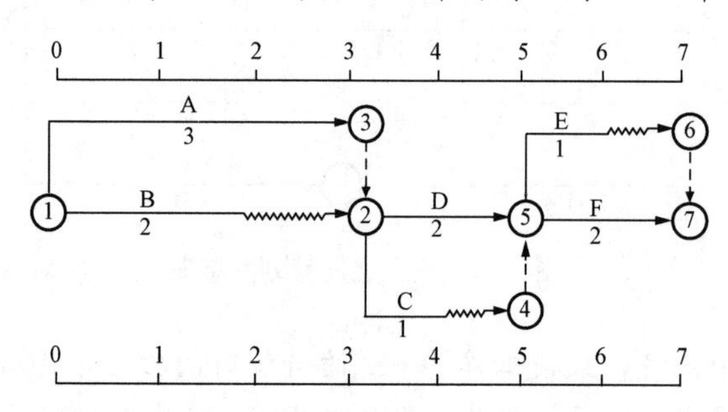

图5-5 施工进度时标网络计划图

施工单位根据建设单位发布的工程量清单编制的报价清单表见表5-2。

表5-2 报价清单表

工作	计划工程量	综合单价（元/m³）	工作	计划工程量	综合单价（元/m³）
A	290	70	D	800	46
B	190	90	E	250	45
C	800	80	F	600	70

在施工过程中发生了以下几个事件。

（1）工作A在施工过程中发现了地质勘察时未探明的地下建筑物，为排除地下建筑物使施工单位增加费用1万元。

（2）工作B施工过程中，施工单位为保证工程质量，将原设计的C15混凝土等级提高到C20，因此增加费用1.5万元。

（3）工作E施工过程中，机械设备出现故障，为抢修机械，使工期推迟了15d。

（4）施工过程中，建设单位根据需要增加一项新的工作G，并要求工作G在工作C、D完成以后开始，在工作E开始前完成。工作G的工程量为700m^3，建设单位与施工单位在监理单位进行协调的情况下达成共识，确定综合单价为51元/m^3，持续时间为1个月。

以上事件，施工单位在有效时限内提出索赔。

问题：

（1）监理工程师对发生的事件应如何处理？

（2）假如施工进度为匀速进行，每月完成工程量应为多少？施工单位每月应得进度款是多少？

【分析】

（1）监理工程师对发生事件的处理如下。

1）工作A在施工过程中发现地质勘察单位未探明的建筑物，是一个有经验的承包商事先无法预料的工程风险，应给施工单位以费用补偿，增加费用1万元（监理工程师自事件发生后，施工单位所投入的人力、物力均有记载，情况属实）。

2）工作B是施工单位为了保证工程质量所采取的技术措施，不是图样或技术规范的要求，所以，不予补偿，费用由施工单位自己负担。

3）工作E施工过程中，机械设备出现故障是施工单位应承担的工程风险，故不予补偿。

4）根据建设单位的需要，增加新的工作G，对工作G所需要的工期和费用应给以补偿，但工作G所需时间为1个月，只是使施工进度计划网络图由原来的一条关键线路变成两条，并没有使工期延长，故不予工期补偿。

（2）根据已给的时标网络图及报价清单列出各月工程量表，见表5-3。

表5-3　各月工程量表　（单位：万元）

工作	月份							综合单价	总计
	1	2	3	4	5	6	7		
A	96.667	96.667	96.667					70	2.030
B	95	95						90	1.710
C				800				80	6.400
D				400	400			46	3.680
E							250	45	1.125
F						300	300	70	4.200
G					700			51	3.570
每月价款	1.532	1.532	0.677	8.240	5.410	2.100	3.225		22.715

1）该工程原合同价为

2.030＋1.710＋6.400＋3.680＋1.125＋4.200＝19.145(万元)。

2）预付备料款：19.145×20％＝3.829(万元)。

3）保留金为：19.145×5％＝0.957(万元)。

4）预付款达到合同价10％时扣留：19.145×10％＝1.914 5(万元)，分3个月平均扣留：3.829/3＝1.276(万元)。

5）1月份：1.532－1.532×10％＝1.379(万元)。

6）2月份：1.532－1.532×10％－1.276＝0.102 8(万元)。

7）3月份：0.677－0.677×10％－1.276＝－0.666 7(万元)，3月份不足部分下月扣留。

8）4月份：8.24－(0.957－0.374)－1.276－0.667＝5.714(万元)。

9）5月份：5.41万元。

10）6月份：2.1万元。

11）7月份：3.225万元。

【例5-4】 某建筑公司（乙方）于某年4月20日与某厂（甲方）签订了修建建筑面积为3000m^{2}工业厂房（带地下室）的施工合同。乙方编制的施工方案和进度计划已获监理工程师批准。该工程的基坑开挖土方为4500m^3，假设直接费单价为4.2元/m^2，综合费率为直接费的20％。该基坑施工方案规定：土方工程采用租赁一台斗容量为1m^{3}的反铲挖掘机施工（租赁费450元/台班）。甲、乙双方合同约定5月11日开工，5月20日完工。在实际施工中发生了如下几项事件：

(1) 因租赁的挖掘机大修，晚开工2d，造成人员窝工10个工日。

(2) 施工过程中，因遇软土层，接到监理工程师5月15日停工的指令，进行地质复查，配合用工15个工日。

(3) 5月19日接到监理工程师于5月20日复工令，同时提出基坑开挖深度加深2m的设计变更通知单，由此增加土方开挖量900m^3。

(4) 5月20日～5月22日，因下大雨迫使基坑开挖暂停，造成人员窝工10个工日。

(5) 5月23日用30个工日修复冲坏的永久道路，5月24日恢复挖掘工作，最终基坑于5月30日挖坑完毕。

问题：

(1) 建筑公司对上述哪些事件可以向厂方要求索赔，哪些事件不可以要求索赔，并说明原因。

(2) 每项事件工期索赔各是多少天？总计工期索赔是多少天？

(3) 假设人工费单价为23元/工日，因增加用工所需的管理费为增加人工费的30％，则合理的费用索赔总额是多少？

【分析】

问题(1)：

事件1：索赔不成立。因此事件发生原因属承包商自身责任。

事件 2：索赔成立。因该施工地质条件的变化是一个有经验的承包商所无法合理预见的。

事件 3：索赔成立。这是因设计变更引发的索赔。

事件 4：索赔成立。这是因特殊反常的恶劣天气造成工程延误。

事件 5：索赔成立。因恶劣的自然条件或不可抗力引起的工程损坏及修复应由业主承担责任。

问题（2）：

事件 2：索赔工期 5d（5 月 15 日～5 月 19 日）。

事件 3：索赔工期 2d。

因增加工程量引起的工期延长，按批准的施工进度计划计算。原计划每天完成工程量：4500/10 ＝ 450（m^3）

现增加工程量 $900m^3$，因此应增加工期为 900/450 ＝ 2（d）

事件 4：索赔工期 3d（5 月 20 日～5 月 22 日）。

因自然灾害造成的工期延误责任由业主承担。

共计索赔工期为 5＋2＋3＋1 ＝ 11（d）

问题（3）：

事件 2：人工费：15×23 ＝ 345（元）

（注：增加的人工费应按人工费单价计算）

机械费：450×5 ＝ 2250（元）

（注：机械窝工，其费用应按租赁费计算）

管理费：345×30％ ＝ 103.5（元）

（注：题目中条件为管理费为增加人工费的 30％，与机械费等无关）

事件 3：可直接按土方开挖单价计算。

900×4.2×（1＋20％）＝ 4536（元）

（注：此处与按 F1D1C 条款计算不一样）

事件 4：费用索赔不成立。

（注：因自然灾害造成的承包商窝工损失由承包商自行承担）

事件 5：人工费：30×23 ＝ 690（元）

机械费：450×1 ＝ 450（元）

（注：不要漏掉此时机械窝工 1d）

管理费：690×30％ ＝ 207（元）

合计可索赔费用为：354＋2250＋103.5＋4536＋690＋207 ＝ 8581.5（元）

2. 比例分析法

在实际工程中，干扰事件常常仅影响某些单项工程、单位工程或分部分项工程的工期，要分析它们对总工期的影响，可以采用较为简单的比例分析法。

比例分析法的特点如下。

（1）计算简单、方便，不需作复杂的网络分析，在意义上人们也容易接受，所以用得比较多。

（2）常常不符合实际情况，不太合理，不太科学。因为从网络分析中可以看到，关键线路工作时间的任何延长，都是总工期的延长；而非关键线路工作时间延长常常对总工期没有影响。所以不能统一以合同价格比例折算。同样，按单项工程平均值计算也有这样的问题。

（3）对于业主变更工程施工次序、指令采取加速措施、指令删减工程量或部分工程等，如果仍用这种方法，会得到错误的结果，故应予以注意。

在实际工程中，工期的补偿天数的确定方法可以是多样的，如在干扰事件发生前由双方商讨，在变更协议或其他附加协议中直接确定补偿天数；或按实际工期延长记录确定补偿天数等。

（1）以合同价所占比例计算。例如，在某工程施工中，业主推迟办公楼工程基础设计图纸的批准，使该单项工程延期 10 周。该单项工程合同价为 80 万美元，而整个工程合同总价为 400 万美元，则承包商提出工期索赔为

$$总工期索赔=\frac{受干扰部分的工程合同价}{整个工程合同总价}\times 该部分工程受干扰工期拖延量$$

$$=\frac{80\text{万}}{400\text{万}}\times 10\text{周}$$

$$=2\text{周}$$

又如，某工程合同总价 380 万元，总工期 15 个月。现业主指令增加附加工程的价格为 76 万元，则承包商提出

$$总工期索赔=\frac{附加工程或新增工程量价格}{原工程合同总价}\times 原合同总工期$$

$$=\frac{76\text{万}}{380\text{万}}\times 15\text{个月}$$

$$=3\text{个月}$$

（2）按单项工程工期拖延的平均值计算。例如，某工程有 A、B、C、D、E 5 个单项工程。合同规定由业主提供水泥。在实际施工中，业主没能按合同规定的日期供应水泥，造成工程停工待料。根据现场工程资料和合同双方的通信资料等证明，由于业主水泥提供不及时对工程施工造成如下影响。

1）A 单项工程 500m^3，混凝土基础推迟 21d。

2）B 单项工程 850m^3，混凝土基础推迟 7d。

3）C 单项工程 225m^3，混凝土基础推迟 10d。

4）D 单项工程 480m^3，混凝土基础推迟 10d。

5）E 单项工程 120m^3，混凝土基础推迟 27d。

承包商在一揽子索赔中，对业主材料供应不及时造成工期延长提出索赔如下：

$$总延长天数=21+7+10+10+27=75(\text{d})$$

$$平均延长天数=75/5=15(\text{d})$$

工期索赔值为 15d。

三、工程索赔费用计算

索赔费用的计算方法主要有实际费用法、总费用法和修正总费用法。

1. 实际费用法

实际费用法是施工索赔时最常用的一种方法。该方法是按照各索赔事件所引起损失的费用项目分别分析计算索赔值，然后将各个项目的索赔值汇总，即可得到总索赔费用值。这种方法以承包商为某项索赔工作所支付的实际开支为根据，但仅限于由于索赔事件引起的、超过原计划的费用，故也称额外成本法。在这种计算方法中，需要注意的是不要遗漏费用项目。

实际费用法是按每个（或每类）干扰事件，以及该事件所影响的各个费用项目分别计算索赔值的方法，其特点如下：

（1）比总费用法复杂，处理起来困难。

（2）反映实际情况，比较合理、科学。

（3）为索赔报告的进一步分析评价、审核，双方责任的划分，双方谈判和最终解决提供方便。

（4）应用面广泛，人们在逻辑上容易接受。

所以，通常承包工程的费用索赔计算都采用分项法。但对具体的干扰事件和具体的费用项目，分项法的计算方法又是千差万别。

例如，在某工程中，承包商提出索赔，见表5-4。

表5-4　　某工程索赔表

索赔项目	数量（万美元）	工期（月）
设计资料拖延	21.94	4.5
工程范围变更	38.02	3
工程加速	27.9	(4)
图纸批准延缓	4.12	1
材料拖延	4.87	0.5
其他索赔（如进口关税，拖欠工程款）	8.23	
合计	105.08	5

对表5-4中的每一项又有详细的分项计算表，如因设计资料拖延引起的费用损失见表5-5。

表5-5　　设计资料拖延费用索赔表

序号	费用项目	费用（美元）
1	现场管理人员工资损失	26 411
2	工地上不经济地使用劳动力损失	3010
3	现场管理人员和工人膳食补贴增加	10 432

续表

序号	费 用 项 目	费用（美元）
4	假期和旅行费（每人每年1个月假期，1次旅行）	14 509
5	工地办公设施及其办公费增加	9590
6	工地交通运输费	9472
7	工地施工机械费用增加	3018
8	当地办事处费用	7104
9	因通货膨胀引起原成本增加	20 018
10	保险费增加	30 791
11	分包商索赔	12 503
12	总部管理费（上面1～11项扣除第9项之和乘以10%）	18 126
总计		219 404

其中每一项又包含着复杂的计算内容和过程。

分项法计算，通常分为以下三步。

（1）分析每个或每类干扰事件所影响的费用项目。这些费用项目通常应与合同报价中的费用项目一致。用分项法计算的基本要求是不能遗漏费用项目。

（2）确定各费用项目索赔值的计算基础和计算方法，计算每个费用项目受干扰事件影响后的实际成本或费用值，并与合同报价中的费用值对比，即可得到该项费用的索赔值。

（3）将各费用项目的计算值列表汇总，得到总费用索赔值。

【例5-5】 某高速铁路工程，建设单位采用国际招标的方式选择承包单位，实行FIDIC合同条件管理。该工程的土石方工程量为58万m^3，综合单价22元/m^3。合同条款规定，如果实际完成工程量超过和减少原估计工程量20%以上，综合单价每立方米相应增减3元。

在施工过程中，由于土质疏松，多处出现坍塌，致使土方量达到78.8万m^3。建设单位主张给施工单位在结算时以工程价相应调整。

问题如下。

（1）由于工程量清单中对工程量估计不足，导致工程量数量的增加。

（2）FIDIC合同条件中的增减综合单价的含义是什么？

（3）变更后的土方综合单价根据合同条款规定应为多少元？

（4）请计算总工程价款。

【分析】

（1）由于工程量清单中对工程量估计不足，导致工程量的增加，监理工程师应给施工单位以工期和费用的补偿，这种原因的工程量增加，总监理工程师不必签发工程变更指令。

（2）FIDIC合同条件中的增减综合单价的含义是实际完成的工程量超过原估计工程量

20%以上的工程量应给予综合单价消减；对实际完成的工程量低于原估计工程量20%以上的工程量应给予综合单价增加。

(3) 变更后的土石方工程量综合单价根据合同条款规定应为19元/m^3。

(4) 计算总工程价款：

第一，原合同工程量价款：

$$58\times22=1276(\text{万元})$$

第二，增加土石方工程量：

$$78.8-58=20.8(\text{万 }m^3)$$

$$58\times20\%=11.6(\text{万 }m^3)$$

$$11.6\times22\%=2.552(\text{万 }m^3)$$

$$(20.8-11.6)\times19=174.8(\text{万元})$$

第三，总土石方工程价款：

$$1276+2.552+174.8=1453.352(\text{万元})$$

2. 总费用法

总费用法是一种简单的计算方法，当发生多次索赔事件以后，重新计算该工程的实际总费用，实际总费用减去投标报价时的估价总费用，即为索赔金额。该方法由于可能会包含一些由承包人过失所造成的费用增加，所以并不多用。它的基本思路是把固定总价合同转化为成本加酬金合同，以承包商的额外成本为基点加上利润等附加费作为索赔值。即发生了多起索赔事件后，重新计算该工程的实际费用，再减去原合同价，其差额即为承包人索赔的费用。计算公式为

索赔金额＝实际总费用－投标报价估算费用

但总费用法对业主不利，因为实际发生的总费用中可能有承包人的施工组织不合理因素；承包人在投标报价时为竞争中标而压低报价，中标后通过索赔可以得到补偿。所以这种方法只有在难以采有实际费用法时采用。

使用总费用法注意事项如下。

(1) 由于工程成本增加使承包商支出增加，而业主支付不足，会引起工程的负现金流量的增加，在索赔中可以计算利息支出（作为资金成本）。它可按实际索赔数额、拖延时间和承包商向银行贷款的利率（或合同中规定的利率）计算。

(2) 索赔值计算中的管理费率一般采用承包商实际的管理费分摊的费率。这符合赔偿实际损失的原则。但实际管理费率的计算和核实是相当困难的，所以通常都采用合同报价中的管理费率或双方商定的费率，这全在于双方商讨。

(3) 一般在索赔中不计利润，而以保本为原则，特别是在中东阿拉伯国家的工程中更要注意这个问题。

在FIDIC条件中，许多关于费用索赔的条款都表述为“在合同价格上增加有关的费用总额”。而“费用”，按FIDIC解释是不包括利润的（FIDIC1.1），但对以工程量报价单上的单价计算费用索赔的情况，如工程量增加、附加工程等，由于报价中已包括利润，则索赔值中自然包括了利润。

总费用法的使用条件如下。

(1) 实际发生的事件不适用其他计算方法。例如，由于业主原因造成工程性质发生根本变化，面目全非，原合同报价已完全不适用。又如，业主和承包商另行签订协议，或在合同中规定一些特殊的干扰事件，如特殊的附加工程、业主要求加速施工、承包商向业主提供特殊服务等。

(2) 费用损失的责任，或干扰事件的责任完全在于业主或其他人，承包商在工程中无任何过失，而且没有发生承包商风险范围的损失。

(3) 合同实施过程中的总费用核算是准确的；工程成本核算符合普遍认可的会计原则；成本分摊方法、分摊基础选择合理；实际总成本与报价总成本所包括的内容一致。

(4) 承包商的报价是合理的，反映实际情况。如果报价计算不合理，则按这种方法计算的索赔值也不合理。

总费用法常用于对索赔值的估算，可采用成本加酬金的方法计算索赔值。

例如，某工程原合同报价如下：

总成本＝直接费＋间接费＝600 万元

利润＝总成本×10%＝60 万元

税金＝(成本＋利润)×3.44%＝22.704 万元

合同价＝682.704 万元

在实际工程中，由于非承包商原因造成实际总成本增加至 620 万元。运用总费用法计算索赔值：

总成本增量＝620－600＝20(万元)

利润＝总成本增量×10%＝2 万元

税金＝(总成本增量＋利润)×3.44%＝0.756 8 万元

利息支出(按实际发生时间和利率计算)＝0.3 万元

索赔值＝23.057 万元

3. 修正总费用法

修正总费用法是指在总费用计算的原则上，去掉一些不合理的因素，使其更合理。

修正总费用法计算内容如下。

(1) 将计算索赔款的时段局限于受到外界影响的时间，而不是整个施工期。

(2) 只计算受到影响时段内的某项工作所受影响的损失，而不是计算该时段内所有施工工作所受的损失。

(3) 对投标报价费用重新进行核算，按受影响时段内该项工作的实际单价进行核算，乘以完成的该项工作的工程量，得出调整后的报价费用。

按修正后的总费用计算索赔金额的公式为

索赔金额＝某项工作调整后的实际总费用－该项工作的报价费

【例 5-6】 索赔意向通知书（见表 5-6）。

表5-6 **索赔意向通知书**

工程名称：某商务大楼　　　　　　　　　　　　　　　　　　　　　　　　编号：SPT2-002

致：××有限公司 ××建设工程监理有限公司××商务大楼监理项目部 根据《建设工程施工合同》专用合同条款第××（条款）的约定，由于发生了甲供材料未及时进场，致使工程工期延误，并造成我公司现场施工人员窝工事件，且该事件的发生非我方原因所致。为此，我方向××有限公司（单位）提出索赔要求。 附：索赔事件资料 提出单位（盖章） 承包人（签字） ××××年×月×日

某商务大楼项目的发包人是××有限公司，××建设工程监理有限公司为工程监理单位，并组建了项目监理机构，承包人为××建筑安装有限公司。在施工过程中因甲供进口大理石石材未按时到货，造成施工单位窝工损失和工期延误，施工单位在合同约定的时间向建设单位及项目监理机构提出了索赔意向通知书。通知书应发送给拟进行相关索赔的对象，并同时抄送给项目监理机构。

填写索赔意向通知书时应注意以下几个方面。

（1）事件发生的时间和情况的简单描述。

（2）合同依据的条款和理由。

（3）有关后续资料的提供，包括及时记录和提供事件发展的动态。

（4）对工程成本和工期产生的不利影响及其严重程度的初步评估。

（5）声明/告知拟进行相关索赔的意向。

【例5-7】 索赔计算方法比较。

某承包商通过竞争性投标中标承建一个宾馆工程。该工程由3个部分组成：两座结构形式相同的大楼，坐落在宾馆花园的东西两侧；中部是庭院工程，包括花园、亭阁和游泳池。东西大楼的中标价各为1 580 000美元，庭院工程的中标价为524 000美元，共计合同价3 684 000美元。

在工程实施过程中，出现了不少的工程变更与施工难题，主要如下。

（1）西大楼最先动工，在施工中因地基出现问题而被迫修改设计，从而导致了多项工程变更，因此使工程实际成本超过计划（标价）甚多。幸运的是，东大楼的施工没有遭受干扰。

（2）在庭院工程施工中，由于遇到了连绵阴雨，被迫停工多日。又因为游泳池施工和安装时，专用设备交货期延误，几度处于停工待料状态，因而使工程费增多，给承包商带来亏损。

这3个部分工程的费用开支情况见表5-7。

表5-7　　工 程 费 用 开 支　　（单位：美元）

工程部分	中标合同价	实际费用	盈亏状况
1. 西大楼	1 580 000	1 835 000	－255 000
2. 东大楼	1 580 000	1 450 000	＋130 000
3. 庭院工程	524 000	755 000	－231 000
共计	3 684 000	4 040 000	－356 000
4. 西大楼工程变更	155 000	155 000	
全部工程总计	3 839 000	4 195 000	－356 000

从表5-7中可以看出：①承包商在西大楼工程和庭院工程中均遭亏损。只有在东大楼施工中有盈利，盈亏相抵，总亏损为356 000美元。②在西大楼施工中，由于发生工程变更，承包商取得额外开支补偿款155 000美元。

在这一合同项目施工费用实际盈亏状况下，如果采取不同的索赔款计价方法，其结果差别情况如下。

（1）如果按总费用法结算，就要考虑工程项目所有的3个部分工程的总费用。则其合同总计为3 684 000美元，实际开支的总费用为4 040 000美元，按照总费用的理论承包商有权得到的经济补偿为356 000美元。但是，在采用总费用法时，业主肯定要提出许多的质疑，认为承包商也应对其亏损承担责任，不能把全部的超支费用356 000美元都要求业主补偿；况且，为了弥补承包商在西大楼施工中遇到干扰所造成的损失，业主和工程师已经以工程变更的方式向承包商补偿了155 000美元。故承包商还要提出许多的证据和说明来证明其要求的款额是合理的。

（2）如果按照修正的总费用法来计算索赔款，则不需考虑3个部分工程的总费用，而仅考虑东、西两大楼工程的综合盈亏状况来索赔。因为，这两座楼的结构形式相同，工程量相同；西大楼发生工程变更，东大楼没有受到干扰影响，因而是可比的。这样，其索赔款额应为

(1 835 000＋1 450 000)－(1 580 000×2)＝125 000(美元)

这样的计价，由于可比性强，且款额较小，容易被业主所接受。

通过以上两种计价方法的比较，采用修正的总费用法计算出来的索赔款额，仅占总成本法计算结果的35%，自然容易被业主接受。但是，对承包商来说，他所得到的索赔仅仅是西大楼的，而没有包括庭院工程施工中所承担的费用亏损（755 000－524 000）＝231 000（美元）。对于庭院工程施工所受的亏损231 000美元，承包商仍有权进行索赔，只要计价方法合理，证据齐全可靠，仍然可以获得庭院工程的索赔款。

第四节　工 程 索 赔 报 告

一、索赔报告简介

索赔报告是承包商向监理工程师（业主）提交的一份要求业主给予一定经济（费用）

补偿和（或）延长工期的正式报告，承包商应该在索赔事件对工程产生的影响结束后，尽快（一般合同规定28d内）向监理工程师（业主）提交正式的索赔报告。

索赔报告是在索赔事件发生后，由索赔方在一定时限内向被索赔方提出索赔要求的书面文件。索赔报告的质量和水平，对索赔成败至关重要。因而编写高质量的索赔报告是承包商必须具有的基本能力。

调解人和仲裁人将通过索赔报告了解和分析合同实施情况、索赔事件发生和发展的全过程以及承包商的索赔要求，评价它的合理性，并据此作出决议，所以索赔报告应充满说服力、合情合理、有理有据、逻辑性强、计算正确。索赔报告的具体内容，因索赔事件的性质、特点而有所不同，但索赔报告一般应包括总论、合同引证、论证和证据4个部分。

二、索赔报告基本要求

(1) 说明索赔的合同依据。一种是根据合同某条款规定，承包商有资格因合同变更或追加额外工作而取得费用补偿和（或）延长工期；另一种是业主或其代理人任何违反合同规定给承包商造成损失，承包商有权索取补偿。索赔报告中必须有详细准确的损失金额及时间的计算。要证明客观事实与损失之间的因果关系，说明索赔前因后果的关联性，要以合同为依据，说明业主违约或合同变更与引起索赔的必然性联系。如果不能有理有据说明因果关系，而仅在事件的严重性和损失的巨大上花费过多的笔墨，对索赔的成功都无济于事。

(2) 索赔报告必须准确。编写索赔报告是一项复杂的工作，须有一个专门的小组和各方的大力协助才能完成。索赔小组的人员应具有合同、法律、工程技术、施工组织计划、成本核算、财务管理、写作等各方面的知识，进行深入的调查研究，对较大的、复杂的索赔需要向有关专家咨询，对索赔报告进行反复讨论和修改，写出的报告不仅有理有据，而且必须准确可靠。应特别强调以下几点。

1) 责任分析应清楚、准确。在报告中所提出索赔的事件的责任是对方引起的。应把全部或主要责任推给对方，不能有责任含混不清和自我批评式的语言。要做到这一点，就必须强调事件的不可预见性，承包商对它不能有所准备，事发后尽管采取措施也无法制止；指出索赔事件使承包商工期拖延、费用增加的严重性和索赔值之间的直接因果关系。

2) 索赔值的计算依据要正确，计算结果要准确。计算依据要用文件规定的公认合理的计算方法，并加以适当的分析。数字计算上不要有差额，一个小小的计算错误可能影响到整个计算结果，在索赔的可信度方面造成不好的印象。

3) 用词要婉转和恰当。在索赔报告中要避免使用强硬的不友好的抗拒式的语言，不能因语言而伤害了和气及双方的感情。切忌断章取义，牵强附会，夸大其词。

三、索赔报告形式及内容

索赔报告应简明扼要，条理清楚，便于对方由表及里、由浅入深地阅读和了解，注意对索赔报告形式和内容的安排也是很有必要的。一般可以考虑用金字塔的形式安排编写，如图5-6所示。

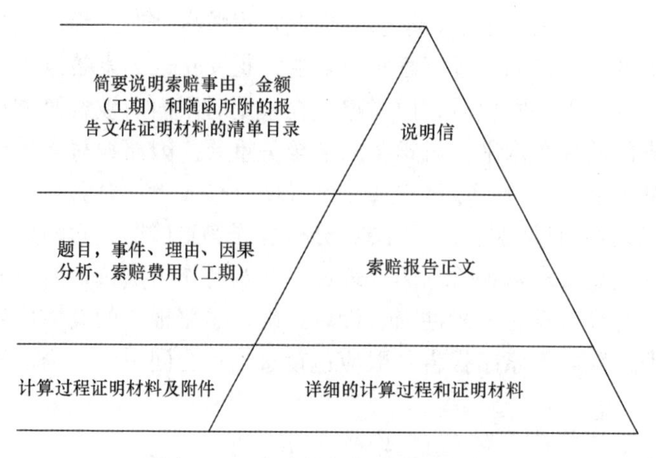

图 5-6　索赔报告的形式和内容

说明信是承包商递交索赔报告时写的，一定要简明扼要，主要让监理工程师（业主）了解所提交的索赔报告的概况。

索赔报告正文，包括题目、事件、理由（依据）、因果分析、索赔费用（工期）。题目应简要说明针对什么提出的索赔，即概括出索赔的中心内容。事件是对索赔事件发生的原因和经过，包括双方活动所附的证明材料。理由是指根据所陈述的事件，提出索赔的根据。因果分析是指依上述事件和理由所造成成本增加、工期延长的必然结果。最后提出索赔费用（工期）的分项总计的结果。

计算过程和证明材料的附件是支持索赔报告的有力依据，一定要和索赔中提到的完全一致，不可有丝毫相互矛盾的地方，否则有可能导致索赔失败。

应当注意，承包商除了提交索赔报告的资料外，还要准备一些与索赔有关的各种细节性的资料，以便对方提出问题时进行说明和解释，如运用图表的形式对实际成本与预算成本、实际进度与计划进度、修订计划与原计划、人员工资上涨、材料设备价格上涨、各时期工作任务密度程度的变化、资金流进流出等进行比较、说明和解释，使之一目了然。

四、索赔报告编写的技巧

1. 索赔报告内容齐全

在合同履行过程中，一旦出现索赔事件，承包商应该按照索赔文件的构成内容，及时向业主提交索赔报告。一般单项索赔报告包括标题、索赔事件、索赔理由、索赔要求、索赔计算书、附件几大部分。

索赔报告标题应该能够简要、准确地概括索赔的中心内容，如“关于××事件的索赔”。

索赔事件描述主要包括事件发生的工程部位、发生时间、原因和经过、影响范围以及承包商采取的防止事件扩大的措施、事件持续时间、最终结束影响的时间、事件处置过程中有关主要人员办理的有关事项等。事件描述要准确，不应有主观随意性。

索赔理由是指索赔的依据，主要是法律依据和合同条件的规定。

索赔要求是指根据索赔事件造成的损失，承包商要求补偿的金额及工期。只需列举各项明细数字和汇总数据。

索赔计算书包括损失估价和延期计算两部分。为了证实索赔金额和工期的真实性，必须指明计算依据及计算资料的合理性，包括损失费用、工期延长的计算基础、计算方法、计算公式及详细计算过程和计算结果。计算结果要反复校核，做到准确无误，要避免高估冒算。

附件包括索赔报告中所列举的事实、理由、影响等各种编号的证明文件和证据、图表。证据资料应翔实、充分，能够有力地支持或证明索赔理由、索赔事件的影响、索赔值的计算。

2. 索赔报告文字处理恰当

首先，索赔报告论述的逻辑性要强。根据合同重点阐述索赔事件的影响是对方责任，强调索赔事件、工程受到的影响、索赔值三者之间的因果关系。

其次，索赔报告语言要简洁，通俗易懂。重大索赔项目索赔权是否成立，需要各级领导认可，因此索赔报告如果篇幅过长，语言艰涩或者过于专业化，将增加立项的难度。用词方面要委婉，避免生硬、刺激性、不友好的语言。不宜使用“你方违反某某合同条款，使我方受到严重损失”，最好采用“请求贵方作公平合理的调整”“请在××合同条款下加以考虑”等，既要正确表达自己的索赔要求，又要不伤害双方的和气和感情，以达到索赔的良好效果。

如果对于合同一方一次次合理的索赔要求，对方拒不合作或置之不理，并严重影响工程的正常进行，索赔方可以采取较为严厉的措辞和切实可行的手段，以实现自己的索赔目标。

3. 责任分析应清楚、准确、有逻辑性

一般索赔报告中所针对的干扰事件都是由对方责任引起的，应将责任全部推给对方。不可用含糊的字眼和自我批评式的语言，否则会丧失自己在索赔中的有利地位。

所谓有逻辑性，主要在于将索赔要求与干扰事件、责任、合同条款及影响，联结成一条打不断的链。对于引起索赔事件的原因，要清楚明白。承包商对于干扰事件的不可预见性，索赔通知书的按时提交，该事件对承包商造成的影响，以及相应的合同支持都应明确说明，以使业主和工程师接受承包商的索赔要求。

4. 索赔报告要简洁、条理清楚

在索赔报告中首先要简明扼要地阐述索赔的事项、理由和索赔的款额或工期延长天数，以便使工程师了解你的全部要求。然后再详细地论述事实和理由，列出详细的费用清单和计算过程，再附以必要的证据资料。简洁且条理清楚，既能使业主或工程师了解索赔的全貌，又可以使其清晰地审阅索赔报告，审查数据，检查证据资料，便于较快地对承包商的索赔报告提出自己的评审意见及决策建议。

5. 索赔事件的真实性

对索赔事件应如实准确地描述，不要主观臆造，弄虚作假。对工期延误和费用索赔数额的推算都应准确无误，无懈可击。索赔报告对索赔事件的描述应该真实准确，这关系到

承包商的信誉和索赔的成功与否。对索赔事件描述不实，主观臆测，或缺乏证据，都会影响到业主和工程师对承包商的信任，给索赔工作造成困难。为了证明事实的准确性，在索赔报告的后面要附上相应的证据资料，以便于业主和工程师核查。

6. 讲求索赔艺术

如何看待和对待索赔，实际上是一个经营战略问题，是承包商对利益、关系、信誉等方面的综合权衡。

首先，承包商应防止两种以下极端倾向。

（1）只讲关系、义气和情意，忽视应有的合理索赔，致使企业遭受不应有的经济损失。

（2）不顾关系，过分注重索赔，斤斤计较，缺乏长远和战略目光，以致影响合同关系、企业信誉和长远利益。

其次，合同双方在开展索赔工作时，还要注意以下索赔艺术。

（1）正确把握提出索赔的时机。索赔过早提出，往往容易遭到对方反驳或在其他方面可能遭到对方施加的挑剔、报复等；过迟提出，则容易留给对方借口，导致索赔要求遭到拒绝。因此索赔方必须在索赔时效范围内适时提出。如果因为担心或害怕影响双方合作关系，有意将索赔要求拖到工程结束时才正式提出，可能会事与愿违，适得其反。

（2）索赔处理时作出适当必要的让步。在索赔谈判和处理时应根据情况作出必要的让步，扔“芝麻”抱“西瓜”，有所失才有所得。可以放弃金额小的小项索赔，坚持大项索赔。这样容易使对方作出让步，达到索赔的最终目的。

（3）发挥公关能力。除了进行书信往来和谈判桌上的交涉外，有时还要发挥索赔人员的公关能力，采用合法的手段和方式，营造适合索赔争议解决的良好环境和氛围，促使索赔问题的早日和圆满解决。

索赔既是一门科学，又是一门“艺术”，它是一门集自然科学、社会科学于一体的边缘科学，涉及工程技术、工程管理、法律、财会、贸易、公共关系等众多学科知识，因此索赔人员在实践过程中，应注重对这些知识的有机结合和综合应用，不断学习，不断体会，不断总结经验教训，才能更好地开展索赔工作。

五、索赔报告评审

工程师（业主）接到承包商的索赔报告后，应该马上仔细阅读其报告，并对不合理的索赔进行反驳或提出疑问。工程师根据自己掌握的资料和处理索赔的工作经验可能就以下问题提出质疑。

（1）索赔事件不属于业主和监理工程师的责任，而是第三方的责任。

（2）事实和合同依据不足。

（3）承包商未能遵守索赔意向通知书的要求。

（4）合同中的开脱责任条款已经免除了业主补偿的责任。

（5）索赔是由不可抗力引起的，承包商没有划分和证明双方责任的大小。

（6）承包商没有采取适当措施避免或减少损失。

（7）承包商必须提供进一步的证据。

（8）损失计算夸大。

（9）承包商以前已明示或暗示放弃了此次索赔的要求，等等。

在评审过程中，承包商应对工程师提出的各种质疑作出圆满的答复。

【例 5 - 8】 工程索赔费用报告书示例。

1. 概况

A建设工程有限公司参与了由B公司投资建设的C小区7号、9号、16号工程投标，且获得中标，中标合同价为2300多万元。该工程设计为11层全剪力墙现浇结构，建筑面积约16 212m²。按照建设方要求和监理工程师指示，施工方按期进场并迅速编制了施工组织设计和施工进度计划，专门成立了项目部，委派D为本项目项目经理。为保质、保量、保工期完成该工程，从施工方抽调技术骨干和优质管理人员以及选聘了几百名工人（均签署劳务合同）参与本项目的施工建设，投入520万元的现金确保施工资金的需要，并设立了材料采购组保障材料质量。在施工过程中施工方精心组织，实行三班倒，按时、按节点、按计划顺利施工。

2. 索赔事项

（1）索赔事项一。

1）索赔费用事项。施工方按建设方施工质量和工期要求及施工方的施工组织设计、施工进度计划组织施工，施工现场各项管理均规范，由于建设方各种原因，致使施工方的所有计划必须重新调整，导致施工方在人、材、物等多方面直接和间接损失。

2）索赔费用。

①人工费。由于国家政策性人工费调整，施工方按照原来的报价已经无法在劳务市场找来施工的工人，为了能完成工程量，将人工费上调，增加费用568 638.78元（未含规费、税金）。

②利润。原招标文件中并未说明土建工程中的主要材料和安装主材由建设方指定代理商，施工方认为材料费中还能有些利润，因此在报价中适当降低了管理费和利润的报价，但进场后建设方将所有能供的材料全部指定供货商，致使施工方按原计划的利润为零利润。因此施工方要求建设方将施工方原投标价中考虑的材料部分的利润补偿给施工方约209 000元（未含规费、税金）。

③安全文明施工费。根据国家相关规定，建设方予以对此调增1%的安全文明施工费用201 000元（未含规费、税金）。

3）索赔计算书。

①人工费。因国家政策人工费调整，在原合同基础上装饰装修及水电安装人工费均上调增加费用（按结算工日）。一般人工费增加：31 018.7工日×6元/工日＝186 112.2元。

装饰人工费增加：46 003.63工日×8元/工日＝368 029.04元。

安装人工费增加：10 464.11工日×14元/工日＝146 497.54元。

合计：568 638.78元。

②材料计划利润。

1 900 000.00元×0.11＝209 000元

③安全文明施工费用：201 000 元。

合计索赔费用（含规费、税金）：

978 638.78×（1+3.51）×（1+3.41%）元=1 047 531.93 元

（2）索赔事项二。

1）索赔事项。建设方修建地下停车场，为此施工方根据甲方要求将临时设施，如材料加工场地、库房、原材料堆场搬迁到甲方指定的地点，且建设方在修建过程中，使其材料进场道路中断，材料无法进场。因建设方责任，致使施工停工 1 月，临时设施搬迁造成直接成本费用增加。

2）索赔费用。

①临时设施搬迁增加费用：191 161.16 元。

②停工人工费：440 000 元。

③停工机械租赁费：37 000 元。

④停工租赁费：100 231.8 元。

⑤管理费：53 000.00 元。

⑥利润：37 813.91 元。

合计索赔费用（含规费、税金）：

668 045.71×（1+3.51）×（1+3.41%）元+191 161.16 元=906 235.22 元

3）索赔计算书。

①临时设施搬迁增加费用：191 161.16 元。

②停工人工费：110 人×4000 元/（人·月）×1 个月=440 000 元。

③停工机械租赁费：塔吊：2×2000 元/月×1 个月=4000.00 元。

物料提升机：3×11 000 元/月×1 月=33 000 元

小计：37 000 元。

④停工周转材料。

架管租赁费：61 056m×0.015 元/（天/m）×31 天=28 391.04 元

扣件租赁费：41 686 个×0.006 元（天/个）×31 天=38 267.75 元

工字钢租赁费：2580m×0.3 元/（天/m）×31 天=23 994.00 元

竹架板租赁费：6180 块×0.05 元/（块/天）×31 天=9579.00 元

小计：100 231.8 元。

⑤管理费。

项目经理 1 人，8000 元/月、施工员 2 人，12 000 元/月，技术员 1 人，4500 元/月，安全员 1 人，4000 元/月，资料员 2 人，6000 元/月，材料员 1 人，3000 元/月，预算员 2 人，11 000 元/月，门卫 2 人，3000 元/月，炊事员 1 人，1500 元/月。

小计：53 000.00 元/月×1 个月=53 000.00 元。

⑥利润：630 231.8 元×6%=37 813.91 元。

（3）索赔事项三。

1）索赔事项概述。在原招标文件中，门窗安装工程为建设方指定该项分包工程，施工方将工程主体施工完毕，并通过验收（具体主体验收时间及甲供材料时间以现场记录为准），但建设方指定窗安装公司迟迟不能进场进行窗框安装。使施工方工期延误1月停工等待门窗框安装。后根据甲方指示，要求施工方提前对内外墙进行装饰施工，导致不利于门窗洞口收边收口，使施工方无形增加了工程成本。

2）索赔费用：

①停工人工费：200 000元。

②停工机械租赁费：37 000元。

③停工周转料具租赁费：100 231.8元。

④停工管理费：53 000.00元。

⑤利润：23 413.91元。

⑥总承包服务费：108 000元。

⑦门窗洞口收口收边费用：115 450.6元。

合计索赔费用（含规费、税金）：

521 645.71×（1+3.51）×（1+3.41%）元+115 450.6元=673 818.56元

3）索赔计算书。

①停工人工费：50人×4000元/人·月×1个月=200 000元。

②停工机械租赁费：塔吊：2×2000元/月×1个月=4000.00元。

物料提升机：3×11 000元/月×1个月=33 000元。

小计：37 000元。

③停工周转材料。

a. 架管租赁费：61 056m×0.015元/（天/m）×31天=28 391.04元。

b. 扣件租赁费：41 686个×0.006元/（天/个）×31天=38 267.75元。

c. 工字钢租赁费2580m×0.3元/（天/m）×31天=23 994.00元。

d. 竹架板租赁费：6180块×0.05元/（块/天）×31天=9579.00元。

小计：100 231.8元。

④管理费。

项目经理1人，8000元/月、施工员2人，12 000元/月，技术员1人，4500元/月，安全员1人，4000元/月，资料员2人，6000元/月，材料员1人，3000元/月，预算员2人，11 000元/月，门卫2人，3000元/月，炊事员1人，1500元/月。

小计：53 000.00元/月×1个月=53 000.00元

⑤利润：390 231.8元×6%=23 413.91元。

⑥总承包服务费：3 600 000元×3%=108 000元。

⑦门窗洞口收口收边费用：115 450.6元。

综上所述，施工方按照建设方的要求组织工程施工，服从建设方工程的要求；但因建设方原因造成的工期延长等而导致施工方的损失应由建设方承担，且施工方在计算索赔费用时，充分考虑主客观因素，仅计算了施工方因此而受到的直接和间接损失（利润损失），尚没有信誉损失；为了本工程而放弃其他工程的利润损失；为了减少索赔事件影响造成其他损失而支出的费用列入索赔费用范畴。施工方认为计算是实事求是的，本着既不夸大，也不添项，更不虚构的态度向建设方提出本索赔，态度诚恳，数据客观，要求合理，希望建设方在接到本报告书后，立即着手研究解决。施工方为了明确责任，减少施工方的损失，也为了顺利完成尚没有完成的后续相关事情，保护双方共同利益，施工方送达本索赔费用书，望建设方予以审查，并尽快答复。

第五节 工程索赔成功技巧

一、索赔关键因素

1. 组建强有力的、稳定的索赔班子

索赔是一项复杂细致而艰巨的工作，组建一个知识全面，有丰富索赔经验，稳定的索赔小组从事索赔工作是索赔成功的首要条件，索赔小组应由项目经理、合同法律专家、估算师、会计师、施工工程师组成，要有专职人员搜集和整理由各职能部门和科室提供的有关信息资料，索赔人员要有良好的素质，要懂得索赔的战略和策略，工作要勤奋、务实、不好大喜功，头脑清晰，思路敏捷，有逻辑，善推理，懂得协调各方的公共关系。

索赔小组的人员一定要稳定，不仅各负其责，而且要积极配合，齐心协力，对内部讨论的战略和对策要保守秘密。

2. 确定正确的索赔战略和策略

索赔战略和策略是承包商经营战略和策略的一部分，应当体现承包商目前利益和长远利益、全局利益和局部利益的统一，应由公司经理亲自把握和制定，索赔小组应提供决策的依据和建议。

索赔战略和策略的研究，对不同的情况，包含着不同的内容，有不同的重心。

（1）确定索赔目标。承包商的索赔目标是指承包商对索赔的基本要求，可对要达到的目标进行分解，按难易程度进行排队，并大致分析它们实现的可能性，从而确定最低、最高目标。分析实现目标的风险，如能否抓住索赔机会，保证在索赔有效期内提出索赔；能否按期完成合同规定的工程量，执行业主加速施工指令；能否保证工程质量，按期交付工程；工程中出现失误后的处理办法，等等。总之，要注意对风险的防范，否则，就会影响索赔目标的实现。

（2）对被索赔方的分析。分析对方的兴趣和利益所在，要让索赔在友好和谐的气氛中进行，处理好单项索赔和一揽子索赔的关系，对于理由充分而重要的单项索赔应力争尽早解决，对于业主坚持拖后解决的索赔，要按业主意见认真积累有关资料，为一揽子解决准备充分的材料。要根据对方的利益所在，对对方感兴趣的地方，承包商可在不过多损害自己的利益的情况下作适当的让步，打破问题的僵局。在责任分析和法律分析方面要适当，在对方愿意接受索赔的情况下，就不要得理不让人，否则达不到索赔目的。

（3）承包商的经营战略分析。承包商的经营战略直接制约着索赔的策略和计划。在分析业主和工程所在地的情况以后，承包商应考虑有无可能与业主继续进行新的合作，是否在当地继续扩展业务，承包商与业主之间的关系对当地开展业务有何影响，等等。这些问题决定着承包商的整个索赔要求和解决的方法。

（4）相关关系分析。利用监理工程师、设计单位、业主的上级主管部门对业主施加影响，往往比同业主直接谈判有效，承包商要同这些单位搞好关系，展开“公关”，取得他们的同情和支持，并与业主沟通，这就要求承包商对这些单位的关键人物进行分析，同他们搞好关系，利用他们同业主的微妙关系从中斡旋、调停，能使索赔达到十分理想的效果。

（5）谈判过程分析。索赔一般都在谈判桌上最终解决，索赔谈判是双方面对面的较量，是索赔能否取得成功的关键。一切索赔的计划和策略都是在谈判桌上体现和接受检验。因此，在谈判之前要做好充分准备，对谈判的可能过程要做好分析。如怎样保持谈判的友好和谐气氛，估测对方在谈判过程中会提什么问题，采取什么行动，我方应采取什么措施争取有利的时机，等等。因为索赔谈判是承包商要求业主承认自己的索赔，承包商处于很不利的地位，如果谈判一开始就气氛紧张，情绪对立，有可能导致业主拒绝谈判，使谈判旷日持久，这是最不利于索赔问题解决的。谈判应从业主关心的议题入手，从业主感兴趣的问题开谈，使谈判气氛保持友好和谐是很重要的。

谈判过程中要讲事实，重证据，既要据理力争，坚持原则，又要适当让步，机动灵活，所谓索赔的“艺术”，往往在谈判桌上能得到充分的体现，所以，选择和组织好精明强干、有丰富的索赔知识和经验的谈判班子就显得极为重要。

二、索赔成功的技巧

索赔的技巧是为索赔的战略和策略目标服务的，因此，在确定了索赔的战略和策略目标之后，索赔技巧就显得格外重要，它是索赔策略的具体体现。索赔技巧应因人、因客观环境条件而异，现提出以下各项供参考。

1. 要及时发现索赔机会

有经验的承包商，在投标报价时就应考虑将来可能要发生索赔的问题，要仔细研究招标文件中合同条款和规范，仔细查勘施工现场，探索可能索赔的机会，在报价时要考虑索赔的需要。在进行单价分析时，应列入生产效率，把工程成本与投入资源的效率结合起来。这样在施工过程中论证索赔原因时，可引用效率降低来论证索赔的根据。

在索赔谈判中，如果没有生产效率降低的资料，则很难说服监理工程师和业主，那么索赔就无取胜可能。反而可能被认为生产效率的降低是承包商施工组织不好，没达到投标时的效率，应采取措施提高效率，赶上工期。

要论证效率降低，承包商应做好施工记录，记录好每天使用的设备工时、材料和人工数量、完成的工程及施工中遇到的问题。

2. 商签好合同协议

在商签合同过程中，承包商应对明显把重大风险转嫁给承包商的合同条件提出修改的要求，对其达成修改的协议应以“谈判纪要”的形式写出，作为该合同文件的有效组成部分。要对业主开脱责任的条款特别注意，如：合同中不列索赔条款；拖期付款无时限，无利息；没有调价公式；业主认为对某部分工程不够满意，即有权决定扣减工程款；业主对不可预见的工程施工条件不承担责任，等等。如果这些问题在签订合同协议时不谈判清楚，承包商就很难有索赔机会。

3. 对口头变更指令要得到确认

监理工程师常常乐于用口头指令变更，如果承包商不对监理工程师的口头指令予以书面确认，就进行变更工程的施工，此后，有的监理工程师矢口否认，拒绝承包商的索赔要求，使承包商有苦难言。

4. 及时发出“索赔通知书”

一般合同规定，索赔事件发生后的一定时间内，承包商必须送出“索赔通知书”，过期无效。

5. 索赔事件论证要充足

承包合同通常规定，承包商在发出“索赔通知书”后，每隔一定时间（28d），应报送一次证据资料，在索赔事件结束后的28d内报送总结性的索赔计算及索赔论证，提交索赔报告。索赔报告一定要令人信服，经得起推敲。

6. 索赔计价方法和款额要适当

索赔计算时采用“附加成本法”容易被对方接受，因为这种方法只计算索赔事件引起的计划外的附加开支，计价项目具体，使经济索赔能较快得到解决。另外，索赔计价不能过高，过高容易令对方反感，使索赔报告束之高阁，长期得不到解决。还有可能让业主准备周密的反索赔计划，以高额的反索赔对付高额的索赔，使索赔工作更加复杂化。

7. 力争单项索赔，避免一揽子索赔

单项索赔事件简单，容易解决，而且能及时得到支付。一揽子索赔，问题复杂，金额大，不易解决，往往到工程结束后还得不到付款。

8. 坚持采用“清理账目法”

承包商往往只注意接受业主按对某项索赔的当月结算索赔款，而忽略了该项索赔款的余额部分。没有以文字的形式保留自己今后获得余额部分的权利，等于同意并承认了业主对该项索赔的付款，以后对余额再无权追索。

因为在索赔支付过程中，承包商和监理工程师对确定新单价和工程量经常存在不同意见。按合同规定，工程师有决定单价的权力，如果承包商认为工程师的决定不尽合理，而坚持自己的要求时，可同意接受工程师决定的“临时单价”或“临时价格”付款，先拿到一部分索赔款，对其余不足部分，则书面通知工程师和业主，作为索赔款的余额，保留自己的索赔权利，否则，将失去将来要求付款的权利。

9. 力争友好解决，防止对立情绪

索赔争端是难免的，如果遇到争端不能理智协商讨论问题，将会使一些本来可以解决的问题悬而未决。承包商一定要头脑冷静，防止对立情绪，力争友好解决索赔争端。

10. 注意同监理工程师搞好关系

监理工程师是处理解决索赔问题的公正的第三方，注意同工程师搞好关系，争取工程师的公正裁决，竭力避免仲裁或诉讼。

【例 5 - 9】 关于物价上涨引起的索赔。

某国际工程公司，承包国外的一座水电站的施工，合同价为 12 857 000.00 美元，工期 18 个月。合同条款采用 FIDIC 第 4 版“合同条款”，并有整套施工技术规程、工程清单和施工图纸。

在施工过程中，工程所在地物价上涨，在工程将近建成时，承包商要求价格调整，收回因物价上涨引起的成本增加，并收回拖期支付四个半月的利息，合同规定按利率 9.5% 计息。该合同采用调价公式计算价格调整系数。

$$P=0.15+0.17(EL/EL_0)+0.14(LL/LL_0)+0.25(PL/PL_0)+0.13(CE/CE_0)+0.10(ST/ST_0)+0.06(TI/TI_0)$$

式中 EL——出国人员调价时的工资；

EL_0——出国人员报价书中的工资；

LL、LL_0——当地人工调价时与报价书中工资；

PL、PL_0——施工机械调价时与报价书中的费用；

CE、CE_0——水泥调价时与报价书中的价格；

ST、ST_0——钢材调价时与报价书中的价格；

TI、TI_0——木材调价时与报价书中的价格。

经过价格调查，上式中各项成本费的比例见表 5 - 8。

表 5 - 8　各项成本费比例

EL/EL_0	LL/LL_0	PL/PL_0	CE/CE_0	ST/ST_0	TI/TI_0
1.12	1.10	1.09	1.06	1.14	1.08

故价格调整系数为

$$\begin{aligned}P&=0.15+0.17\times1.12+0.14\times1.10+0.25\times1.09+0.13\times1.06+0.10\times1.14+0.06\times1.08\\&=0.15+0.190\,4+0.154\,0+0.272\,5+0.137\,8+0.114\,0+0.064\,8\\&=1.083\,5\end{aligned}$$

采用下式，计算调整后的合同价 P_1 的值

$$P_1=P_0\times P$$

式中 P_1——调整后的合同价；

P_0——原合同价；

P——上面求出的价格调整系数（1.083 5）。

调整后的合同价格

$$P_1=12\,857\,000\times1.083\,5=13\,930\,560(\text{美元})$$

通过价格调整，合同额增加 1 073 560 美元，即由于物价上涨的索赔款。

业主应补偿拖付利息为

$$1\,073\,560\times(0.095/12)\times4.5=38\,246(\text{美元})$$

业主共支付物价上涨调整及其拖付利息为

$$1\,073\,560+38\,246=1\,111\,806(\text{美元})$$

该工程总索赔款占合同额的 1 111 806/12 857 000=8.65%。

【例 5-10】 某深基坑土石方开挖过程中，某建设有限责任公司在合同标明有松软石的地方没有遇到松软石，因此工期提前 2 个月。但在合同中另一未标明有坚硬岩石的地方遇到更多的坚硬岩石，开挖工作变得更加困难，工期因此拖延了 3 个月。由于工期拖延，使得施工不得不在雨期进行，又影响工期 2 个月。为此承包商提出索赔。

问题：(1) 该项施工索赔能否成立？为什么？

(2) 在该索赔事件中，应提出的索赔内容包括哪些方面？

(3) 在施工索赔中通常可以作为索赔证据的有哪些？

(4) 某建设公司提供的索赔文件包括哪些？

(5) 请协助某建设公司草拟一份索赔通知。

【分析】

(1) 该项施工索赔成立，因为施工中在合同未标明有坚硬岩石的地方遇到更多的坚硬岩石，属于施工现场的施工条件与原来的勘察有很大差异，属于业主的责任范围。

(2) 索赔包括费用和工期索赔。

(3) 索赔证据包括：

1) 招标文件、工程合同及附件，业主认可的施工组织设计、工程图纸、技术规范等；

2) 工程各项有关设计交底记录，变更图纸，变更施工指令等；

3) 工程各项经业主或监理工程师签认的签证；

4) 工程往来信件、指令、信函、通知答复等（往来书信也可）；

5) 工程会议纪要；

6) 施工计划及现场实施情况记录；

7) 施工日记及备忘录；

8) 工程送水送电、道路开通、封闭的日期及数量记录；

9) 工程预付款、进度度拨付情况；

10) 工程有关的施工照片及录像等；

11) 施工现场气候记录情况等；

12) 工程验收报告及技术鉴定报告等；

13) 工程材料采购、订货、运输、进场、验收、使用的等方面的凭据；

14) 工程会计核算资料；

15) 国家、省、市有关工程造价、工期的文件、规定等。

(4) 索赔文件包括：

1) 索赔信（也可是索赔通知）；

2) 索赔报告；

3) 索赔证据与详细计算书等附件。

(5) 索赔通知参考形式如下：

致××总监理工程师： 我公司希望你方对工程地质条件变化问题引起重视。 1. 在合同文件标明有松软石的地方未遇到松软石。

2. 在合同文件中未标明有坚硬岩石的地方遇到了坚硬岩石。

由于第1条，我公司实际施工进度提前；

由于第2条，我公司实际生产率降低，而引起进度拖延，并不得不在雨期施工。

上述施工条件变化，造成我公司施工现场设计与原设计有很大差别，为此向你方提出工期索赔及费用索赔要求，具体工期索赔及费用索赔依据与计算书均在索赔报告中。

【例5-11】 某施工单位与业主按合同签订施工承包工程合同，施工进度计划得到监理工程师的批准，如图5-7所示［单位：d］。

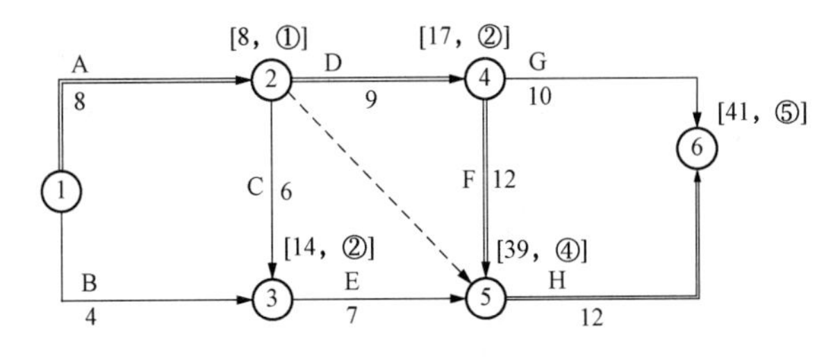

图5-7 施工进度计划

施工中，A、E使用同一种机械，其台班费为500元/台班，折旧（租赁）费为300元/台班，假设人工工资40元/工日，窝工费为20元/工日。合同规定提前竣工奖为1000元/d，延误工期罚款1500元/d（各工作均按最早时间开工）。

施工中发生了以下的情况。

(1) A工作由业主原因晚开工2d，致使11人在现场停工待命，其中1人是机械司机。

(2) C工作原工程量为100个单位，相应合同价为2000元，后设计变更工程量增加了100个单位。

(3) D工作承包商只用了7d时间。

(4) G工作由于承包商原因晚开工1d。

(5) H工作由于不可抗力发生，增加了4d作业时间，场地清理用了20工日。

问在此计划执行中，承包商可索赔的工期和费用各为多少？

【分析】 (1) 可索赔工期计算

1) 调整后的施工进度计划如图5-8和图5-9所示。

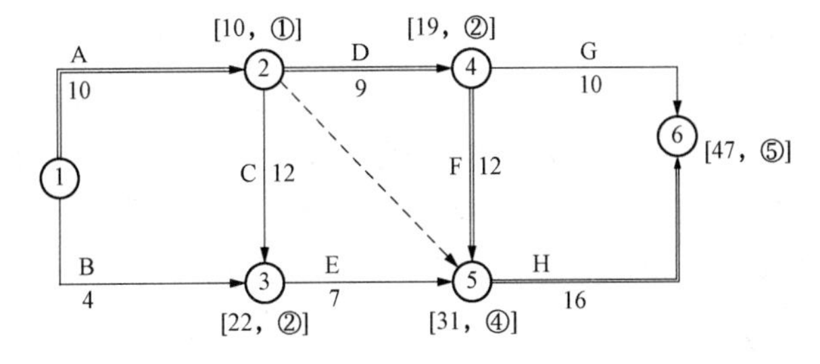

图5-8 施工进度计划调整（1）

2）可能状态下的工期

A 作业持续时间：8+2=10（d）；

C 工作持续时间：6+6=12（d）；

H 工作持续时间：12+4=16（d）；

可能状态下工期为：T_k=47d。

3）可索赔工期为：47−41=6（d）。

（2）费用索赔（或补偿）的计算

1）A 工作：（11−1）×20+2×300=1000（元）

$2000\times\frac{100}{100}=2000$（元）

2）C 工作：$2000\times\frac{100}{100}=2000$（元）

3）清场费：20×40=800（元）

4）机械闲置的增加：

按原合同计划，闲置时间：14−8=6（d）；

考虑了非承包商的原因闲置时间：22−10=12（d）；

增加闲置时间：12−6=6（d）；

费用补偿：6×300=1800（元）。

5）奖励或罚款

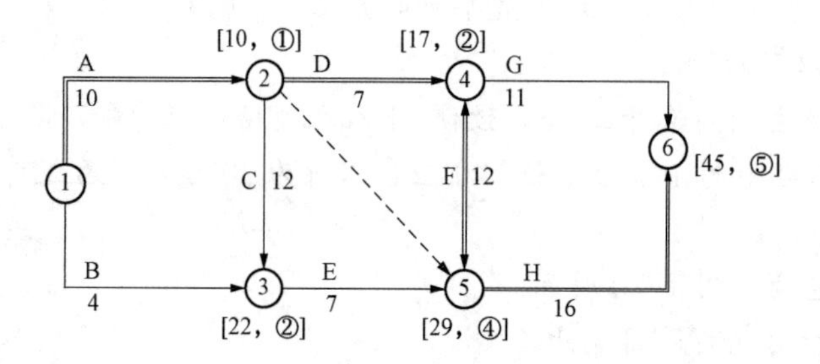

图 5-9　施工进度计划调整（1）

实际状态工期为 t=45d

$\Delta t = t - T_k = 45 - 47 = -2$d

说明工期提前。

提前奖：2×1000=2000（元）

所以可索赔及奖励的费用补偿为：1000+200+800+1800+200=7600（元）

【例 5-12】 某施工单位（乙方）与某建设单位（甲方）签订了建造无线电发射试验基地施工合同。合同工期为 38d。由于该项目急于投入使用，在合同中规定，工期每提前（或拖后）1d 奖励（或罚款）5000 元。乙方按时提交了施工方案和施工网络进度计划（图 5-10 所示），并得到甲方代表的批准。

实际施工过程中发生了如下几项事件：

事件 1：在房屋基坑开挖后，发现局部有软弱下卧层，按甲方代表指示乙方配合地质

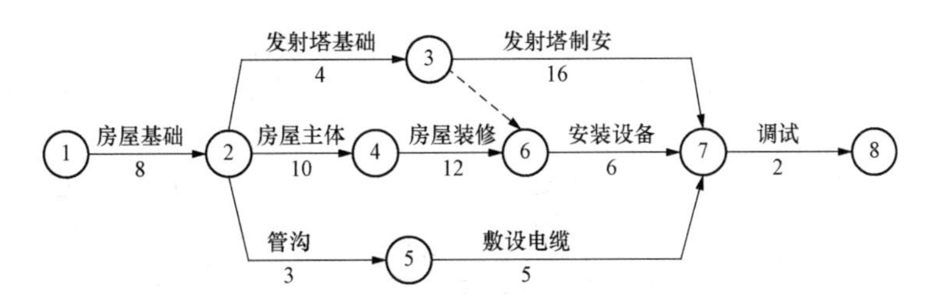

图 5-10　发射塔试验基地工程施工网络进度计划（单位：d）

复查，配合用工为 10 个工日。地质复查后，根据经甲方代表批准的地基处理方案，增加直接费 4 万元，因地基复查和处理使房屋基础作业时间延长 3d，人工窝工 15 个工日。

事件 2：在发射塔基础施工时，因发射塔原设计尺寸不当，甲方代表要求拆除已施工的基础，重新定位施工。由此造成增加用工 30 工日，材料费 1.2 万元，机械台班费 3000 元，发射塔基础作业时间拖延 2d。

事件 3：在房屋主体施工中，因施工机械故障，造成工人窝工 8 个工日，该项工作作业时间延长 2d。

事件 4：在房屋装修施工基本结束时，甲方代表对某项电气暗管的敷设位置是否准确有疑义，要求乙方进行剥漏检查。检查结果为某部位的偏差超出了规范允许范围，乙方根据甲方代表的要求进行返工处理，合格后甲方代表予以签字验收。该项返工及覆盖用工 20 个工日，材料费为 1000 元。因该项电气暗管的重新检验和返工处理使安装设备的开始作业时间推迟了 1d。

事件 5：在敷设电缆时，因乙方购买的电缆线材质量差，甲方代表令乙方重新购买合格线材。由此造成该项工作多用人工 8 个工日，作业时间延长 4d，材料损失费 8000 元。

事件 6：鉴于该工程工期较紧，经甲方代表同意乙方在安装设备作业过程中采取了加快施工的技术组织措施，使该项工作作业时间缩短 2d，该项技术组织措施费为 6000 元。

其余各项工作实际作业时间和费用均与原计划相符。

问题：1. 在上述事件中，乙方可以就哪些事件向甲方提出工期补偿和费用补偿要求？为什么？

2. 该工程的实际施工天数为多少天？可得到的工期补偿为多少天？工期奖罚款为多少？

3. 假设工程所在地人工费标准为 30 元/工日，应由甲方给予补偿的窝工人工费补偿标准为 18 元/工日，该工程综合取费率为 30%。则在该工程结算时，乙方应该得到的索赔款为多少？

答案：问题 1：事件 1 可以提出工期补偿和费用补偿要求，因为地质条件变化属于甲方应承担的责任，且该项工作位于关键线路上。

事件 2 可以提出费用补偿要求，不能提出工期补偿要求，因为发射塔设计位置变化是甲方的责任，由此增加的费用应由甲方承担，但该项工作的拖延时间（2d）没有超出其总时差（8d）。

事件 3 不能提出工期和费用补偿要求，因为施工机械故障属于乙方应承担的责任。

事件 4 不能提出工期和费用补偿要求，因为乙方应该对自己完成的产品质量负责。甲方代表有权要求乙方对已覆盖的分项工程剥离检查，检查后发现质量不合格，其费用由乙方承担；工期也不补偿。

事件 5 不能提出工期和费用补偿要求，因为乙方应该对自己购买的材料质量和完成的产品质量负责。

事件 6 不能提出补偿要求，因为通过采取施工技术组织措施使工期提前，可按合同规定的工期奖罚办法处理，因赶工而发生的施工技术组织措施费应由乙方承担。

问题 2：（1）通过对图 5 - 10 的分析，该工程施工网络进度计划的关键线路为①—②—④—⑥—⑦—⑧，计划工期为 38d，与合同工期相同。将图 5 - 10 中所有各项工作的持续时间均以实际持续时间代替，计算结果表明：关键线路不变（仍为①—②—④—⑥—⑦—⑧），实际工期为 42d。

（2）将所有由甲方负责的各项工作持续时间延长天数加到原计划相应工作的持续时间上，计算结果表明：关键线路不变（仍为①—②—④—⑥—⑦—⑧），工期为 41d，41－38＝3d，所以，该工程可补偿工期天数为 3d。

（3）工期罚款为：［42－（38＋3）］×5000＝5000（元）

问题 3：乙方应该得到的索赔款有：

（1）由事件 1 引起的索赔款：(10×30＋40 000）×（1＋30%）＋15×18＝52 660（元）

（2）由事件 2 引起的索赔款：(30×30＋12 000＋3000）×（1＋30%）＝20 670（元）

所以，乙方应该得到的索赔款为：52 660＋20 670＝73 330（元）

第六节　国际工程索赔

国际工程索赔的主要文件是 FIDIC 合同条件（包含的合同条件如《土木工程施工合同条件》《设计采购施工（EPC）/交钥匙工程合同条件》等在不同年份有修订），该合同条件详细地规定了在合同履行过程中所遇到的诸如场地、材料、设备、开工、停工、延误、变更、索赔、风险、质量、支付、违约、争议、仲裁等多种问题时，合同双方的权利、义务及工程师处理问题的职责和权限。该合同条件共 72 条、194 个条款。FIDIC 合同条件之所以在全世界被不同国家和地区的雇主及承包商所接受，最直接的原因就是利用 FIDIC 合同条件进行施工管理后，能使工程质量得到保证，工程造价和工期得到有效控制，使索赔责任明确，解决容易。本章简单分析 FIDIC 合同条件下的索赔问题。

按照 FIDIC 合同条件承包工程，在施工中发生索赔属于正常现象。承包商按照合同条件提出并得到工程师批准的索赔，并不是承包商得到了意外收入，也不是雇主白白丢掉了钱财。为了使投标人能够在公平的条件下竞争，雇主能够得到可靠的合理报价，在合同文件中规定了应由雇主承担责任的特殊风险，或不利自然条件下等增加费用的因素，或承包商应得到的正当利益都可以通过索赔的方式得到补偿。无论是在一方违约使另一方蒙受损失情况下的索赔事件，还是双方都没有违约所发生的索赔事件，都应视为一种正当的要利要求。

在 FIDIC 合同条件下，索赔问题与履行合同也并不矛盾。恪守合同的雇主与承包商的共同义务。索赔权利也是为了更好地促使合同双方坚持守约，保证合同的正常执行。即使某些索赔事件的解决是提申请仲裁或诉诸法律，也应看作是守约的正当行为，是将守约和维护合同权利置于法律的保护之下。

一、承包商（人）向业主（雇主）索赔

1. 承包工程内容的变更

承包商只负责完成合同所规定的工程内容，当业主或工程师要求承包商完成合同约定以外的任务时，承包商有权要求签订补充协议并提出索赔要求。

2. 不可预见障碍

当承包商在施工中，发现或遇到在开工前不能预见的不利自然条件，将会给施工带来难度和费用的增加，如基础工程开挖及施工中碰到的陷坑、废弃人防工事、下水渗漏造成的泥坑等。承包商有权提出索赔要求。

3. 业主应承担的风险

业主应承担的风险是指承包商事先无法进行预测和防范的来自社会及自然界的风险。

4. 业主违约

业主违约通常表现为业主或其代理人未能按合同规定的时间向承包商提供施工条件，或未能按合同规定的时间付工程款，以及工程师不适当的决定及苛刻检查等。承包商有权提出索赔。

5. 工程所在国家或地区政策及法令变更及法律、法令的变更

例如，税收提高、货币贬值、限制进口，劳动力、原材料、运输费用的调整等，都有可能导致工程费用增加。承包商有权向业主提出索赔以补偿自己的损失。

6. 其他承包商的违约或干扰

在工程规模较大，同一施工现场上有多个承包商同时施工时，组织协调工作往往跟不上情况的变化。各个承包商之间常会发生相互干扰的情况，影响进度或引起费用增加。当这些承包商之间不是总承包与分包关系，而是各自独立与雇主签订合同时，由于某一承包商的违约或干扰造成其他承包商费用增加，其他承包商则根据合同有权提出索赔要求。在施工现场较小，现场交通共用的情况下，这类索赔事件常有发生。

7. 合同文件的缺陷

承包工程合同文件中的条款规定不严谨甚至矛盾或存在遗漏及错误等现象。当因此而引起承包商工程费用增加时，承包商有权向业主提出索赔。这是因为业主往往是合同文件的起草人，而对合同文件的缺陷纠正又往往是工程师进行解释的结果。业主应对合同文件的缺陷负责。

二、业主（雇主）向承包商（人）索赔

业主向承包商的索赔，一般表现为承包商全部或部分地不履行合同，导致业主损失。业主按照合同的规定向承包商实施违约处罚。常见情况如下。

（1）因承包商原因拖延竣工期的索赔。由于拖延工期使业主失去了拖延期的盈利和收入，扩大了业主雇用工程师及其他人员的延长期内佣金，造成安全和保险费用的增加，增

加了雇主超期筹资的利息支出等。对上述损失，业主应将其作为延期损失向承包商提出索赔。

（2）因工程施工质量缺陷的索赔。承包商应按照合同所规定的质量标准组织和管理施工，确保工程质量符合预定目标。当由于施工技术或管理原因造成工程质量缺陷时，特别是所造成的缺陷将会造成业主某种损失时，业主有权对所引起的损失向承包商提出索赔要求。

（3）对不合格的工程拆除和不合格材料运输费用的索赔。当承包商未能履行工程师的指令拆除或重新做好有缺陷的工程，或未能运走或调换不合格的材料时，业主有权雇用他人来完成该项工作，但所发生的费用应由承包商承担。业主可以从任何应付给承包商的款项中扣回。

（4）承包商未能履行好合同义务的索赔。按照合同规定，承包商有义务在施工过程中采取措施，保证施工机械、设备运输不损坏通往工地的道路及桥梁。否则，业主可以就此向承包商提出未能履行好合同义务的索赔。

（5）承包商所设计施工图纸错误造成业主损失索赔。

（6）承包商严重违约，造成合同终止，业主提出由此发生的损失索赔。

（7）承包商没有按合同中的规定保险，业主可去完善保险并向承包商提出索赔。

三、索赔处理的一般程序

FIDIC合同条件下的施工索赔（包括工期索赔和费用索赔），直接影响到业主和承包商的经济利益。作为业主雇员的工程师能否坚持严格按合同条件办事，公正地处理索赔事件是一项十分重要的工作。处理得当，可以促进合同双方良好地继续合作，使工程继续走向顺利。反之，将对合作关系和工程实施产生不良影响。

在实际工程中，承包商往往利用索赔的权利不按照索赔的实际情况，千方百计寻找理由加大索赔的幅度，甚至提出一些不符合合同条件的投机性索赔，以此手段来弥补自身失误，管理不当所造成的损失或额外利益。工程师既要维护业主的利益，也要维护承包商的权力，就必须严格公正地执行合同条件。不能为了业主的利益而忽视合同条件和工程实际情况，拒绝承包商的索赔要求和不合理地压低索赔要求。也不能因为承包商具有合同规定索赔的权力，不加审核和控制，盲目地批准承包商的索赔要求。FIDIC合同条件中把对工程师的上述公正要求用索赔程序条款做了详细规定。要求承包商从他认为是索赔事件一发生开始，就必须在一定时间限制内提出索赔通知，保持同期记录、收集有关证明证据，以支持其最终的索赔权利和索赔要求。否则，承包商的权力可能会受到限制。

FIDIC合同条件下索赔处理程序如下。

1. 索赔事件

索赔事件是指合同在实施过程中发生的、合同条款中已指明的（如雇主没有按施工进度要求提供图纸）及涵盖的（如基础施工中碰到的废弃人防设施已涵盖在合同条件第12.2条款中）会引起承包商工期延迟或费用增加的事件。该类事件的发生一般应由发生的时间、发生的不利影响等因素来证实。

2. 索赔通知

当索赔事件发生后，承包商必须在 28d 内，将其索赔要求（工期延长和费用增加）意向以书面形式通知工程师。

索赔通知的内容十分简单，只需要告诉工程师索赔事件发生的时间和要求索赔的权力即可，但却十分重要。如果承包商未能在索赔事件发生后的 28d 内发出索赔通知，工程师则可以不接受该项索赔事件，或仅按工程师的单方有关记录资料，确定是否索赔和索赔金额。

承包商在向工程师发出索赔通知的同时，也应把索赔事件通知业主。其目的是让工程师及时对索赔事件的发展过程和影响状况及细节进行必要的了解，让业主积极采取减少索赔的有效措施。特别是当索赔事件是由于业主未能履行合同规定的义务和责任而造成时，及时通知业主尤为重要。

3. 承包商的同期记录

承包商的同期记录是指索赔事件发生后，为支持其索赔通知和提出最终索赔报告而对索赔事件自始至终有关事宜的记载。

承包商的同期记录，能够使工程师对索赔事件的全过程进行详细了解，有利于合理确定承包商的索赔要求。因此，工程师可以随时对同期记录进行查看，必要时承包商应提供同期记录的副本以利于索赔的后期处理。

承包商的同期记录应对索赔事件发生至索赔事件影响结束的整个期间的有关情况详细记录。一般包括索赔事件发生的时间、地点、有关见证人员、影响延续的时间、控制发展的措施、导致施工人员及施工机械闲置的数量、工程受损情况、损失费用情况等。

4. 承包商提出详细情况报告

在索赔事件影响延续过程中，承包商应按工程师的要求在一定时间内，提出详细情况报告。并给出索赔的累计总额，为进一步索赔提出依据。

5. 承包商提出索赔最终报告

在索赔事件影响结束后的 28d 内，承包商应向工程师提交最终报告。工程师认为必要时，承包商应同时将副本送交业主。

索赔最终报告应包括下列内容。

（1）申请索赔的依据。说明本项索赔提出是根据合同条件的××条款。

（2）索赔要求。包括工期延长要求和费用补偿要求。承包商应提出该索赔事件应该给予的补偿要求。

（3）各项费用清单和延长工期的计算依据。详细列出每项费用的数量、单价与金额及计算式。

（4）索赔最终报告说明。承包商认为应进一步说明以支持其索赔要求的内容。

（5）证明附件。即用以证明本项索赔有关的各种文件及证明材料，包括业主、承包商、工程师之间发生的与索赔有关的各种文件。在索赔处理中，证明材料占有重要的分量。

6. 工程师对索赔的审批

承包商提出的最终报告交工程师后，工程师即可进行审批。但合同条件中没有规定审批的时间限制，工程师可灵活掌握。对于较简单的索赔事件可很快审批完毕，但对于比较复杂和索赔额较大的索赔事件则需要留有充分的调查评价时间，然后再审批。但在正常情况下，一般都应在缺陷责任书颁发前完成审批工作。

工程师审批索赔的依据是业主和承包商所签订的合同。主要审查以下几个方面。

（1）索赔是否符合合同条件。承包商所申请索赔事件的原因，按合同条件的规定为非承包商自身责任，该项索赔则成立，工程师可继续审查其他内容。否则，该项索赔申请会遭到工程师的拒绝。

（2）索赔申请是否遵守了索赔程序。承包商的申请虽然符合合同条件，但承包商没有遵守合同索赔程序规定，那么其所申请的索赔额可能会受到限制。只有在遵守索赔程序的条件下，承包商的索赔要求才有可能被审批通过的希望。对 FIDIC 合同条件不熟悉的承包商往往因忽视了索赔程序的规定，而遭受了不应有的损失。

（3）工期延期是否发生在关键线路上。工程师的审批工程延期索赔申请时，首先应核查发生工程延期事件的部位是否在关键线路上，只有在关键线路上发生的延期事件才能构成对整个工程工期的影响。在此应特别引起注意的是，一个工程的关键线路会因工程进展中的某些变化而发生变化，并非在施工期始终不变。工程师应以经过工程师同意的、根据工程进展修改的进度网络图计划作为确定延期索赔事件是否发生在关键线路上的依据。如果发现承包商所申请延期索赔事件不在关键线路上，即可确定拒绝延期要求。对其他延期要求的各种资料和细节也不必再进行审查。

（4）审查核实有关记录。合同条件要求承包商对索赔事件的影响期保持同期记录。只要索赔成立，承包商都有权得到他通过同期进行证实的任何工作报酬。工程师在进行此项审查时，确认或否定都必须持有足够的证据。如果工程师对索赔事件发生后的情况掌握得不是十分详细，就不能进行有效的审查。由此可见，索赔事件发生后，工程师对现场的调查和对承包商的同期记录的定期核实是搞好最后审批的有效方法。

在工程实践中，工程师根据索赔事件的复杂程度一般采用两种审批方式：直接审批或经过专门评估小组评估后再审批。

（1）工程师直接审批。是指索赔事件发生的原因比较明显，影响工程的范围比较小，影响不具有连续性，涉及索赔费用或工期比较容易确定的情况。

（2）工程师经过专门评估小组评估后再审批。一般是对那些比较复杂的索赔事件，工程师为了公正准确地确定索赔最终值，首先任命一个评估小组，由评估小组对索赔事件进行调查核实并向工程师提出调查评估报告，送交工程师进行审批。

评估小组只有对索赔事件调查核实并提出评估报告的责任，没有批准索赔的权力。对索赔申请的批准，仍由工程师负责。

评估小组的评估报告，一般应为工程师的审批提供详细可靠的材料。其内容包括：索赔事件发生的原因、影响的范围、延续的时间、是否采取了控制措施，监理方面是否能认可。认可的合同依据及有关文件、信件、指令，对承包商索赔要求进行逐条核实的情况，提出可以确认的最终金额。

工程师对索赔的审批文件是工程资料的组成部分。应采用预先准备的固定格式。

四、索赔争议的解决

按照FIDIC合同条件的规定，工程师对索赔的审批并不是终局性的，不具有强制性的约束力。无论业主还是承包商，若认为工程师的审批处理不公正时，都有权提出仲裁要求。对这种虽工程师已作了详细调查并从公正立场作出的审批，但双方不能达成协议的情况下，工程师应重新考虑审批结果。不得阻拦任何一方行使其权力。FIDIC条款第67.1～67.4条中写进了对索赔争议（其他争议也用此条款）的双方协议。协议规定在仲裁之前，合同双方应采取以下两个步骤。

第一步：对工程师的审批持有异议时，可以在合同规定的时间内提请工程师重新考虑。即持有异议一方应进一步提出证明材料，补充依据，向工程师表明为什么认为不合理。工程师应根据争议的问题进一步核实审查，作出决定。

第二步：当工程师重新审查补充证明并作出决定后仍有争议时，合同双方可自行设法进行友好解决。并明确指出的是，这种脱开工程师决定而进行的友好解决，必须在此争议提交仲裁意向通知发出的56d之内完成。超出这一期限，仲裁将按时进行。

FIDIC合同条件所作争议解决的规定，都考虑了合同双方实际利益。合同条件中规定的业主和承包商进行友好解决的程序，就是为了再给争议双方一个机会。避免提交仲裁实施后，为此而耗费大量时间和昂贵的费用以及烦琐的诉讼程序。

按照FIDIC第67.4条的规定，如果在争议的解决过程中，一方没有遵守上述两个步骤，另一方可将此违约提交仲裁。这种规定可以明显看出其意图所在。即尽量使工程师的决定成为仲裁裁决。

当争议的双方已实施了上述的两个步骤后仍没有使争议得到解决时，进行仲裁就不可避免。除合同中另有规定外，均应执行国际商会（ICC）的调解与仲裁章程。由据此章程指定的一名或数名仲裁人员予以最终解决。上述仲裁人有全权解释、复查和修改工程师所作的任何决定。

在国际承包工程索赔提交仲裁时，仲裁的地点应考虑中立性、当地法律适宜性以及提供的管理服务。若没有事先明确规定，则应根据国际商会仲裁规则选择地点由国际商会法庭确定。如果决定不使用国际商会的仲裁程序，应在合同中注明最终裁决所使用的仲裁规则。

【例5-13】 某施工单位（乙方）与某建设单位（甲方）签订了某项工业建筑的地基处理与基础工程施工合同。由于工程量无法准确确定，根据施工合同专用条款的规定，按施工图预算方式计价，乙方必须严格按照施工图及施工合同规定的内容及技术要求施工。乙方的分项工程首先向监理工程师申请质量认证，取得质量认证后，向造价工程师提出计量申请和支付工程款。

工程开工前，乙方提交了施工组织设计并得到批准。

问题：

(1) 在工程施工过程中，当进行到施工图所规定的处理范围边缘时，乙方在取得在场的监理工程师认可的情况下，为了使夯击质量得到保证，将夯击范围适当扩大。施工完成后，乙方将扩大范围内的施工工程量向造价工程师提出计量付款的要求，但遭到拒绝。试问造价工程师拒绝承包商的要求合理否？为什么？

(2) 在工程施工过程中，乙方根据监理工程师指示就部分工程进行了变更施工。试问工程变更部分合同价款应根据什么原则确定？

(3) 在开挖土方过程中，有两项重大事件使工期发生拖延：一是土方开挖时遇到了一些工程地质勘探没有探明的孤石，排除孤石拖延了一定的时间；二是施工过程中遇到数天季节性大雨后又转为特大暴雨，引起山洪暴发，造成现场临时道路、管网和施工用房等设施以及已施工的部分基础被冲坏，施工设备损坏，运进现场的部分材料被冲走，乙方数名施工人员受伤，雨后乙方用了很多工时清理现场和恢复施工条件。为此乙方按照索赔程序提出了延长工期和费用补偿要求。试问造价工程师应如何审理？

【分析】

问题1：造价工程师的拒绝正确。其原因：该部分的工程量超出了施工图的要求，一般地讲，也就超出了工程合同约定的工程范围。对该部分工程量监理工程师可以认为是承包商保证施工质量的技术措施，一般在业主没有批准自己追加相应费用的情况下，技术措施费用应由乙方自己承担。

问题 2：变更价款的确定原则：合同中已有适用于变更工程的价格，按合同已有的价格计算、变更合同款；合同中只有类似于变更工程的价格，可以参照类似价格变更合同款；合同中没有适用或类似于变更工程的价格，由承包商提出适当的变更价格，造价工程师批准执行，这一批准的变更价格，应与承包商达成一致，否则按合同争议的处理方法解决。

问题 3：造价工程师应对两项索赔事件做出处理如下：

(1) 对处理孤石引起的索赔，这是预先无法估计的地质条件变化，属于甲方应承担的风险，应给予乙方工期顺延和费用补偿。

(2) 对于天气条件变化引起的索赔应分两种情况处理。

1) 对于前期的季节性大雨这是一个有经验的承包商预先能够合理估计的因素，应在合同工期内考虑，由此造成的时间和费用损失不能给予补偿。

2) 对于后期特大暴雨引起的山洪暴发，不能视为一个有经验的承包商预先能够合理估计的因素，应按不可抗力处理由此引起的索赔问题处理。被冲坏的现场临时道路、管网和施工用房等设施以及已施工的部分基础，被冲走的部分材料，清理现场和恢复施工条件等经济损失应由甲方承担；损坏的施工设备，受伤的施工人员以及由此造成人员窝工和设备闲置等经济损失应由乙方承担；工期顺延。

【例 5 - 14】 某建设工程系外资贷款项目。业主与承包商按照 FIDIC《土木工程施工合同条件》签订了施工合同。施工合同《专用条件》规定：钢材、木材、水泥由业主供货到现场仓库，其他材料由承包商自行采购。

当工程施工至第五层框架柱钢筋绑扎时，因业主提供的钢筋未到，使该项作业从 2019 年 10 月 3 日至 10 月 16 日停工（该项作业的总时差为零）。

10 月 7 日至 10 月 9 日因停电、停水使第三层的砌砖停工（该项作业的总时差为 4d）。

10 月 14 日至 10 月 17 日因砂浆搅拌机发生故障使第一层抹灰迟开工（该项作业的总

时差为 4d)。

为此，承包商于 10 月 20 日向工程师提交了一份索赔意向书，并于 10 月 25 日送交了一份工期、费用索赔计算书和索赔依据的详细材料。其计算书的主要内容如下：

1. 工期索赔

(1) 框架柱扎筋：10 月 3 日至 10 月 16 日停工，计 14d。

(2) 砌砖：10 月 7 日至 10 月 9 日停工，计 3d。

(3) 抹灰：10 月 14 日至 10 月 17 日迟开工，计 4d。

总计请求顺延工期：21d。

2. 费用索赔

(1) 窝工机械设备费。

一台塔吊：14×468＝6552（元）

一台混凝土搅拌机：14×110＝1540（元）

一台砂浆搅拌机：7×48＝336（元）

小计：8428 元

(2) 窝工人工费。

扎筋：35 人×40.30×14＝19 747（元）

翻砖：30 人×40.30×3＝3627（元）

抹灰：35 人×40.30×4＝5642（元）

小计：29 016 元。

(3) 保函费延期补偿：(1500×10%×6‰/365) ×21＝517.81（元）

(4) 管理费增加：(8428＋29 016＋517.81) ×15%＝5694.27（元）

(5) 利润损失：(8428＋29 016＋517.81＋5694.27) ×5%＝2182.80（元）

经济索赔合计：45 838.88 元。

问题：

1. 承包商提出的工期索赔是否正确？应予批准的工期索赔为多少天？

2. 假定经双方协商一致，窝工机械设备费索赔按台班单价的 65%计；考虑对窝工人工应合理安排工人从事其他作业后的降效损失，窝工人工费索赔按每工日 20 元计；保函费计算方式合理；管理费、利润损失不予补偿。试确定经济索赔额。

【分析】

该案例主要考核工程索赔成立的条件与索赔责任的划分，工期索赔、费用索赔计算与审核。分析该案例时，要注意网络计划关键线路，工作的总时差的概念及其对工期的影响，因非承包商原因造成窝工的人工与机械增加费的确定方法。

问题 1：承包商提出的工期索赔不正确。

(1) 框架柱绑扎钢筋停工 14d，应予工期补偿。这是由于业主原因造成的，且该项作业位于关键路线上。

(2) 砌砖停工，不予工期补偿。因为该项停工虽属于业主原因造成的，但该项作业不在关键路线上，且未超过工作总时差。

(3) 抹灰停工，不予工期补偿，因为该项停工属于承包商自身原因造成的。

综上，所以同意工期补偿：14＋0＋0＝14d

问题2：经济索赔审定：

（1）窝工机械费。

塔吊1台：14×234×65％＝2129.4（元）（按惯例闲置机械只应计取折旧费）。

混凝土搅拌机1台：14×55×65％＝500.5（元）（按惯例闲置机械只应计取折旧费）。

砂浆搅拌机1台：3×24×65％＝46.8（元）（因停电闲置只应计取折旧费）。因故障砂浆搅拌机停机4d应由承包商自行负责损失，故不给补偿。

小计：2129.4＋500.5＋46.8＝2676.7（元）

（2）窝工人工费。

扎筋窝工：35×10×14＝4900（元）（业主原因造成，但窝工工人已做其他工作，所以只补偿工效差）；

砌砖窝工：30×10×3＝900（元）（业主原因造成，只考虑降效费用）；

抹灰窝工：不应给补偿，因系承包商责任。

小计：4900＋900＝5800（元）

（3）保函费补偿。

1500×10％×6‰/365×14＝0.035（万元）

经济补偿合计：2676.7＋5800＋350＝8826.70（元）

五、国际商会（ICC）的仲裁程序

1. 申诉人提出仲裁申请

合同中没有指定其他国际仲裁机构时，希望将索赔争议提交仲裁的一方，首先向国际商会仲裁院秘书处递交仲裁申请。秘书处收到仲裁申请的时间，即视为仲裁开始的时间。仲裁申请包括的内容有以下几个方面。

（1）申诉人与被申诉人的全称、性质、地址及电传、电话号码。

（2）对申诉案件的简要叙述。

（3）“仲裁条款”副本。

（4）与案件有关的文件的副本。

（5）关于选定仲裁员的要求。

当案件由一名仲裁员审理时，仲裁申请应交一式三份。当案件由三名仲裁员审理时，仲裁申请须交一式五份。同时交纳受理费。

秘书处接受仲裁申请后将向被诉人送交一份仲裁申请副本及附件。

2. 被诉人提交答辩状

被诉人在收到仲裁申请副本后30d内，向国际商会秘书处提交答辩状（一式三份或五份，也必须交受理费）。有时被诉人在提交答辩状的同时又提出反诉——进行反索赔。秘书处同样要求反索赔的被诉人作出对反诉答辩。并将答辩副本、反诉副本、对反诉答辩的副本随后分送给另一方。

3. 秘书处向仲裁院报告

双方答辩终止后，秘书处立即向仲裁院报告有关情况。

4. 向仲裁员移交文件资料

仲裁院在考虑了仲裁申请选定仲裁员后，秘书处即可向仲裁员移交所有文件资料。此后，当事人就可直接与仲裁员联系。

5. 仲裁员编写《仲裁大纲》

仲裁员所编写的《仲裁大纲》规定了仲裁活动的范围和具体程序，是一份非常重要的文件，主要内容包括以下几个方面。

（1）仲裁当事人及仲裁员的名称、性质、地址、电传及电话号码。

（2）索赔案件的简述。

（3）需要解决的问题——为最后确定索赔而必须解决的问题。

（4）仲裁地点。

（5）仲裁程序。

（6）其他有关问题。

6. 《仲裁大纲》生效

仲裁员将编好的《仲裁大纲》送当事人审查签字。对当事人就《仲裁大纲》所提出的修改意见，仲裁员有决定是否接受的权力。若当事人一方拒绝签字，或仲裁院通知拒签当事人在某一确定的期限内补签也被拒绝，都不会影响仲裁院批准《仲裁大纲》后生效。

7. 开庭审理

《仲裁大纲》生效后，即可开庭进行审理。首先仲裁员听取当事人的陈述并听取有关证人的证词，然后审核有关证据、文件资料。若有当事人的一方拒绝出席法庭，也不会影响开庭审理的进行。

8. 作出最终裁决

仲裁员在开庭审理后，可根据案件的实际情况作出分段裁决，也称部分裁决或一次性裁决。分段裁决是指先对案件的某些问题作出裁决，然后再对整个案件作出最终裁决。一次性裁决就是在开庭审理后一次性解决所有问题，作出最终裁决。

9. 裁决生效

仲裁员的裁决要提交仲裁院审查批准。在仲裁院批准后，仲裁员正式签署裁决决定文件，裁决生效。

六、仲裁裁决的执行

仲裁裁决具有强制性的约束力，当事人必须执行。如果当事人一方拒不执行裁决，另一方可向法院提出申请由法院施以强制执行。对国际合同争议的仲裁，就存在一个本国仲裁机构的仲裁在外国的承认和执行问题，或外国仲裁机构的仲裁在本国的承认和执行问题。由于世界各国社会制度不同，所属法律体系以及具体的法律规定也不同。但普遍认可的做法是各国根据缔结或参加的国际公约，以及本国的法律规定和互惠的原则执行裁决。

根据中华人民共和国民事诉讼法的规定，我国人民法院可以根据我国缔结或者参加的国际公约或按照互惠的原则，委托外国法院协助执行对我国涉外仲裁机构作出的裁决。

第七节　反　　索　　赔

一、反索赔作用

索赔应是双方的。乙方可以向甲方提出索赔，甲方也可以向乙方提出索赔，这是由甲、乙双方之间平等的主体地位所决定的。工程施工中发生了干扰事件后，双方都在进行合同分析。一方面，想在合同中找到对自方有利的条款为据，尽快追回在事件中所产生的损失。另一方面，又想在合同中找到对对方不利的条款，尽量推卸自方的责任，防止自方可能产生的经济损失。按照通常的习惯，我们把追回自方损失的手段称为索赔，把防止和减少对方向自方提出索赔的手段称为反索赔。

索赔与反索赔具有同等重要的地位。这是因为，如果不能进行有效的反索赔，也就不可进行有效的索赔。从这个意义上说，索赔和反索赔是不可分离的。执行索赔管理的工作人员，应该同时具备这两方面的能力，才能掌握反索赔（索赔）的主动权。

反索赔对合同双方具有同等重要的作用，主要有以下几个方面。

（1）成功的反索赔能防止或减少经济损失。当对方提出索赔时，自方应认真分析事件发生的原因及有关资料和合同文件，减少自方的责任，以达到减少或否定对方索赔之目的。

（2）成功的反索赔能增长管理人员士气，促进工作的开展。能攻善守的反索赔管理者能够巧妙地使用合同武器、系统地利用事实资料，变被动为主动，摆脱不利局面，使对方无法推卸应负责任，找不到反驳的理由。使自方不仅减少损失，更会士气大振，促进工作的开展。反之，则会影响整个企业的管理和工程施工。在国际工程中就常常有这种情况。由于企业管理人员不熟悉工程索赔业务，不敢大胆地提出索赔，又不能进行有效的反索赔，在施工干扰事件处理中，总是处在被动地位，工作中丧失了主动权。常处于被动挨打局面的管理人员必然受到心理的挫折，进而影响整体工作。

（3）成功的反索赔必然促进有效的索赔。能够成功有效地进行反索赔的管理者必须熟知合同条款内涵，掌握干扰事件产生的原因，占有全面的资料。具有丰富的施工经验，工作精细，能言善辩的管理者在进行索赔时，往往能抓住要害，击中对方弱点，使对方无法反驳。不难想象，如果反索赔一方是一个工作有漏洞，对对方的索赔毫无反击力的人员，明知对方是不合理索赔却找不到有力的根据，完全可以拒绝的索赔却拿不出应有的原始资料。由这类管理者去进行索赔怎么能经得起对方的反击呢？因此，提高索赔管理人员自身的素质是很重要的。

另外，由于工程施工中干扰事件的复杂性，往往甲乙双方都有责任，双方都有损失。分清责任的大小及损失的多少，又很少一开始就形成一致意见，所以索赔中有反索赔，反索赔中又会有索赔。有经验的索赔管理人员可以通过审查对方的索赔报告，发现新的索赔机会，找到对方索赔的理由。

（4）成功的反索赔能阻止对方提出索赔。索赔和反索赔是进攻和防守的关系，对于多次进攻都不能取胜，甚至惨遭失败的索赔方，必然引起谨慎行事，不敢盲目再提出索赔，还会放弃一些把握性不大，索赔额不高的索赔机会，以免给自己造成不良的后果。特别是对于经营思想不端正的一方，成功的反索赔将会迫使其遵守合同和加强管理。

（5）重视反索赔能够促进管理水平的提高。要提高工程的管理水平，使承包工程有较好的经济效益，必须重视反索赔的管理。综上所述，反索赔是管理水平的综合体现。反索赔过程是双方管理水平的较量。这种较量将会进一步促进各方的综合管理和业务水平的提高。

二、反索赔的内容

反索赔的目的是防止或减少损失的发生。理想的结果应是对方企图索赔却找不到自方的工作漏洞，找不到向自方索赔的根据；自方提出索赔时，对方无法推卸自己的合同责任，找不出反驳的理由。要想达到这样的理想状态，必须认真研究反索赔和索赔的每一有关过程，不断总结经验，制定出一套有效的措施。并经过实施逐渐完善。

1. 防止对方索赔应签订的合同

合同对自方是否有利，是一个基本而又重要的问题。因为施工承包合同是甲乙双方进行索赔和反索赔最直接的法律文件。如在已签订的合同中已存在单方面约束，责、权、利不平衡，以及隐含承担较大的风险等，就可能从根本限制或否定了自方提出索赔和反索赔的资格条件。

【例 5-15】 某工程合同补充条款中写道，甲方在开工日前10d提供合同规定的施工场地和其他施工条件。乙方必须保证按质量标准及合同工期完工交用，不得以任何理由提出延期。否则，每延期一天按合同总价0.05%扣罚工程款以补甲方损失，直至验收交工合格日为止。起初，乙方根据自己的经验判断，完全有把握按期完成。在合同执行过程中，开工45d后，甲方仍没有解决需要拆迁的施工场地，给施工带来极大不便。但因合同没有对甲方这种违约作具体的规定，索赔中双方扯皮，甲方以并没有影响施工进展为由拒绝赔偿。同时，甲方因资金缺乏，连续3个月拖欠工程进度款，由于合同中对拖欠工程款的问题也没有详细规定，为避免延期的高额罚金，乙方只好自行垫付大量资金，十分被动。

因此，若要有效地进行反索赔，维护自方的正当利益，从签订合同时就应建立反索赔和索赔意识，认真分析合同的每一条款是否公平，对日后提出索赔是否有利，如何利用制约对方的条款来缓解对方对自方的制约，使自方在合同阶段就处于不被对方制约的有利地位。

2. 认真履行合同，防止自己违约

既然签订了一个对自方有利的合同，自方应完全按合同办事，把精力放在改进管理、提高效益上。通过有效的工程管理，排除干扰、减少损失、搞好协作、不发生违约，防止扯皮事件发生，使对方找不到索赔的理由和根据。

3. 发现自方违约，应及时补救，减少损失

自方违约正是对方提出索赔的机会，无论事后对方是否提出索赔，违约方都应做好以下两个方面的工作。

（1）发现自方违约后，应及时采取补救措施，并客观地向对方作必要的解释，以求获得对方的谅解和宽容，使对方不为此提出索赔。就目前国内的情况来看，对一些影响不大，经济损失较小，对方能够谅解的简单违约事件双方往往着眼于长远的合作和主要目标的实现，并不一定计较那些细小的索赔。

（2）自方违约后，应及时收集有关资料，分析合同责任，测算损失数额，做到心中有数，以应付对方可能提出的索赔。绝不可待对方提出索赔后才恍然大悟，临时安排人员，临时现抓资料，被对方的索赔报告牵着鼻子走。

4. 双方都有违约责任时，以攻为守，首先向对方提出索赔

反索赔从整体上讲是防守性的，但它是一种积极意识，有时则表现为以攻为守，争取索赔中的有利地位。当干扰事件错综复杂，双方责任都无法摆脱时，总不可能对等平分，自方首先抓住时机提出索赔，则是反索赔主动意识的体现。具体表现为以下几个方面。

（1）尽早提出索赔，防止超过索赔有效期限而失去索赔机会。

（2）尽早提出索赔，这样可体现本部门高水平的管理及迅速的反应能力。使对方有一种被迫感和迟钝感，在心理上处于劣势。

（3）对方接到索赔报告后，必然要花费精力和时间进行分析研究，以寻找反驳的理由。这就使对方进入自方思路考虑问题，自方则争取了主动。

（4）为最终索赔的解决留有余地。这是因为在通常情况下，索赔的最终解决双方都需让步，首先提出索赔且数额较大的往往有利但应本着实事求是的原则。

5. 反驳对方的索赔要求

（1）对方向自方提出索赔要求的报告时，必然会注明索赔的理由和证据，反驳对方的索赔要求就是利用自方所掌握的事实资料及合同文件，证明对方的索赔报告事实不准确，索赔理由不充分，计算不正确，以减轻或否定自方应负的合同责任，最终达到不受损失或少受损失的目的。或者通过分析其索赔报告，找出漏洞或失误，让对方重新写出索赔报告。一旦第二次送来的索赔报告与第一次不相一致时，即可提出索赔报告“自身相互矛盾”以此打击其自信心，降低或否定其索赔额。

（2）在双方都有责任的事件索赔中，而自方又掌握对方有不可推卸的责任的情况下，可以用自方也提出索赔来平衡对方的索赔要求。

从上述反索赔实施内容可以看出，从签订合同到执行合同的整个过程所采取的一系列措施，都贯穿着同一个中心思想，即建立起一个全面防止和减少损失的管理体系是非常必要的。

【例 5 - 16】 某工程项目反索赔案例

1. 概况

某工程由甲公司承建，甲公司向乙建设开发总公司递交了工程专题报告，要求乙建设开发总公司就非正常停工进行一定的补偿，补偿总金额为 315.650 6 万元。

2. 合同实施情况及评价

该工程合同开工日期是 2015 年 7 月 28 日，合同完工日期是 2017 年 1 月 16 日，实际完工日期虽没有明确的日期，但从实际情况和监理最近签证的工程计量证书来看，实际完

工日期是2019年1月。投标文件对工程进度进行了整体安排，主要单项工程的进度计划也有详细体现：

C20混凝土防渗面板浇筑计划工期是319d；

C15混凝土坝体浇筑计划工期是335d；

C30混凝土溢流面浇筑计划工期是61d；

C20混凝土边墙浇筑无明确计划工期；

C20混凝土基础处理无明确计划工期；

C20取水塔浇筑计划工期92d；

钢筋制作无明确计划工期；

帷幕灌浆计划工期183d；

固结灌浆计划工期335d；

成品骨料生产无明确计划工期。

通过查阅工程备忘录，并且与施工进度计划报审表（项目部申报、监理批复）核对，停工163d并非使本工程所有单项工程停工，而是对若干正在实施的有必然因果关系的单项工程有干扰影响，并造成一定工期的延误，干扰影响的情况结果如下所列：

C20混凝土防渗面板浇筑误工130d；

C15混凝土坝体浇筑误工130d；

C30混凝土溢流面浇筑误工12d；

C20混凝土边墙浇筑误工23d；

C20混凝土基础处理误工130d；

C20取水塔浇筑误工11d。

钢筋制作误工130d；

帷幕灌浆误工71d；

固结灌浆误工51d；

成品骨料生产误工104d。

经分析，从该工程进度计划网络图信息查出关键工作的施工顺序是：施工准备（4d）→一期土石方开挖（122d）→坝体混凝土浇筑（335d）→防渗面板混凝土浇筑（15d）→坝顶混凝土浇筑（35d）→扫尾工作（27d），经过对比每期施工进度计划报审表，关键线路上的坝体混凝土浇筑工作基本上都未赶上进度计划，工期一直拖延，原因可能有以下几点：

（1）工程备忘录（002～020）所列的施工干扰事件的影响，如前期的政策处理，中期的停电、水泥供应不及时、砂石料场变更，后期没有干扰事件；

（2）实际完成的工程量与计划有差别，如坝体主要混凝土工程量增加8700m^3，增幅约7%，也有单项工程的工程量减少甚至取消，但量很小；

（3）施工安排不太合理，生产效率不高，从施工过程及进度计划报审单中可以看出，即使没有干扰事件的影响，也有当月没能如期完成计划任务的情况出现；

（4）其他可能原因。根据该工程的合同条件，在施工过程中发包人乙建设开发总公司应依据施工进度向承包人供应水泥、提供充足的砂石料源和保证施工用电的供给，如果这些干扰事件发生，影响了进度计划的关键工作，造成总工期的延误，发包人应给予承包人一定的补偿，用以弥补承包人的实际损失，但承包人自身的原因或没有造成直接损失的事件不做补偿。

3. 专题报告分析

专题报告附列了该工程备忘录共19份，其中17份可作为补偿停工费的依据，主要有停电、水泥供应不及时、砂石料供应不及时三大原因导致施工现场停工，承包人没有提出与工期有关的要求，但要求乙工程建设开发总公司对承包人施工现场的人员、机械进行窝工费补偿以及日常支出的管理费进行补偿。

窝工人员数量按项目部统计的人工数为计费依据，工资标准为：施工人员40元/工日，管理人员80元/工日，窝工机械也以项目部统计的机械台数为计费依据，机械窝工台班费按一天一个台班计算，每个台班补偿机械折旧费、机上人工费和养路费、车船使用税，人工、机械总窝工费为180.164 9万元；管理费计取方法是按投标报价时应得总管理费平均分摊到合同工期的每一天中，然后以每天分摊的管理费额度乘以累计误工天数即为管理费补偿数额，最后算得管理费应补偿125.55万元，税金9.935 7万元。

经过对工程的所有合同文件进行研究，专题报告所列的误工原因有一定的道理，也是事实，同时做了较详细的备忘录，但在误工费及管理费的计取方法、计取分类上有不妥之处，人工窝工费、机械窝工台班费的标准、多少人窝工、哪几台机械窝工均是承包商一厢情愿，脱离了本工程施工合同、招标文件、投标文件等合同文件对工程造价的计价原则和方法。管理费的补偿方法采用了类似实际费用法，但在计算上不够详细。

4. 费用计算

（1）计算原则或方法。该工程施工合同是单价承包合同，承包人与发包人之间的交换是实物换价款的一种商品交换模式，是通过特定的计价方式使实物从承包人转入发包人，价款从发包人转入承包人，这种计价方式反映到本工程就是以投标报价、预算定额、编制细则等文件为依据的单价承包合同。人员、机械窝工费应以工程量补相应价款，即从承包人计划日平均产量中抽取人工、机械的定额用量，这些量原本由承包方承担，窝工时归发包方承担。管理费补偿也采用实际费用法，将承包方准备投入的管理费总和按计划工期平均分摊成日平均管理费，误工时的日平均管理费由发包方补偿。

（2）窝工费的计算。

1）人工窝工费的计算。

①人工窝工的价。人工窝工费单价应按编制细则的方法计价，编制细则中的人工预算单位包括基本工资、辅助工资、工资附加费和劳动保护费，但工程停工导致的人员窝工就不存在夜班津贴和劳动保护费用的支出，而节日加班津贴和非作业天工资则是以一定的标准按年工作天数摊入到人工工日单价，无论窝工还是不窝工都应计入生产工人的工资，当然职工福利基金和工会经费也不因窝工而从人工工资中扣除。因此人工预算单价（窝工费）的计算如下：

基本工资＝166×12/254＝7.84（元/d）

地区津贴：无

施工津贴＝4.50元/d

夜班津贴：无

节日加班津贴＝7.84×3×7/254×35％＝0.23（元/工日）

非作业天工资＝12.57×（10/254）＝0.49元/d

职工福利基金＝13.06×14％＝1.83（元/工日）

工会经费＝13.06×2％＝0.26（元/工日）

劳动保护费：无

合计人工预算单价（窝工费）：15.15元/工日

不同人工工资计取方法不合理性说明：

专题报告要求中计取的工资标准为40元/工日或80元/工日，这种工资标准均为施工企业支付给雇用工人的实际工资，企业雇用工人时工资标准是根据市场劳动力供求情况及工人技术熟练程度而定，是属企业内部定额标准，不属于本工程使用的定额标准，如果企业自身的实际施工水平高，生产工人技术较熟练，工期紧凑，人工工资标准就高，反之则低。

其他人工窝工费的计取方法是17元/工日＋养老保险＋医疗保险＋失业保险＋住房公积金，这种计取方法反映出编制细则中人工预算单价计取方式已经不合时宜，随着社会保障制度的健全，人工工资的支出标准理应考虑各种保险费，但该工程的合同文件依然使用的是某省水利水电工程费用定额及概（预）算编制细则，而且编规也未将“四金”计入人工预算单价，只是列入间接费中的规费：劳动保险基金该省规定列入其他直接费，计算方法是以直接费为基础，待业保险基金该省暂不列入工程造价，因此“四金”可以通过非直接工程费（管理费）的方式补偿，不宜计入人工窝工单价。《某省工程费用定额及概（预）算编制细则》在编制标底、投标报价、工程结算时是指导性文件，该工程在招投标时竞标单位可根据自己的生产力水平确定与编制细则不同的人工预算单价，但在水库大坝及厂房工程投标文件（商务标）中人工预算单价仍然采用的是编制细则中的人工预算单价，也就是说承发包双方都接受该细则的有关人工预算单价的计算规定。

②人工窝工的量。整理出被干扰事件影响的单项工程，按该单项工程的总工程量和计划工期确定该单项工程的日平均生产强度，从日平均生产强度提取若要达到该生产强度承包人必须投入的人工工日量，这部分人工工日量就是当天承包人为完成计划任务而准备投入的人工工日量，是可以获得发包人补偿的人工工日量。人工窝工费补偿计算总计是643 757.4元，税金20 922.1元。在施工进度计划中混凝土边墙、混凝土基础处理、坝体钢筋制安、取水塔钢筋制安、砂石料开采及筛分没有做清晰的时间安排，为了计算方便，参考总进度计划网络图有关单项工程的计划工期，混凝土边墙计划工期估算为35d，混凝土基础处理计划工期估算为150d，坝体钢筋制安的计划工期与坝体浇筑相当335d，取水塔钢筋制安的计划工期与取水塔浇筑相当92d。

因未知原因，在投标文件中承包人没有对本工程成品骨料的生产做出一个较系统、较全面的报价，仅在混凝土、砂浆单价分析表中列有砂：26.00元/m^3和砾石：24.60元/m^3。

因此，成品骨料生产系统的人工窝工费无法用上述的方法计算，暂按本专题报告所列的人工窝工量，经审核后直接计取，并打0.8折，同时机械窝工量也采用此法。专题报告所列人工窝工的量不合理性说明：按施工企业的生产能力确定一个生产班组真正需要的用工人数是有问题的，评价一个班组生产工人的劳动效率，即认定有多少劳动力确实是转入了具体的工程量也是不准确的，生产班组可能有闲置、疾病、轮休人员，而且业主或监理不会对施工企业投入的劳动力作具体的安排，比如说哪个岗位要配置多少工人、工人熟练程度如何、每个工作日点名或签到、监督生产工人是否磨洋工等。

2）机械窝工费的计算。

①机械窝工的价。专题报告对机械窝工的价的计取方法是：机械折旧费＋机上人工费＋养路费、车船使用税，这是机械停置台班费，是普遍能接受的计价方法，在该工程费用定额及概算编制规定中也有详细参考。机械停置台班费可参阅相关规定计算。

②机械窝工的量。机械窝工的量和人工窝工的量的性质一样，应从日平均生产强度提取若要达到该生产强度承包人必须投入的机械用量，这部分机械用量就是当天承包人为完成计划任务而准备投入的机械用量。

机械窝工费补偿计算总计是700 131.2元，税金22 754.3元。

专题报告机械窝工的量的计算不合理性说明：针对每个生产班组或工程项目需要配备何种规格的机械没有一成不变的要求，如果施工企业生产力水平高于社会平均生产力水平，可能配备数量更多、性能更优越的机械设备，比如运砂石料，可以配1台挖掘机和5台载重5t的自卸汽车，也可以配1台挖掘机、1台装载机和8台载重5t的自卸汽车，这就直接影响窝工机械数量统计；各种机械设备经过合理调配可以在不同班组使用而不影响其他工序的正常进行，按专题报告中的计量方法就有可能造成机械窝工费的重复计算。

另一点需要说明的是：承包人在具体施工过程中使用了投标中没有计入工程项目单价的机械，比如缆机、台车等，承包人和发包人在招投标阶段已认可可以自卸汽车和门座式起重机计取混凝土运输的价格，那么这种方式也是机械窝工费补偿多少的计价方式。

（3）管理费的计算。

1）工期分析。投标文件的计划总工期是538d，对总工期有影响的关键线路上的工作是施工准备→一期土石方开挖→坝体混凝土浇筑→防渗面板混凝土浇筑→坝顶混凝土浇筑→扫尾工作，如果施工过程中这些关键工作有干扰，势必造成总工期的延误，如果非关键工作有干扰，受干扰后的工作仍在非关键线路上，则这个干扰事件对总工期无影响，如果非关键工作受干扰后变为关键工作，原关键工作必须等待非关键工作发生，则关键线路发生改变，总工期也会发生改变。

在合同实施情况及评价中，已经整理出主要受干扰事件影响的工作（单项工程），代入原进度计划网络图进行重新编排，关键工作坝体混凝土浇筑受干扰后延期了130d，总工期也延长130d，非关键工作混凝土防渗面板受干扰后延期130d，它的紧后工作坝顶混凝土浇筑工作仍可以在扫尾工程结束前完工，因此对总工期没任何影响，其他工作如灌浆、进水塔浇筑的情况也类似，对总工期都不产生影响，即仍在非关键线路上。

因此，专题报告对工期的补偿163d不合理，应为130d。

2）管理费组成分析。管理费是指在施工过程中没有形成具体的工程实体而必须支出的一部分费用，这些费用在工程项目单价中有具体的体现，包括其他直接费、现场经费、间接费、利润、税金。在本工程商务标中，承包人已经对在计划工期内完成该工程必须支出的管理费进行了总体测算，如果直接以非直接工程费按计划工期分摊，再乘延误工期得到的数额作为管理费的补偿额是明显不合理的，工程停工、窝工时并没有形成具体的工程实体，施工单位此时的投入降低到最小值，按一般组价方法计算非直接工程费明显不合理，因此，只能计取部分非直接工程费作为承包人维持运作的费用。费用组成如下：

①其他直接费中仅计取劳动保险基金，冬雨季施工增加费、夜间施工增加费和其他工用具使用费、试验费等因为停工这些费用并没有发生。

②现场经费取消临时设施费，只计取现场管理费，而且现场管理费的折扣率应取大值，因为停工、窝工时现场管理费的支出相对减少较多。

③间接费相当于其他建筑专业定额的总部管理费，工程因停工而延误工期，企业不因停工而没有管理费用支出，这部分管理费也应有一定的折扣，如定额测定费、企业进出场费等有关费用与停工不停工无关，都是一次性支出，因此折扣率可取小值。

④利润是承包人的一种预测获利，是包括在工程项目的价格之内的，也是在完成一定的工程量后可能取得的收益，工程暂时停工并没有取消某些项目的实施，也就是说只要工程量没减少承包人在该工程的获利并不会因停工而减少，如果说工程不停工，承包人可以在本工程之外的工程获利；本项目工程是单价承包合同，不是成本加酬金合同，未在签订承包合同时就约定承包人应获利多少而没有任何风险，因此，如果对利润作补偿是不合理的。

3）计算

计划工期：538d；

窝工、停工日平均管理费：4351 元；

误工天数：130d；

补偿管理费（含税）：583 989 元。

三、反驳索赔步骤

反驳索赔是指自方反驳对方不合理的索赔或索赔中的不合理部分。是反索赔的最前沿阵地。合同双方的利益将会有一部分在这里重新划分。同时，反驳索赔也是双方管理水平的进一步较量。

反索赔步骤：

确定对方的索赔是否合理。确定对方索赔中的某一部分是否合理？这是反驳索赔首先要解决的问题。要有效地解决这个问题，确定一个有效的工作步骤是十分必要的。

1. 弄清楚索赔报告所涉及的问题

提疑问：

（1）该事件会引起损失吗？

（2）损失会这么大吗？

（3）对方对此为什么不承担责任？

（4）证据能说明所有问题吗？

（5）对合同为什么这样解释？

（6）索赔值的计算方法是事先预定的吗？

2. 进行初步审核，确定进行反驳的问题

找漏洞：

（1）该事件不会引起如此大的损失。

（2）对方应承担第××条的合同责任。

（3）关键的证据中有虚假现象。

（4）对方片面地解释合同第××条。

（5）费用计算没有按合同规定的方法进行。

……

3. 分专题准备反驳所用的资料

谋对策：

（1）关于××事件对工程影响的资料。

（2）关于对方对第××条承担责任的证明。

（3）关于对方关键证明中虚假问题的佐证资料。

（4）对反驳索赔所使用的其他资料。

……

4. 对反驳的问题逐个分析、评价、定出结论意见

驱对方：

（1）事件中造成的损失应属对方管理不善。

（2）对方的索赔依据是断章取义，曲解合同。

（3）夸大××损失是对方经营思想不端正。

（4）对方为了转嫁风险、先行提出索赔。

（5）自方对××事件的索赔不能接受的原因是××××××。

5. 编写正文式反索赔报告

送对方：

（1）自方对该事件的真实性叙述。

（2）自方对该事件的责任分析。

（3）自主与对方索赔理由的分歧。

（4）对方证明及索赔值计算的缺陷。

（5）自方应向对方提出的索赔。

（6）附各类证据、证明材料。

四、反索赔报告

这里所说的反索赔报告，是指合同一方对另一方索赔要求的反驳文件，在索赔的调解或仲裁过程中，反索赔报告也是正规的法律文件之一。由于某具体事件，甲乙双方之间发生索赔和反索赔的过程往往涉及方面较多，错综复杂。反索赔报告应具有从整体到细节的系统阐述和分析论证，才能达到驳倒、减少和否定对方索赔之目的。

反索赔报告的一般内容如下。

（1）概括阐述对对方索赔报告的评价。包括指出对方索赔报告中的不妥和自方的态度。为下面具体反驳打好基础。

（2）针对对方索赔报告中的问题和干扰事件，进行合同总体分析。包括叙述事实情况及程度、事件影响分析；合同对该类事件所确定的双方责任完成情况；自方所掌握的工程施工中的其他有关实际情况等。重点应强调对方没有或部分没有按合同规定的责任去实施；对方应自行承担合同所规定的风险；自方没有合同责任等。

（3）反驳对方的索赔要求。按照预先确定的需要反驳的问题进行逐项反驳，每项反驳都应明确理由和证据。引用理由和证据时一定要准确。反驳结论应干脆、坚定。

（4）发现有索赔机会时，提出新的索赔。在反索赔中，自方往往会发现一些有利于自方的索赔机会。有这种情况下，自方可以在反索赔报告中向对方提出索赔，也可只提出意向，另外出具单独的索赔文件，可视具体情况处理。

（5）结论。常见的有以下三项内容。

1）对某事件所提损失得不到补偿或仅得到部分补偿。有计算的具体数值。

2）对对方提出的延期要求拒绝批准或仅同意认为合理的那部分。

3）对自方提出的新索赔列出具体数据及实施说明。

（6）附上各种证据资料。在反驳索赔报告中所使用的所有证据材料都应按一定顺序整理附后，以备核实查用。

五、反索赔的技巧

1. 进行索赔审查

《建设工程施工合同条件》第 32 条规定，甲方未能按合同约定支付各种费用、顺延工期、赔偿损失，乙方可按以下规定向甲方索赔。

（1）有正当的索赔理由，且有索赔事件发生时的有关证据。

（2）索赔事件发生后 20d 内，向甲方发出要求索赔的通知。

（3）甲方在接到索赔通知后 10d 内给予批准，或要求乙方进一步补充索赔理由和证据。甲方在 10d 内未予答复，应视为该项索赔已经批准。

这一规定对甲、乙双方的要求是明确的，但由于甲、乙双方对工程管理目标和出发点的不同，对索赔事件的分析也常有不一致的情况。当乙方按照自己的理解和利益提出索赔要求时，甲方在批准过程中的审查也就理所当然。

施工索赔的提出和审查过程，是甲、乙双方在承包合同基础上，逐步分清在某些索赔事件中的权力和责任以使其数量化的过程。作为甲方的审查人员，应明确审查的目的和作用，掌握审查的内容和方法，处理好索赔审查中的特殊问题，促进工程进展和双方的合作关系。

2. 索赔审查的目的

索赔审查的目的是对乙方索赔要求通过核对事实，分清责任后将其正当的利益给予批准补偿，将其不合理的索赔或索赔中不合理的部分给予否定或纠正。

3. 索赔审查的作用

索赔审查的作用可以从甲、乙双方不同的角度来理解。

甲方通过对索赔的审查全面掌握可能被索赔的领域，找出自方被索赔的真实原因，发现工作管理中的薄弱环节和漏洞，可为自身工作的改进和完善管理制度提供可靠的资料。

无论乙方的索赔要求是完全被批准还是部分被批准，或是完全被否定，在一定程度上都反映了企业经营思想的状况和工作人员的素质。索赔审查能够不断促进企业的经营思想，提高索赔工作人员的工作质量和求实态度。

4. 索赔审查的内容和程序

施工索赔的起因是多方面的。对于施工中涉及多方面的索赔事件的影响分析也往往难以用数据准确地表达出来。若对由此而产生的索赔要求进行审查，应预先确定好对这类索赔的审查内容及审查程序，这对提高审查质量十分重要。索赔审查程序如下。

（1）弄清楚索赔报告所涉及的问题。

提疑问：

1）该事件会引起损失吗？

2）损失会这么大吗？

3）对方对此为什么不承担责任？证据能说明所有问题吗？

4）对合同为什么这样解释？

5）索赔值的计算方法是预先规定的吗？

……

（2）进行初步审核，确定进行反驳的问题。

找漏洞：

1）该事件不会引起如此大的损失，对方应承担第××条的合同责任。

2）关键的证据中有虚假现象。

3）对方片面地解释合同。

4）费用计算没有按合同规定的方法进行。

……

（3）分专题准备反驳所用的资料。

谋对策：

1）关于事件对工程影响的资料，关于对方对第××条承担责任的证明。

2）关于对方关键证明中虚假问题的佐证资料。

3）对反驳索赔所使用的其他资料。

……

（4）对反驳的问题逐个分析、评价、定出结论意见。

驳对方：

1）事件中造成的损失因为对方管理不善。

2）对方的索赔依据是断章取义，曲解合同。

3）夸大损失是对方经营思想不端正。

4）对方为了转嫁风险、先行提出索赔。

5）自方对事件的索赔不能接受的原因。

（5）编写正文式反索赔报告。

送对方：

1）已方对该事件的真实性叙述。

2）已方对该事件的责任分析。

3）已方与对方索赔理由的分歧。

4）对方证明及索赔值计算的缺陷，已方应向对方提出的索赔。

5）附各类证据、评明材料。

……

六、索赔审查

所谓索赔资格条件的审查，主要是指对索赔事件真实性审查和对索赔事件责任分担的审查及对索赔报告合同依据的审查。

1. 审查内容

（1）索赔事件的真实性审查内容。

1）事件发生的时间、持续的时间、间断的时间、完结的时间。例如，工程施工中停水、停电、停气、道路中断等。

2）事件发生的原因，包括直接原因和间接原因。例如，某工程因停电中断了正在使用的两台搅拌机，造成停工损失。但停电原因有内部故障和外部市政停电两种。审查中应弄清是哪种。

3）事件对工程的影响范围和程度。停水、停电会造成对施工的影响。但并非绝对有影响。这类索赔事件影响的事实往往被夸大，审查人员应在掌握发生以上事件时的实际资料的情况下认真核查。

（2）索赔事件责任分担的审查内容。

1）乙方应承担事件的部分责任或全部责任。

2）合同中是否已明确乙方应承担该类风险或甲方不承担此类风险的条文。

3）对甲、乙双方共同承担责任的事件损失合同中是否有比例数存在，甲方是否还要承担乙方损失的一定数额。

【例 5 - 17】 某工程合同中关于设备、材料的供应方式在条款中这样写入：甲方按乙方中标书的数量供应钢材、木材、水泥到现场。对于不能满足工程使用的少数品种钢材由乙方负责调剂使用。

在合同执行过程中，有两种用量较多的钢筋甲方无货供应，在乙方尽力调剂也不能满足工程使用的情况下，甲方同意了以大代小的办法，使钢筋用量增加很多。乙方提出了索赔要求，希望甲方能对以大代小多用的钢筋量的差价给予补偿。

甲方对该项索赔要求审查的意见如下。

1）工程中因货源问题发生了以大代小多用钢筋的情况属实。

2）合同中甲方已明确了少数品种和钢材不能满足，乙方承担了负责调剂的责任。因此，甲方不能承担该部分费用。

3）合同中已明确，甲方按乙方中标书的数量供应。在以大代小的签证中，没有提及增加钢筋数量及费用问题。

4）发生以大代小的工程部位，其实际含钢量仍在相应预算定额子目含钢量的范围之内。

（3）索赔报告合同依据的审查内容。

1）索赔所依据的合同条款、协议条款、甲方代表指令和有关会议纪要、通知等是否恰当准确。

2）对方是否利用了合同漏洞的相互矛盾的条款。

3）双方对所依据的合同条款、指令、通知等理解不一致的情况是否存在。

（4）要求工期延长的审查内容。当索赔资格条件都不满足的情况下，按照本书的分析方法进行审查，确定延期的性质及延长的时间。

（5）索赔费用的审查内容。

1）索赔报告中所要求补偿的费用是否应由甲方补偿或部分补偿。

2）索赔费用原始数据是否来源正确。

3）索赔费用计算是否符合当地有关工程概预算文件的精神。

4）计算过程的数据是否有错误。

2. 索赔审查注意事项

（1）索赔审查人员应站在公正的立场上，客观地分析、评价索赔要求。不应把对方当成对立面，以审查设关卡，有意压低或否定其应得的补偿。

（2）审查人员应深入实际，调查研究，绝不可在还没弄清事实真相的情况下盲目下结论。

（3）索赔的审查处理应着眼大局，对于比较复杂、难以量化的问题应按有利于双方合作及工程进展为原则，主动与对方联系进行协商解决。

七、反索赔案例

【例 5-18】 甲方：某城建开发公司

乙方：某建筑工程公司

乙方承接甲方综合写字楼工程施工，该工程建筑面积 18 000m^2，合同价 2600 万元人民币。合工期为 2001 年 10 月 5 日开工，2003 年 6 月 5 日竣工。工程按期开工后发生了三次停工。损失索赔如下。

（1）2001 年 4 月 8 日，因甲方供应的钢材经检验不合格，乙方等待钢材更换，使部分工程停工 19d。乙方提出停工损失人工费、机械闲置费等 6.8 万元。

（2）2001 年 6 月 9 日，因甲方提出对原设计局部修改引起部分工程停工 12d。乙方提出停工损失费 5.2 万元。

（3）2001 年 10 月 20 日，乙方书面通知甲方于当月 25 日组织结构验收。因甲方接收通知人员外出开会，使结构验收的组织推迟到当月 29 日才进行，也没有事先通知乙方。乙方提出装修人员停工等待 4d 的费用损失 1.8 万元。

乙方上述索赔均被批准。

2003 年 6 月 24 日该工程竣工验收通过。工程结算时，甲方提出应扣除乙方延误工期 20d 的罚金。按该合同“每提前或推后工期一天，按合同总价 0.02%进行奖励或扣罚”的条款规定，延误工期罚金共计 10.4 万元人民币。

为此，甲、乙双方代表进行了多次交涉。

乙方代表：施工中发生过多次停工，工期没有延长。从时间上计算，应延长的工期完全可以补偿竣工延误的 20d。

甲方代表：没有提出延长工期，说明施工中的停工不会引起工期延长。既然认为需要延长工期，为什么没提出要求。

乙方代表：我方现在可以提出延长工期的要求，请给予批准。

甲方代表：按照合同第 32 条的规定，现在已超过办理索赔的有效时间。

乙方最后只好同意扣罚，记作一大教训。

如果上述三项停工损失索赔时同时提出延长工期的要求被批准，合同竣工工期应延至 2003 年 7 月 9 日，可比实际竣工日期提前 15d。不仅避免工期罚金 10.4 万元的损失，按该合同条款的规定，还可以得到 7.8 万元的提前工期奖。由于索赔人员工作疏忽，使本来名利双收的事却变成了虚无。

1. 发包人减少对方索赔的方法

按照 FIDIC 合同条件，业主减少对方索赔的工作是由雇主和工程师共同承担的。

（1）业主应做好施工前的准备工作。由于业主施工前期准备不充分，造成工期延长和费用索赔的案例很普遍。按照 FIDIC 合同条件的规定，涉及业主前期准备工作主要包括以下几个方面。

1）按合同时间提供施工场地。在合同中，一般都可根据工程师批准的施工进度计划确定出业主应提供场地的时间。业主若不能按时提供，就给承包商创造了索赔机会。如果业主在签订合同时能预感到按合同时间提供施工场地的困难，应考虑分期提供并留有余地，以减少索赔事件的发生。

2）抓好工程设计工作，及时提供施工图纸。合同条件中所提及的工程师提供图纸，实际上是业主的任务。工程上因不能及时提供施工图纸造成延期和费用索赔的情况经常发生。不能及时提供施工图纸多表现为以下情况。

①设计进度跟不上施工进度及施工准备的需要。

②设计的错误或遗漏需要设计补充的图纸不能及时提供。

③设计中的变更过多，特别是重要工程部位的变更使施工停止等待，造成更大的工程延期。

业主要想减少因工程图纸的原因而发生的索赔事件，就应注意选择设计质量较高的单位进行设计。当设计全部完成或完全有把握不影响施工使用时再决定开工。在施工中尽量不要做过多、过大的主观愿望的修改和变更。

3）做好工程付款的筹措。任何工程一旦开工，业主就应按 FIDIC 合同条件的规定（69.4 款）向承包商支付工程款。否则，承包商有权减缓施工进度或暂停工作，并获得延长工期的权力。业主应按照承包商资金流动计划提前做好各方面的准备，保证能够按合同规定的时间支付工程款项。这样即可避免这方面的索赔发生。

（2）发包人尽量少干预施工中的具体事务。在施工进行中，原则上承包商应按照工程师批准的施工方案进行组织施工，即使发生了偏差也应由承包商自行进行调整。只要工程质量没有问题，业主不宜进行干预。如果业主不通过工程师的同意和必要程序提出“进度太慢应加速施工”或改变原施工安排去开始某项新的工程；或要求承包商按照自己的意思采用新的材料；或对某施工部位进行按业主的意志的临时修改等，都将必然给承包商创造许多索赔机会。业主只有多为承包商创造环境及协调有关单位排除施工中的干扰和困难，才是减少索赔的有效方法。

（3）工程师应减少索赔事件发生的因素，维护业主利益。在工程中，如果工程师在发布各种指令、决定、意见时，全面考虑各方面的情况就会减少某些索赔事件的发生，从而维护了业主的利益。因此精明的业主愿意出高价选用信誉好、水平高、经验丰富的工程师管理工程。

工程师在下达工令时充分考虑了以下因素，将可以大大减少业主因前期工作原因引发的索赔事件。

1）施工场地拆迁、征用土地工作基本完成。

2）设计图纸完全有把握高质量提供使用。

3）业主的资金筹措已不会发生付款困难。

4）施工现场必备条件已落实完毕。

5）地下部位的施工已避开了最不利季节。

6）有关施工中的协作配合单位已签订了协作协议书。

7）工程师注意提醒雇主履行职责，减少因业主违约而发生的索赔事件。

8）工程师严格按合同条件规定，确定工程变更的费率和价格。避免该类索赔事件发生。

9）工程师应对隐蔽工程及时细致检查，避免对已覆盖的工程进行剥露或开孔检查。虽然合同条件中规定可以这样做，但剥露或开孔检查往往会发生索赔事件。

（4）索赔事件发生后，工程师应尽力做减少索赔的处理。事实证明，采取反索赔策略能避免某些索赔事件的发生。当索赔事件发生后，工程师应采取各种措施减少索赔的额度。通常做法如下。

1）工程师发布指令，改变作出计划，缩短停工时间。当承包商因非自身原因（拆迁受挫、设计图纸供不上等）使施工中断后，工程师应根据工程的全部情况发布指令。指令承包商立即进行另一项目或部位的施工。这样可避免无止境的停工时间，减少索赔额。

2）作好索赔事件的资料记录。索赔事件发生后，工程师在要求承包商作好同期记录的同时，自己应将有关情况作好记录。这些记录将是审批索赔、确定索赔费用的重要依据之一。

3）工程师应公平合理地确定索赔额。在这里讲的公平合理地解决索赔，主要强调的是不要让业主支付不该支付的费用，或者不要让承包商拿走他不应拿走的款。具体来说，就是对承包商的索赔要求进行审查和反驳。

2. 承包商减少对方索赔的方法

按照 FIDIC 合同条件，承包商往往在竣工工期和工程质量方面被业主索赔。为了在合同中减少被业主索赔的发生，承包商应做好以下几个方面的工作。

（1）全面准确地理解合同，正确组织履行合同。承包商免于被索赔的基本条件就是能够按合同的工期和质量要求组织施工。对在实施中发生的不利因素及时向工程师报告，以求得到工程师的帮助或协调解决。对合同条款与工程实际发生差异时，应及时请工程师作出解释。总之，承包商不应忘记把自己的主要精力放在履行合同上。

（2）多为业主利益考虑，提改进建议。承包商在工程中常常发现设计图纸中存在的不合理成分。聪明的承包商总愿意把那些不合理成分加以改进和完善，这种善意的合作精神很容易受到业主和工程师的接受。过后自己小小的失误也就容易被原谅。

（3）按合同实事求是地处理索赔。承包商向业主提出索赔是经常可能发生的事。如何去操作，每一承包商都可能不同。但是，按合同规定实事求是地提出和处理索赔，会给业主和工程师留下诚信可靠的印象。如果发生被索赔，业主和工程师将可能作一定的让步处理。

八、FIDIC合同条件下反索赔

按照FIDIC合同条件承包工程施工，发生工期索赔和费用索赔实属正常现象。承包商因工期延误或工程质量等问题被雇主索赔（处罚）也不罕见。一个工程项目如果发生的索赔事件很多，必然要牵涉工程师及承包商的大量精力去进行处理。从整体上讲，索赔事件越多越是需要改变原施工计划，很难保证工程按期完成。投资控制也会有较多的麻烦。对承包商及业主都会带来损失。

建设工程施工的特点决定索赔事件难以避免。减少索赔也就成为工程管理中的一个工作目标。由于业主和承包商的利益目标不同，虽然都希望减少对方对自方的索赔，但对某一具体索赔事件期望却是相反的。所以，合同双方都从己方的利益出发制定反索赔的策略，即减少被索赔事件的发生，反驳对方的索赔。

【例5-19】 某工程项目合同条件下反索赔案例。

1. 概况

建设单位A公司就其商务会馆工程与施工单位B公司签署《施工合同》，约定工期为2020年3月1日开始起算680个日历天，合同造价暂定1亿元。

根据合同约定，工程的钢材系甲供材，2021年1月4日B公司发函要求A公司于2021年1月16日前备足730t钢材，但A公司仅陆续供应了430t，尚有300t未供应。

2021年2月9日，B公司再次发函催促提供钢材，A公司回复由于B公司施工质量存在问题，必须整改方可进入下一道工序。

2021年2月10日，B公司待料停工，停工时，B公司仅施工至地下室部分。

2021年2月26日，监理工程师发出停工令，要求B公司按政府要求办理春节后复工的手续方可复工。

2021年6月1日，双方解除合同，并共同委托审价单位对工程造价进行审价，双方确认无争议造价为1800余万元，争议造价460余万元，停工损失未进行审价。

因双方对争议部分及停工损失无法达成一致意见，且A公司对无争议部分的造价也未足额支付，B公司向法院提起诉讼，追讨工程款及对停工损失进行索赔，具体的诉讼请求为：

（1）请求判决A公司立即支付拖欠的工程款1000万元；

（2）请求判决A公司立即支付停工损失等费用1900万元。

面对B公司的索赔，A公司随即提出反索赔，认为由于B公司施工能力较差，已完成部分的工程存在严重质量问题，所以双方解除合同，A公司向法院提出的反诉请求为：

请求判决B公司支付工程质量赔偿金（包括工程拆除、工程重新招投标和工程重置费用）3500万元；

请求判决B公司支付工程延期交付其他损失（包括增加的监理费、质量检测费用、复工鉴定费用、工地水电费等）200万元；

请求判决B公司支付其他经济损失费用（包括土地使用税、酒店管理费、公司管理费、境内外人员费用等）750万元。

在案件审理过程中，A公司向法院提出对地下室工程的安全性进行鉴定且双方均对各自的损失要求进行司法鉴定，法院均予以准许。

经质量鉴定，确认工程不存在安全性问题，也不影响工程继续施工，所存在的质量瑕疵可在后续施工中进行整改。

2. 问题

本案最主要的争议焦点有两个：

第一，针对“索赔”，施工单位该如何进行停工损失索赔?

第二，针对“反索赔”，建设单位的反索赔能否成立?

【分析】

1. 施工单位B公司该如何进行停工损失索赔

停工损失索赔的成立，必须具备三个方面的要素：第一，停工事实存在；第二，非施工单位的原因导致停工；第三，由于停工原因导致施工单位产生了损失。只有同时具备这个三要素，施工单位的索赔才能成立，因此，关于停工损失索赔，会围绕着这个三要素开展代理工作：

（1）罗列停工前后与停工相关的关键事实，以便搜集对施工方有利的证据。

1）2020年12月14日，B公司发出年前钢材预计计划：提出春节前需要730t的钢材计划。

2）2020年12月24日至2009年1月4日钢材验收汇总确认表一批：A公司在该期间仅提供了430t钢材，之后未再提供钢材。

3）2021年1月4日B公司发出工程联系单且A公司签收：B公司发函提醒A公司在1月16日前提供春节期间所需钢材，A公司未提出任何异议。

4）2021年2月9日B公司发出工程联系单：B公司再次发函给A公司催促其提供所需钢材。B公司同日回复：因B公司的施工质量问题，需整改后方可进入下道工序。

5）2021年2月10日，B公司待料停工。

6）2021年2月26日监理发出的停工令：由于B公司未按政府要求履行复工手续，暂停施工。

7）2021年6月1日，双方签署会议纪要：确认施工合同在签署会议纪要之日解除，关于工程停工期间实际发生的款项由双方协商认定。

（2）通过上述事实，分析判断施工方是否具备停工索赔的三要素，是否有充分的证据证明。

1）关于停工的事实及停工时间。通过上述的函件、监理停工令以及合同解除的会议纪要，可以确定停工这一事实以及停工结束的时间。

但关于停工的起始时间存在争议，施工单位即B公司实际停工时间为2021年2月10日，但未书面发函告知对方或监理单位，未固定该事实；而A公司认为实际停工时间为2021年2月26日监理发出停工令之日，最终，法院也是确定2021年2月26日作为停工的起始时间，2021年2月10日至2021年2月25日期间的停工损失未获支持。

2）关于停工的原因。

①通过B公司的钢材预计计划表以及钢材验收汇总表以及双方往来函件可以确认，A公司未按照合同的约定供应钢材，B公司通过发函催促，A公司仍以质量问题未整改为由，不同意提供，导致B公司待料停工。

②关于A公司认为由于B公司的施工质量存在问题，必须停工整改，该抗辩理由根本不成立。

a. 2019年11月10日至2021年1月6日，建设单位、监理单位、设计单位、施工单位对B公司施工的地下室四个部分分别进行验收，四方盖章确认施工符合要求及规范，同意验收。

b. 2021年2月之前，A公司或者监理单位从未发函至B公司认为工程存在质量问题而需要停工整改。

c. 监理单位发出的停工令的理由，是B公司未按政府要求履行复工手续，而并非是工程质量存在问题要求整改，与A公司的理由根本不一致，这也证明了工程根本不存在需要停工整改之事实。

d. 在合同解除后，A公司单方面委托检测单位作出的质量检测报告，认为工程存在质量问题，该报告是在A公司单方面指定检测部位、单方面提供资料的基础上形成的，该鉴定结论不具有真实性。而且该鉴定结论也并未说明存在的质量问题必须停工整改，不能继续施工。

因此，B公司的已完地下室工程已经过各方验收，包括建设单位A公司也已盖章确认，认为符合规范，同意验收，现A公司再以质量问题要求停工整改，并且拒绝提供甲供钢材，是毫无依据的，该停工的责任方应是A公司。

3）关于停工损失实际发生的数额。

①与B公司进行沟通，确定其损失主要是人工费、管理费、机械使用费、材料费方面，根据每项损失分门别类地收集相应的证据予以证明损失已实际发生，主要证据包括：施工合同、施工组织设计、施工日志、人员考勤表、工资单、会议纪要、工程联系单、验收记录、往来函件、现场照片、材料或设备租赁合同及费用支付凭证等。

②让B公司相关造价人员编制停工损失汇总表，列明施工方所主张停工损失的计算原则、计算方法及详细的组成明细，该汇总表中的数额即是施工方诉请中关于停工损失主张的数额。

通过梳理相关证据发现，B公司停工损失所提供的这些材料均是其单方面的证据，未得到A公司或监理单位的确认，且停工后，也未发函主张具体的损失金额，按照合同约定的索赔程序，索赔事项超过14d不主张视为放弃，这些对施工方非常不利。

但通过A公司确认过的两份文件化解了上述不利因素：一是A公司审批通过的施工组织设计，能够佐证停工期间现场人材机数量，测算出B公司上报数额的合理性；二是双方签署的解除合同的会议纪要，确定停工损失由双方另行协商，且双方就停工损失达成补充协议，不再适用原合同中的索赔条款。至于法院如何认定停工损失的数额则需要在今后的庭审时再协商采取什么措施。

（3）提出对B公司停工损失司法鉴定的申请。在庭审中，双方对停工的争议非常大，A公司对施工方主张的停工原因及停工损失数额均持异议，鉴于此，A公司方向法院递交停工损失司法鉴定申请，由法院委托司法鉴定单位对B公司停工损失的数额出具鉴定意见。

除了将提交法院关于证明停工损失的相关材料递交给鉴定单位之外，A公司还整理了详细的损失依据表格，针对每项损失列明法律依据、合同约定以及对应的证据材料，以便于鉴定单位能够充分了解施工方的损失主张。

为了更直观地体现哪些证据对施工单位的索赔至关重要，将B公司主张停工损失的主要类别相对应的重要证据及鉴定单位最终认定的意见制作为表5-9进行对比。

表5-9　认定意见

停工损失类别	B公司提供证据	鉴定单位最终认定意见
人工费	1. 施工组织设计； 2. 停工期间人工考勤表； 3. 停工期间人工工资表	1. 根据施工组织设计测算该结算用工情况，对照实际的考勤表，取最小值认定该期间的人工数； 2. 人工单价按照该期间施工当地人均平均工资的50%计算
管理费	1. 施工组织设计； 2. 停工期间管理人员考勤表； 3. 停工期间管理人员工资表	根据《补充协议》中双方确认的报价书中的管理费按计划工期天数进行分摊，计算出每天的管理费价格
机械闲置费	1. 施工组织设计； 2. 部分施工日志； 3. 通过形象进度予以说明机械存在的合理性	1. 在对方未提供相反证据的情况下，按照施工组织设计中机械的配备数量计算； 2. 单价按照该期间施工当地机械台班价格的50%计算
材料租赁费用	1. 租赁合同； 2. 送货清单； 3. 支付凭证	根据租赁合同和送货清单进行测算

从鉴定单位最终认定意见来看，虽然本案中B公司提交的人材机损失方面的证据A公司均未确认过，但A公司也并未提出相反的证据予以反驳，且通过施工组织设计可以测算B公司提供的数据具有合理性，故对B公司上报的人材机数量鉴定单位基本予以确认。

2. 建设单位A公司的反索赔是否成立

通过仔细查看A公司的4500万元的反索赔金额，发现反索赔金额主要由两部分组成，第一部分是工程质量赔偿金3500余万元，该赔偿金额已远远高于B公司已完工程造价，其主要包含工程拆除清理费用670余万元、工程重新招投标报建费用近130万元、工程重置费用2700余万元，实际上就是拆除重建费用；第二部分是由于停工导致工期延误而产生的间接损失近1000万元。经过分析，认为A公司的反索赔基本是不成立的，理由如下：

(1) 关于工程质量赔偿金。

1) 建设单位工程质量反索赔成立的前提条件之一是工程质量存在问题。质量反索赔必然是工程质量存在问题，而A公司主张的工程需要拆除重建的必须是工程存在危及结构安全、无法通过后续加固整改等手段予以修复的质量问题。

2) A公司根本没有任何证据可以证明本案工程存在危及安全、无法整改、必须拆除重建的质量问题。

无论是A公司单方面委托作出的鉴定报告还是监理单位的意见，均没有提到工程存在结构安全性问题而需要拆除重建。更何况，A公司已对其要求拆除的工程已通过了验收，确认施工符合规范。

3) 质量司法鉴定报告也认定工程不存在安全性问题。A公司在案件审理过程中提出对工程安全性进行司法鉴定，最终鉴定结论为：施工满足规范要求，工程质量不存在安全性问题，可继续施工，存在的质量瑕疵可在后续施工阶段同时进行整改。

该结论有力地证明了工程不存在安全性问题，A公司主张工程拆除重建的理由不成立，工程质量赔偿金也显然不应得到支持。最终，法院仅支持了工程修复费用14余万元。

(2) 关于停工而导致工期延误而产生的间接损失。通过B公司停工索赔中关于停工原因的分析可以看出停工的责任方应是A公司，同时，质量司法鉴定报告中也明确写到“工程可以继续施工，存在的质量瑕疵可在后续施工阶段同时进行整改”，这也进一步证明了A公司以质量问题为理由拒绝提供钢材、要求B公司停工整改的判断是错误的，因此，停工的责任方是A公司，A公司主张停工而导致工期延误而产生的各项损失均不成立，法院最终也未支持该主张。

解决处理：

最终，法院依法判决A公司应向B公司支付工程款840余万元、停工损失及其他相关费用近600万元；A公司主张的高额反索赔均未获支持，但根据质量鉴定单位出具的瑕疵修复方案，经造价鉴定单位审定，修复费用为14余万元，因此，认定B公司应向A公司支付工程修复费用14余万元，二者费用相互抵消后，A公司仍应向B公司支付款项合计1400余万元。

3. 总结

在本案中，虽然B公司成功索赔，但在施工过程的证据准备中，仍存在不足，导致了部分请求未获支持。同时，A公司对质量问题未作出合理的判断，导致反索赔未成功，因此，对于施工单位的索赔和建设单位的反索赔，建议：

(1) 施工单位关于索赔应注意的事项。

1) 在施工过程中，发生了因建设单位的原因致使工程停工的情况下，施工单位应及时发出正式的停工通知；恢复施工时，要求建设单位发出正式的恢复施工通知，以确定停工的期间。

2）施工单位要根据合同约定的程序及时办理索赔手续，主张工期顺延或造成的经济损失；停工事实持续发生的，要不间断地通过协商、制作会议纪要，并签字、发函、签收等方式进行持续索赔，以避免索赔权利的丧失。

3）索赔的事实及金额尽量得到建设单位书面的确认，若无法在价格上达成一致意见，可先由建设单位或监理单位对停工的事实以及停工时现场人材机数量等现状进行确认。

4）合同签订及履行过程中，要注重证据充分性，尤其是施工组织设计应制作详细，并报建设单位审批，在无其他证据予以证明现场人材机数量的情形下，施工组织设计是最直接有利的测算依据。

（2）建设单位关于反索赔应注意的事项。

1）若工程质量不存在问题而建设单位仅是为了给案件制造抗辩理由，建设单位应结合案情以及工程实际施工的情况，以决定是否要提出该抗辩，即便提出，也应是提出适当的数额，不能不顾实际一味地夸大反索赔金额，这样也仅是起到了暂时拖延案件审理时间以及付款时间的作用，但却增加了建设单位诉讼费用的成本。

2）若工程确实存在质量问题，建设单位反索赔也应当有合理的预判，可以结合监理的意见或第三方检测机构的建议，确定存在的质量问题是属于主控项目还是一般项目，是危及结构安全性的问题还是普通的质量通病，这样方可作出合理的反索赔。在证据充分的情况下，合理的请求易获得法院的支持，同时也容易促成建设单位与施工单位对纠纷的协商解决，避免工程长期停工，使建设单位的损失最小化。

第八节　承包人索赔

一、引起索赔的主要因素

索赔的范围、内容，是和引起索赔的原因分不开的。引起索赔的原因是多种多样的，但主要有以下三个方面。

1. 甲方及甲方代表（建设单位）违约

（1）没有按施工合同规定的时间和要求提供施工场地、创造施工条件，造成违约。

（2）没有按协议约定的条件提供应供应的材料、设备、造成违约。如甲方所供应的材料、设备到货场、站与协议条款不符，单价、种类、规格、数量、质量等级与合同不符，到货日期早于或迟于协议时间等，都有可能对工程施工造成影响，具体表现为：迫使乙方改变原提运材料计划，多支付材料、设备款项；已完工程因种类、规格变化需进行拆改或重新采购；重要设备及特殊材料进场过早需增加保护、管理费，甚至会直接影响工期延长。

（3）没有能力或没有在规定的时间内支付工程款，造成违约。当甲方没有支付能力或拖期支付时，不仅要支付应付款的利息，还有可能会发生停工等后果。

（4）甲方代表对乙方在施工过程中提出的有关问题久拖不定造成违约。在施工过程中，乙方为了提高生产效率，增加经济效益，常能较早发现工程进展中的问题，并向甲方代表寻求解决的办法，或提出解决方案报甲方代表批准。如果甲方代表不及时给予解决或批准，将会直接影响工程的进度。

（5）甲方代表工作失误，对乙方不正确纠正、苛刻检查等造成违约。表现在以下几个方面。

1）不正确地纠正。如甲方代表认为乙方某施工部位（项目）所采用的施工方法或所采用的材料不符合技术规范或产品质量的要求，从而要求乙方改变施工方法或停止使用某种材料，但事后又证明并非乙方错误。在此情况下，乙方应对不正确纠正所发生的经济损失及时间（工期）损失提出相应补偿。

2）不能实施的要求。即甲方所需要的条件根本无法实现的要求。

3）对正常施工工序造成干扰。是指甲方代表硬要求乙方按照某种施工工序或方法进行施工，这就要打乱乙方的正常工作顺序，可能导致不应有的工程停工、开工、人员闲置、设备闲置、材料供应混乱等局面，乙方应提出由此而产生的实际损失及额外费用。

4）对工程苛刻检查。甲方代表及其委派人员有权在施工过程中的任何时候对所管工程进行现场检查，乙方应为其提供便利条件。甲方代表所提出的修改和返工的要求应该依据合同所指定的技术规范，超出了一般正常的技术规范要求即认为是苛刻检查。常见苛刻检查的种类有：对同一部位的反复检查；使用与合同规定不符的检查标准进行检查；过分频繁的检查；故意不及时检查。

5）甲方指定的分包商违约。甲方指定的分包商是指总承包乙方的分包单位，也可指甲方指定的材料或设备的供应厂家、单位。当甲方因各种原因（包括企业信誉、事先有约、债务关系等）直接指定或授意总包乙方指定某分包单位分包工程，甚至甲方把某分包单位的确定作为总包乙方能否签订施工合同前提条件之一时，分包单位在施工过程中的违约行为很自然地被转嫁到甲方。

2. 合同变更与合同缺陷

（1）合同变更。是指实施施工合同所确定的目标过程中，对合同范围内的内容所进行的修改或补充，合同变更的实质是对必须变更的内容进行新的要约和承诺。合同变更一般是由合同双方经过合谈、协商对需要变更的内容达成一致意见后，签署的会议纪要、会谈备忘录、补充协议等。对于施工合同规定范围内的工程变更事项，甲方代表或其委派人可以直接发出变更指令。合同变更的具体内容可划分为：设计变更；施工方法变更；甲方代表及委派人的指令。

（2）合同缺陷。是指所签施工合同进入实施阶段才发现的，合同本身存在的（合同签订时没有预料的）现时已不能再作修改或补充的问题。

大量的工程合同管理经验证明，合同在实施过程中，常发现有如下的情况。

1）合同条款规定用语含糊、不够准确，难以分清甲乙双方的责任和权益。

2）合同条款中存在着漏洞。对实际可能发生的情况未做预料和规定，缺少某些必不可少的条款。

3）合同条款之间存在矛盾。即在不同的条款或条文中，对同一问题的规定或要求不一致。

4）双方对某些条款理解不一致。即由于合同签订前没有把各方对合同条款的理解进行沟通，发生合同争执。

5）合同的某些条款中隐含着较大风险。即对单方面要求过于苛刻、约束不平衡，甚至发现某些条文是一种圈套。

解决的办法有两种：①双方当事人对有缺陷的合同条款重新解释定义，协商划分双方的责任和权益。这是最理想的情况。②双方各自按照本方的理解，把不利责任推给对方，发生激烈的合同争执后，提交仲裁部门进行裁决。

3. 自然的和社会的不可预见因素

（1）不可预见障碍。是指乙方在开工前，根据甲方所提供的工程地质勘探报告及现场资料，并经过现场调查，都无法发现地下自然或人工障碍，如古井、墓坑、断层、溶洞及其他人工构筑物类障碍等。

（2）其他第三方原因。是指与工程有关的其他第三方所发生的问题对本工程的影响，情况是复杂多样的，如：

1）正在按合同供应材料的单位因故被停止营业，使正需用的材料供应中断。

2）因铁路紧急调运救灾物资繁忙，正常物资运输造成压站，使工程设备迟于安装日期到场，或不能配套到场。

3）进场设备运输必经桥梁因故断塌，使绕道运输费大增。

4）由于邮路原因，使甲方工程款没有按合同要求向对方付出应付款项等。

（3）国家政策、法规的变更。通常是指直接影响到工程造价的某些政策及法规。在现阶段，因国家政策、法规变更所增加的工程费用占有相当大的比重，是一项不可忽视的索赔因素。具体如下。

1）每年由工程造价管理部门发布的建筑工程材料预算价格调整。

2）每年由工程造价管理部门发布的竣工工程调价系数。

3）国家对建筑三材（钢材、木材、水泥）由计划供应改为市场供应后，市场价与概预算定额文件价差的有关处理规定。

4）国家调整关于建设银行贷款利率的规定。

5）国家有关部门关于在工程中停止使用某种设备、某种材料的通知。

6）国家有关部门关于在工程中推广某些设备、施工技术的规定。

7）国家对某种设备、建筑材料限制进口、提高关税的规定等。

上述有关政策、法规对建筑工程的造价必然产生影响，乙方可依据这些政策、法规的规定向甲方提出补偿要求。

二、工程索赔的范围

凡是根据施工图纸（含设计变更、技术核定或洽商）、施工方案以及工程合同、预算定额（含补充定额）、费用定额、预算价格、调价办法等有关文件和政策规定，允许进入施工图预算的全部内容及其费用，都不属于施工索赔的范围。例如，图纸会审记录，材料代换通知等设计的补充内容，施工组织设计中与定额规定不符的内容，原预算的错误、漏项或缺陷，国家关于预算标准的各项政策性调整等，都可以通过编制增减、补充、调整预算的正常途径来解决，均不在施工索赔之列。反之，凡是超出上述范围，因非施工责任导致乙方付出额外的代价损失，向甲方办理索赔（但采用系数包干方式的工程，属于合同包干系数所包含的内容，则不需再另行索赔）。

三、工程索赔的内容

工程索赔一般无固定内容，下面列举仅供参考。

1. 由于设计原因产生的索赔

（1）工程已按图进行施工，或已投入施工准备工作（如“五通一平”、临建设施搭设、材料构件设备加工订货等），因设计漏项或变更而造成已耗人力、物资和资金的损失和停工待图、工期延长、返修加固、构件物资积压改代，以及连带发生的其他损失。

（2）因设计提供的工程地质勘探报告与实际不符而影响施工所造成的损失。

（3）按图施工后发现设计的错误或缺陷，经对方同意采取补救措施进行技术处理所增加的额外费用。

（4）设计（或甲方）驻工地代表在现场临时决定，但正式书面手续的某些材料代用局部修改或其他有关工程的随机处置事件所增加的额外费用。

（5）设计或规范规定的材料品种、规格、质量、等级超出定额中已具体明确的取定范围所发生的量差和价差。

（6）新型、特种材料和新型、特种结构的试制、试验（含特种试验）所增加的费用。

（7）特殊项目施工所增加的一次性的专用技术措施费（扣除定额内已摊销部分。措施费中还包含专用胎具、模具、台坐支架、专用工具、设施及配套手段用料的超定额消耗部分等）。例如，异形、非标或超长、超高、超重构件；新型、特种或高耸结构（如风洞、深基础、沉井、升板、大型烟囱、双曲线冷却塔、提升法施工的锥壳伞式水塔、储仓、储液池、栈桥、大倾角皮带输送机安装、大型金属塔架、压力罐、网架等）；特种工艺（含委托专业单位操作的工艺）与高级装修等。

（8）因设计确定的结构层次和施工组织设计（施工方案）规定的流水顺序所限（如构件吊装与现浇工艺必须依次流水、反复穿插，形成吊车的间歇时间较长，需要中途退出或在现场停滞），致使吊车进出场台次及安拆台次增加，或停滞台班发生。

2. 由于甲方原因产生的索赔

（1）因甲方提供的招标文件中的错误、漏项或与实际不符，造成中标施工后突破原标价或合同包价的经济损失。

（2）因甲方中途变更建设计划，如工程停建、缓建、造成施工力量作重大动迁、构件物资积压倒运、人员机械窝工、合同工期延长、工程维护保管和现场值勤警卫工作增加、临建设施和用料摊销量加大等经济损失。

（3）在复建、续建、扩建工程中，施工力量二次进出场，对已完部位和尚未构成工程实体的成品、半成品、原材料及临建设施等进行清理、盘点、验收、复核、检测、矫正、加工、返修及对工程的新旧结合部进行衔接处理等工作所发生的费用。

（4）在使用中的老房内或旧线上进行改建施工时，发生交叉干扰降效损失和安全保护措施等增加的费用。

（5）异常的停窝工损失。例如，甲方对提供图纸资料、建筑执照、施工场地（含临建用地）、“五通一平”或材料、设备、资金等施工条件发生困难，乙方如约进场后发生误工，不能按时开工或无法连续施工；甲方事先无通知或虽有通知但连续时间过长（如一天以上）的停水、停电、停气、断路；甲方拖延隐蔽工程、中间交工工程的验收或竣工工程的交验和接管，以及其他因甲方责任造成的人员停窝工、机械停滞、大型机械二次进出场等。

（6）因甲方要求提前工期，采取停此保彼、集中力量突击重点工程的措施而造成的损失和增加的费用。即由于赶上需要增加大量人力、机械配备和手段用料等而发生的抢工技术措施费和抢工奖励，以及由于停缓其他工程的施工而造成的经济损失。

（7）工程尚未竣工及交工，甲方即要求或擅自提前动用所造成的损失。

（8）超出费用定额囊括范围的季节性施工增加费。例如，因甲方要求或工期所限，雨季抢挖淤泥发生基础超深加厚；冬季抢挖冻土发生人工机械降效；冬季必保项目混凝土工程掺高效化学附加剂；冬季焊接作业赶工设防风措施；电热法施工措施；大型暖棚或大面积覆盖防寒保温材料、越冬工程的防冻措施；大型防雨棚、防洪沟、临时挡土墙等。

（9）甲方供料无质量证明，委托乙方代为检验，或按甲方要求对已有合格证明的材料构件、已验查合格的隐蔽工程进行复验所发生的费用、损失。

（10）甲方供应的材料、构件、设备不符合设计、施工与定额规定的用途、性能、质量、品种、规格和价格，造成超预算单价、超定额损耗以及需要更换产品（延误工期）或进行矫正、加工、改制、更换、代用时所发生的损失和质差、量差、价差等费用。例如，受潮水泥经技术处理后降级使用（于某些工程次要部位）而发生的倒运、加工和鉴定费，申请模板料实供门窗料、申请低标号水泥实供高标号水泥等而发生的价差；实供钢材断面规格超过误差极限（每米、每平方米的实际单位质量大于理论单位质量）、实供木材出材率低于规定标准等而发生的量差；甲方供料价差（含甲方供料按预算价结算时其明细规格的预算单价与综合取定的预算单价之间的价差）；甲方委托或同意购买议价材料或对材料品种规格进行调剂兑换而发生的价差、垫付指标差及中间环节费用等。

（11）因甲方所供材料亏方亏吨，或设计模数不符合定点厂家定型产品的几何尺寸，导致施工超耗而增加的量差。

（12）甲方供应的材料设备未按乙方在现场指定的地点堆放而发生的倒运费用（含倒运损耗），或甲方供货到现场，由乙方代为卸车堆放所发生的人工及机械台班费。

（13）甲方供应的设备需由乙方配合参与开箱检查或对部分零部件进行修配加工的费用。

（14）配合甲方进行单机负荷、联动负荷、联动无负荷试车所发生的人工、辅助材料和机械台班等费用。

（15）甲方委托进行的地上地下施工障碍物的拆迁与现场“五通一平”的费用。包括竖向土石方的平衡调配、现场临时水电道路的主干线、临时水塔水井泵房、自备水泵抽水、自备发电机发电、自设变压器安拆，以及因甲方不能就近提供水源而造成施工用水的场外运输等费用。

(16) 甲方委托的承包内容以外的其他（零星、无定额或作业难度较大的）工作所发生的费用。例如，测量标准桩的远距离引测、原有结构设施及线路的拆除和恢复、委托设计、委托工艺加工、借工、车输机械设备租赁，以及材料设备代采购、代运输、代保管等费用。

(17) 符合合同规定的合理化建议节约额的分成奖励。

(18) 因甲方拖欠工程款（备料款、价差款、进度款等）所发生的贷款利息损失；因甲方的其他违约行为应予索付的违约金和赔偿款，以及应由甲方承担的其他预算外费用。

3. 由于施工条件等原因而产生的索赔

(1) 因场地狭窄或按甲方指定地点取土弃土，堆置材料而发生的多次倒运或超运距费用。

(2) 因场地狭窄，甲方不能就地提供砂浆、混凝土、钢筋铁件、预制构件、金属构件等成品半成品的制作场所，以致场内运输超过定额规定距离（150m）时所发生的超运距费用。

(3) 在邻近原有结构、设施、线路处施工，或跨越障碍施工时所发生的降效损失和安全保护措施费用。例如，新旧基础相邻时土方边坡的支护加固；框架基础大开挖、混凝土基础拆模后土方机械在基础群中迂回行驶进行回填碾压时的降效损失；吊车跨越基础、沟坑、围墙、道路、电缆、设备等障碍作业时所采取的加固保护措施，或对原有线路设施进行移位改道的临时处理等。

(4) 在特殊环境中或恶劣条件下施工发生的降效损失和增加的安全防护、劳动保健等费用。例如，在有毒、污染、噪声、水下、封闭、暗室、冷冻、高温等恶劣环境中的生产作业等。

4. 由于国家政策调整和市场价格波动产生的索赔

(1) 政策允许按实调价的材料（如钢材、木材、水泥、玻璃、马赛克、有色金属、金属的门窗、暖气片、阀门、电缆、成套及装饰灯具等），当地采购的一般只按实调整预算价中的供应价。

(2) 经甲方确认，必须在异地采购的材料（如本地无货或货源不理想，以及设计或甲方指定的外埠厂家定点采购的产品），除按实调整供应价外，还应按实调整运杂费。

5. 由于定额和预算不能包括的其他意外因素而产生的索赔

(1) 井点法降水、大型土方排水、流砂砾砂层排水、软土淤泥流砂溶洞等软弱地基的技术处理等费用。

(2) 定额缺项的某些施工难度极大，零星小量，只能按实际发生计算消耗及其费用的项目。例如，部分建筑修缮、建筑小品和艺术装饰等。

(3) 土石方的实际类别、挖深、运距、施工方法与预算的口径时所发生的量差、价差等（可在办理实物量签证后列入补充预算和竣工结算中计价取费）。

(4) 自然地面与设计室外地坪之间的高差所形成的土石方的量差、价差等（可在办理实物量签证后列入补充预算和竣工结算中计价取费）。

（5）大型机械按合理需要的实际进出场台数和安拆台次（可在办理实物量签证后列入补充预算和竣工结算中计价取费）。

（6）运距超过25km时的大型机械场外运输费用。

（7）重型构件和设备运输吊装的场内专用道路及场外沿途道路桥涵的临时加固维护费用。

（8）因工程需要而发生的非自有特殊机械、专用机具设施的租赁费以及超限构件和设备的运输安装费（含中间环节增加的费用）。

（9）由于非乙方原因致使施工人员、物资、车辆绕道通行而造成降效和延误工期等损失。

（10）现场施工生产耗用水电的实际价差。即水电供应单位按表计数的实际收费单价与定额预算单价之间的差异。

四、工程索赔的依据

工程索赔的依据是索赔工作成败的关键，有了完整的资料，索赔工作才能进行。因此，在施工过程中基础资料的收集积累和保管是很重要的，应分类、分时间进行保管。具体资料内容如下。

（1）建设单位有关人员的口头指示包括建筑师、工程师和工地代表等的指示。每次甲方有关人员来工地的口头指示和谈话以及与工程有关的事项都需作记录，并将记录内容以书面信件形式及时送交甲方。如有不符之处，甲方应以书面回信，7d以内不回信则表示同意。

（2）施工变更通知单。将每张工程施工变更通知单的执行情况作好记录。照片和文字应同时保存妥当，便于今后取用。

（3）来往文件和信件。有关工程的来信文件和信件必须分类编号，按时间先后顺序编排，保存妥当。

（4）会议记录。每次甲乙双方在施工现场召开的会议（包括甲方与分包的会议）都需记录，会后由甲方或乙方（香港做法是甲方整理、建筑师签字印发，不经乙方会签，乙方有不同意见可以写信）整理签字印发。如果记录具有不符之处，可以书面提出更正。会议记录可用于追查在施工过程中发生的某些事情的责任，提醒乙方及早发现和注意问题。

（5）施工日志（备忘录）。施工中发生影响工期或工程付款的所有事项均须记录存档。

（6）工程验收记录（或验收单）。由甲方驻工地工程师或工地代表签字归档。

（7）工人和干部出勤记录表。每日编表填写。由乙方工地主管签字报送甲方。

（8）材料、设备进场报表。凡是进入施工现场的材料和设备，均应及时将其数量、金额等数据送交甲方驻工地代表，在月末收取工程价款（又称工程进度款）时，应同时收取到场材料和设备价款。

（9）工程施工进度表。开工前和施工中修改的工程进度表和有关的信件应同时保存，便于以后解决工程延误时间问题。

（10）工程照片。所有工程照片都应标明拍摄的日期，妥善保管。

（11）补充和增加的图纸。凡是甲方发来的施工图纸资料等，均应盖上收到图纸资料等的日期印章。

以上所列的资料，均为事后施工索赔提供依据，承包人要指定专人负责保管。至于某项资料如何应用和整理，根据具体项目具体情况而定。

五、承包人提出索赔的程序

根据合同约定，承包人认为非承包人原因发生的事件造成了承包人的损失，应按下列程序向发包人提出索赔。

（1）承包人应在知道或应当知道索赔事件发生后28d内，向发包人提交索赔意向通知书，说明发生索赔事件的事由。承包人逾期未发出索赔意向通知书的，丧失索赔的权利。

（2）承包人应在发出索赔意向通知书后28d内，向发包人正式提交索赔通知书。索赔通知书应详细说明索赔理由和要求，并应附必要的记录和证明材料。

（3）索赔事件具有连续影响的，承包人应继续提交延续索赔通知，说明连续影响的实际情况和记录。

（4）在索赔事件影响结束后的28d内，承包人应向发包人提交最终索赔通知书，说明最终索赔要求，并应附必要的记录和证明材料。

六、承包人索赔的处理程序

（1）发包人收到承包人的索赔通知书后，应及时查验承包人的记录和证明材料。

（2）发包人应在收到索赔通知书或有关索赔的进一步证明材料后的28d内，将索赔处理结果答复承包人，如果发包人逾期未作出答复，视为承包人索赔要求已发包人认可。

（3）承包人接受索赔处理结果的，索赔款项应作为增加合同价款，在当期进度款中进行支付；承包人不接受索赔处理结果的，应按合同约定的争议解决方式办理。

七、承包人索赔的赔偿方式

承包人要求赔偿时，可以选择以下一项或几项方式获得赔偿。

（1）延长工期。

（2）要求发包人支付实际发生的额外费用。

（3）要求发包人支付合理的预期利润。

（4）要求发包人按合同的约定支付违约金。

当承包人的费用索赔与工期索赔要求相关联时，发包人在作出费用索赔的批准决定时，应结合工程延期，综合作出费用赔偿和工程延期的决定。

发承包双方在按合同约定办理了竣工结算后，应被认为承包人已无权再提出竣工结算前所发生的任何索赔。承包人在提交的最终结清申请中，只限于提出竣工结算后的索赔，提出索赔的期限应自发承包双方最终结清时终止。

八、索赔报告的内容

索赔报告是乙方提交的要求甲方给予一定经济赔偿和（或）延长工期的重要文件。在索赔解决的整个过程中起着重要的作用。

1. 索赔报告的内容

（1）标题。索赔报告的标题应该能够简要准确地概括索赔的中心内容。

（2）事件叙述。主要包括：事件发生的时间、工程部位、发生的原因、影响的范围，乙方当时采取的防止事件扩大的措施，事件持续时间，乙方已经向甲方报告的次数及日期，最终结束影响的时间，事件处置过程中的有关主要人员办理的有关事项等。

（3）索赔的理由。明确指出依据合同条款××条，协议××条，××会谈纪要，证明自方具有合理合法的索赔资格。

（4）经济支出和费用计算。应指明计算依据及计算资料的合理性。如合同中已规定的计算原则，甲方代表已经认可的计算资料。除必须明确计算结果的汇总额（天）外，应在正文后附上详细的计算过程和证明材料，以及平常很少用到的政府及有关部门的法规性文件复印件，作为对正文的补充和支持。

（5）附注及本报告时间。当编写索赔报告人员对某些问题的处理或计算具有商讨性质时，表示有商量余地，应在附注中写明。本报告时间也不可忽视，因为合同条件中明确规定了索赔提出的时间限制，如若不注明提出日期或所注日期超出规定，对索赔的处理会带来新的麻烦。

2. 编写索赔报告应注意的问题

索赔报告一般是在综合索赔或比较复杂的单项索赔解决中才显示其重要性。正因为如此，编写报告时应特别注意以下几点。

（1）事实叙述要准确，不应有主观随意性。

（2）用词要明确，不能用“大概”“大约”“可能”等模棱两可的词。

（3）选用合同规定不能断章取义，牵强附会。

（4）不宜夸大事实。

（5）编写完后应认真审查，避免错误。在索赔报告中，无论是基础数据使用的错误，还是计算过程中的错误，除了错误本身以外，还会降低整个索赔报告的可信度。

九、经济签证

经济签证是我国 20 世纪 60 年代建筑工程施工索赔的部分做法。凡是施工中发生的一切合同预算未包括的工程项目和费用，必须事先向甲方办理经济签证（签认），明确甲乙双方所承担经济关系和责任，以免事过境迁，发生补签和结算的困难。

经济签证分为预算内费用和预算外费用两大部分。预算外费用即是上面所说的施工索赔范围。两者区分如下。

1. 预算内费用

（1）技术变更的增减费用。无论建设单位、设计单位或受权部门签发的技术变更核定单，各单位合同预算部门应及时会同施工技术部门人员根据核定单计算其增减费用，按单位工程编制增减预算，各方签证后，向建设单位办理经济结算。

（2）材料数量不足或不符合要求。凡因供应的材料数量不足或不符合设计要求，由材料部门提出，经技术部门决定后填写材料代用单，经建设单位签章后，分送有关单位，预算部门分单位工程编制增减预算向建设单位办理经济结算。

（3）大型临时工程费用。大型临时工程费用有两种方式：一是按系数包干（包干的内容在合同中明确）；二是按批准的施工组织设计临建工程项目编制的预算。但在包干系数和施工组织设计项目没有包括的项目及费用，经建设单位同意均要办理签证手续。

（4）返修、加固和拆除工程费用。施工中因设计等原因对工程需进行返修、加固和拆除，其费用由建设单位负责，除可编制预算外，对无规定单位时双方可商定编制或用估工估料办法，也可按实际办理现场签证处理。由于施工单位责任，发生质量事故而进行返修、加固所发生的费用不能向建设单位签证。

（5）技术措施费用。凡施工中采取预算定额内没有包括的技术措施和超越一般施工条件特殊措施而发生的技术措施费，经建设单位同意者，以及由于建设单位原因发生的赶工措施费用，施工单位事先应与建设单位办好经济签证手续。

（6）季节性施工增加费用。

1）冬季施工增加费。一般冬季施工按规定办理，但有特殊要求而冬季施工费用不能包括者，应事先向建设单位办理经济签证手续或提出预算包干。

2）雨季施工费用。雨水排出一般已包括在间接费用定额内。因工程需要而搭设的大型防雨棚和大型排洪沟，应事先向建设单位办理签证。土方工程施工与土建不同，双方应在合同中明确。

（7）夜间施工增加费。由于建设单位原因或施工规范要求连续施工，发生夜间施工增加费，即施工照明设施费、电费、降低工效和夜餐补贴等，事先向建设单位办理签证或提出预算包干。

（8）交叉施工干扰增加费。由于几家施工发生平行立体交叉作业，影响工效，采取措施等增加费用，应事先办理或根据现场发生向建设单位签证。

（9）其他。凡属建设单位责任造成的又未包括在上述“预算内”的项目及费用，均须及时办理经济手续，以免事后结算困难。例如，由于设计不周而发生的基础加深，降水费用和土石方超运距运输等。

2. 预算外费用

（1）图纸资料延期交付造成的损失。由于图纸及有关技术资料交付时间延期，而现场劳动力无法调剂施工，造成窝工损失，应向甲方办理签证手续。

（2）停、窝工损失。施工过程中由于建设单位责任，如停水、停电、材料未按时供应、技术核定单未及时提出、计划变更、增加或削减工程项目、变更设计和改变结构等因素造成停工窝工时，由施工单位会同有关部门提出该项损失费用，向建设单位办理签证。

（3）机械停滞损失。施工中因建设单位责任造成施工机械（包括车辆）停滞费用（包括解除车输运输计划合同的损失），如是承包方式则由承包单位提出资料，会同使用单位向建设单位办理签证手续，如是出租方式则由租用单位提出资料办理签证。

（4）加工预制品损失。施工中由于建设单位变更计划、修改设计以及其他因素，使加工的预制品、构件及在制品无法用于原工程上时，分别由下列单位办理签证手续和产品处理。

1）在加工单位生产者，即预制品、构件及在制品，尚未运往使用单位或正在加工者，加工单位应在接到使用单位通知后，立即停止继续加工，并在两天内提出已经加工的和正在加工的受损清单，会同使用单位向建设单位办理签证手续。

2）在施工现场者，即预制品和构件已运到现场或者由现场预制者，均由施工单位办理签证。

3）上述预制品、构件及在制品，无论施工单位或加工单位，均应协助甲方提出利用或代用意见。如无法利用时，应与建设单位办理移交手续或折价收购或办理委托保管手续。

（5）材料多余积压或不足的损失。凡因下列情况各有关单位应办理签证手续，作为结算依据。

1）由于建设单位中途停建、缓建或重大的结构修改而引起材料积压或不足的损失。

2）原备料计划所依据的设计资料中途有变更或因施工图资料不足，以致备料的规格和数量与施工图不符，发生积压或不足的损失。

3）结合上述情况，应向建设单位办理经济签证，其分工如下：

①凡属全厂性的停、缓、改建时，由公司材料科为主提出资料会同有关部门，计算损失，办理签证。

②属于局部性的或单位工程，由工程处会同有关部门向建设单位办理签证。

（6）二次倒运。凡属建设单位责任和因场地条件的限制而发生的材料、成品和半成品的二次倒运，由施工单位提出资料，及时向建设单位办理签证。

（7）材料价差。凡属建设单位原因或双方商定由建设单位承担材料价差（包括材料原价差、质差、量差和运杂费等价差），由施工单位材料供应部门提出资料会同有关部门，向建设单位办理签证和结算。

（8）其他费用的签证。凡属下列情况发生损失或采取措施所发生的费用，均由建设单位负责办理签证和结算手续。

1）建设单位不能按期提交“建筑执照”各种许可证而造成的损失。

2）建设单位不能按期办理土地征租、障碍物处理等而造成的损失。

3）由于建设单位未按期拨款或办理结算所引起的信贷利息或罚金等。

4）由于计划任务变更造成临时工人遣散和招募费用及损失。

5）由于工程需要而发生的机构迁移和设备进退场费。

6）由于现场发生的特殊问题，如隐蔽障碍物，地下水位与勘测设计资料不符、地下阴河、地下埋设古墓、古井或历史文物等，因而发生增加的费用和停工损失，应由建设单位负担。

一般应先签证后施工，但在一些具体情况，如返修加固工程和施工中途修改或增加的项目，我们对施工实际情况掌握不了，事先估算困难，又不能停着工来等待办理手续，必须做到“随做随签，一项一签，一事一单，又有金额，工完签完”，以免事过境迁，发生补签和结算的困难。

十、承包人索赔成功技巧

承包商的索赔策略应贯穿项目实施全过程，从投标阶段开始，直至工程完成。在不同实施阶段其内容也是不同的。因为工程合同是工程索赔的主要依据，承包商的索赔策略可以合同为中心，分为合同签订前、合同签订时、合同签订后三个阶段，这三个阶段环环相扣，索赔成功离不开任何一个阶段的工作。

1. 合同签订前，力争中标

合同签订前，取得建设项目的施工机会是唯一的目标。投标报价是标书的重要组成部分，决定着工程能否顺利中标。因此，研究报价策略，提高报价质量是这一阶段的主要策略内容。在报价上，针对不同的工程项目及竞争对手，可以采取不同的报价策略，如多方案报价法、突然降价法和不平衡报价法等。

但为了中标，不惜一切接受招标文件中的不平衡条款，也是不明智的。从承包商索赔失败的原因分析可知，这些不平衡条款可能限制了承包商以后利用索赔来弥补损失的可能性。因此，一个有经验的承包商，尤其是他的索赔管理人员，应深入研究招标文件中涉及工程索赔的条款和规定，识别是否存在“开脱性条款”，并制定自己的对策。

（1）合同签订时，力争公平合理。承包商在此阶段的策略是反复周旋，以细心和耐心取胜。利用合同谈判的机会，争取尽可能改善合同条件，谋求公正，使自己合法权益得到保护。承包商必须有敏锐的洞察力，对于开脱性条款和不符合合同惯例的条款有足够的警惕性和预见性，合同中的错误、模糊不清的地方要及时处理。如果这些问题在签订合同时不明确，承包商在今后的索赔中就会陷入被动和无奈的境地，甚至失去索赔机会。

（2）合同签订后，加强索赔管理。在工程合同执行过程中，承包商应加强索赔管理，重视索赔管理的各个环节，做好索赔的准备工作。

1）积极捕捉索赔机会。索赔机会是指那些由于对方的过错或疏忽，可能造成己方额外损失的事件。承包商对索赔机会的寻找和发现，是索赔工作中极为重要的一步。没有索赔机会的识别，就谈不上进行有效的索赔。索赔机会是客观存在的，但潜在于合同实施全过程，因此承包商要有敏锐性，从施工开始之日起就对合同条件和图纸进行详尽的研究，并在执行合同过程中有针对性地进行监督、跟踪、分析，及时发现索赔机会。

2）加强文档管理，注重索赔证据的收集。无论是何种索赔，要想索赔成功，索赔证据是最重要的，没有证据或证据不足，索赔是难以成功的。工程建设的特点就是工期长，情况复杂多变。所以文档管理十分重要，必须及时整理和保存工程资料、数据、证明文件等，为索赔和反索赔提供及时、准确、有利的证据。

3）建立良好的人际关系和信誉。承包商应在平时的工程交往中，与业主和工程师建立起良好的互信互助关系，以信誉和质量为本，全面完成合同规定的工作内容，承担相应的责任。即使发生索赔事件，承包商也应以工程的进度和质量为重，积极减少索赔的不利影响，防止损失的扩大化。合作过程关系融洽，工程的进度和质量也都让业主满意，在索赔谈判时才能有一个友好和谐的氛围，索赔成功率也会随之提高。

【例 5-20】 某承包商承包了某建筑工程，该工程建筑面积约 36 万 m^2，地下室采用逆做法施工，合同工期仅 20 个月，这样施工技术必然高，施工难度极大。根据该工程特点和特殊的工期要求，施工方无法按正常的流水作业进行施工，而必须在该工程东区办公室和西区展馆全面同时展开施工，首层、二层周转材料需一次性投入，两层的建筑面积约为 8 万 m^2，由此需要一次性投入的周转材料费用远远大于按预算定额投入的周转材料费用，相应地增加了施工成本。尽管如此，施工方在合同履行中诚恳可信，为工程的质量、进度及与业主配合上尽了最大的努力，得到了业主方的认可与好评。经过测算，增加周转材料一次性投入费用为1100万元；项目部捕捉索赔机会，把握好分寸，心平气和地恳请业主给予解决实际困难，实践中，避免使用“索赔”字样，而以“经济补偿”替代，及时整理现场资料，报监理及业主代表签字确认。这时，为了使自己的工程获得良好的进展，并且本工程完工的准时性对其所产生的经济效益有着深远影响，业主方会予以费用补偿700万元。

本案索赔无论在合同内或合同外都找不到进行索赔的依据，没有提出索赔的条件和理由，纯属一种道义上的索赔。由于项目部善于把握时机，使周转材料索赔700万元得以落实，缓解了成本压力。

2. 权衡利益和信誉，寻找最佳结合点

有经验的承包商，索赔策略应从招标开始，贯穿施工项目管理的全过程，为成功索赔打下良好的基础。但在对待索赔问题时，承包商要避免进入一个误区：千方百计寻找索赔机会，大量地提交索赔文件，一味追求索赔值，夸大索赔计算额。这会使承包商的信誉受到损害，失去与对方进一步合作的机会，影响其长远利益。由此可见，如何看待和处理索赔，实际上是一个经营战略问题，是承包商对利益和信誉的权衡，索赔策略就应体现承包商长远利益和当前利益、全局利益和局部利益的统一。因此在制定索赔策略时，承包商必须对各个方面的情况和信息进行全面分析，具体包括以下几个方面。

（1）确定索赔目标。承包商的索赔目标是承包商对索赔的最终期望值，它是承包商根据合同实施状况、承包商承受的损失和其总体经营战略所确定的。在确定索赔目标时，承包商必须分析创造实现目标的基本条件。在确定索赔目标时，承包商还必须分析目标实现的风险，包括承包商在履行合同时的失误，避免业主的反索赔，对承包商的不利证据等。通过分析从而确定合理的索赔目标。

（2）对业主和监理工程师的分析。对业主和监理工程师的分析主要分析对方兴趣和利益所在，分析合同的法律基础、特点等。可以通过对业主或监理工程师从事过的工程管理情况进行调查了解，从而在索赔中采取适当的索赔方法和谈判策略以取得索赔成功。

（3）承包商自身经营战略分析。承包商的经营战略直接制约着索赔策略和计划。在分析业主的目标、业主的情况和工程所在地的情况后，承包商考虑是否还有可能与业主继续进行新的合作，是否在当地继续扩展业务或其前景如何，与业主之间的关系对在当地扩展业务是否有影响，影响程度如何等问题，从而将承包商的索赔策略与企业经营战略结合起来，制定出符合企业经营战略的索赔策略。

（4）承包商的主要对外关系分析。在合同实施过程中，承包商与多方人员具有合作关系。承包商应对这些关系进行详细分析，从而在索赔工作中利用这些关系，争取各方面的合作与支持。尤其是得到监理工程师的支持，监理工程师虽然是受业主委托的，但他是专业人士，是与业主签订合同而独立工作的，合同授予他很重要的权力。

（5）对索赔可能的结果分析。在工程实施过程中索赔与反索赔往往相伴而行，因此，承包商在进行索赔时，首先应对业主已经提出的和可能还将提出的索赔要求进行分析，分析其合理性和自己反驳的可能性，分析自己索赔要求与业主可能提出的反索赔要求之间的数额差，至少要平衡才能决定提出索赔。

(6) 制定谈判策略，进行谈判过程分析。根据前面对索赔情况的分析，承包商应根据自身的处境和对方的情况，对自身可以采取的谈判策略进行分析，同时对对方采取的谈判策略进行预测。然后，制定最佳的谈判策略。

还要注意的是，承包商制定的索赔策略不能一成不变，要根据索赔实际情况，及时调整。

3. 对工程师的口头指示及时确认

在施工过程中承包商应坚持以监理工程师的书面指令为凭证，即使在特殊情况下必须执行其口头指示，也应在事后立即要求其用书面文件确认，或者致函监理工程师确认自己业已收到并执行的口头指示。如果不对其口头指示予以书面确认，此后，监理工程师如矢口否认，拒绝承包商的索赔要求，承包商将有苦难言。因此，对监理工程师的口头指示予以书面确认是非常重要的。

4. 及时发出索赔通知

工程索赔程序是指从出现索赔事件到最终处理全过程所包括的工作内容及工作步骤。工程项目的合同文件对承包商的索赔程序均有相应规定。当某一个索赔事件发生后，承包商应遵守索赔程序中规定的时限要求，及时发出索赔意向通知。超过了规定的时限，承包商就丧失了对该事件索赔的权利。在发出索赔意向通知的时限上，不同合同有不同要求。如 FIDIC《施工合同条件》(1999 年版) 规定的工程索赔程序中要求承包商应在察觉或者应当察觉索赔事件或情况后 28d 内发出索赔通知，如承包商未能在上述 28d 期限内发出索赔通知，则竣工时间不得延长，承包商无权获得追加付款，而业主免除有关该索赔的全部责任。《建设工程施工合同 (示范文本)》规定的工程索赔程序中要求承包商应在索赔事件发生 28d 内，向工程师发出索赔意向通知。逾期申报时，工程师有权拒绝承包人的索赔要求。

5. 充分准备索赔报告

索赔报告是承包商向业主索赔的正式书面材料，也是业主审议承包商索赔请求的主要依据。调解人和仲裁人也是通过索赔报告了解和分析合同实施情况及承包商的索赔权利要求，并据此作出决定。索赔报告的质量和水平，决定着索赔成败。对于重大的索赔事件，有必要聘请合同法专家或技术权威人士担任咨询，以保证索赔成功。

在编写索赔报告时应满足以下基本要求。

(1) 索赔事件真实、明确。索赔事件真实、明确关系到承包商的信誉和索赔成功与否。承包商提出不切实际、不合情理的要求，工程师会断然拒绝，还会影响到业主和工程师对承包商的信任，给后期索赔工作带来困难。为了说明索赔事件的真实性，索赔报告中提出索赔事件必须有翔实可靠的证据。对索赔事件的描述必须明确，避免采用“可能”“也许”等估计猜测性语言，造成索赔说服力不强。

(2) 责任划分明确。依据相关合同条款或法律条文，索赔报告应清楚划分索赔事件责任，并严格按照合同规定的索赔程序进行。索赔报告中应明确说明索赔事件应由对方承担责任，或不利的自然条件引起的。不可用含糊的字眼和自我批评式的语言，否则会丧失自已在索赔中的有利地位。

（3）明确索赔事件与实际损失关系。工程索赔必须以一方有实际损失为前提，所以索赔报告中应强调索赔事件与实际损失之间的直接因果关系，报告中还应说明承包商在干扰事件发生后已立即将情况通知了工程师，听取并执行工程师的处理指令，或承包商为了避免、减轻事件的影响和损失已尽了最大的努力，采取了所有能够采取的措施，在报告中还应详细叙述所采取的措施以及取得的效果。

（4）索赔计算合理、正确。采用合理的计算方法和数据，正确计算出应得的经济补偿款额和（或）工期延长期。计算中应力求避免漏项或重复计算，不出现计算上的错误。索赔费用计算方法目前还没有统一认可的计算方法。而选用不同计算方法，对索赔值影响很大，承包商应注意采用合适的计价方法，至于采用哪一种计价方法，应根据索赔事件的特点及自己所掌握的证据资料等因素来确定。切忌采用笼统的计价方法和不实的开支款额。

（5）文字简洁，用词准确。索赔报告文字要精练、条理要清楚、语气要中肯，必须做到简洁明了、结论明确、富有逻辑性。同时在索赔报告中，忌用强硬或命令的口气。

6. 充分争取索赔权

要进行工程索赔，首先要有索赔权。如果没有索赔权，无论承包商在施工中承受了多大的亏损，也无权获得任何工期和费用补偿。

索赔权是索赔要求能否成立的法律依据，其基础是工程合同文件。因此，承包商的索赔人员应吃透合同文件，善于在合同条款、施工技术规范、工程量清单、工作范围、合同函件等全部合同文件中寻找索赔的法律依据。在施工合同文件中，合同通用条件涵盖了大部分涉及索赔权的合同条款，对这些条款的含义，承包商的索赔人员更要研究透彻，要做到熟练地运用它们来证明自己索赔要求的合理性。

如果承包商的索赔权有合同文件的支持，承包商在索赔报告中要明确地全文引用有关的合同条款，作为自己索赔要求的根据，这会使承包商索赔理由更充分。

在论证索赔权时，除了工程项目的全部合同文件外，承包商也可依据施工技术规范、工程量清单、来往函件等，当然也可参照相关法律法规。

十一、即时申报

正常的施工索赔做法，是在发生索赔事项后随时随地提出单项索赔要求，避免把数宗索赔事项合为一体进行索赔。除非迫不得已，数宗索赔事项纵横交错、难以分解时，才以一揽子索赔的形式提出。为了避免或减少一揽子索赔情况的发生，合同文件应明确规定工程师（或业主）对承包商提出索赔报告的答复期限。再者承包商在提交了索赔报告后，还应派专人经常与监理工程师、业主进行接触，加强沟通，促成索赔早日批复。

在索赔款的支付方式上，应力争单项索赔、单独解决、逐月支付，把索赔款的支付纳入按月结算支付的轨道，同工程进度款的结算支付同步处理。这样，可以把索赔款化整为零，避免积累成大宗款额，从而使索赔较为容易。

有时，在解决索赔问题过程中，由于新单价难以协商一致，承包商对监理工程师提出的新单价不满意，要求重新核算确定，而监理工程师也不肯轻易让步。在这种情况下，承包商可同意按监理工程师确定的新单价暂行支付，而保留自己的索赔权，争取新单价有所提高，切不可拒绝暂付款，而坚持按自己的要求一步到位。实践证明，承包商在索赔中采取算总账的办法，是不明智的。

1. 合理使用法律权利

(1) 施工索赔是一项复杂而细致的工作，在解决过程中有时各执一词，争执不下。个别的工程业主，对承包商的索赔要求采取拖的策略，不论合理与否，一律不作答复，或要求承包商不断地提供证据资料，意欲拖至工程完工，遂不了了之。

(2) 对于这样的业主，承包商可以考虑采取适当的强硬措施，对其施加压力：或采取放慢施工速度的办法；或予以警告，在书面警告发出后的限期内（一般为 28d）对方仍不按合同办事时，则可暂停施工。FIDIC《施工合同条件》(1999 年版) 中就赋予了承包商暂停施工或放慢进度的权利。实践证明，这种做法是相当见效的。

(3) 承包商在采取暂停施工时，要引证工程项目的合同条件或相关的法律法规，证明业主违约，如：不按合同规定的时限向承包商支付工程进度款；违反合同规定，无理拒绝施工单价或合同价的调整；拒绝承担合同条款中规定属于业主承担的风险；拖付索赔款，不按索赔程序的规定向承包商支付索赔款等。

2. 发挥公关能力

(1) 除了进行书信往来和谈判桌上交涉外，有时还要发挥承包商的公关能力。在合同实施过程中，承包商有多方面的合作关系，如与业主、监理工程师、设计单位、业主的其他承包商、承包商的担保人、业主的上级主管部门等。承包商应充分利用这些关系，争取各方的同情、合作和支持，营造良好的环境和氛围，促使索赔能早日圆满解决，这往往比直接谈判有效。

(2) 在索赔过程中，承包商与监理工程师的关系对索赔的解决起非常关键的作用，监理工程师直接参与工程管理，对工程的实际过程和情况较为熟悉，因此与监理工程师建立友好、和谐的合作关系，取得理解和帮助，常常会有事半功倍的效果。承包商要想与监理工程师建立友好、和谐的合作关系，首先，应在监理工程师心目中树立起良好的信誉。凡是要承包商提供的资料、方案、分项报价等，承包商应尽量按时、优质报送；凡是他们发出的指令，承包商都要加以认真讨论，安排落实，事事要回音。其次，平时要多交流，培养良好的感情，营造相互尊重、信任和理解的平和气氛，避免由于感情上的障碍而影响索赔的顺利开展。

(3) 承包商与业主上级主管部门的交往或双方高层的接触，常常有利于问题的解决，许多工程索赔问题，双方具体工作人员谈不拢，在双方的高层人员的眼中，从战略的角度看，都是小问题，故很容易解决。所以承包商在索赔处理过程中应该充分利用这些关系，以利于索赔的解决。

第九节　发 包 人 索 赔

一、发包人索赔的意义

(1) 控制工程造价，减少或预防损失的发生。施工索赔一般要涉及费用的增加，如果业主不能有效地、合理地防范索赔，就意味对方索赔获得成功，则必须给予承包商费用补偿，因此，有效地防范承包商的索赔，是控制工程造价的重要途径。

（2）威慑承包商加强其合同责任，保证承包商按照合同规定的工期和质量要求交付工程。这对业主来说极为重要。因为如果业主不能进行有效索赔，使得承包商索赔工作受到合理“打击”，会使承包商的“索赔胆量越来越大”，从而业主就会丧失在工程索赔中的主动权，不利于业主进行整个工程的施工和管理。

（3）有利于提高业主的合同管理水平。业主要提出索赔，就要发现索赔机会，进行索赔事件责任分析，撰写索赔报告，这些都可促进业主合同管理水平的提高。

二、发包人索赔的依据

信守合同价格也是承包商的一项重要义务。

合同价格一经确定，承包商在任何时候均不得以任何借口提出反悔。

信守合同价格主要是由价格的不变性这一总方针决定的。工程承包合同多数是按不变总价或单价方式计算的。所谓不变总价，是指在工程量不变情况下，总价不变，但在工程承包实践中，工程量绝对不变的情况极为罕见，尤其是大型承包工程。因此，原始合同价通常都得加上诸如某些未预见或不可预见工程的费用，因设计修改而导致的工程量变更所引起的费用以及因价格贴现和调值而引起的费用增加等项款额。总之，不变总价只是相对而言的，单价不变，是指在组成单价的各项因素不发生变化的前提下，合同单价不变。

工程承包合同是缔约双方建立联系的依据，价格则是合同的实质性因素。合同一经缔结便不得更改（只能签订附加条款予以补充、修改和完善）。因此，价格自然也就不能更改了。

价格不变性有两方面含义：一方面，承包商在正常条件下（包括施工过程中碰到正常困难）不得要求补偿；另一方面，业主不得拒绝支付由承包商按规定条件所完成的工程。

价格不变是工程承包的指导原则。根据这一指导原则，承包商无权对项目设计做任何修改。在特殊情况下，承包商虽然可做一定的修改，其修改方案完全符合技术规范和业主的喜好，但只能是其修改意见被业主采纳而已，而承包商却不得因实施修改方案导致材料及工程费用增加而提高工程造价，除非双方已事先达成特别协议。

合同价除包括项目工程总造价及强制性的税收、保险费用外，还包括意外开支，但不包括不可预见费用。意外开支与不可预见费用是不容混淆的两个概念。前者是为工程实施所必需的、可预见而不可避免的费用。虽属意外，但承包商不得以此为由向业主索要补偿；相反，另有一些辅助费用在承包商投标报价时不可预见，如税收上涨等，导致工程费用上升，这类费用属于不可预见费，承包商有权向业主索取补偿。

意外开支通常包括以下内容。

（1）未投保险的设备机具及材料丢失。

（2）因承包商未曾发现或虽然发现但未向业主声明的图纸中对于承包商来说是显而易见的错误或缺陷而造成的额外支出。

（3）施工详图的制作和复印费用。

（4）由于承包商的粗心或缺乏预防措施或操作技术笨拙而导致的物品损坏。

（5）由于承包商违章或技术笨拙而造成工伤事故或增加无益劳动而导致的开支。

（6）土方工程中使用爆破所需费用。

（7）承包商额外临时占地所需费用。

（8）注册税、印花税及合同辅助费用。

（9）其他意外开支等。

任何情况下，上述费用都必须由承包商承担。除非合同中另有特殊条款明文规定。

合同价格的不变原则只是相对的，就是说在通常情况下，承包商必须始终信守合同的既定价格。但在工程承包实践中常常出现特殊情况，导致合同的价格不变原则的例外执行。承包商只有在具备例外执行的要求条件时才可以要求改变合同的不变总价。

导致价格变化的特殊情况通常有以下几种。

（1）增加工程：包括不可预见工程和业主要求增加的工程。

（2）因修改设计而导致工程变更或改变施工条件。

（3）由于业主的行为或错误而导致工程变更。

（4）发生不可抗力事件。

（5）发生导致经济条件紊乱的不可预见事件。

如果出现上述5种情况之一，合同的原始总价必然要发生变化，这些变化不外乎以下三种。

（1）合同总价增加。

（2）合同总价减少（压减工程情况）。

（3）维持原合同价，但给予承包商相应的补偿。

1. 承包人的种种责任

工程承包责任的总原则是建立在对所造成的损失予以赔偿的基础上，但并非所有的损失都可以追究他人责任的。

追究责任必须有一个前提，就是首先确认已对他人造成损失或侵犯了他人的权利。

合同双方的责任范围是判定责任的基础，这些范围只能由法律或契约规定。

就工程承包而言，“责任”一词包括契约责任和法律责任两种。承包商应承担的契约责任包括履约和施工技术两方面；其法律责任则包括民事和刑事两种。

契约责任产生于践约行为。这种践约行为一般导致承担不履约责任和技术责任。

法律责任则是由法律所强加。承包商的法律责任通常是因触犯民法或刑法而必须承担的责任。

承包商自接到开工令之日起，直至工程最后验收，都必须对其造成的损失和侵权行为承担责任。一般说来，在这期间，承包商应承担的责任有两大类：一类是因为不履行合同义务或履行很不得力而应对业主承担契约责任；另一类则是由于对与其毫不相干的第三者造成损失而应承担法律或准法律责任。此外，工程最终验收后，承包商还得通过保险公司承担10年（细小工程为两年）保险责任。

2. 契约责任

契约责任是承包商对业主承担的责任。这种责任产生于承包商对其自愿许下的承诺的违背，通常称为践约。契约责任有时也称为职业责任。

契约责任的判定依据是合同文件，尤其是一般管理条款、特别说明书和通用要求条例等。契约责任也受民法制约，因为合同是民事法律关系，合同当事人不履行自己的义务时，司法机关可以强制其履行。

契约责任通常包括履约责任和技术责任。

（1）履约责任。合同一经签订，双方当事人就必须严格按照合同的规定全面履行自己的义务。当事人按照合同的要求完成自己应该完成的义务，这种行为称为合同的履行。从法律上讲，履行合同乃是缔约双方的义务，但在工程承包实践中侧偏重于强调债务人即承包商的履约责任。

承包商必须在合同规定的期限、规定的地点、按规定的方式来履行自己的义务。若因承包商不履约或履约不力而造成损失，承包商应全部承担由此引起的责任。

不履约或履约不力可因主观或客观两方面原因所致。客观原因导致承包商不履约不属于承包商应承担的履约责任范畴。至于主观原因，则有两种：有意不执行和执行过失。区分这两种原因在刑法上意义重大，在民法或合同法上虽然意义不是如此重大，但在解决合同纠纷时都是十分有用的。

大凡建筑工程承包合同，都写有规定承包商对其造成的所有损害负责的条款。在执行有关损害赔偿条款时，业主或主管法庭强调的是损害事实，而不注重于追究动机。

在工程承包活动中，工程师或建筑师与承包商因合同的标的工程而同时对业主承担契约责任。

如果承包商既承担设计又承担施工任务，其履约责任便具有双重性。一方面，承包商要保证施工合乎要求，另一方面还要承担建筑设计责任，即对设计方面存在的缺陷必须负全部责任。鉴于一项工程的设计离不开实施手段，承包商在进行设计时必须充分考虑技术和法律上的可能，具体落实设计任务，尤其是制定与法规相符的设计文件。

（2）技术责任。无论从法律范畴还是从契约角度，工程承包都存在技术责任问题。

鉴于承包商并非不懂技术，当图纸中有明显错误时，承包商有责任向工程师指出。如果工程师依然坚持己见，承包商应提出保留意见。若工程师硬性要求使用某种不符合规范的材料，承包商也应提出保留意见。如果承包商未曾提出保留意见，只是完全服从，应当承担一定的技术责任。

如果因业主提供的资料不准确而导致工程设计或施工缺陷，承包商可不承担责任。

施工缺陷是指无可争辩的与合同要求严重不符的工程缺陷。这些缺陷是因承包商的技术笨拙而不是因不可抗力情况或业主强加意图所造成的后果。

施工缺陷的责任必须由承包商承担。

3. 法律责任

承包商除应承担契约责任外，还应承担法律责任。

通常情况下，承包商应承担的法律责任包括民事和刑事两个方面。

（1）民事责任。行政法合同的民事责任基于行政法的执行原则，这与民法的执行原则多少有点区别，如在无过失责任方面，工程承包合同强调：受害者可以无区别地要求承包商或业主或者同时要求两方面予以赔偿。

按私法缔结的工程承包合同的民事责任则基于民法条款。

民事责任的本义是要求责任承担者尽可能准确地恢复由损害破坏的平衡和置受害者于受害前的境遇。

确立民事责任必须具有以下三个条件。

1）过失事实。

2）过失与损害的因果关系。

3）实际遭受的损失。

确认民事责任事实后还应分析该责任的起因。通常情况下造成民事责任事故的起因有以下三种。

1）人为起因。即由承包商的作业人员在作业时造成的事故。由这种起因导致的民事责任应由承包商承担。

2）非人为起因。除车辆事故外，非人为起因造成的事故屡见不鲜。

承包商自接收场地之日起，就有责任保卫工地，有义务修复其在进行建筑活动时对他人造成的损失，有责任承担其造成损失的后果。

如果多家承包公司在同一工地作业，各承包商只承担由雇用的人员在作业时所造成的损失责任，在这方面不存在连带责任问题。

3）人为和非人为双重起因混合。有些事故的发生既有人为因素，又有非人为因素，也就是说既有主观原因，又有客观原因，因此在确定责任时不能绝对分开，只能视各种因素的程度而定。在考虑赔偿时也应两方面同时兼顾。

（2）刑事责任。在工程实施过程中，违章事件时有发生，如承包商为达到某种目的而不顾当地的法律规定，尤其是有关保护劳工利益及卫生安全等方面的法规，从而造成刑事责任事件，承包商必须承担其后果。

承包商应承担的刑事责任通常包括因违反劳动法造成人员伤亡及违反治安条例而造成损失，承包商必须承担由此而追究的刑事责任。但是，如果违章事件及触犯刑律的事故是由承包商的工作人员或雇员所犯，则承包商仅承担民事责任，不能对承包商的公司执行惩罚条款。这些责任应由具体肇事人员本人承担。

若涉及违反税收法规而导致惩罚，自然应由承包商的公司承担全部责任。

4. 工程验收后的责任

在工程实施期间，承包商要对工程负全面责任：业主有权责成承包商修复全部不合格工程。若承包商拒绝修复，业主可以废除合同拒绝验收工程，甚至对承包商起诉，要求其赔偿损失。

工程临时验收之后，承包商应承担质量担保责任。对于质量担保期间出现的任何工程质量缺陷（因使用不当而导致的缺陷除外），承包商必须承担修复和弥补之责任，直至业主最后无保留验收。

关于房屋工程，除了质量担保责任以外，承包商还必须同建筑师一起共同承担十年责任（主体工程）或两年责任（细小工程）。

十年责任所担保的内容为因建筑设计和施工缺陷或土质不良而造成的房屋完全或部分

损坏和全部主体工程因非使用原因而出现的损坏。

主体工程通常包括以下两种。

（1）保证房屋稳定和牢固的所有支撑物以及与支撑物结合或组成整体的构件或工程。

（2）起封闭、覆盖及防水等作用的固定工程。包括：除油漆和贴墙纸以外的墙体贴面工程；楼梯、楼地板及硬型材料覆盖工程；天花板及固定隔墙；贯穿墙体、天花板及楼地板的管线工程；固定电梯架；门窗框架及玻璃天棚等。

两年责任的担保内容为除上述工程或部件以外的由承包商制作、成型或安装的细小工程和部件，包括：除组成主体工程以外的管线设备、散热器及覆盖物；为封闭、覆盖所必需的活动部件，如门、窗百叶等。

这些细小工程和部件只是在工程最终验收后的两年期内出现缺陷方可视为两年责任的担保内容。

由承包意见安装或供应的机电设备不得作为十年或两年责任的担保内容。

无论是十年责任还是两年责任，承包商都不是直接承担，而是通过向当地的保险公司投保的办法履行。因此，在宣告工程最终验收（有些国家要求临时验收）之前，承包商必须提交两年责任或十年责任保险单。

两年责任或十年责任担保的起始日视工程验收情况而定。

（1）如果工程是一次性验收，担保自验收之日起算。

（2）若采取两次验收（临时验收和最终验收）办法，则从无保留最终验收之日起算。

（3）如果业主在进行最终验收之前已占用工程，则两年责任或十年责任担保期自业主占用工程之日起算。

只有总承包商才承担十年责任和两年责任。分包商在一般情况下都不与业主发生关系，因而不承担十年责任。当然，有些分包商与业主直接打交道，因而必须承担十年责任或两年责任。

如果承包商除实施工程外还负责设计，则应承担两方面的责任（设计与施工）。

如果业主本人是技术人员（特别是建筑师），承包商在执行业主或工程师的错误命令之前已提出了保留意见，可以不承担责任。

如果工程缺陷不是起因于施工，而是出自设计，则应由设计师单独承担责任。但是如果业主方面具备有相应资格的技术部门，且已审批了图纸，则设计师的责任可以减轻。

如果工程是由行政管理部门派员领导和管理，则承包商单独对工程缺陷全面负责。当然如果业主方面的人员犯有错误，当按事先规定的惩罚办法处理。

三、发包人向承包人索赔的特点

1. 索赔发生频率较低

发包人在选择承包人时，一般都经过直接或间接的考察，认为较满意时才允许参加投标。正常情况下，施工质量能达到要求。能否按合同工期竣工的问题，一个单项工程只有一次，只要承包人施工技术和管理不出现大的失误，被索赔的违约一般不易发生。

2. 在索赔处理中，发包人处于主动地位

当发包人向承包人提出索赔时，有较多的制约机会。只要发包人代表通知了承包人，

即使承包人不及时支付违约金，发包人则可以从应付工程款中扣除。甚至可以用留置承包人材料、设备的方法作为抵押。

3. 索赔具有惩罚和赔偿双重含义

如果承包人不能按合同工期竣工，工程质量达不到要求时发包人则要求承包人支付违约金，赔偿其损失。这种索赔是具有惩罚和赔偿双重含义的。

四、发包人向承包人提出索赔的内容

（1）工程质量索赔。工程质量好坏直接影响到工程使用后发包人的利益，这是发包人最关心的问题。为了保证工程质量能达到预期的效果，发包人将单独组织一个管理班子，选定专门的管理人员，甚至花费高额咨询费，外请有较好声誉的工程咨询公司或专业的监理公司以帮助管理工程，确保工程能达到理想状态。发包人所采取的上述一切措施，并不意味着就能减轻承包人对施工质量应负的责任。承包人应该承担除特殊风险及发包人责任以外的对工程质量造成损害的风险。这类索赔通常表现为：要求承包人对有缺陷的产品进行修补；要求承包人对不能通过验收的产品进行返工；要求承包人对因选料不当影响质量的产品进行拆除；要求承包人在规定的时间内修复其存有质量问题的工程。

在特殊情况下，发包人直接扣除承包人一部分费用请他人进行工程修复。由此可以看出，发包人向承包人的索赔要求是满意的工程，而不是索取费用。

（2）工程进度索赔。施工合同中已明确规定了工程完工的日历日期，除在合同执行中发包人代表已批准的延长工期外，承包人必须在合同规定日期内完成合同所规定的工程内容，否则，发包人就会提出进度索赔。在市场经济条件下，“时间就是金钱”的观念逐步被人们接受，发包人作为工程的投资者，必然要考虑资金的回收及经营利润。所投资兴建的工程能否及时投入使用是一个十分重要的问题。所以，在许多施工合同中，甚至在工程招标文件中就核定了该工程的延误赔偿金的具体比例数。

（3）质量保证金的预扣。质量保证金是发包人为了促进承包人在施工中精心管理以达到合同预定的质量标准所扣留的工程款项。如某市图书馆工程，承包合同确定为市优质标准。同时合同中注明，发包人预扣合同总价的3%作质量保证金，待竣工验收经主管部门确认符合市级优质标准时，发包人返还给承包人。达不到市级优质标准时，承包人应无条件修补直至达标为止。否则，发包人不再返还承包人所扣的质量保证金。

（4）工程保修款。工程保修款是工程竣工验收后的保修制约。当在保修期内发生工程质量问题时，承包人应在得到发包人通知后一定期限内进行补修处理。否则，发包人可以外请其他工程人员进行质量修补，并使用预扣承包人的保修款支付外请工程人员进行补修的一切费用。

在FIDIC合同内容之中，既有业主索赔条款，也有承包商索赔条款。这里以FIDIC《施工合同条件》为例，列出业主索赔可引用的合同条款，见表5-10。

表5-10　业主索赔可引用的合同条款

序号	合同条款号	条款主要内容
1	4.1	承包商未能履行一般义务规定导致索赔

续表

序号	合同条款号	条款主要内容
2	4.2	承包商因为未能按合同要求履行履约担保导致的索赔
3	4.20	承包商占用业主设备导致的索赔
4	5.4	承包商非合理扣减指定分包商付款时，业主直接付款给指定分包商导致的索赔
5	7.5	承包商设备材料试验遭到拒收导致的索赔
6	7.6	承包商未能完成修补工作导致的索赔
7	8.6	承包商因进度拖延对工程进度计划进行修订导致的索赔
8	8.7	承包商未能按时竣工导致的索赔
9	9.2	承包商不当延误竣工试验导致的索赔
10	9.4	承包商未能通过重新进行的竣工试验导致的索赔
11	11.3	因缺陷或损害延长缺陷通知期导致的索赔
12	11.4	承包商未能修补缺陷导致的索赔
13	11.11	承包商未能清理现场导致的索赔
14	15.4	业主终止合同后的索赔
15	17.1	承包商未履行保障义务导致的索赔
16	18.2	承包商未办理工程一切险导致的索赔

五、发包人索赔的程序

在《建设工程施工合同（示范文本）》中，对承包商索赔程序有明确的规定，对发包人索赔只作了简单说明："如承包人未能按合同约定履行自己的各项义务和发生错误给发包人造成损失的，发包人也可按上述承包商索赔时限向承包人提出索赔。"也就是说，发包人进行索赔也要遵循与承包人相同的程序，这对双方较为公平。据此发包人应遵循以下索赔程序。

（1）发包人提出索赔申请。索赔事件发生 28d 内，发包人向承包人发出索赔意向通知。

（2）发出索赔意向通知后 28d 内，发包人向承包人提出补偿经济损失和（或）延长工期的索赔报告及有关资料。

（3）发包人与承包人谈判。双方若能通过谈判达成一致意见，则该事件较容易解决。

（4）双方若通过谈判未能达成一致意见，就会导致合同纠纷。处理纠纷的理想方式是通过谈判和协调双方达成谅解。如果双方不能达成谅解就只能诉诸仲裁或诉讼。

六、发包人索赔的主要内容

1. 误期索赔

工程施工合同规定，承包商必须在合同规定的时间内完成工程施工任务。如果由于承包商的原因造成的竣工工期拖延，影响业主对该工程的使用，给业主带来损失，业主有权向承包商提出索赔，即要求他承担“误期损失赔偿费”。FIDIC《施工合同条件》(1999 年版）规定，误期损害赔偿费应是承包商为此类违约应付的唯一的损害赔偿费。通常，业主在招标文件中列明每延误一天赔偿的金额，误期损害赔偿费按列明的每天应付的金额，乘以超过相应竣工时间的天数计算。但一般对误期损害赔偿费都有一个最高限额的规定，如不得超过该工程合同价 10%。若在整个工程完工之前，工程师已经对一部分工程颁发了移交证书，则对整个工程所计算的误期损害费数量应按照比例给予适当减少。

2. 工程质量缺陷索赔

在工程施工中，当承包商的施工质量不符合合同的要求，或使用的设备和材料不符合合同规定，或在缺陷责任期未满以前未完成应该负责修补的工程时，业主有权向承包商追究责任，要求补偿由此遭受的经济损失。

FIDIC《施工合同条件》(1999 年版）规定的业主可要求承包商承担工程质量缺陷损失赔偿费的情况主要有以下几个方面。

(1）如果检查、检验、测量或试验的结果，发现任何生产设备、材料或工艺有缺陷，或不符合合同要求，工程师可以通知承包商，说明理由，拒收上述生产设备、材料或工艺，承包商应立即修复缺陷。如果工程师要求重新进行试验，承包商应重新进行。如果此项拒收和重新试验导致业主增加了费用，承包商应将这些费用付给业主。

(2）对工程师指示承包商进行的“修补工作”，如果承包商未能遵守工程师“修补工作”的指示，业主有权雇用并付款给他人从事该项工作，承包商应向业主支付因其未履行指示而使业主支付的费用。

(3）如果承包商的工程没有达到合同规定的要求，未能通过竣工试验，但业主愿意接受存在缺陷的工程，向承包商颁发接收证书，业主有权要求减少合同价格。减少的金额应足以弥补这些缺陷给业主带来的价值损失。

(4）工程交付使用后，如果因为某项缺陷或损害使工程不能达到按原定的目的使用的程度，业主有权将该工程的缺陷通知期限延长，但缺陷通知期限的延长不得超过两年。

(5）在工程施工中进行规定的试验时，工程师可以改变进行规定试验的位置或细节，或者指示承包商进行附加的试验，如果试验结果表明，经过试验的生产设备、材料或工艺不符合合同要求，承包商应承担进行该变更试验的费用。

3. 经济担保的索赔

FIDIC《施工合同条件》规定的在经济担保方面业主可以向承包商进行索赔的主要情形有以下几个方面。

(1）承包商未能保证其提供的履约担保的持续有效性，业主有权向承包商索赔履约担保的全部金额。

(2）承包商未能提供充分的证据证明已将业主支付给指定分包商的款项付给指定分包商，业主可以直接向指定分包商支付以前已证明应付的金额，此时承包商应将这部分款项付还业主。

(3）如果承包商应付给业主的某种货币的数额，超过了业主应付给承包商的该种货币的数额，业主可以从另应付给承包商的其他货币的款额中收回该项差额。

（4）由于承包商的原因导致业主终止合同，承包商应自行承担将现场设备及临时工程运走的风险和费用。

（5）如果缺陷或损害在现场不能及时修复，经业主同意承包商可以移出有缺陷的工程，承包商必须增加履约担保的金额或提供其他适宜的担保。

当承包商为投保方时，应按照合同规定及时支付，否则业主也可以向承包商进行索赔。

4. 承包商的其他违约行为导致的索赔

在FIDIC《施工合同条件》中，承包商其他违约行为导致的索赔主要有以下几个方面。

（1）承包商未能按合同规定遵守适用法律来保障和保持业主免受损失和伤害时，业主可提出索赔。

（2）承包商未能按合同规定保障和保持使业主免受因承包商引起的不必要或不当的干扰造成的任何损害赔偿费、损失和开支的伤害，业主有权提出索赔。

（3）承包商应保障并保持使业主免受因货物运输引起的所有损失和伤害，并应支付由于货物运输引起的所有索赔。

（4）承包商有权因工程需要使用现场的电、水、燃气和其他服务，对此承包商应自担风险和费用，并且向业主支付这些服务的金额，否则业主可提出索赔。

（5）承包商在施工过程中使用业主的设备，应向业主支付使用费，否则业主可提出索赔。

（6）如果承包商未及时清理现场，应向业主承担处理和恢复现场的费用。

【例5-21】 某核电站建设项目，建设单位要求按照FIDIC合同条件进行管理并签订了施工合同。

在施工过程中，监理工程师在检查时发现核反应堆的基座预埋螺栓有86个发生偏移，其中5个标高产生差错，2个轴线偏移超过允许偏差范围。

监理工程师向施工单位发出暂停施工的监理通知，事件发生后的第16d，施工单位根据复查发现设计图样有误，向监理工程师请求索赔并在第36d提供了索赔相关证据及原始资料。

问题如下：

（1）FIDIC合同条件17.1款规定施工单位应对放线负有哪些责任？

（2）施工单位向监理工程师提供的索赔资料是否超过索赔期限？

（3）FIDIC合同条件中的索赔依据有哪些？

（4）施工单位的索赔有哪两种情况？

分析如下：

FIDIC合同条件17.1款规定施工单位应对施工测量放线负以下责任。

（1）根据工程文件给定的原始基准点、基准线及标高，对工程进行准确的抄平、放线。

（2）提供与工程测量放线所必需的仪器、设备及人员。

(3) 如果是由于监理工程师提供的错误数据，使施工单位出现抄平放线差错，则监理工程师应该给施工单位费用补偿，监理工程师对抄平、放线的检查验收均不能在任何方面解除施工单位应仔细保护好基准点、基准线、测量桩、控制线等精确度的责任。

(4) 施工单位的索赔未超过规定的期限，规定为事件发生后的 28d 内向监理工程师提交索赔意向书，又在索赔意向书提交之后 28d 内提供与索赔有关的数据及证明资料。

FIDIC 合同第 17.1 条款规定：索赔的依据主要是建设单位与施工单位签订的合同，合同中的依据又分两种情况：一种是明示的索赔，另一种是暗示的索赔，合同中明示的索赔是指施工过程中施工单位所遇事件后提出的索赔要求，施工单位可以在文件中找到文字依据，并且照此依据提出索赔并取得相应的经济补偿。暗示的索赔是合同文件中没有明确的文字叙述，但可以根据合同的某些含义推断出施工单位应该获得本项索赔，这样的索赔同样具有法律效力，应取得经济补偿。

施工单位得到索赔又分两种情况：若由于监理工程师提供的资料数据差错导致施工单位停工，因不涉及二次抄平放线，而不给予利润补偿；如果施工单位已按照监理工程师提供的错误数据资料实施了，施工单位为纠正这些差错不得不进行二次施工放线，而发生的增加费用应包括利润，因这一工作不包括在合同或图样范围之内，应属于额外工作，故应补偿利润。

七、发包人索赔处理方法

由于发包人索赔处在主动的地位上，可以采取不同的方式，如扣款、留置材料及施工机具等以实现索赔的要求。但这并非发包人的目的，发包人的目的是想得到合同所确定的合格工程。在这方面与承包商索赔有很大的不同。大量工程实践证明，一旦发生了发包人扣款和留置材料及施工机具的情况，发包人和承包商双方的合作关系即告破裂。轻则经过调解，重则发生诉讼，双方都会遭受不同程度的损失。所以发包人在索赔的处理时应根据不同的客观情况采取不同的对策。

1. 以帮为主

既然发包人选择了当事承包商，首先应从维护合作关系出发，帮助承包商采取措施克服施工中的缺陷。特别是对由于经验不足、偶然失误等非主观原因出现的工程问题，发包人应尽量在技术上、方案上给予指导帮助，使其尽快恢复正常施工状态。这样做对发展合作关系及提高后期工程质量是很有效的。

2. 以管为主

由于施工合同所确立的两个矛盾的主体在施工过程中将会明显表现出来。发包人想用较低的费用购得较合适的工程，承包商则考虑在质量能通过的情况下赚取更多的利润。为此，在施工的技术、质量管理中常会出现这样或那样的质量问题。在这种情况下，发包人应采取加强工序检查监督、严格标准及签证过程，用外部的强制管理促进内部质量管理系统。使用合同约束力监督其纠正质量问题，以达到质量索赔之目的。

3. 坚持扣款、留置材料

当上述两项都不能奏效的时候，发包人只能采取扣款及其他有效措施，以维护发包人的利益。

八、发包人索赔处理注意事项

发包人索赔实施占有有利的地位，可以很方便地使索赔成功，限制或阻止承包商的违约行为。但应该注意的是：不可滥用扣款或留置权。在准备使用扣款或留置权之前，应在双方协商不能解决的情况下，以书面的形式通知承包商，给承包商最后一次纠正的机会。只有在承包商确实较严重地违约的情况下才可以使用扣款或留置权。

【例 5-22】 某市建工集团三公司通过投标竞争，取得了市商贸大楼的施工权利。该工程为建筑面积 14 000m^2 的四层全现浇混凝土框架结构，并带地下室。合同价 3200 万元人民币，合同工期为日历天数 550d。该工程位于市区主要干道交界处，是该市的重点发展地区。承建承包人进该市不久，决心将该工程做成自己公司的活广告，以便广泛地开展经营业务。但该工程最后竣工日期却比合同竣工日期拖后 28d，被发包人提出工期索赔。按照该工程施工合同条款的规定，每推迟竣工一天将被扣除合同总价 2‰的罚金，总计被索赔 17.92 万元人民币。为此，承包人提出协商意见，其理由如下：

（1）在该工程施工期间，因临近主要道路进行立交桥改建施工，约有 300d 时间使工程材料运输受到影响。因此工程进度受影响不应全部由承包人承担。

（2）发包人批准并通知承包人，为减少对附近居民正常生活的影响，夜间 11 时之后，应停止施工以防噪声扰民。尽管承包人认真地采取了措施，但终因本工程现浇混凝土工程量太大，使工程进度没能达到合同要求，请发包人能给予谅解。

发包人代表答复：在招标答疑会上，发包人已考虑城市立交桥可能发生影响的因素。而且在踏勘现场时，市政府已公布了该桥的施工消息，并看到了该桥施工做准备的工作现场。若承包人没有针对该工程情况采取措施保证工程正常进行，应自己承担责任。关于夜间施工扰民问题，是发包人要求在夜间区段内停止扰民施工的。但这并不意味就是批准延长工期。合同中已提及应减少施工扰民的条款，但没有要求承包人 24h 施工的条款。承包人在停止夜间区段时间施工之后，一直没有提出对工期有影响，是在竣工之后才提出来的。说明按承包人的施工进度计划，当时确实没有影响工期的问题。

承包人认可了发包人提出的工期索赔同意支付工期拖后的索赔款项。

【例 5-23】

发包人：某设计单位

承包人：某县属建筑公司

承包人以议标形式承按发包人 14 000m^2 带地下室高层建筑，施工合同签订后按时开工。在地下室底板混凝土浇筑时，因下大雨，又遇施工塔吊发生故障，使地下室底板的混凝土停工中断。质量达不到设计图纸的要求（设计图纸要求该工程的箱型基础底板混凝土应整体浇注，不得留施工缝）。发包人代表就工程质量措施不落实的问题要求承包人进行认真解决，结果却遭到承包人撤走施工人员的威胁。对话方式已对此无效果，发包人向法院起诉。

法院在调查审理过程中，查清承包人为无照（借用他人执照）经营，根本没有承担该工程的资格和能力。该工程发包人和承包人双方所签施工合同为无效合同。法院根据无效经济合同的法律责任判决如下。

（1）承包人应返还发包人设备料款，清退发包人提供的建筑材料（钢材、水泥等）。对已完合格工程由双方按有关规定计量结算。

（2）承包人应赔偿发包人不合格工程的处置费，并承担不合格工程所产生的一切损失。发包人对不合格工程处置费计算按有关部门规定执行。

（3）承包人应赔偿因擅自停工给发包人造成的其他的经济损失（如因停工造成水泥过期，施工图丢失不全，已加工的钢筋部分作废等）。

（4）承包人应承担本案一审、二审的全部费用。

第六章　工程项目签证管理及项目变更索赔综合实例参考

第一节　某工程项目签证管理制度及案例分析

一、签证制度及流程简介

1. 制度制定的目的

（1）加强项目的现场签证管理。

（2）规范工作流程。

（3）有效地控制成本。

（4）确保工程质量和工程进度。

2. 制度的适用范围

适用于本单位下属公司所开发项目的现场签证管理工作。

二、现场签证的具体内容

施工过程中出现的各种技术措施处理；

在施工过程中，由于施工条件变化、地下状况（土质、地下水、构筑物及管线等）变化，导致工程量增减，材料代换或其他变更事项；

在施工合同之外，委托承包单位施工的零星工程；

施工过程中出现的奖励和索赔问题；

因设计变更引起的且在竣工图中无法反映的返工工程。

三、部门/人员 职责

（1）项目部/工程部：签证费用控制的责任部门。

（2）项目部/工程部专业工程师：专业签证费用控制的责任人。

（3）项目部/工程部经理：项目签证费用的第一责任人，各专业工程师所签的签证单必须经过事业部、项目部/城市公司工程部经理签字才能生效；签证必须以工程指令的形式指示施工单位进行施工，施工完成后应及时验收。

四、本工程项目签证的原则

（1）时间限制原则 ：各项目部对现场签证及其补充预算实行严格的时间限制，并严禁过后补办。

（2）完工确认原则：当现场签证完工后，工程量确认单必须有监理公司、事业部项目部/城市公司工程部专业工程师、经理共同签字，否则一律无效，如属隐蔽工程，必须在其覆盖之前签字确认，签证单中必须附隐蔽前的照片。

（3）一月一清原则：承包单位必须在每月25日前报送上月所发生的签证单，同时必须在报送签证单时附上补充预算，每月月底前，成本管理部应审核完承包单位上月报送的补充预算。

（4）原件结算原则：现场签证的结算必须要有齐备的、有效的原件作为结算的依据。

（5）标准表格原则：所有的现场签证单都必须使用规定的标准表格。

（6）多级审核原则：现场签证的费用至少要经过二级以上的审核。

（7）完整性原则：现场签证必须对应有项目部发出的"工程联系单"，如有必要还需要附上图纸、照片等证据资料，否则一律无效。

五、引发现场签证费用的工程联系单的审批流程

（1）引发现场签证费用的工程联系单应遵循先估价后施工的原则，正常情况下，应在施工前三天提出，由项目部会同成本部、工程部等，根据现场情况，提出多种实施预案，确定最优化的实施方案和估算费用。

（2）工程联系单经成本部项目成本主管签署意见时，应估算出现场签证费用，以便领导决策。此估算费用不作为结算依据，仅作签证是否实施决策的参考依据。

（3）根据相应的审批权限设置，报相关领导审批后，才能给相应的施工单位下发工程联系单，进行实施。

六、施工单位申报流程

（1）施工单位收到工程联系单等函件时，如果涉及返工，应立即停止原工作，并最迟应于次日与项目部专业工程师、成本部项目成本主管一起核定返工工作量。未能立即停工而继续施工的工作，不得计算返工费用。未能及时核实返工工作量，而在事后将原有工作当作全部完成而索赔返工费用的，不得给予认可。

（2）根据工程指令无法计算出工作量的，应该最迟于指令完成实施的次日，与项目部专业工程师、成本部项目成本主管一起到现场核定工作量。

（3）经现场核对后的7d内，施工单位应提出签证单，上报项目部。

七、签证单审批流程及要求

（1）承包单位应在签证内容工作完成，并核对工作量后的七天内向监理和甲方项目部提交签证资料一式四份（签证单及其附件，包括工程联系单、工程量确认单、图纸、照片等证据资料及补充预算）。逾期提交，而又无法说明签证事实及完成情况的，监理和甲方项目部有权拒收。

（2）监理单位现场专业监理工程师及驻现场总监或执行总监必须在3个工作日内完成工程签证单审核，并签署工程签证意见及日期，送项目部专业工程师审核。

（3）项目部专业工程师根据合同文件、工程指令和工程图纸等资料，在3个工作日内

完成审核意见，交给项目成本主管。

（4）成本部项目成本主管收到签证单后，应按承包合同分别登记造册，并在3个工作日内计算出签证初步审核费用，报事业部项目部/城市公司工程部经理按权限审核或审批。

（5）事业部项目部/城市公司工程部经理权限外的，经成本部经理部审核，报权限审批人审批（具体审批权限见后）。

（6）每月月底前，成本部应审核完承包单位报送的上月的补充预算。

（7）签证经审批后，留一份原件作为结算依据和备查，一份返还给施工单位。

（8）项目部人员不得以施工单位不听指挥为由，人为积压签证，防止因时间拖延导致签证内容的真实性无法得到证实。

（9）任何签证必须在合同规定的期限内完成审批并答复承包单位。

八、签证审核要求

一般情况下，监理及项目部专业工程师审核意见不得简化为“同意”“属实”“工程量属实”等词语或无任何审核意见而只作签名。

监理工程师应对变更和签证事实的真实性作出说明。

一般情况下，专业工程师不必核定相关单价和总价，只需对变更和签证事实的真实性作出说明，对经现场核实（图纸无法统计）的工程数量准确性作出判断（能通过图纸准确计算的工程数量不需专业工程师核定）。在签证事实完成后无法再进行现场证实的项目，对承包单位提出的工程量必须进行详细审核并出具意见，或要求承包单位提供完成内容的图纸示意加以证实，或者附有施工前的照片。

成本部项目成本主管需对签证内容是否属于施工单位合同责任作出判断，复核经专业工程师核定的工程数量，并提出价格建议。

事业部项目部/城市公司工程部经理在专业工程师和成本部项目成本主管的审核意见基础上，提出审核意见。

成本部经理需要对签证内容是否属于施工单位合同责任、工程数量、价格提出审批意见。

任何签证均应避免以点工或台班计算。如确需以点工或台班计算，审核意见必须说明工人每日起止工作时间及人数和机械设备运转时间及数量，否则该变更和签证无效。

对于因任何原因而返工的项目，必须详细说明返工程度及材料损耗数量，注明返工原因，对于施工单位提出的材料“全部损耗”必须特殊说明（如损耗的材料是否可以在今后重复使用等）。对于可继续利用或可变卖的材料，变更和签证意见需要说明具体的处理方式。

签证中涉及施工单位之间相互索赔的，成本管理部应将已审核的签证及时发至被索赔的施工单位。

九、工程联系单/工程签证审批权限规定

1. 各个（事业部）

单张签证审定金额在1万元以内（含1万元）的，经成本部项目成本主管审核后，由

项目部总经理签发；单张工程联系单预计金额在1万元以内（含1万元）的，经成本部项目成本主管审核后，由项目部总经理签发；

单张预计/审定金额在1万～10万元（含10万元）之间的工程联系单/工程签证单，经项目部总经理、成本部经理审核后，由事业部分管副总经理审核后才能签发，未设副总职位的由总经理签发；

单张预计/审定金额10万元以上的工程联系单/工程签证单，经项目部总经理、成本部经理、分管副总经理审核后，由事业部总经理审签发。

2. 城市公司

单张签证审定金额在3000元以内（含3000元）的，经项目专业工程师、项目成本主管审核后，由工程部经理签发；单张工程联系单预计金额在3000元以内（含3000元）的，经成本部项目成本主管审核后，由工程部经理签发；

单张预计/审定金额在3000～50 000元（含5万元）之间的工程联系单/工程签证单，经工程部经理、成本部经理审核后，由城市公司分管领导审核后才能签发，未设副总职位的由总经理签发；

单张预计/审定金额在5万元以上的工程联系单/工程签证单，经工程部经理、成本部经理、分管领导审核后，由城市公司总经理审签发。

十、现场签证的原因分析

1. 设计类原因

（1）设计优化影响出图日期，进而影响进度。

（2）设计错误未及时发现，引起返工。

（3）设计缺漏引起返工、增补。

（4）补充设计引起工作量增加。

（5）二次设计（如精装修等）引起原工作的返工或废弃。

2. 现场施工类原因

（1）施工现场条件误差。

（2）施工工艺技术超前或滞后。

（3）原设计施工难度大或不能施工。

（4）按原设计施工质量不能保证。

3. 营销类原因

（1）领导思路的变化、偏好的变化。

（2）客户需求。

（3）市场竞争引起设计要求变化。

4. 物业类原因

物业需求。

5. 现场条件

（1）地质勘探不清，引起地下基础结构形式变更或换土。

（2）原有建筑清理不清，或地下障碍物未清理。
（3）场地不具备“三通一平”条件。
（4）现场标高与设计标高不一致引起土方挖填费用。
（5）周边关系影响（如居民闹事等）。
（6）原施工方案变更，增加技术措施费。

6. 甲方管理

（1）场地或工作面不能及时移交，引起工期及费用签证。
（2）施工工序安排不合理，引起返工或增加工作量。
（3）合同不熟悉，被乙方钻空子。
（4）土方未能综合平衡，引起土方运出再运进。
（5）总体施工考虑不周，引起重复开挖。
（6）决策不及时，引起返工。
（7）合同未包括的零星工程、合同缺陷。
（8）赶工措施费。
（9）甲方违约。

7. 甲方分包

（1）由于招标太迟引起甲分包队伍进场推迟，总包工作量增加或工期延长。
（2）甲分包队伍未能按合同约定工期完成工作，引起总包或其他施工单位索赔。
（3）分包合同工作界面约定不清，某些工作总包、分包都不管。
（4）协调不力，总分包抢工作面，交叉施工，引起工作量增加。

8. 甲供材料

（1）由于招标太迟引起甲供设备材料推迟进场。
（2）甲供设备材料质量较差，不符合要求，退货重新采购影响总包工期。
（3）甲供设备的辅材供应不明确，引起扯皮。

9. 配套单位

（1）总承包配合配套单位所做工作。
（2）部分配套单位工作或收尾不清，总承包或其他施工单位需要做收尾工作。

10. 市场及不可抗力

（1）气候不好，缓建、停建引起误工费用。
（2）政府政策影响。
（3）灾难性天气影响。
（4）物价上涨。
（5）原设计材料购不到（或其他原因），材料替换。

十一、本工程集团发生的签证案例分析

1. 由于设计变更引起的签证

广场二期 6 号、7 号楼由于外立面方案变化，原幕墙埋件位置错误，大部分不能利用，

重新埋设，发生签证费用约 85 万元。

原因分析：

设计思路不能多变，施工前设计图纸必须完善，施工开始后尽量不做大改动，特别是领导不要随意改变设计方案。

2. 由于现场条件引起的签证

项目 1 号楼基槽开挖到设计标高时，发现有生活垃圾及软土层，经设计变更，需人工清除生活垃圾及软土层后，再用 3∶7 灰土回填。另在施工中遇到气温特降，灰土工作不能进行，但部分区域灰土已结束（上部未打夯）。为保证质量，挖除灰土回填级配砂石。

原因分析：软土层和建筑垃圾换成灰土，是不可避免的签证，但作为管理者，应考虑全面，多了解天气状况（通过天气预报），如不是天气意料之外的变化，可以防止挖除灰土回填砂石的签证。

3. 由于赶工引起的签证

某项目由于甲方在前期施工时多项工作未能及时配合，造成工期延误 10d，为不影响交房，甲方要求施工单位增加资源，抢回损失的工期，施工单位投入大量人力、物力，抢回了 10d 工期，确保按时交房。但甲方同时也承担了赶工措施费 5 万元。

原因分析：甲方在日常管理中一定要考虑全面，准备充分，合理安排工作，不能因为自身的原因影响工程进度。

4. 由于设计错误、审图不严引起的签证

项目由于人防门门槛设计按原有图集设计，与采购的人防门结构不符，而结构钢筋等已绑扎完成，造成返工签证。

原因分析：设计院设计要结合实际，及时了解新规范新图集，不能按经验出图。甲方在审图中一定要认真核对各工种是否矛盾、图纸要求与采购的设备材料是否一致。另采购材料要有一定提前提交，以便发现问题及时修改设计。

5. 由于甲分包进场延误引起的签证

某项目招标过程中，阳台栏杆由于成本的原因，迟迟未定，直到部分外墙等粉刷完毕后，栏杆队伍才进场，由此引起墙面的二次修补，外脚手架下架推迟，造成签证将近 6000 元。

原因分析：甲分包一定要按计划招标，按计划进场，不能因小失大，为了节约一点小成本造成工期延误，并增加其他措施费。

6. 由于客户要求及甲方管理不善引起的签证

二期 5 号楼 8 层整层卖出，客户在购买时提出保留整层大空间，开发商负责拆除室内填充墙。现客户已办理交房手续，发现墙体并未拆除，营销部提出申请拆除。

此时公共部位已装修，室内墙体已砌筑粉刷完成，现拆除原有墙体、公共部位装修费用、建筑垃圾外运加上以前砌筑、装修等费用共约 10 万元。

原因分析：客户要求拆除承重墙引起的签证本正常，但营销部直到项目结束才向公司提出，造成建造及拆除工作量的增加，属于管理不善，今后应加强部门间及时沟通，问题的及时处理。

十二、减少签证引发问题经验总结

1. 减少设计变更类签证（引起签证主要原因）

（1）设计思路、理念不能飘忽不定。

（2）选择优秀的设计团队，减少不必要的错、漏、碰。

（3）甲方的要求尽量在设计任务书及设计前交底清楚，避免修改过多引起不统一、误差增多。

（4）甲乙方加强审图力量，避免返工。

（5）营销口、物业口的要求尽量早提、早解决。

（6）对于二次设计（如精装修等）尽量提前，以减少修改返工。

（7）设计师应懂施工要求，避免设计意图无法实现而引起变更。

（8）设计优化应有一定提前量，避免影响施工计划。

2. 减少现场条件变化引起的签证

（1）地质勘探应详细，尽量探明地质条件。

（2）合同要考虑现场的实际情况，有关场地平整、拆除原有建筑物、构筑物等可措施费包干问题。

（3）周边关系应协调好，为施工创造良好的环境。

3. 减少甲方管理不善引起的签证（项目部签证管理重点）

（1）合理安排项目计划，避免场地移交或工作面移交迟后。

（2）合理安排施工工序。

（3）合同要吃透，熟悉合同法及其他建筑法规。

（4）事前必须做好土方综合平衡。

（5）管理决策要果断。

（6）合同尽量严密，减少合同外工程，减少需签证的材料。

（7）总体管线、景观等施工计划周密，减少更改或二次开挖。

（8）设计变更要及时反馈施工单位，如有返工，应及时核对返工量。

4. 减少甲分包工程、甲供材料引起的签证

（1）招标要提前留时间。

（2）要选择优秀的分包队伍。

（3）分包队伍不宜太多。

（4）分包合同严密，减少考虑不周全因素。

（5）甲供材料质量必须好且稳定。

（6）做好总分包协调配合工作，避免扯皮现象。

十三、签证管理

1. 工程技术签证的管理

这是业主与承包商对某一施工环节技术要求或具体施工方法进行联系确定的一种方式（包括技术联系单），是施工组织设计方案的具体化和有效补充，因其有时涉及的价款数额较大，故不可忽视。对一些重大施工组织设计方案、技术措施的临时修改，应征求设计人员、业主、监理的意见，必要时应组织相关人员进行论证，使之尽可能地安全、适用和经济。

2. 工程经济签证管理

经济签证是指在工程施工期间由于场地变化、业主要求、环境变化等可能造成工程实际造价与合同造价产生差额的各类签证，主要包括业主违约、非承包商引起的工程变更及工程环境变化、合同缺陷等。因其涉及面广，项目繁多复杂，要切实把握好有关定额、文件及合同条款规定，尤其要严格控制签证范围，确保签证内容符合国家法律法规、招标文件及施工承包合同的有关规定。另外，签证一定要扣除可回收废料的价值。

3. 建筑材料单价的签证管理

价格签证要符合招标文件和市场行情。价格签证的依据：首先是不得超过投标单位中标造价所规定的同类材料价格；其次要以当地工程造价管理部门和物价管理部门发布的材料信息价格为参考，充分进行市场调研、网上询价，通过集体研究，透明决策，确保签证材料物美价廉。签证时应将材料名称、规格、品种、质量、数量、产地、单价内涵、供料方式、时间、地点等表述清楚。

4. 工期签证管理

工期签证一方面涉及工期，另一方面涉及费用，而且今后如需赶工还需赶工措施费，所以签证应格外慎重，严格审核。工期签证要根据施工进度计划，判断是否在关键线路上，是否影响总工期。

其中涉及的机械闲置费应按折旧费签证，而不是台班费；人工窝工费按人工降效费签证（因可以安排其他工作）。

十四、签证知识管理的建议

（1）完善集团现场签证作业指引，现场签证要及时反馈到相关责任部门做经验总结，完善签证表单。

（2）建议建立签证分类案例知识管理库；

各项目部/工程部每月应将审批通过的签证根据签证原因进行分类和整理；

工程部/项目部应将分类整理的签证及时反馈给相应的责任部门和单位；

接到签证变更反馈的相关部门，应总结分析发生签证的原因，及时研究本项目或其他项目是否存在类似问题，并制定纠正措施；

相关部门将研究结果及纠正措施以书面形式及时反馈有关项目；

相关部门制作成签证案例放到签证案例知识库里。

项目结束评估时，项目评估报告中应将整个项目发生的签证再进行一次系统的统计、分析和总结，分析各类签证占的比例，找出项目管理的缺陷；

项目评估报告完成后，发给相关部门，同时放入案例库。

第二节　某工程项目变更索赔管理实例分析

一、概况

1. 案例项目情况简介

某风电项目升压站建安工程承包范围包括土建施工及电气安装施工（电气一二次设备由甲方负责采购）。其中：①土建施工主要包括：中控楼，35kV配电室、检修间及油品库房、设备间、消防水泵房、室内外装修、室内外设备基础、接地工程、升压站围墙、道路硬化及电缆沟施工、地下污水、室内外消防、生活给排水系统施工等；②电气安装施工主要包括：2台110kV主变压器、110kV GIS、35kV开关柜、防雷接地工程、一二次电缆等设备安装施工、调试、试验。

该风电项目升压站建安工程合同工程造价总额1697.8万元。分析报价见表6-1。

表6-1　某风电项目升压站建安工程合同工程造价

序号	工程项目	数量（基）	单价（万元）	报价金额（万元）
	土建工程			
一	房屋建筑工程	1	936.0	936.0
二	中控楼装修工程	1	230.0	230.0
三	消防工程	1	42.1	42.1
四	升压站防雷接地工程	1	14.4	14.4
五	给排水工程	1	56.3	56.3
	安装工程			
一	电气安装工程	1	419.0	419.0
	合计			1697.8

2. 变更的必要性

（1）在工程施工过程中发现原招标清单工程量与施工蓝图存在很大的差异，对整个项目的创效造成很大难度。主要体现在以下几个方面：

1）分项工程漏项（暖通工程、生活太阳能热水系统、生产用房照明、动力配线等分项工程）；

2）工程量不足；

3）招标工程比施工蓝图要求标准程度低（中控楼外装修标准档次提高）。

（2）工程施工期间正处于雨季高峰期，受连续雨天天气影响造成升压站站址东北侧山体出现大面积山体滑坡、站内生产区出现深度达2m大面积淤泥地质。项目部在清理滑坡土石方及场地内淤泥地质换填的施工中，投入大量人力机械，因此大大增加了施工成本。

（3）因当地村民阻工、其他施工单位阻工堵路、业主设备运输堵路造成的项目部施工材料无法及时运至现场造成现场停工。

（4）现场发生技术变更的项目较多，但现场变更多为单个工序发生变更，比较烦琐但变更涉及的费用不高。

二、分析

1. 合同条款中的相关规定（本内容均为招标文件、合同、招标技术条款原文摘抄）

（1）特殊说明：综合楼所属宿舍、办公室、会议室、餐厅、主控制室、培训室、活动室等所配置的电暖器由承包方负责采购安装。综合楼各房间所需要的太阳能热水器（带电加热）所由承包方负责采购安装。

（2）本合同承包人承包的工程项目和工作内容。

1）升压站综合楼为三层框架结构，建筑面积2479.68m^2，含室内外装修工程。主要包含室内外饰面工程（包含内外墙面、地面、顶棚）、室内门窗工程、电气的布线及插座开关、照明及照明配电箱、网络闭路电视电话布线/开关、一层及二层的动力配电箱、供暖设备、卫生间的洁具设备、给排水和消防等。

2）35kV配电室、库房、水泵房、110kV GIS室、SVG室、油品库、柴油机房等建筑物，含室内外装修工程、照明、配电室检修箱、照明配电箱、动力配电箱。

3）主变压器架构及基础及埋件、GIS架构及基础及埋件、无功补偿等。

4）设备基础及埋件、避雷针及基础。

5）室内外管线、支架安装工程土建部分。

6）围墙及基础、大门。

7）生活及消防水池、事故排油池等附属物工程。

8）场地平整、站内道路、场地硬化、围墙外侧挡土墙施工。

9）电缆沟的工程（沟道、埋件、接地、支架等）（电缆沟盖板购买成品沟盖板，过公路盖板和室内盖板除外）。

10）站内接地、建筑物及升压站辅助设施接地。

11）消防及给排水、污水处理工程。

12）升压站消防系统所属设备采购安装、报验和验收。

13）通风及暖通工程。

14）建筑物的防雷接地工程。

15）其他未列、但承包方根据以往同类工程经验认为应包含的内容。

（3）计量与支付。所有施工项目是按照监理人提供的设备供应商图纸、施工详图、设计通知或函件及监理人批准的修正工程量和工程量报价表中给出的单位进行计量，并按工程量报价表中所列各项工程的单价进行计算和支付。

所有安装工程的费用，应包括承包人完成各项工作所需的全部费用（含为完成以上工作所提供的全部劳务以及其他有关工作）。各项临时工程实行总价承包方式，并按照工程量报价单进行计量和支付。

（4）工程量清单说明。

1）工程量清单应与投标须知、合同条款、技术条款和招标图纸等招标文件一起参照阅读。

2）工程量清单中的工程量是用作投标报价的估算工程量，不作为最终结算的工程量，用于结算的工程量是承包人实际完成的，并按合同有关计量规定计量的工程量。

（5）变更的范围和内容。除招标文件中明确说明的项目或发包人主动做出的设计变更外，不因任何因素调整而变更。如原材料价格波动、国家政策调整、天气影响、地质状况、水文情况、道路交通与地上地下管线影响、临时征地、工程所在地群众关系协调、工程安全、文明施工与环境保护所需的有关部门协调等因素，均为承包人应充分考虑的风险，风险控制或风险转移（如投商业保险）所需费用分摊至各项目中，不再额外支付。

2. 工程变更成功的关键因素和突破口分析

本次变更成功的关键因素是提前筹划变更索赔目标，认真制定变更索赔方案，围绕已合同条款为中心，寻找合同条款漏洞，及时收集变更索赔举证资料。

本次变更成功主要是抓住合同条款中的以下几点漏洞：①工程量清单中的工程量是用作投标报价的估算工程量，不作为最终结算的工程量，用于结算的工程量是承包人实际完成的，并按合同有关计量规定计量的工程量。②除招标文件中明确说明的项目或发包人主动做出的设计变更外，不因任何因素调整而变更。③综合楼所属宿舍、办公室、会议室、餐厅、主控制室、培训室、活动室等所配置的电暖器由承包方负责采购安装。综合楼各房间所需要的太阳能热水器（带电加热）由承包方负责采购安装。

3. 变更或索赔的思路

上述合同漏洞为变更索赔突破口，制定与之相对应的变更索赔思路及办法。

工程量清单中的工程量是用作投标报价的估算工程量，不作为最终结算的工程量，用于结算的工程量是承包人实际完成的，并按合同有关计量规定计量的工程量，因此依据该合同条款，施工项目部就严格按照施工蓝图及竣工蓝图进行结算工程量计算，并找出施工蓝图及竣工蓝图中分项工程施工内容与合同工程量清单中分项工程项目特征不一致的项目，分析不一致项目的施工成本，并在工程结算中做出相应的变更调整。

除招标文件中明确说明的项目或发包人主动做出的设计变更外，不因任何因素调整而变更。依据该合同条款，施工项目部在合同内工程内容施工过程所有非我单位引起的变更及费用增加，均应由发包人承担，且合同外施工内容不包括在此项条款约束范围内。因此项目部在施工过程中统计整理收集非本单位引起的变更及费用增加项目和合同外施工内容的相关变更索赔的举证资料。

综合楼所属宿舍、办公室、会议室、餐厅、主控制室、培训室、活动室等所配置的电暖器由承包方负责采购安装。综合楼各房间所需要的太阳能热水器（带电加热）由承包方负责采购安装。依据该合同条款，可以理解为上述设备的采购及安装均由施工单位负责，但在此合同条款中并未明确费用由谁来承担。

4. 拟采取的主要工作措施

在工程量计算过程中严格按照定额及清单规范计量规则进行，并筛选合同清单中项目特征与蓝图施工工序及内容不一致的项目进行变更调整。

在施工过程中，及时收集整理现场的非本单位原因造成的变更及费用增加项目的证明文件。

对比筛选合同工程量清单中漏项的施工内容，并查找合同中相关条款的要求。

三、索赔处理

1. 变更或索赔工作过程中的具体做法

进场拿到施工蓝图后，施工单位组织相关技术人员进行审图，审图完成后由技术人员开始计算工程各专业蓝图工程量，并注明各分项工作施工内容、工序等，并提材料数量，完成后交计划成本部，由计划成本部进行合同工程量清单对比工作，主要对比的内容有：分项工程是否有漏项、是否存在工程量偏差、蓝图分项工程施工内容与合同工程量清单分项工程项目特征是否一致、材料设备规格型号是否一致。

在施工过程中，发生非本单位原因造成的变更及费用增加的项目或合同外工程内容时，及时留取相应的影像资料、编制现场变更单或现场签证单以确认变更内容及变更工程量，并由计划成本部核算变更及增加费用，及时上报监理业主予以确认。

施工蓝图工程量与合同工程量清单对比完成后，对存在不一致的分项工程进行单独分析，如无相同单价或类似单价的，要根据实际情况编制新增单价，在新增单价编制过程中人员、材料、机械的单价要按照合同及相关价格信息指导价进行价差调整。

对比并筛选出合同工程量清单中漏项的施工内容，查找合同中相关条款的要求，检查漏项的施工内容报价是否已在投标报价过程中包含在总价中。如未包含在总价中，由计划成本部根据施工蓝图的要求编制漏项施工内容预算，将漏项施工内容预算汇总到结算工程量中，以达到变更索赔的目标。

2. 工作过程中遇到的主要问题及解决办法

问题一：受连续雨天天气影响造成升压站站址东北侧山体出现大面积山体滑坡、站内生产区出现深度达 2m 大面积淤泥地质。发包人认为出现该山体滑坡及大面积淤泥地质等问题属于受天气原因影响范围，不同意进行变更增加工程量。

解决办法：施工单位项目部请地勘单位及设计单位到现场进行现场勘察，并将现场实际地质情况与原升压站地质勘测报告进行对比，发现现场实际地质情况与地质勘测报告不符。因此协调地质勘测单位及设计单位提出书面处理方案及意见。最终得到建设单位的认可。

问题二：对比蓝图工程量与合同工程量过程中发现，综合楼电暖气、太阳能热水器、空调等设备的采购安装在合同工程量清单中存在漏项，建设单位认为上述漏项内容已包含在工程施工范围内，并在专用合同特殊说明中要求有施工单位负责采购安装。

解决办法：项目部同样以专用合同条款特殊说明的要求进行论证，在专用条款中提出：①工程量清单中的工程量是用作投标报价的估算工程量，不作为最终结算的工程量，用于结算的工程量是承包人实际完成的，并按合同有关计量规定计量工程量；②该漏项内容专用合同条款中只说明由施工单位负责采购安装，并未说明该漏项内容费用由施工单位承担。最终该漏项内容在结算工程量中按实际完成工程量进行计量，费用由建设单位承担。

四、总结

本项目结算价格汇总见表 6-2。

表 6-2　结算价格汇总表

序号	工程项目	数量（基）	合同单价（元）	结算审核总额（元）
	土建工程			
一	房屋建筑工程	1	9 360 582	11 253 652.42
二	中控楼装修工程	1	2 300 000	3 413 809.43
三	消防工程	1	421 115	895 304.34
四	升压站防雷接地工程	1	144 040	207 051.61
五	给排水工程	1	562 595	569 685.70
六	暖通工程			295 124.66
七	生产用房照明工程			370 822.04
八	动力配线工程			64 031.43
	安装工程			
一	电气安装工程	1	4 189 618	4 192 813.51
	图纸外增加项目			
	变更汇总	1		3 979 140.61
	阻工造成人员及机械窝工费用			558 618.47
	砂石料运输单价变更增加费用			
	变更费用扣除合同要求部分	16 978 000	−5%	−848 900.00
	合计		16 977 950	24 951 154.23

本工程原合同总价 1697.795 0 万元，最终结算审核总价为 2495.115 4 万元，变更索赔费用占原合同总价的 46.96%。

综上所述，本次变更索赔工作从最终工程结算来看，达到了扭亏为盈的目标、实现二次经营创效的目的。

本次变更索赔的成功之处在于能及时、准确找到变更索赔的重点、合同条款中的漏洞及有利因素，从而实现了项目变更索赔的目的。

本次变更索赔的失败之处主要集中在投标报价时的遗留问题：分项综合单价中漏项、单价低的现象；包干价格中临时措施费用报价过低；项目风险预测不到位等情况。由此给后期变更索赔工作造成很大难度。

经过本次变更索赔工作，得到的启示是拿到施工蓝图后，首先应该分析项目成本，并与投标合同报价进行对比，寻找出潜在二次经营突破口、制定二次经营创效的计划和目标，由计划成本部牵头，工程部与物资部配合共同完成。教训是在投标报价阶段应该充分预测分析项目风险及潜在的亏损项目，针对分析结果进行有目的性的报价，以使项目投标报价所造成的经营创效风险降至最低。

第三节 工程价款调整与索赔常见问题及分析

一、主要材料价差调整不符合合同约定

1. 概况

某厂新建办公楼一幢，7层框架结构，檐口高度25.8m，建筑面积5860m^2。资金来源为自筹资金。该工程2013年立项，2019年5月勘察，2019年12月设计完成。工程量清单由招标代理公司进行编制，由某造价咨询公司审核，并成了审计组。该工程于2020年2月进行招标，招标文件中明确材料单价参照2020年第二期××市建设造价及市场单价，并明确应考虑5%风险系数。由某建筑工程公司中标，中标价为772万元，在2020年3月初签订合同，采用固定单价合同，合同约定工程量按实计算，综合单价按中标单价计算，材料价格±5%以外部分按施工同期××市建设造价预算价格及签证市场价格调整，中标单位于2020年3月中旬进场。

2. 存在问题

施工过程中，钢材由招标时的5100元/t上涨到5800元/t，上涨幅度达到14%，其他材料也有相应上涨。施工单位于是书面向建设单位提出要求，要求对钢材价差进行全额调整，即（5800－5100）元/t×签证认可数量×（1＋税金）。

3. 分析

审计组根据施工合同中“材料价格±5%以外部分按施工同期××市建设造价预算价格及签证市场价格调整”的约定，认为对综合单价中的钢材价格应予以调整，但应扣除5%的风险系数以内的价款，且钢材价差部分只计取税金。

建设单位根据审计组的意见，确认钢材价差为［（5800－5100）－5100×5%］元/t×数量×（1＋税金）。

在现实的工程招标过程中，建设单位在招标文件中明确了投标单位应考虑的材料风险系数，因此，招标、投标双方均应考虑各自的风险，在招标文件明确范围内的风险由投标方承担，超出招标文件确定的风险范围，应由招标方承担，这一点在合同中应有明确的约定，并在施工过程中对材料市场价格及时了解，必要时对施工单位每一批次进场材料的数量及价格进行控制，这样才能减少在结算时因材料调整而引起的争议。

二、某工程预付款未按合同约定支付

1. 概况

某院综合楼工程，框架结构一地下2层、地上4层，檐高15.30m，建筑面积为15 100m^2。经向主管部门申请立项审批后，委托某设计院进行设计，委托某造价咨询公司

编制工程量清单及招标控制价。通过公开招标，某建筑工程公司中标，中标金额 3473 万元。院方根据中标通知书与该建筑公司签订了施工合同。双方根据招标文件，在合同中约定了预付款、工程进度款支付的时间和比例。某造价咨询公司对该工程进行全过程跟踪审计，并成立了审计组。

2. 问题

根据合同约定，院方应在该工程开工前，向施工单位支付工程预付款的全额，即合同价款的 20%，但院方只支付了合同价款 10%的工程预付款。在工程预付款未全额支付的情况下，施工单位按合同约定的日期开工，并根据合同约定在预付时间到期后 10 日内向甲方发出要求全额支付工程预付款的请款报告及停工通知书。

3. 分析

审计组分析研究该问题后发现，造成建设单位未按时全额支付工程预付款的原因，主要是由于建设单位的工程资金没有及时到位，建设单位为保证工程能按期开工，将临时筹措到的一些资金用于支付部分工程预付款。在这种情况下建设单位应按合同约定向施工单位发出延期开工令。

根据《建设工程工程量清单计价规范》（GB 50500—2013）第 10.1.5 “发包人没有按合同约定按时支付预付款的，承包人可催告发包人支付；发包人在预付款期满后的 7d 内仍未支付的，承包人可在付款期满后的第 8d 起暂停施工。发包人应承担由此增加的费用和延误的工期，并应向承包人支付合理利润”的规定，施工方有权在建设单位违约的情况下停止施工。

若施工方依据合同约定停止施工，将造成工程进度的延误，并且因此产生的误工损失、工期索赔等费用将由建设单位进行赔偿。这样的后果对建设单位造成的影响是：一方面工程进度延后，工期延长；另一方面增加工程费用。

问题发生后，审计组积极与建设单位和施工单位双方沟通、协调，建议建设单位一方面积极筹措资金，一方面与施工单位就工程预付款问题进行谈判。经过磋商，最终双方签订了工程预付款的补充协议：协议规定建设单位未付部分的工程预付款与第一个月的工程进度款同时支付；并按合同约定，向施工单位支付预付款的利息，利息的计算以银行同期贷款利率为准。工程得以顺利进行。

工程预付款的支付应按现行《建筑工程施工发包与承包计价管理办法》的规定执行。

约定工程预付款的额度应结合工程造价、建设工期及承包方式的情况进行确定。

若因资金问题不能按合同约定的时间支付工程预付款，建设方应按合同约定向施工单位及时发出延期开工令，这样可避免施工单位因此提出的各种经济索赔。

三、某工程未收集索赔的相关资料

1. 概况

某人工挖孔桩工程，桩径 800mm，桩深 12～15m，设计采用钢筋混凝土护壁，由某基础工程公司按成桩体积以 680 元/m^3 承包施工，工期 45d。由于建设方工期紧迫，双方合同约定工期每推迟一天即处以 2000 元/d 的违约金处罚。在设计交底和图纸会审会议上，承包人提出：建设方提供的地质勘查报告钻探点位较少而施工区域较大，如实际施工中遇到流沙层和地下水如何处理。经讨论研究决定如遇上述情况时采用人工井点降水和钢管护壁措施。某造价咨询公司负责全过程跟踪审计，并成立了审计组。

2. 存在问题

在实际施工时，承包方担心的问题果然发生了：由于地下水位过高和局部区域出现了2.5m厚的流沙层，承包方在场地四角增挖了4根降水井采用抽水机降水，流沙层采用6mm厚钢板卷管护壁，由于施工难度加大该工程最后拖延工期11d。承包方在采取这些措施的过程中未能及时与监理工程师联系，监理工程师对实际完成的抽水机台班和钢管护壁的工程量未予签证认可。工程竣工后承包方根据自己的施工记录向建设方办理结算并提出流沙层和地下水属于有经验的承包商无法预测的地质风险，要求变更合同价款和顺延工期。

审计组审查认为：

建设方在合同签订前已将设计施工图、地质勘查报告资料提交给施工方。流沙和地下水属于作为有经验的专业承包商应该能预测到施工风险，事实上施工方也意识到了这种风险并在图纸会审会议上提出了处理措施，但承包方并未提出工期和费用要求，因此可以认为施工方在合同单价中已充分考虑到了这种风险。

施工方在处理地下水和流沙层的施工过程中未及时要求监理工程师到场核实计量并办理相关签证手续，因此，没有合法有效的资料证明该事件的发生对工程造价和工期的影响程度。

施工方拖延工期11d，按合同约定应承担违约金22 000元。

3. 分析

根据“谁主张谁举证”的民法通则，提出索赔要求的一方负有举证义务。索赔依据的充分性、真实性、完整性、关联性是成功索赔的基础。

索赔的依据包括监理工程师指令、口令（事后要及时整理成书面指令并由监理工程师签字确认）、往来信函文件、设计变更单、现场签证、补充协议、调价协议、会议记录、工程验收记录、原始采购凭证、招标文件、投标文件、施工日志等。

本工程承包人因地质条件与甲方提供的地勘报告不相符，其索赔的理由充分，但承包方没有积极主动地收集、整理和补充完善相关资料。其一，图纸会审纪要体现出承包方预见到了施工过程中可能发生的风险，但承包方并未出具工期顺延和调价申请资料，反而使之成了承包方的合同风险。其二，承包方在事件过程中未及时通知监理工程师计量，监理工程师拒绝为其签证，即使索赔理由成立承包方也因无法提供相关索赔依据而无法获得成功。

因为承包方索赔依据不充分，未提供相关资料其索赔要求不予接受，工程造价不予调增。

承包方拖延工期11d，根据双方合同约定承担违约责任，处罚22 000元。

工程索赔依据是索赔工作成败的关键，有了完整的资料，索赔工作才能进行。因此，在施工过程中基础资料的收集积累和保管是很重要的，应分类、分时间进行保管。

索赔意向书提交后，就应从索赔事件起算日起至索赔事件结束日止，要认真做好同期记录，每天均应有记录，并有现场监理工程人员的签字；索赔事件造成现场损失时，还应做好现场照片、录像资料的完整性，且粘贴打印说明后请监理工程师签字，否则在理赔时难以成为有利证据。

四、某变更价款未经审核便进行进度款支付

1. 概况

某科研单位新建教研楼 2018 年 4 月立项，2019 年 2 月进行勘察、设计，2020 年 12 月招标，某建筑公司中标，中标价为 27 388 万元（总承包部分）。该教研楼为 6 层钢筋混凝土框架结构，高 36m，总建筑面积为 76 847.54m^2。承发包双方于 2021 年 1 月签订了施工合同。合同工期 646d。工程于 2021 年 3 月开工，该合同就工程总承包的范围、工期、质量标准、质量验收、合同价款及支付、工程变更、竣工验收与结算、违约、索赔和争议的解决等内容做了规定。某造价咨询公司受托进行全过程审计，并成立了审计组。

2. 存在问题

审计组审核支付工程进度款情况时发现，在电气工程进度款支付中，单芯分支电缆的单价高于合同单价。因铜材的涨价导致电缆价格上涨，引起电缆的合同价款发生变更。但施工方未将电缆的变更单价上报发包方确认。发包方在没有对电缆变更价款进行审核确认的情况下支付了工程进度款。

3. 分析

在承发包双方签订的施工合同中关于材料价格变更有明确的规定“材料价格变化超过工程造价管理机构规定的幅度时应当调整，承包人应在采购材料前将采购数量和新的材料单价报发包人核对确认”，在本合同执行时，发包人应确认采购材料的数量和单价，作为调整合同价款的依据。如果承包人未经发包人核对即自行采购材料，再报发包人确认调整工程价款的，如发包人不同意，则不能调整。

承发包方在这一事件中都存在着过错。承包方在知道电缆大幅度涨价的情况下，未经发包方对电缆新的价格进行确认便进行了电缆的采购。发包方在支付此项工程进度款时，没有对电缆新的价格进行确认，造成了一种默认状态。

审计组依照招标文件中的工程价款变更确认流程、投标文件及合同约定，向发包方提出如下建议：

价格确认：由审计组对施工单位申报的价格进行询价，提交发包方并确认。

承包方根据确认的电缆价格将电缆安装的综合单价进行调整，报发包方、监理和审计人员签字确认。

根据确认的工程量及电缆单价，将本只多付的工程进度款在下月拨付的工程进度款中扣回。

发包方采纳了审计组的意见，确认了经询价后的电缆价格，调整合同价款，并把多付的工程款扣回。

当工程价款发生变化时，必须完善对工程量变化、材料价格变化的相关确认手续：

承发包方应办理设计变更与洽商的手续，对增加或减少工程量的原因须有具体描述，再由发包方、监理方签字确认。

当材料价格变化超过合同约定的幅度进行调整时，承包人应在采购材料前应将采购数量和新的材料单价报发包人核对确认单价。

提交的价格确认单需包含材料数量、价格、产品的型号及规格等内容。

调整后的综合单价要经发包方、监理方和审计人员审核确认后才能作为付款和调整合同价款的依据。

五、索赔证据不充分、费用计算不准确

1. 概况

某地拟建一个机电工程基地，工程占地 30 000m^2，其中主厂房建筑面积约 4800m^2，计划投资约 1900 万元。该主厂房工程东面临山，山体边坡工程已由某地质勘探公司负责施工完成，主厂房工程于 2018 年 4 月完成招标，土建工程由 B 公司中标，中标价为 930 万元，设备安装工程由 C 公司中标，中标价为 800 万元，合同工期均为 4 个月。该工程 2018 年 5 月开工，由 D 监理公司监理，E 造价咨询公司负责本项目全过程审计，并成立了审计组。

2. 存在问题

由于建设方选址不很合理，边坡坡度太大，6 月由于一场罕见的暴雨，该主厂房东面的山体突然大面积滑坡，大量塌陷的山体土方冲垮了主厂房南面的二跨厂房，但没有造成安装的设备及施工机具损坏和人员伤亡。山体滑坡后监理工程师下达了工程施工现场全面停工令，暂时停止该工程所有土建和安装专业的施工。

B、C 两公司接到停工令后全面停工，在驻地等待监理工程师的复工令。监理工程师下达了复工令，复工后，C 公司向甲方递交了一份正式的索赔报告，对停工 13d 期间施工单位的人工窝工费、机械设备停置台班费等向建设方提出了一揽子索赔。具体如下：

（1）人工费补偿：

该施工单位向建设方出具了一份该公司与现场每个施工人员签订的劳动合同，共计 78 份，合同上有该公司支付给员工的月工资和日工资标准（150 元/d）。根据该标准、待工人数、停工 13d 的时间，该公司计算出人工窝工费用为 15.2 万元。

（2）机械费补偿：

该公司向建设方提供了一份主要施工机具清单，包括一台租赁的 150t 履带吊车，一台自有的 26t 汽车吊，10 台自有的电焊机，并同时提供了一份与某设备租赁公司租赁 150t 吊车的租赁合同。根据租赁合同，150t 吊车停滞台班费计算如下：

8000 元（日租费）＋150 000（进出场费）/30＝13 000 元/台班。

26t 自有吊车停滞台班费：因为投标时 26t 吊车的台单价是 2600 元/台班，故停滞台班费采用该投标价。

电焊机停滞台班费：根据市场行情，该公司自行给出了一个该型号电焊机的台班单价，180 元/台班。

该公司计算出建设方应该补偿的机械台班停滞费为（13 000＋2600＋180×10）元/台班×13 台班＝226 200 元。

3. 分析

审计组接到索赔报告后，仔细研究了索赔报告、投标文件、招标文件、合同中关于索赔的专用条款及采用的相关定额计价文件规定，分析如下：

施工单位在合同约定的时限内提出的索赔文件中应附翔实、完整，并足以说明索赔事件所造成实际损失的相关证据。工程施工周期长，其人工、材料、机械的使用是根据施工进度按需分批组织进场的。C 公司虽然提供了其与施工人员签订的劳动合同却无法证明造成实际窝工人员的数量，C 公司缺少经建设方和监理工程师审核批准的施工进度计划和劳动力使用计划及经建设方和监理工程师确认的施工人员考勤资料。

《建设工程工程量清单计价规范》（GB 50500—2013）第 2.0.20 条中对计日工的定义为：在施工过程中，承包人完成发包人提出的工程合同范围以外的零星项目或工作，按合同中约定的单价计价的一种方式。从本工程来看，首先，施工单位与下属员工签订的劳动合同的计日工单价（平均 150 元/d）是指在施工状态下施工人员的日工资标准，而对于窝工休息状态下的工资支付标准则没有进行约定；其次，这种劳动合同是施工单位与他人签订的第三方合同，而建设方与施工单位签订的是义务合同，而不是三方合同，该劳动合同对建设方没有约束力，以此作为索赔依据显然证据不充分，因此不能作为索赔计算依据。而建设方与 C 公司签订的施工承包合同虽然没有对窝工费的约定，但合同双方约定了计日工的人工单价为 56 元/d，故按双方合同约定的计日工单价推算窝工费的计算比较合理。

由于本次索赔事件对已完成的设备安装没有造成损害，经查施工单位投标时的施工组织设计发现，其后工序已不需要 150t 的大型起重机械，没有证据表明该机械仍需留在施工现场。因此，150t 起重机不存在停滞台班的问题，所以留在现场应是施工单位管理疏漏所至。

机械台班费用定额中施工机械台班费是指一台施工机械，在正常运转条件下一个工作班所发生的全部费用，包括机上人工费、燃油费、折旧费、经常修理费、大修理费等。机械停止使用，有一些费用没有发生，比如燃油费，相关的修理费用也会减少等。因此，机械停滞台班费用的确定应考虑上述因素由双方协商并形成协商纪要。

经过建设方与施工方双方及审计组的协商，最终达成以下协议：

（1）人工费补偿：

在双方约定的时间内，C 公司补充提供了经建设方和监理工程审核同意的施工进度计划及劳动力使用计划，以此计算出人工数量为 61 人。

考虑当地的生活条件及合同约定的人工工日单价 56 元/d，经双方协商窝工人工费按 40 元/d 补偿。

人工费补偿＝61×13×40＝31 720（元）。

（2）机械费补偿：

150t 起重机的停滞台班不予认可，其他机械停滞台班费按投标文件中的机械台班费扣除燃油费后的 60％计取。

26t 吊车台班费在施工单位投标报价中的单价为 15 000 元/台班，去燃油费后停滞台班费为 2450×0.6＝1470（元）。

WSJ630 50kW 交流氩弧焊机台班费在施工单位投标报价中的单价为 135 元/台班，停滞台班费为 135×0.6＝81（元）。

机械费补偿＝（1470＋81×10）×13＝29 640（元）。

索赔的计算必须有充足、真实的双方可以接受的证据。这些证据有以下几个方面：

（1）招标文件、施工合同文本及附件，其他双方签字认可的文件（如备忘录、修正案等），经认可的工程实施计划、各种工程图纸、技术规范等。这些索赔的依据可在索赔报告中直接引用。

（2）双方的往来信件及各种会谈纪要。

（3）进度计划和具体的进度以及项目现场的有关文件。

（4）气象资料、工程检查验收报告和各种技术鉴定报告。

（5）国家有关法律、法令、政策文件、官方的物价指数、工资指数、各种会计核算资料，材料的采购、订货、运输、进场、使用方面的凭据。

项目建设过程中，为防止索赔现象的发生或为反索赔提供依据，做好投资控制以维护发包人应得的利益，在合同条款中有必要完善关于索赔处理的相关条款，对各种引起索赔的风险加以评估，并量化索赔处理的操作条款。如合同中甲乙双方有必要加人窝工费、停滞机械台班费的约定，使索赔条款具有实实在在的可操作性。

六、某工程设备变更价款未经审核便进行支付

1. 概况

某工程需要一批通风设备。经过设备招标，某设备制造公司成为该通风设备的供应商，并与工程发包方签订了供货合同。合同约定了货款支付方式并约定如果技术要求发生变化时，合同双方应及时办理补充协议，调整合同价款。合同签订生效时付款至合同价款的 30％。货到现场付款 30％，验收合格后付至 95％。某造价咨询公司负责建设工程全过程审计，并成立了审计组。

由于工程发生变化，通风柜内相关组件减少，因此通风柜的价款发生了变化，由原价为 24 800 元/台调整为 18 070 元/台，共计 18 台，设备总价由 446 400 元调整为 325 260元。

2. 存在问题

审计组在工程验收付款审计时发现，通风柜货款已支付工程价款 267 840 元，比合同约定付至 60％多付了 72 684 元。

3. 分析

审计组认为多付货款的原因是合同双方未按合同约定及时办理补充协议，调整合同价款，且发包方在付款时未认真审核造成的。

审计组建议发包方在工程验收付款时按调整后的合同价款付款。

合同双方应严格执行合同条款，当设备的技术参数发生变更时，应及时办理补充协议，调整合同价款。

供货方应严格按合同约定的货款支付原则提交付款申请。

发包方在付款时，按照合同规定，应认真核对设备进场验收单，到场设备是否满足合同规定的技术要求，核实无误后方可付款。

七、索赔事实不真实

1. 概况

某新建一产品基地，其中主厂房1栋，总长62m，跨度为24m。通过公开招标的形式选择某建筑工程公司承担施工任务，并以总价包干的形式，双方签订了施工承包合同。其中包干价为1460万元，总工期为340d。该项目由当地某监理公司负责监理，由某造价咨询公司进行全过程审计，并成立了审计组。

2. 问题

在工程施工过程中，施工单位提交了以下索赔事项：

本项目一面环山且距施工现场较近，而合同工期又逢雨季，为防雨季山体滑坡对施工现场造成威胁，施工单位提出对山坡的处理方案由原来投标时的水泥浆护壁更改为打护壁桩，该方案得到建设方和监理方的批准。施工单位由此向建设方提出增加支护成本费用索赔。

本项目主厂房钢屋架跨度约24m，屋架吊装期间正时值雨季，施工场地较为松软，为保证工程质量及施工进度，施工单位提出在施工主厂房的钢屋架吊装区域用片石铺路，该方案也得到了建设方和监理方的认可。因此施工单位向建设方提出了索赔，片石铺路费15万元。

3. 分析

审计组针对施工单位提出的索赔事项进行了详细分析，认为：

该项目采用公开招标的方式确定的施工单位，每一个投标人都拿到了该项目的地勘报告。依据该工程《土建工程招标文件》第二节第三条的规定，建设方已经组织投标人对项目建设场地和周围环境进行现场勘察，且在“招标文件”第三节“投标报价说明”中第一条“投标报价”1.2中规定“投标报价时应考虑防止山体滑坡的风险因素”，1.3中规定“投标人应认真阅读全部招标文件，投标人的投标报价应包括招标范围内的全部工作内容，中标后如发现投标书的工程量或标价的计算错误而导致中标后的风险均不允许调整，更不允许以此提出索赔要求”。而该项目是总价包干，其风险因素报价均在招标文件及合同中约定。关于如何防止山体滑坡，施工单位在施工方案中阐明拟采用打护壁桩的支护方式，而在投标报价中却以水泥浆护壁的支护方式进行计算，因此，支护方式的改变引起的成本增加属于投标风险因素，非合同外新增内容。

在该项目的施工过程中，没有遇到暴雨及特大暴雨，而是普通的降雨。根据《房屋建筑与装饰工程工程量计算规范》（GB 50500）规定，雨季施工费属于其他措施项目费，招标时提供的清单中也列出了此项，投标人在投标时应列出雨季施工费的报价。施工单位在施工区域内雨季施工，为了便于施工机械的运行采取的片石铺路措施而产生的费用属于合同价范围内的措施项目费。

建设方根据审计组的审计意见做出如下处理：

施工现场山坡处理由水泥浆护壁改为打护壁桩，是施工单位为了更好地进行安全文明施工而采取的措施，由此增加的成本属于合同风险之内的范围，不予增加费用。

雨季施工采取的片石铺路产生的费用，属于合同价中措施项目费的范畴，不予考虑。

项目建设各方在项目建设前应组织相关人员进行主要建筑知识的普及学习，如建设基本管理流程，工程款的支付、签证、变更等，以便对现场管理有个更清晰的认识和了解。

各施工企业在参与建设工程项目投标时，一定要认真通读及理解招标文件，不能忽略对施工现场的踏勘。应在投标报价中充分考虑一些可能预见的风险因素，更应在合同中明确，因进行索赔的重要依据是施工承包合同。

项目建设过程中的各方，都应树立索赔及反索赔意识，同时应把这些意识贯彻到合同的签订中。要认真学习、领会相关法律法规，并用它作为维护各自利益的法律武器。

八、某工程进度款申报未扣除减项内容

1. 背景

某综合楼，框架结构，地下 1 层、地上 7 层，建筑面积约 42 000m²，资金来源为国拨资金和自筹资金。本工程于 2017 年立项，2018 年 3 月勘察，2018 年 6 月设计。招标工程量清单、招标控制价由某招标代理公司编制，某建筑工程公司中标，中标价 6728 万元（不包括消防、空调工程）。2018 年 9 月 5 日工程开工，由某监理公司监理。某工程造价咨询公司负责全过程审计，并成立了审计组。

2. 存在问题

工程施工到装饰装修阶段时，建设单位要求变更设计，将原招标确定的预览区楼梯间和电梯前室内墙干挂石材变更为刷墙漆，施工方在申报本月的工程进度款时共申报 680 万元，要求按工程形象进度的 75%付款，即支付 510 万元进度款。审计组接到进度款请款报告后，发现装饰工程变更部分只计算了增加部分，其减项部分价款未在进度款支付中进行扣除。

3. 分析

施工方未将预览区楼梯间和电梯前室的内墙干挂石材实施的项目扣减，与《建设工程工程量清单计价规范》（GB 50500—2013）第 8.2.2 条“施工中进行工程计量，当发现招标工程量清单中出现缺项、工程量偏差，或因工程变更引起工程量增减时，应按承包人在履行合同义务中完成的工程量计算”的规定不符。

根据施工合同中的约定，由于设计变更引起新增项目综合单价应按下列方法确定：

（1）合同中没有适用或类似的综合单价，按《建设工程工程量清单计价规范》（GB 50500）为计算规则，套用《2013 装饰装修工程消耗量标准》及相关计价文件进行组价，人工工资按施工同期省市发布的有关人工工资取费标准计算，材料单价按同期发布定额预算价或甲方根据市场的材料确认价执行，费率按投标费率执行。

（2）合同中有类似的综合单价，参照类似的综合单价确定。

承包人在工程变更确定后 14d 内，应提出内墙漆变更价款的报告，经发包人审定后

确认。

建设单位、监理方和审计人员通过市场询价确定了墙漆的主材价格，套用现行《2012装饰装修工程消耗量标准》及相关计价文件，并根据合同对设计变更项目综合单价调整的条款，确定内墙刷漆的综合单价为20元/m^2；根据变更后的施工设计图计算工程量为3505m^2。楼梯间内墙项目变更后增加的金额为3505×20＝70 100元，减去原清单报价3505×280＝981 400元，工程造价减少911 300元，工程形象进度款为588.87万元，按进度的75%付款，即支付441.65万元进度款。

工程项目在方案设计时应尽量考虑全面，合理确定装修标准，以避免在施工过程中又修改设计，增加变更工程量。

在出现设计变更时，应及时按合同调整价款，对于设计变更金额较大的项目，按变更设计图编制预算，确定变更项目工程造价增减情况，并列入合同总价。

九、某工程现场签证不合规

1. 概况

某扩建项目，概算总投资9.8亿元。教学区工程主要由五栋教学楼、三栋试验楼、一座图书馆以及两栋辅助教学用房组成；室外工程由六条主干道及校园园林景观组成。教学区工程和室外工程都分别经过清单招标确定施工单位，并通过招标确定监理单位。某工程造价咨询公司进行全过程审计，并成立了审计组。项目所有工程于2019年7月陆续开工，2021年12月全部完工交付使用。

2. 存在问题

扩建项目的某道路工程工程量清单已有管沟挖土方的综合单价，按照《房屋建筑与装饰工程工程量计算规范》规定：工程量计量根据原地面线下按构筑物最大水平投影面积乘以挖土深度（原地面平均标高至槽坑底高度）以体积计算，其工作内容包括土方开挖、围护支撑、场内运输、平整夯实。施工方提出按1∶0.33的放坡加两边的工作面各100mm计算土方量及费用，增加沟槽直径100mm的松木桩围护支撑的费用。现场工程师根据现场施工的实际情况予以签证。

3. 分析

审计组接到签证审核后认为，土方工程综合单价已包含土方放坡量、围护支撑等费用。但现场工程师对相关计量规范掌握不够，没有认真审查清单项目设置，予以盲目签证，违反了现行《房屋建筑与装饰工程工程量计算规范》“010101007管沟土方”清单项的相关规定。

建设方采纳了审计组的意见，对签证增加费用不予认可。

签证资料的内容必须具有合法、合规性。从签证程序的合法、合规性角度来检验签证的真实性。签证是建设方与承包商之间在工程实施过程中对已订合同的一种弥补或动态调整，因而在形式上应该是三方现场代表签章齐全真实，以保证签证形式合法、内容翔实合规。

签证内容要和工程合同相比较，是否存在超越合同范围的签证，签证人是否有权签证，签证的程序和手续是否完备，签证的内容是否清楚，字迹是否有涂改等，各类签证是否脱离了合同相关约定。

针对目前在工程结算时存在很多补签证的现象，可以通过设立合同条款来规范补签证的发生：如约定现场签证最迟要在完工后的几天（如7d）内办理好签认手续，如不按规定执行，建设方代表有权拒签。建设方代表也要严格遵守规定的报批程序和时间，不得无故拖欠延误。

十、现场签证未经过建设方、监理方、审计方共同确认

1. 概况

某房地产项目，概算总投资7.8亿元。其中，小区有10栋高层住宅楼，室外工程由6座跨水系的景观桥组成。10栋住宅楼和6座桥的工程分别经过招标采用最低投标价法确定了施工队伍，并通过招标确定了监理单位。某工程造价咨询公司进行全过程跟踪审计，并成立了审计组。小区所有工程于2018年7月陆续开工，2020年12月全部完工交付使用。

2. 存在问题

在修建某桥需要铺设施工便道时，承包商未经建设方、监理方审批擅自全部使用石屑围堰填筑部分鱼塘，并用石屑铺筑便道，完工后，承包方向建设方提交签证，其中石屑用料共计27 000m^3，施工便道增加造价120.48万元。

3. 分析

审计组分析投标文件、施工合同及承包方向建设方提交的签证后认为，中标单位投标书中施工组织设计采用土方围堰填筑部分鱼塘，用片石铺筑施工便道。然而，实际施工中，施工单位未经建设方、监理工程师同意擅自改变施工组织设计中已确定的材料，将回填中的土方换成石屑，使得造价提高，违反了现行《建设工程工程量清单计价规范》（GB 50500—2013）第9.3.2条“工程变更引起施工方案改变并使措施项目发生变化时，承包提出调整措施项目费的，应事先将拟实施的方案提交发包人确认，并应详细说明与原方案措施项目相比的变化情况。拟实施的方案经发承包双方确认后执行，并应按照下列规定调整措施项目费：如果承包人未事先将拟实施的方案提交发包人确认，则视为工程变更不引起措施项目费的调整或承包人放弃调整措施项目费的权利”的规定。

建设方采纳了审计组的意见，鉴于施工方违反合同规定，擅自改变施工方案，建设方对该部分增加的造价不予认可，增加的费用由施工方负担。

工程现场签证是建设方与承包商对某一施工环节技术要求或具体施工方法进行联系确定的一种方式（包括技术联系单），是施工组织设计方案的具体化和有效补充。

现场签证一般需要建设方、监理方、审计方三方共同签字，现场签证的内容也应该具体明确、便于计量。

现场签证较普遍的方式是由承包商提出，经建设方现场代表核定后予以签认。在合同中应约定现场代表的签证权限，对超过规定限额的签证应由更高级的主管来确认，对于签证的权限应注意对单张签证涉及费用大小的权力限制：建设方应限制项目签证人员权限，根据签证费用的大小，建立不同层次的签认和审批制度，涉及金额较小的内容应由建设方

工程组和审计组共同签字认可，涉及金额较大的内容应由建设方有关职能部门召开专题会议，形成会议纪要，签署补充合同的形式予以确定。

十一、某工程项目价款调整

1. 概况

某行政办公楼工程，框架结构，建筑面积 9740m²，建筑层数为地上 6 层，层高 3.6m。本工程于 2017 年 7 月开标，中标价为 1900 万元，工期 300d，双方于 2017 年 8 月签订合同。

2. 争议问题

本工程合同工期为 2017 年 8 月至 2018 年 6 月，但因甲方原因，本工程于 2010 年 9 月才开工，2019 年 11 月竣工。为此，双方就结算方式存在争议。合同相关约定：①本合同价款采用综合单价固定、总价可调的合同方式确定；②合同实施期内，钢材、水泥平均价格超过合同签订月当地造价管理部门公布的信息价的±5%时，超出部分按当地相关文件要求进行调整。承包方意见：由于工期延期一年以上才开工，因设计变更造成的工期延误应由业主负责，原投标时的报价已不能满足实际施工时的要求，对本工程应按定额重新组价，定额要用现行消耗量定额，费率按控制价的构成方式计算，材料价格按实际施工期间的信息价计取，而且总价不执行投标的下浮系数。2018 年 9 月至 2018 年 11 月，与 2017 年 6 月相比，钢材价格上涨 20%，水泥上涨 30%，砂石价格上涨约 9%等。因此按合同约定的结算方式与按承包方要求的结算方式价差约为 173 万元。

争议处理：结合当地造价管理部门颁布的相关文件，因甲方原因造成工期延误的，责任由甲方承担。现根据《建设工程工程量清单计价规范》（GB 50500—2013）第 9.8.3 条的规定，因非承包人原因导致工期延误的，计划进度日期后续工程的价格，应采用计划进度日期与实际进度日期二者的较高者。原招标价依然执行，所有价格上涨的材料，超出 5%以内的由施工方承担，5%以外的由甲方承担。甲乙双方均同意此解决办法。根据此争议处理办法，最终的结算金额仅比按原合同结算增加 14 万元。

3. 分析

从审计的角度解读相关文件，提出争议解决办法。在进行工程竣工结算审核时，应严格依据合同、竣工图、设计变更、签证资料、投标文件、招标文件、国家相关法律规定处理争议问题，并与监理、甲方、承包单位积极沟通和协调，秉持“公正、公平、实事求是”的原则解决问题，从而达到合理、高效地完成工程竣工结算审核工作。

总之，工程结算审核是工程造价控制的最后一关，工程造价审核质量的好坏是多种因素综合作用的结果，若不能严格把关将会造成不可挽回的损失。这是一项细致具体的工作，计算时要认真、细致、不少算、不漏算。同时要尊重实际，不多算，不高估冒算，不存侥幸心理。审核时，要有依据，不固执己见，保持良好的职业道德与自身信誉。通过上述工作保证“量”与“价”的准确真实，做到去虚存实，使每一个工程造价审核项目都成为“精品”。

参 考 文 献

[1] 陈军武，等. 建设工程施工监理实务 [M]. 兰州：甘肃科学技术出版社，2009.
[2] 汪金敏. 工程索赔 100 招 [M]. 北京：中国建筑工业出版社，2013.
[3] 全国一级建造师职业资格考试用书编写委员会. 建设工程经济 [M]. 北京：中国建筑工业出版社，2013.
[4] 苗曙光. 土建工程造价答疑解惑与经验技巧 [M]. 北京：中国建筑工业出版社，2013.
[5] 全国造价师工程师职业资格考试培训教材编审委员会. 工程造价管理基础理论与相关法规 [M]. 北京：中国计划出版社，2006.
[6] 本书编写组. 工程造价纠纷避免与索赔处理对策一本通 [M]. 北京：中国建材工业出版社，2013.
[7] 李清立. 建设工程监理案例分析 [M]. 北京：清华大学出版社，2010.
[8] 中国建设工程造价管理协会. 建设项目全过程造价咨询规程（CECA/GC4—2009）[S]. 北京：中国计划出版社，2009.